2025 年
计算机网络考研复习指导

王道论坛　组编

电子工业出版社
Publishing House of Electronics Industry
北京·BEIJING

内 容 简 介

本书是计算机专业硕士研究生入学考试"计算机网络"课程的复习用书,内容包括计算机网络体系结构、物理层、数据链路层、网络层、传输层、应用层等。本书严格按照最新计算机考研大纲的计算机网络部分的要求编写,对大纲所涉及的知识点进行集中梳理,力求内容精练、重点突出、深入浅出。本书精选各名校的历年考研真题,并给出详细的解题思路,力求实现讲练结合、灵活掌握、举一反三的功效。

本书可作为考生参加计算机硕士专业研究生入学考试的复习用书,也可作为计算机专业学生学习计算机网络课程的辅导用书。

图书在版编目(CIP)数据

2025年计算机网络考研复习指导 / 王道论坛组编. —北京:电子工业出版社,2024.1

ISBN 978-7-121-46720-2

Ⅰ. ①2… Ⅱ. ①王… Ⅲ. ①计算机网络－研究生－入学考试－自学参考资料 Ⅳ. ①TP393

中国国家版本馆 CIP 数据核字(2023)第 223603 号

责任编辑:谭海平

印　　刷:保定市中画美凯印刷有限公司

装　　订:保定市中画美凯印刷有限公司

出版发行:电子工业出版社

　　　　　北京市海淀区万寿路 173 信箱　邮编:100036

开　　本:787×1092　1/16　印张:19.5　字数:549 千字

版　　次:2024 年 1 月第 1 版

印　　次:2024 年 4 月第 4 次印刷

定　　价:71.00 元

凡所购买电子工业出版社图书有缺损问题,请向购买书店调换。若书店售缺,请与本社发行部联系,联系及邮购电话:(010)88254888,88258888。

质量投诉请发邮件至 zlts@phei.com.cn,盗版侵权举报请发邮件至 dbqq@phei.com.cn。

本书咨询联系方式:(010)88254552,tan02@phei.com.cn。

本书附赠资源兑换方法

①

扫码关注
"王道在线"

点击公众号左下角的菜单进入资源兑换中心。

王道计算机教育

②

点击公众号菜单
"兑换中心"

兑换中心

兑换码　邀请码

输入兑换码

例：H7xWBrYt

立即兑换

兑换记录 >

或扫码加客服微信获取

③ 配套资源内容

1. 盗版书无兑换码请勿购买。
2. 免费视频非王道最新网课。
3. 免费视频不包含答疑服务。

【关于兑换配套课件的说明】

1. 凭兑换码兑换相应课程部分选择题的视频以及B站免费课程的课件。

2. B站免费课程不是2025版付费课程，但差别不大，详情请咨询客服。

3. 兑换码贴于封面右下角，刮开涂层可见。

4. 兑换截止时间为2024年12月31日。

前　言

由王道论坛（cskaoyan.com）组织名校状元级选手编写的"王道考研系列"辅导书，不仅参考了国内外的优秀教辅资料，而且结合了高分选手的独特复习经验，包括对考点的讲解以及对习题的选择和解析。"王道考研系列"单科辅导书共有如下四本：

- 《2025 年数据结构考研复习指导》
- 《2025 年计算机组成原理考研复习指导》
- 《2025 年操作系统考研复习指导》
- 《2025 年计算机网络考研复习指导》

我们还围绕这套书开发了一系列赢得众多读者好评的计算机考研课程，包括考点精讲、习题详解、暑期强化训练营、冲刺串讲、伴学督学和全程答疑服务等，读者可扫描封底的二维码加客服微信咨询。对于基础较为薄弱的读者，相信这些课程和服务能助你一臂之力。此外，我们在 B 站免费公开了本书配套的基础课程，读者可凭兑换码获取课程的课件及部分选择题的讲解视频。基础课程升华了单科辅导书中的考点讲解，强烈建议读者结合使用。

在冲刺阶段，我们还将出版如下两本冲刺用书：

- 《2025 年计算机专业基础综合考试冲刺模拟题》
- 《2025 年计算机专业基础综合考试历年真题解析》

深入掌握专业课的内容没有捷径，考生也不应抱有任何侥幸心理。只有扎实打好基础，踏实做题巩固，最后灵活致用，才能在考研时取得高分。我们希望本套辅导书能够指导读者复习，但是学习仍然要靠自己，高分无法建立在空中楼阁之上。对想要继续在计算机领域深造的读者来说，认真学习和扎实掌握计算机专业的四门重要专业课是最基本的前提。

"王道考研系列"是计算机考研学子口碑相传的辅导书，自 2011 版首次推出以来，始终占据同类书销量的榜首，这就是口碑的力量。有这么多学长的成功经验，相信只要读者合理地利用辅导书，并且采用科学的复习方法，就一定能够收获属于自己的那份回报。

"不包就业、不包推荐，培养有态度的程序员。"王道训练营是王道团队打造的线下魔鬼式编程训练营。打下编程功底、增强项目经验，彻底转行入行，不再迷茫，期待有梦想的你！

参与本书编写的主要有赵霖、罗乐、徐秀瑛、张鸿林、赵淑芬、赵淑芳、罗庆学、赵晓宇、喻云珍、余勇、刘政学等。予人玫瑰，手有余香，王道论坛伴你一路同行！

对本书的任何建议，或发现有错误，欢迎扫码联系我们，以便及时改正优化。

风华漫舞

致 读 者

——关于王道单科辅导书使用方法的道友建议

我是"二战考生"，2012 年第一次考研成绩 333 分（专业代码 408，成绩 81 分），痛定思痛后决心再战。潜心复习了半年后终于以 392 分（专业代码 408，成绩 124 分）考入上海交通大学计算机系，这半年里我的专业课成绩提高了 43 分，成了提分主力。从未达到录取线到考出比较满意的成绩，从蒙头乱撞到有了自己明确的复习思路，我想这也是为什么风华哥从诸多高分选手中选择我给大家介绍经验的一个原因吧。

整个专业课的复习是围绕王道辅导书展开的，从一遍、两遍、三遍看单科辅导书的积累提升，到做 8 套模拟题时的强化巩固，再到看思路分析时的醍醐灌顶。王道辅导书能两次押中算法原题固然有运气成分，但这也从侧面说明编者的编写思路和选题方向与真题很接近。

下面说一说我的具体复习过程。

每天划给专业课的时间是 3～4 小时。第一遍仔细看课本，看完一章做一章单科辅导书上的习题（红笔标注错题），这一遍共持续 2 个月。第二遍主攻单科辅导书（红笔标注重难点），辅看课本。第二遍看单科辅导书和课本的速度快了很多，但感觉收获更多，常有温故知新的感觉，理解更深刻。（风华注：建议这里再速看第三遍，特别针对错题和重难点。模拟题做完后再跳看第四遍。）

以上是打基础阶段，注意：单科辅导书和课本我仔细精读了两遍，以便尽量弄懂每个知识点和习题。大概 11 月上旬开始做模拟题和思路分析，期间遇到不熟悉的地方不断回头查阅单科辅导书和课本。8 套模拟题的考点覆盖得很全面，所以大家做题时如果忘记了某个知识点，千万不要慌张，赶紧回去看这个知识点，最后的模拟就是查漏补缺。模拟题一定要严格按考试时间（3 小时）去做，注意应试技巧，做完试题后再回头研究错题。算法题的最优解法不太好想，如果实在没思路，建议直接"暴力"解决，结果正确也能有 10 分，总比苦拼出 15 分来而将后面比较好拿分的题耽误了好（这是我第一次考研的切身教训）。最后剩了几天看标注的错题，第三遍跳看单科辅导书，考前一夜浏览完网络，踏实地睡着了……

考完专业课，走出考场终于长舒一口气，考试情况也心中有数。回想这半年的复习，耐住了寂寞和诱惑，雨雪风霜从未间断地跑去自习，考研这人生一站终归没有辜负我的良苦用心。佛教徒说世间万物生来平等，都要落入春华秋实的代谢中去；辩证唯物主义认为事物作为过程存在，凡是存在的终归要结束。你不去为活得多姿多彩而拼搏，真到了和青春说再见时，你是否会可惜虚枉了青春？风华哥说过，我们都是有梦想的青年，我们正在逆袭，你呢？

感谢风华哥的信任，给我这个机会为大家分享专业课复习经验，作为一个铁杆道友在王道受益匪浅，也借此机会回报王道论坛。祝大家金榜题名！

ccg1990@SJTU

王道训练营

王道是道友们考研路上值得信赖的好伙伴，十多年来陪伴了数百万计算机考研人，不离不弃。王道尊重的不是考研这个行当，而是考研学生的精神和梦想。考研可能是同学们实现梦想的起点，但专业功底和学习能力更是受用终生的资本，它决定了未来在技术道路上能走多远。从考研图书，到辅导课程，再到编程培训，王道只专注于计算机考研及编程领域。

计算机专业是一个靠实力吃饭的专业。王道团队中很多人的经历或许和现在的你们相似，也经历过本科时的迷茫，无非是自知能力太弱，以致底气不足。学历只是敲门砖，同样是名校硕士，有人如鱼得水，最终成为"Offer 帝"，有人却始终难入"编程与算法之门"，再次体会迷茫的痛苦。我们坚信一个写不出合格代码的计算机专业学生，即便考上了研究生，也只是给未来的失业判了个"缓期执行"。我们也希望所做的事情能帮助同学们少走弯路。

考研结束后的日子，或许是一段难得的提升编程能力的连续时光，趁着还有时间，应该去弥补本科期间应掌握的能力，缩小与"科班大佬们"的差距。

把参加王道训练营视为一次对自己的投资，投资自身和未来才是最好的投资。

王道训练营简介

1. 面向就业

希望转行就业，但编程能力偏弱的学生。

考研并不是人生的唯一出路，努力拼搏奋斗的经历总是难忘的，但不论结果如何，都不应有太大的遗憾。不少考研路上的"失败者"在王道都到达了自己在技术发展上的新里程碑，我们相信一个肯持续努力、积极上进的学生一定会找到自己正确的人生方向。

再不抓住当下，未来或将持续迷茫，逝去了的青春不复返。在充分竞争的技术领域，当前的能力决定了你能找一份怎样的工作，踏实的态度和学习的能力决定了你未来能走多远。

王道训练营致力于给有梦想、肯拼搏、敢奋斗的道友提供最好的平台！

2. 面向硕士

希望提升能力，刚考上计算机相关专业的准硕士。

考研逐年火爆，能考上名校确实是重要的转折，但硕士文凭早已不再稀缺。考研高分并不等于高薪 Offer，学历也不能保证你拿到好 Offer，名校的光环能让你获得更多面试机会，但真正要拿到好 Offer，比拼的是实力。同为名校硕士，Offer 的成色可能千差万别，有人轻松拿到腾讯、阿里、抖音、百度等优秀公司的 Offer，有人面试却屡屡碰壁，最后只能"将就"签约。

人生中关键性的转折点不多，但往往能对自己的未来产生深远的影响，甚至决定了你未来的走向，高考、选专业、考研、找工作都是如此，把握住关键转折点需要眼光和努力。

3. 报名要求

- 具有本科学历，愿意通过奋斗去把握自己的人生，愿意重回高三冲刺式的学习状态。
- 完成开课前的作业，用作业考察态度，合格者才能获得最终的参加资格，宁缺毋滥！对于意志不够坚定的同学而言，这些作业也算是设置的一道门槛，决定了是否有参加的资格。

作业完成情况是最重要的考核标准，我们不会歧视跨度大的同学，坚定转行的同学往往会更努力。跨度大、学校弱这些是无法改变的标签，唯一可以改变的就是通过持续努力来提升自身的技能，而通过高强度的短期训练是完全有可能逆袭的，太多的往期学员已有过证明。

4. 学习成效

迅速提升编程能力，结合项目实战，逐步打下坚实的编程基础，培养积极、主动的学习能力。以动手编程为驱动的教学模式，解决你在编程、思维上的不足，也为未来的深入学习提供方向指导，掌握学习编程的方法，引导进入"编程与算法之门"。

道友们在训练营里从"菜鸟"逐步成长，训练营中不少往期准硕士学员后来陆续拿到了阿里、腾讯、抖音、百度、美团、小米等一线互联网大厂的 Offer。这就是竞争力！

王道训练营优势

这里都是道友，他们信任王道，乐于分享与交流，氛围好而纯粹。

一起经历过考研训练的生活、学习，大家很快会成为互帮互助的好战友，相互学习、共同进步，在转行的道路上，这就是最好的圈子。正如某期学员所言："来了你就发现，这里无关程序员以外的任何东西，这是一个过程，一个对自己认真、对自己负责的过程。"

考研绝非人生的唯一出路，给自己换一条路走，去职场上好好发展或许会更好。即便考上研究生也不意味着高枕无忧，人生的道路还很漫长。

王道团队成员皆具有扎实的编程功底，他们用自己的技术和态度去影响训练营的学员，尽可能指导学员走上正确的发展道路是对道友信任的回报，也是一种责任！

王道训练营是一个平台，网罗王道论坛上有梦想、有态度的青年，并为他们的梦想提供土壤和圈子。王道始终相信"物竞天择，适者生存"，这里的生存不是指简简单单地活着，而是指活得有价值、活得有态度！

王道训练营课程

王道训练营开设 4 种班型：

- Linux C 和 C++短期班（40～45 天，初试后开课，复试冲刺）
- Java EE 方向（4 个月，武汉校区）
- Linux C/C++方向（4 个月，武汉校区）
- Python 大数据方向（3 个半月，直播授课或深圳校区）

短期班的作用是在初试后及春节期间，快速提升学员的编程水平和项目经验，给复试、面试加成。其他 3 科班型既面向有就业需求的学员，又适合想提升能力或打算继续考研的学员。

要想了解王道训练营，可以关注王道论坛"王道训练营"版面，或者扫码加老师微信。

目　　录

第1章　计算机网络体系结构 ·· 1

　　1.1　计算机网络概述 ·· 1

　　　　1.1.1　计算机网络的概念 ·· 1

　　　　1.1.2　计算机网络的组成 ·· 1

　　　　1.1.3　计算机网络的功能 ·· 2

　　　　1.1.4　电路交换、报文交换与分组交换 ································ 3

　　　　1.1.5　计算机网络的分类 ·· 5

　　　　1.1.6　计算机网络的性能指标 ··· 6

　　　　1.1.7　本节习题精选 ·· 8

　　　　1.1.8　答案与解析 ··· 10

　　1.2　计算机网络体系结构与参考模型 ····································· 14

　　　　1.2.1　计算机网络分层结构 ··· 14

　　　　1.2.2　计算机网络协议、接口、服务的概念 ······················· 15

　　　　1.2.3　ISO/OSI 参考模型和 TCP/IP 模型 ···························· 17

　　　　1.2.4　本节习题精选 ··· 22

　　　　1.2.5　答案与解析 ··· 25

　　1.3　本章小结及疑难点 ··· 29

第2章　物理层 ··· 31

　　2.1　通信基础 ·· 31

　　　　2.1.1　基本概念 ··· 31

　　　　2.1.2　信道的极限容量 ··· 33

　　　　2.1.3　编码与调制 ··· 34

　　　　2.1.4　本节习题精选 ··· 36

　　　　2.1.5　答案与解析 ··· 39

　　2.2　传输介质 ·· 43

　　　　2.2.1　双绞线、同轴电缆、光纤与无线传输介质 ··················· 43

　　　　2.2.2　物理层接口的特性 ··· 45

　　　　2.2.3　本节习题精选 ··· 46

　　　　2.2.4　答案与解析 ··· 47

　　2.3　物理层设备 ··· 48

　　　　2.3.1　中继器 ··· 48

　　　　2.3.2　集线器 ··· 48

　　　　2.3.3　本节习题精选 ··· 49

　　　　2.3.4　答案与解析 ··· 50

2.4　本章小结及疑难点 ··· 51

第 3 章　数据链路层 ··· 53

3.1　数据链路层的功能 ·· 53

3.1.1　数据链路层所处的地位 ··· 54

3.1.2　为网络层提供服务 ·· 55

3.1.3　链路管理 ·· 55

3.1.4　封装成帧与透明传输 ·· 55

3.1.5　流量控制 ·· 55

3.1.6　差错检测 ·· 56

3.1.7　本节习题精选 ··· 56

3.1.8　答案与解析 ··· 57

3.2　组帧 ··· 57

3.2.1　字符计数法 ··· 58

3.2.2　字节填充法 ··· 58

3.2.3　零比特填充法 ··· 58

3.2.4　违规编码法 ··· 59

3.2.5　本节习题精选 ··· 59

3.2.6　答案与解析 ··· 59

3.3　差错控制 ··· 60

3.3.1　检错编码 ·· 60

3.3.2　纠错编码 ·· 61

3.3.3　本节习题精选 ··· 62

3.3.4　答案与解析 ··· 63

3.4　流量控制与可靠传输机制 ·· 65

3.4.1　流量控制与滑动窗口机制 ··· 65

3.4.2　可靠传输机制 ··· 66

3.4.3　本节习题精选 ··· 70

3.4.4　答案与解析 ··· 74

3.5　介质访问控制 ··· 80

3.5.1　信道划分介质访问控制 ·· 80

3.5.2　随机访问介质访问控制 ·· 83

3.5.3　轮询访问：令牌传递协议 ··· 89

3.5.4　本节习题精选 ··· 89

3.5.5　答案与解析 ··· 94

3.6　局域网 ··· 100

3.6.1　局域网的基本概念和体系结构 ··································· 100

3.6.2　以太网与 IEEE 802.3 ··· 101

3.6.3　IEEE 802.11 无线局域网 ··· 104

3.6.4　VLAN 基本概念与基本原理 ····································· 107

3.6.5　本节习题精选 ··· 109

　　　3.6.6　答案与解析 ……………………………………………………………… 112

　3.7　广域网 …………………………………………………………………………… 115

　　　3.7.1　广域网的基本概念 ………………………………………………………… 115

　　　3.7.2　PPP 协议 …………………………………………………………………… 116

　　　3.7.3　本节习题精选 ………………………………………………………………… 117

　　　3.7.4　答案与解析 …………………………………………………………………… 118

　3.8　数据链路层设备 ………………………………………………………………… 119

　　　*3.8.1　网桥的基本概念 …………………………………………………………… 119

　　　3.8.2　以太网交换机 ………………………………………………………………… 120

　　　3.8.3　本节习题精选 ………………………………………………………………… 122

　　　3.8.4　答案与解析 …………………………………………………………………… 124

　3.9　本章小结及疑难点 ……………………………………………………………… 126

第 4 章　网络层 ……………………………………………………………………………… 128

　4.1　网络层的功能 …………………………………………………………………… 128

　　　4.1.1　异构网络互连 ………………………………………………………………… 129

　　　4.1.2　路由与转发 …………………………………………………………………… 130

　　　4.1.3　网络层提供的两种服务 ……………………………………………………… 130

　　　4.1.4　SDN 的基本概念 …………………………………………………………… 132

　　　4.1.5　拥塞控制 ……………………………………………………………………… 133

　　　4.1.6　本节习题精选 ………………………………………………………………… 134

　　　4.1.7　答案与解析 …………………………………………………………………… 136

　4.2　IPv4 ……………………………………………………………………………… 139

　　　4.2.1　IPv4 分组 …………………………………………………………………… 139

　　　4.2.2　IPv4 地址与 NAT …………………………………………………………… 141

　　　4.2.3　划分子网与路由聚合 ………………………………………………………… 144

　　　4.2.4　网络层转发分组的过程 ……………………………………………………… 147

　　　4.2.5　地址解析协议（ARP） ……………………………………………………… 148

　　　4.2.6　动态主机配置协议（DHCP） ……………………………………………… 150

　　　4.2.7　网际控制报文协议（ICMP） ……………………………………………… 151

　　　4.2.8　本节习题精选 ………………………………………………………………… 152

　　　4.2.9　答案与解析 …………………………………………………………………… 164

　4.3　IPv6 ……………………………………………………………………………… 179

　　　4.3.1　IPv6 的特点 ………………………………………………………………… 179

　　　4.3.2　IPv6 数据报的基本首部 …………………………………………………… 180

　　　4.3.3　IPv6 地址 …………………………………………………………………… 181

　　　4.3.4　从 IPv4 向 IPv6 过渡 ……………………………………………………… 182

　　　4.3.5　本节习题精选 ………………………………………………………………… 182

　　　4.3.6　答案与解析 …………………………………………………………………… 183

　4.4　路由算法与路由协议 …………………………………………………………… 184

　　　4.4.1　路由算法 ……………………………………………………………………… 184

4.4.2　分层次的路由选择协议 ·· 186
4.4.3　路由信息协议（RIP） ·· 186
4.4.4　开放最短路径优先（OSPF）协议 ·· 189
4.4.5　边界网关协议（BGP） ·· 190
4.4.6　本节习题精选 ··· 192
4.4.7　答案与解析 ··· 198
4.5　IP 多播 ·· 203
4.5.1　多播的概念 ··· 203
4.5.2　IP 多播地址 ·· 203
4.5.3　在局域网上进行硬件多播 ·· 203
4.5.4　IGMP 与多播路由协议 ··· 204
4.5.5　本节习题精选 ··· 204
4.5.6　答案与解析 ··· 205
4.6　移动 IP ·· 206
4.6.1　移动 IP 的概念 ·· 206
4.6.2　移动 IP 通信过程 ··· 206
4.6.3　本节习题精选 ··· 207
4.6.4　答案与解析 ··· 208
4.7　网络层设备 ··· 208
4.7.1　冲突域和广播域 ··· 208
4.7.2　路由器的组成和功能 ·· 209
4.7.3　路由表与分组转发 ·· 210
4.7.4　本节习题精选 ··· 211
4.7.5　答案与解析 ··· 214
4.8　本章小结及疑难点 ··· 217

第 5 章　传输层 ·· 219
5.1　传输层提供的服务 ··· 219
5.1.1　传输层的功能 ··· 219
5.1.2　传输层的寻址与端口 ·· 220
5.1.3　无连接服务与面向连接服务 ··· 221
5.1.4　本节习题精选 ··· 222
5.1.5　答案与解析 ··· 223
5.2　UDP 协议 ·· 224
5.2.1　UDP 数据报 ·· 224
5.2.2　UDP 检验 ··· 226
5.2.3　本节习题精选 ··· 227
5.2.4　答案与解析 ··· 229
5.3　TCP 协议 ·· 231
5.3.1　TCP 协议的特点 ·· 231
5.3.2　TCP 报文段 ·· 231

      5.3.3 TCP 连接管理 ···································· 233

      5.3.4 TCP 可靠传输 ···································· 236

      5.3.5 TCP 流量控制 ···································· 237

      5.3.6 TCP 拥塞控制 ···································· 238

      5.3.7 本节习题精选 ···································· 241

      5.3.8 答案与解析 ······································ 250

  5.4 本章小结及疑难点 ···································· 259

第 6 章 应用层 ··· 262

  6.1 网络应用模型 ··· 262

      6.1.1 客户/服务器模型 ······························· 262

      6.1.2 P2P 模型 ······································ 263

      6.1.3 本节习题精选 ···································· 263

      6.1.4 答案与解析 ······································ 264

  6.2 域名系统（DNS） ····································· 265

      6.2.1 层次域名空间 ···································· 265

      6.2.2 域名服务器 ······································ 266

      6.2.3 域名解析过程 ···································· 267

      6.2.4 本节习题精选 ···································· 269

      6.2.5 答案与解析 ······································ 270

  6.3 文件传输协议（FTP） ································· 272

      6.3.1 FTP 的工作原理 ································ 272

      6.3.2 控制连接与数据连接 ···························· 273

      6.3.3 本节习题精选 ···································· 274

      6.3.4 答案与解析 ······································ 276

  6.4 电子邮件 ··· 278

      6.4.1 电子邮件系统的组成结构 ······················ 278

      6.4.2 电子邮件格式与 MIME ························· 280

      6.4.3 SMTP 和 POP3 ······························· 281

      6.4.4 本节习题精选 ···································· 282

      6.4.5 答案与解析 ······································ 283

  6.5 万维网（WWW） ····································· 285

      6.5.1 WWW 的概念与组成结构 ······················ 285

      6.5.2 超文本传输协议（HTTP） ····················· 286

      6.5.3 本节习题精选 ···································· 290

      6.5.4 答案与解析 ······································ 293

  6.6 本章小结及疑难点 ···································· 297

参考文献 ··· 298

01 第1章
计算机网络体系结构

【考纲内容】

（一）计算机网络概述

　　计算机网络的概念、组成与功能；计算机网络的分类；

　　计算机网络的性能指标

（二）计算机网络体系结构与参考模型

　　计算机网络分层结构；计算机网络协议、接口、服务的概念；

　　ISO/OSI 参考模型和 TCP/IP 模型

扫一扫

视频讲解

【复习提示】

　　本章主要介绍计算机网络体系结构的基本概念，读者可以在理解的基础上适当地记忆。重点掌握网络的分层结构（包括 5 层和 7 层结构），尤其是 ISO/OSI 参考模型各层的功能，以及相关协议、接口和服务等概念。熟悉有关网络的各种性能指标，特别是时延、带宽、速率等的计算。

1.1 计算机网络概述

1.1.1 计算机网络的概念

　　一般认为，计算机网络是一个将众多分散的、自治的计算机系统，通过通信设备与线路连接起来，由功能完善的软件实现资源共享和信息传递的系统。

　　计算机网络（简称网络）由若干结点（node，或译为节点）和连接这些结点的链路（link）组成。网络中的结点可以是计算机、集线器、交换机或路由器等。网络之间还可通过路由器互连，构成一个覆盖范围更广的计算机网络，这样的网络称为互连网（internet）。于是，我们可以这样理解：网络把许多计算机连在一起，而互连网则把许多网络通过路由器连在一起。

　　请读者注意以下两个意思相差很大的名词：internet 和 Internet。

　　internet（互连网）是一个通用名词，泛指由多个计算机网络互连而成的计算机网络。在这些网络之间可以使用任意的通信协议作为通信规则，不一定非要使用 TCP/IP 协议。

　　Internet（互联网或因特网）则是一个专用名词，指当前全球最大的、开放的、由众多网络和路由器互连而成的特定计算机网络，它采用 TCP/IP 协议族作为通信规则。

1.1.2 计算机网络的组成

　　从不同的角度看，可将计算机网络的组成分为如下几类。

1) 从组成部分看,计算机网络主要由硬件、软件、协议三大部分组成。硬件主要由主机(也称端系统)、通信链路(如双绞线、光纤)、交换设备(如路由器、交换机等)和通信处理机(如网卡)等组成。软件主要包括各种实现资源共享的软件和方便用户使用的各种工具软件(如 E-mail 程序、FTP 程序、聊天程序等)。协议是计算机网络的核心,如同交通规则制约汽车驾驶一样,协议规定了网络传输数据时所遵循的规范。

2) 从工作方式看,计算机网络(这里主要指 Internet,即互联网)可分为边缘部分和核心部分。边缘部分由所有连接到互联网上的供用户直接使用的主机组成,用来进行通信(如传输数据、音频或视频)和资源共享;核心部分由大量网络和连接这些网络的路由器组成,它为边缘部分提供连通性和交换服务。图 1.1 给出了这两部分的示意图。

图 1.1　互联网的核心部分与边缘部分

3) 从功能组成看,计算机网络由通信子网和资源子网组成。通信子网由各种传输介质、通信设备和相应的网络协议组成,它使网络具有数据传输、交换、控制和存储的能力,实现联网计算机之间的数据通信。资源子网是实现资源共享功能的设备及其软件的集合,向网络用户提供共享其他计算机上的硬件资源、软件资源和数据资源的服务。

1.1.3　计算机网络的功能

计算机网络的功能很多,现今的很多应用都与网络有关。主要有以下五大功能。

1. 数据通信

数据通信是计算机网络最基本和最重要的功能,用来实现联网计算机之间各种信息的传输,并联系分散在不同地理位置的计算机,进行统一的调配、控制和管理。例如,文件传输、电子邮件等应用,离开了计算机网络就无法实现。

2. 资源共享

资源共享既可是软件共享、数据共享,又可是硬件共享。它使计算机网络中的资源互通有无、分工协作,从而极大地提高了硬件资源、软件资源和数据资源的利用率。

3. 分布式处理

当计算机网络中的某个计算机系统负荷过重时,可将其处理的某个复杂任务分配给网络中的其他计算机系统,从而利用空闲计算机资源来提高整个系统的利用率。

4. 提高可靠性

计算机网络中的各台计算机可以通过网络互为替代机。

5. 负载均衡

将工作任务均衡地分配给计算机网络中的各台计算机。

除了以上几大主要功能，计算机网络还可实现电子化办公与服务、远程教育、娱乐等功能，满足了社会的需求，方便了人们的学习、工作和生活，具有巨大的经济效益。

1.1.4　电路交换、报文交换与分组交换

在网络核心部分起重要作用的是路由器（router），它对收到的分组进行存储转发来实现分组交换。要了解分组交换的原理，首先就要学习电路交换的相关概念。

1. 电路交换

最典型的电路交换网是传统电话网，如图 1.2 所示。从通信资源分配的角度看，交换就是按照某种方式动态地分配传输线路的资源。电路交换分为三步：连接建立、数据传输和连接释放。在进行数据传输前，两个结点之间必须先建立一条专用（双方独占）的物理通信路径（由通信双方之间的交换设备和链路逐段连接而成），该路径可能经过许多中间结点。在数据传输过程中，这一物理通信路径始终被用户独占，直到通信结束后才被释放。

在电路交换的整个通信阶段，比特流连续地从源点直达终点，就好像在一个管道中传送。

图 1.2　电路交换示意图

电路交换技术的优点如下：

1）通信时延小。因为通信线路为通信双方专用，数据直达，所以传输时延非常小。

2）有序传输。双方通信时按发送顺序传送数据，不存在失序问题。

3）没有冲突。不同的通信双方拥有不同的信道，不会出现争用物理信道的问题。

4）适用范围广。电路交换既适用于传输模拟信号，又适用于传输数字信号。

5）实时性强。通信双方之间的物理通路一旦建立，双方就可随时通信。

6）控制简单。电路交换的交换设备（交换机等）及控制均较简单。

电路交换技术的缺点如下：

1）建立连接时间长。电路交换的平均连接建立时间对计算机通信来说太长。

2）线路利用率低。物理通路被通信双方独占，即使线路空闲，也不能供其他用户使用。

3）灵活性差。物理通路中的任何一点出现故障，就必须重新拨号建立新的连接。

4）难以规格化。不同类型、不同规格、不同速率的终端很难相互进行通信。

5）难以实现差错控制。中间结点不具备存储和检验数据的能力，无法发现并纠正错误。

注意，在电路交换中，电路建立后，除源结点和目的结点外，电路上的任何结点都采取"直通方式"接收数据和发送数据，即不存在存储转发所耗费的时间。

2. 报文交换

命题追踪 ▶ 报文交换网中存储转发、数据传送时间的计算（2013）

数据交换的单位是报文，用户数据加上源地址、目的地址等信息后，后封装成报文（message）。报文交换采用存储转发技术，整个报文先传送到相邻的结点，全部存储后查找转发表，转发到下一个结点，如此重复，直至到达目的结点。每个报文都可单独选择到达目的结点的路径。

报文交换技术的优点如下：

1）无须建立连接。通信前无须建立连接，没有建立连接时延，用户可随时发送报文。

2）动态分配线路。交换设备存储整个报文后，选择一条合适的空闲线路，转发报文。

3）线路可靠性高。若某条传输路径发生故障，则可重新选择另一条路径传输数据。

4）线路利用率高。报文在哪段链路上传送时才占用这段链路的通信资源。

5）提供多目标服务。一个报文可以同时发送给多个目的地址。

报文交换技术的缺点如下：

1）转发时延高。交换结点要将报文整体接收完后，才能查找转发表转发到下一个结点。

2）缓存开销大。报文的大小没有限制，这就要求交换结点拥有较大的缓存空间。

3）错误处理低效。报文较长时，发生错误的概率相对更大，重传整个报文的代价也很大。

3．分组交换

命题追踪 ▶ 分组交换网中存储转发、数据传送时间的计算（2010、2013、2023）

分组交换也采用存储转发技术，但解决了报文交换中报文过长的问题。若报文太长，则对交换结点的缓存容量就有很大的需求，在错误处理方面也比较低效。源结点在发送之前，先把较长的报文划分成若干较小的等长数据段，在每个数据段前面添加一些由必要控制信息（如源地址、目的地址和编号信息等）组成的首部，构成分组（Packet），如图 1.3 所示。

图 1.3　构成分组的过程

源结点将分组发送到分组交换网中，分组交换网中的分组交换机收到一个分组后，先将其缓存，然后从其首部中提取目的地址，据此查找自己的转发表，再后将分组转发给下一个分组交换机。经过多个分组交换机的存储转发后，分组最终到达目的结点。

分组交换技术的优点如下：

1）无建立时延。通信前无须建立连接，没有建立连接时延，用户可随时发送分组。

2）线路利用率高。分组在哪段链路上传送时才占用这段链路的通信资源。相比采用电路交换传送突发式的计算机数据，分组交换的通信线路利用率大大提高。

3）简化了存储管理（相对于报文交换）。因为分组的长度固定，相应缓冲区的大小也固定，在交换结点中存储器的管理通常被简化为对缓冲区的管理，相对比较容易。

4）加速传输。分组是逐个传输的，可以使后一个分组的存储操作与前一个分组的转发操作并行，这种流水线方式减少了报文的传输时间。此外，传输一个分组比传输一次报文所需的缓冲区小得多，这样，因缓冲区不足而等待发送的概率及时间必然也少得多。

5）减小了出错概率和重发数据量。因为分组较短，其出错概率必然减小，所以每次重发的数据量也就大大减少，这样不仅提高了可靠性，而且减小了传输时延。

分组交换技术的缺点如下：

1）存在存储转发时延。尽管分组交换比报文交换的传输时延小，但相对于电路交换仍存在存储转发时延，且其结点交换机必须具有更强的处理能力。

2）需要传输额外的信息量。每个小数据段都要加上控制信息以构成分组，这使得传送的信息量增大了 5%～10%，进而使得控制复杂，降低了通信效率，增大了处理的时延。

3）当分组交换网采用数据报服务时，可能出现失序、丢失或重复分组的情况，分组到达目的结点时，要对分组按编号进行排序等工作，而这些工作很麻烦。若采用虚电路服务，则虽然没有失序问题，但有呼叫建立、数据传输和虚电路释放三个过程。

图 1.4 给出了三种数据交换方式的比较。当要传送的数据量很大且其传送时间远大于呼叫时间时，采用电路交换较为合适。当端到端的通路由多段链路组成时，采用分组交换传送数据较为合适。从提高整个网络的信道利用率看，报文交换和分组交换优于电路交换，其中分组交换比报文交换的时延小，尤其适合计算机之间的突发式数据通信。

图 1.4　三种数据交换方式的比较

1.1.5　计算机网络的分类

1．按分布范围分类

1）广域网（WAN）。广域网的任务是提供长距离通信，运送主机所发送的数据，其覆盖范围通常是直径为几十到几千千米的区域。广域网是互联网的核心部分。连接广域网的各结点交换机的链路一般都是高速链路，具有较大的通信容量。

2）城域网（MAN）。城域网的覆盖范围可以跨越几个街区甚至整个城市，覆盖区域的直径为 5～50km。城域网大多采用以太网技术，因此有时也常并入局域网的范围讨论。

3）局域网（LAN）。局域网一般用主机通过高速线路相连，覆盖范围较小，通常是直径为几十到几千米的区域。传统上，局域网使用广播技术，而广域网使用交换技术。

4）个人区域网（PAN）。个人区域网是指在个人工作的地方将消费电子设备（如平板电脑、智能手机等）用无线技术连接起来的网络，也称无线个人区域网（WPAN）。

2．按传输技术分类

1）广播式网络。所有联网计算机都共享一个公共通信信道。当一台计算机利用共享通信信道发送报文分组时，所有其他计算机都会"收听"到这个分组。接收到该分组的计算机将通过检查目的地址来决定是否接收该分组。局域网基本上都采用广播式通信技术，广域网中的无线、卫星通信网络也采用广播式通信技术。

2）点对点网络。每条物理线路连接一对计算机。若通信的两台主机之间没有直接连接的线路，则它们之间的分组传输就要通过中间结点进行存储和转发，直至目的结点。

3．按拓扑结构分类

网络拓扑结构是指由网中结点（路由器、主机等）与通信线路之间的几何关系表示的网络结构，主要指通信子网的拓扑结构。按网络的拓扑结构，可分为总线形、星形、环形和网状网络等，如图 1.5 所示。星形、总线形和环形网络多用于局域网，网状网络多用于广域网。

|(a) 总线形|(b) 星形|(c) 环形|(d) 网状|

图 1.5　几种不同的网络拓扑结构

1）总线形网络。用单根传输线把计算机连接起来。优点是建网容易、增/减结点方便、节省线路。缺点是重负载时通信效率不高、总线任意一处对故障敏感。

2）星形网络。每个终端或计算机都以单独的线路与中央设备相连。中央设备一般是交换机或路由器。优点是便于集中控制和管理。缺点是成本高、中央设备对故障敏感。

3）环形网络。所有计算机接口设备连接成一个环。环形网络最典型的例子是令牌环局域网。环既可以是单环，又可以是双环，环中信号是单向传输的。

4）网状网络。一般情况下，每个结点至少有两条路径与其他结点相连，多用在广域网中。其有规则型和非规则型两种。优点是可靠性高。缺点是控制复杂、线路成本高。

以上 4 种基本的网络拓扑结构可以互连为更复杂的网络。

4．按使用者分类

1）公用网（Public Network）。指电信公司出资建造的大型网络。"公用"的意思是指所有愿意按电信公司的规定缴纳费用的人都可使用这种网络。

2）专用网（Private Network）。指某个部门为满足本单位特殊业务的需要而建造的网络。这种网络不向本单位外的人提供服务，如铁路、电力、军队等部门的专用网。

5．按传输介质分类

传输介质可分为有线和无线两大类，因此网络可分为有线网络和无线网络。有线网络又可分为双绞线网络、同轴电缆网络等，而无线网络又可分为蓝牙、微波、无线电等类型。

1.1.6　计算机网络的性能指标

性能指标从不同方面度量计算机网络的性能。常用的性能指标如下。

1）速率（Speed）。指连接到网络上的结点在数字信道上传送数据的速率，也称数据传输速率、数据传输率、数据率或比特率，单位为 b/s（比特/秒）或 bit/s（有时也写为 bps）。当数据率较高时，可用 kb/s（k $= 10^3$）、Mb/s（M $= 10^6$）或 Gb/s（G $= 10^9$）表示。

2）带宽（Bandwidth）。带宽原本表示通信线路允许通过的信号频率范围，单位是赫兹（Hz）。但在计算机网络中，带宽表示网络的通信线路所能传送数据的能力，是数字信道所能传送的"<u>最高数据传输速率</u>"的同义语，单位是比特/秒（b/s）。

命题追踪 ▶▶ 分组交换网中吞吐量的分析（2024）

3）吞吐量（Throughput）。指单位时间内通过某个网络（或信道、接口）的实际数据量。吞吐量常用在对实际网络的测量中，受网络带宽的限制。

4）时延（Delay）。指数据（一个报文或分组）从网络（或链路）的一端传送到另一端所需的总时间，它由 4 部分构成：发送时延、传播时延、处理时延和排队时延。

命题追踪 ▶▶ 分组交换网中各种时延的计算（2010、2013、2023）

- 发送时延，也称传输时延。结点将分组的所有比特推向链路所需的时间，即从发送分组的第一个比特算起，到该分组的最后一个比特发送完毕所需的时间。

$$发送时延 = 分组长度 / 发送速率$$

- 传播时延。电磁波在信道（传输介质）中传播一定的距离所花的时间，即一个比特从链路的一端传播到另一端所需的时间。

$$传播时延 = 信道长度 / 电磁波在信道上的传播速率$$

> **注　意**
>
> 区分传输时延和传播时延。传输时延是路由器将分组推出所需的时间，是分组长度和链路传输速率的函数。传播时延是一个比特从一台路由器传播至另一台路由器所需的时间，是两台路由器之间距离的函数，而与分组长度或链路传输速率无关。

- 处理时延。数据在交换结点为存储转发而进行的一些必要处理所花的时间。例如，分析分组的首部、从分组中提取数据、差错检验或查找合适的路由等。
- 排队时延。分组在进入路由器后要先在输入队列中排队等待处理。路由器确定转发端口后，还要在输出队列中排队等待转发。这就产生了排队时延。

因此，数据在网络中经历的总时延就是以上 4 部分时延之和：

$$总时延 = 发送时延 + 传播时延 + 处理时延 + 排队时延$$

> **注　意**
>
> 处理时延和排队时延通常可忽略不计（除非另有说明）。

5）时延带宽积。指发送端发送的第一个比特即将到达终点时，发送端已发出了多少比特，又称以比特为单位的链路长度，即时延带宽积 = 传播时延 × 信道带宽。

如图 1.6 所示，考虑一个代表链路的圆柱形管道，其长度表示链路的传播时延，横截面积表示链路带宽，则时延带宽积表示该管道可以容纳的比特数量。

图 1.6　链路就像一条空心管道

6）往返时延（Round-Trip Time，RTT）。指从发送端发出一个短分组，到发送端收到来自接收端的确认（接收端收到数据后立即发送确认）总共经历的时延。在互联网中，往返时延还包括各中间结点的处理时延、排队时延及转发数据时的发送时延。

7）信道利用率。用以指出某个信道有百分之多少的时间是有数据通过的。

$$信道利用率 = 有数据通过时间 / (有+无)数据通过时间$$

1.1.7 本节习题精选

一、单项选择题

01. 计算机网络可被理解为（　）。

A. 执行计算机数据处理的软件模块

B. 由自治的计算机互连起来的集合体

C. 多个处理器通过共享内存实现的紧耦合系统

D. 用于共同完成一项任务的分布式系统

02. 计算机网络最基本的功能是（　）。

A. 数据通信　　　　　　　　　　B. 资源共享

C. 分布式处理　　　　　　　　　D. 信息综合处理

03. 下列不属于计算机网络功能的是（　）。

A. 提高系统可靠性　　　　　　　B. 提高工作效率

C. 分散数据的综合处理　　　　　D. 使各计算机相对独立

04. 计算机网络从逻辑功能上可划分为（　）。

A. 局域网和广域网　　　　　　　B. 本地计算机网和通信网

C. 通信子网和资源子网　　　　　D. 服务器和客户机

05. 下列关于网络中的计算机的描述中正确的是（　）。

A. 各自独立，没有联系　　　　　B. 拥有独立的操作系统

C. 互相干扰　　　　　　　　　　D. 拥有共同的操作系统

06. 计算机网络可分为通信子网和资源子网。下列属于通信子网的是（　）。

I. 网桥　　　　II. 交换机　　　　III. 计算机软件　　　　IV. 路由器

A. I、II、IV　　　B. II、III、IV　　　C. I、III、IV　　　D. I、II、III

07. 下列设备属于资源子网的是（　）。

A. 计算机软件　　　B. 网桥　　　　C. 交换机　　　　D. 路由器

08. 就交换技术而言，以太网采用的是（　）。

A. 分组交换技术　　　　　　　　B. 电路交换技术

C. 报文交换技术　　　　　　　　D. 混合交换技术

09. 为了使数据在网络中传输时延最小，首选的交换方式是（　）。

A. 电路交换　　　B. 报文交换　　　C. 分组交换　　　D. 信元交换

10. 分组交换相比报文交换的主要改进是（　）。

A. 差错控制更加完善　　　　　　B. 路由算法更加简单

C. 传输单位更小且有固定的最大长度　　D. 传输单位更大且有固定的最大长度

11. 下列（　）是分组交换网络的缺点。

A. 信道利用率低　　　　　　　　B. 附加信息开销大

C. 传播时延大　　　　　　　　　D. 不同规格的终端很难相互通信

12. 不同的数据交换方式有不同的性能。为了使数据在网络中的传输时延最小，首选的交换方式是（①）；为保证数据无差错地传送，不应选用的交换方式是（②）；分组交换对报文交换的主要改进是（③），这种改进产生的直接结果是（④）。

①A. 电路交换　　　B. 报文交换　　　C. 分组交换

②A. 电路交换　　　B. 报文交换　　　C. 分组交换

③A. 传输单位更小且有固定的最大长度

   B. 传输单位更大且有固定的最大长度

   C. 差错控制更完善

   D. 路由算法更简单

④A. 降低了误码率　　　　　　　　　B. 提高了数据传输速率

   C. 减少传输时延　　　　　　　　　D. 增加传输时延

13. 下列说法中，（　　）是数据报方式的特点。

   A. 同一报文的不同分组可以经过不同的传输路径通过通信子网

   B. 同一报文的不同分组到达目的结点时顺序是确定的

   C. 适合于短报文的通信

   D. 同一报文的不同分组在路由选择时只需要进行一次

14. 计算机网络分为广域网、城域网和局域网，其划分的主要依据是（　　）。

   A. 网络的作用范围　　　　　　　　B. 网络的拓扑结构

   C. 网络的通信方式　　　　　　　　D. 网络的传输介质

15. 计算机网络拓扑结构主要取决于它的（　　）。

   A. 资源子网　　　　B. 路由器　　　　C. 通信子网　　　　D. 交换机

16. 假设主机 A 和 B 之间的链路带宽为 100Mbps，主机 A 的网卡速率为 1Gbps，主机 B 的网卡速率为 10Mbps，主机 A 给主机 B 发送数据的最高理论速率为（　　）。

   A. 1Mbps　　　　B. 10Mbps　　　　C. 100Mbps　　　　D. 1Gbps

17. 有一个点对点链路的长度为 50km，若数据在此链路上的传播速率为 2×10^8m/s，要使发送 512B 分组的发送时延和传播时延相等，则该链路的带宽是（　　）。

   A. 2.05Mb/s　　　　B. 4.1Mb/s　　　　C. 16.38Mb/s　　　　D. 32.76Mb/s

18. 在下图所示的采用存储转发方式的分组交换网中，主机 A 向 B 发送两个长度为 1000B 的分组，路由器处理单个分组的时延为 10ms（假设路由器同时最多只能处理一个分组，若在处理某个分组时有新的分组到达，则存入缓存区），忽略链路的传播时延，所有链路的数据传输速率为 1Mb/s，则分组从 A 发送开始到 B 接收完为止，需要的时间至少是（　　）。

   A. 34ms　　　　B. 36ms　　　　C. 38ms　　　　D. 52ms

19. 【2010 统考真题】在下图所示的采用"存储-转发"方式的分组交换网络中，所有链路的数据传输速率为 100Mb/s，分组大小为 1000B，其中分组头大小为 20B。若主机 H1 向主机 H2 发送一个大小为 980000B 的文件，则在不考虑分组拆装时间和传播延迟的情况下，从 H1 发送开始到 H2 接收完为止，需要的时间至少是（　　）。

   A. 80ms　　　　B. 80.08ms　　　　C. 80.16ms　　　　D. 80.24ms

20. 【2013 统考真题】主机甲通过一个路由器（存储转发方式）与主机乙互连，两段链路的数据传输速率均为 10Mb/s，主机甲分别采用报文交换和分组大小为 10kb 的分组交换向主机乙发送一个大小为 8Mb（$1M = 10^6$）的报文。若忽略链路传播延迟、分组头开销和分组拆装时间，则两种交换方式完成该报文传输所需的总时间分别为（　）。

A．800ms、1600ms
B．801ms、1600ms
C．1600ms、800ms
D．1600ms、801ms

21.【2023 统考真题】在下图所示的分组交换网络中，主机 H1 和 H2 通过路由器互连，2 段链路的带宽均为 100Mb/s，时延带宽积（即单向传播时延×带宽）均为 1000b。若 H1 向 H2 发送一个大小为 1MB 的文件，分组长度为 1000B，则从 H1 开始发送的时刻起到 H2 收到文件全部数据时刻止，所需的时间至少是（　）。（注：$1M = 10^6$。）

A．80.02ms
B．80.08ms
C．80.09ms
D．80.10ms

二、综合应用题

01. 假定有一个通信协议，每个分组都引入 100 字节的开销用于首部和组帧。现在使用这个协议发送 10^6 字节的数据，但在传送过程中有一个字节被破坏，因而包含该字节的那个分组被丢弃。试对 1000 字节和 20000 字节的分组的有效数据大小分别计算"开销＋丢失"字节的总数目。为使"开销+丢失"字节的总数目最小，分组数据大小的最佳值是多少？

02. 考虑一个最大距离为 2km 的局域网，当带宽为多大时，传播时延（传播速率为 2×10^8 m/s）等于 100B 分组的发送时延？对于 512B 分组，结果又如何？

03. 在两台计算机之间传输一个文件有两种可行的确认策略。第一种策略把文件截成分组，接收方逐个确认分组，但就整体而言，文件没有得到确认。第二种策略不确认单个分组，但当文件全部收到后，对整个文件予以确认。讨论这两种方式的优缺点。

1.1.8　答案与解析

一、单项选择题

01. B

计算机网络是由自治计算机互连起来的集合体，其中包含三个关键点：自治计算机、互连、集合体。自治计算机由软件和硬件两部分组成，能完整地实现计算机的各种功能；互连是指计算机之间能实现相互通信；集合体是指所有使用通信线路及互连设备连接起来的自治计算机的集合。选项 C 和 D 分别指多机系统和分布式系统。

02. A

计算机网络的功能包括数据通信、资源共享、分布式处理、信息综合处理、负载均衡、提高可靠性等，但其中最基本的功能是数据通信功能，数据通信功能也是实现其他功能的基础。

03. D

计算机网络的三大主要功能是数据通信、资源共享和分布式处理。计算机网络使各计算机之间的联系更加紧密而非相对独立。

04. C

计算机网络从逻辑功能上可分为资源子网和通信子网两部分。

05. B

计算机网络是一些互连的、自治的计算机系统的集合。各计算机拥有独立的操作系统和硬件资源，它们之间是有联系的，通过网络协议和通信介质进行数据交换和资源共享。

06．A

资源子网主要由计算机系统、终端、联网外部设备、各种软件资源和信息资源等组成。资源子网负责全网的数据处理业务，向网络用户提供各种网络资源与网络服务。通信子网由通信控制处理机、通信线路和其他通信设备组成，任务是完成网络数据传输、转发等。

由此可知，网桥、交换机和路由器都属于通信子网，只有计算机软件属于资源子网。

07．A

通信子网对应于 OSI 参考模型的下三层，包括物理层、数据链路层和网络层。通过通信子网互连在一起的计算机负责运行对信息进行处理的应用程序，是网络中信息流动的源和宿，向网络用户提供可共享的硬件、软件和信息资源，构成资源子网。网桥、交换机、路由器都属于通信子网中的硬件设备。

08．A

在以太网中，数据以帧的形式传输。源端用户的较长报文需分为若干数据块，这些数据块在各层中还要加上相应的控制信息，在网络层中是分组，在数据链路层中是以太网的帧。以太网的用户在会话期间只是断续地使用以太网链路。

09．A

电路交换虽然建立连接的时延较大，但在数据传输期间一直占据链路，实时性更强，传输时延小。报文交换和分组交换都基于存储转发交换方式，无须事先建立连接，就可动态地分配通信资源，提高了线路利用率，但也引入了存储转发时延和额外的控制开销，因此实时性较差。

10．C

相对于报文交换而言，分组交换将报文划分为一个个具有固定最大长度的分组，以分组为单位进行传输。

11．B

分组交换要求将数据分成等长的小数据段，每段中都要加上控制信息（如目的地址），因此传送数据的总开销较大。相比其他交换方式，分组交换信道利用率高。传播时延取决于传播介质及收发双方的距离。对各种交换方式，不同规格的终端都很难相互通信，因此不是分组交换的缺点。

12．A、A、A、C

本题综合考查几种数据交换方式的特点。电路交换方式的优点是传输时延小、通信实时性强，适用于交互式会话类通信；但其缺点是对突发性通信不适应，系统效率低，不具备存储数据的能力，不能平滑网络通信量，不具备差错控制的能力，无法纠正传输过程中发生的数据差错。

报文交换和分组交换都采用存储转发，传送的数据都要经过中间结点的若干存储、转发才能到达目的地，因此传输时延较大。报文交换传送数据的长度不固定且较长，分组交换要将传送的长报文分割为多个固定且长度有限的分组，因此传输时延较报文交换的要小。

13．A

数据报方式是一种无连接的分组交换技术，它先将报文拆分成若干较小的数据段，加上地址等控制信息后构成分组，这样做虽然会增加一些控制开销，但并不意味着数据报方式只适合于短报文的通信。数据报方式提供尽最大努力的交付，不保证可靠性，分组可能出错或丢失，网络为每个分组独立地选择路由，转发的路径可能不同，因此分组不一定按序到达目的结点。

14．A

按分布范围分类：广域网、城域网、局域网、个人区域网。

按拓扑结构分类：星形网络、总线形网络、环形网络、网状网络。

按传输技术分类：广播式网络、点对点网络。

按使用者分类：公用网、专用网。

按数据交换技术分类：电路交换网、报文交换网、分组交换网。

因此，根据网络的覆盖范围可将网络主要分为广域网、城域网和局域网。

15．C

拓扑结构主要是指通信子网的拓扑结构。通信子网包括物理层、数据链路层、网络层，而集线器、交换机和路由器分别工作在物理层、数据链路层和网络层。

16．B

主机 A 给主机 B 发送数据的最高理论速率取决于链路带宽及主机 A、主机 B 的网卡速率中最小者，因为它是数据传输的瓶颈。所以，最高理论速率为 10Mbps。

17．C

该链路的传播时延 $= 50\text{km}/(2\times10^8\text{m/s}) = 250\mu\text{s}$，因为发送时延等于传播时延，所以该链路的带宽（最大的数据发送速率）应为 $(512\times8\text{b})/250\mu\text{s} = 16.38\text{Mb/s}$。

18．B

分组长度为 1000B，所有链路的数据传输速率为 1Mb/s，因此，每段链路的发送时延为 $1000\text{B}\div1\text{Mb/s} = 8\text{ms}$，第一个分组从 A 到达 B 的时间为 $8 + 10 + 8 = 26\text{ms}$，此后又经过 10ms，第二个分组才到达 B，所以总时间为 $26 + 10 = 36\text{ms}$，下图是传送过程的时空图。此题还可扩展为发送更多分组的情况。

19．C

分组大小为 1000B，分组首部大小为 20B，则分组携带的数据大小 980B，文件长度为 980000B，需拆分为 1000 个分组，加上首部后，每个分组的大小为 1000B，共需传送的数据量为 1MB。因为所有链路的数据传输速率相同，所以文件传输经过最短路径时所需的时间最少，最短路径经过 2 个分组交换机。

当 $t = 1\text{M}\times8/(100\text{Mb/s}) = 80\text{ms}$ 时，H1 发送完最后一个比特。

当 H1 发送完最后一个分组时，该分组需要经过 2 个分组交换机的转发，在 2 次转发完成后，所有分组均到达 H2。每次转发的时间为 $t_0 = 1\text{K}\times8/(100\text{Mb/s}) = 0.08\text{ms}$。

因此，在不考虑分组拆装时间和传播时延的情况下，当 $t = 80\text{ms} + 2t_0 = 80.16\text{ms}$ 时，H2 接收完文件，即所需的时间至少为 80.16ms。

【另解】分组交换的传输过程类似于流水线的方式，因此本题也可采用流水线的思路。在连续传输的过程中，每个存储转发设备在同一时刻发送不同的分组，这类似于不同的部件在同一时刻执行不同的指令。所有链路的数据传输速率相同，表示各流水段的时间相同，设为 r，最短路径有 3 段链路，则传输 m 个分组需要的时间 $t = 3r + (m-1)\times r$。也就是说，第一个分组从流水线中流出所需的时间为 $3r$，当第一个分组从流水线中流出后，每隔时间 r 就从流水线中流出一个分组。求得 $r=0.08$ms，因此 $t=3r+(m-1)\times r=3\times 0.08+(1000-1)\times 0.08=80.16$ms。

20．D

传输图为：甲——路由器——乙。

在题中没有明确说明的情况下，不考虑排队时延和处理时延，只考虑发送时延和传播时延，本题中忽略传播时延，因此只针对报文交换和分组交换计算发送时延。

计算报文交换的发送时延。报文交换直接传输信息，其发送时延是每个结点转发报文的时间。而对于每个结点，均有发送时延 $T=8$Mb÷10Mb/s$=0.8$s，因为数据从甲发出，又被路由器转发 1 次，因此共有 2 个发送时延，所以总发送时延为 1.6s，即报文交换的总时延为 1.6s。

计算分组交换的发送时延。简单画出前 3 个分组的发送时间示意图，如下所示。

时刻 0：甲开始发送分组 1。时刻 r：路由器开始发送分组 1，甲开始发送分组 2。时刻 $2r$：分组 1 到达，路由器开始发送分组 2，甲开始发送分组 3……可以看出，分组 1 到达乙所需的时间为 $2r$，当分组 1 到达后，每隔时间 r 就有一个分组到达。参考 2010 年真题的流水线思路，甲和乙通过一个路由器相连，也就是 2 个流水段，两段链路的数据传输速率相同，表示流水段的时间相同，即 $r=10$kb÷10Mb/s$=1$ms，则传输 m 个分组所需的时间 $t=2r+(m-1)\times r$，因为忽略分组头开销，分组数 $m=8$Mb÷10kb$=800$，所以得出总发送时延 $t=2+(800-1)\times 1=801$ms。

21．D

文件大小为 1MB，分组长度为 1000B，分组数量为 1MB÷1000B$=1000$，一个分组从 H1 到 H2 所需的时间 $=$ H1 的发送时延 t_1+ H1 到路由器的传播时延 t_2+ 路由器的发送时延 t_3+ 路由器到 H2 的传播时延 t_4，其中 $t_1=t_3=1000$B÷100Mb/s$=0.08$ms，$t_2=t_4=1000$b÷100Mb/s$=0.01$ms。因此，一个分组从 H1 到 H2 所需的时间为 $(0.08+0.01)\times 2=0.18$ms，H1 发送前 999 个分组所需的时间为 $999\times t1=79.92$ms，总时间等于发送前 999 个分组的时间加上最后一个分组从 H1 到 H2 的时间，即所需的时间至少为 $79.92+0.18=80.10$ms。

二、综合应用题

01．【解答】

设 D 是分组数据的大小，需要的分组数目 $=10^6/D$，开销 $=100\times N$（被丢弃分组的首部也已计入开销），因此"开销 + 丢失" $=100\times 10^6/D+D$。

当 $D=1000$ 时，"开销 + 丢失" $=100\times 10^6/1000+1000=101000$B。

当 $D=20000$ 时，"开销 + 丢失" $=100\times 10^6/20000+20000=25000$B。

设"开销 + 丢失"字节总数为 y，$y=10^8/D+D$，求微分有 $\mathrm{d}y/\mathrm{d}D=1-10^8/D^2$。

当 $D=10^4$ 时，$\mathrm{d}y/\mathrm{d}D=0$，所以分组数据大小的最佳值是 10000B。

02．【解答】

传播时延 $=2\times 10^3$m$/(2\times 10^8$m/s$)=10^{-5}$s$=10$μs。

1）分组大小为 100B：

假设带宽大小为 x，要使传播时延等于发送时延，带宽

$$x = 100\text{B}/10\mu\text{s} = 10\text{MB/s} = 80\text{Mb/s}$$

2）分组大小为 512B：

假设带宽大小为 y，要使传播时延等于发送时延，带宽

$$y = 512\text{B}/10\mu\text{s} = 51.2\text{MB/s} = 409.6\text{Mb/s}$$

因此，带宽应分别等于 80Mb/s 和 409.6Mb/s。

03.【解答】

若网络容易丢失分组，则对每个分组逐一进行确认较好，此时仅重传丢失的分组。另一方面，若网络高度可靠，则在不发生差错的情况下，仅在整个文件传送的结尾发送一次确认，以减少确认次数，进而节省带宽。不过，即使只有单个分组丢失，也要重传整个文件。

1.2 计算机网络体系结构与参考模型

1.2.1 计算机网络分层结构

命题追踪 ▶▶ 网络体系结构的定义（2010）

计算机网络的各层及其协议的集合称为网络的体系结构（Architecture）。换言之，计算机网络的体系结构就是这个计算机网络及其所应完成的功能的精确定义。要强调的是，这些功能究竟是用何种硬件或软件完成的，是一个遵循这种体系结构的实现（Implementation）问题。体系结构是抽象的，而实现则是具体的，是真正在运行的计算机硬件和软件。计算机网络体系结构通常都具有可分层的特性，它将复杂的大系统分成若干较容易实现的层次。

分层的基本原则如下：

1）每层都实现一种相对独立的功能，降低大系统的复杂度。

2）各层之间的接口自然清晰，易于理解，相互交流尽可能少。

3）各层功能的精确定义独立于具体的实现方法，可以采用最合适的技术来实现。

4）保持下层对上层的独立性，上层单向使用下层提供的服务。

5）整个分层结构应能促进标准化工作。

在计算机网络分层结构中，第 n 层中的活动元素通常称为第 n 层实体。具体来说，实体指任何可发送或接收信息的硬件或软件进程，通常是某个特定的软件模块。不同机器上的同一层称为对等层，同一层的实体称为对等实体。第 n 层实体实现的服务为第 $n+1$ 层所用。在这种情况下，第 n 层称为服务提供者，第 $n+1$ 层则服务于用户。

在计算机网络体系结构中，对等层之间传送的数据单位称为该层的协议数据单元（PDU），第 n 层的 PDU 记为 n-PDU。各层的 PDU 都分为数据和控制信息两部分。

服务数据单元（SDU）：为完成用户所要求的功能而传送的数据。第 n 层的 SDU 记为 n-SDU。

协议控制信息（PCI）：控制协议操作的信息。第 n 层的 PCI 记为 n-PCI。

每层的协议数据单元都有一个通俗的名称，如物理层的 PDU 称为比特流，数据链路层的 PDU 称为帧，网络层的 PDU 称为分组，传输层的 PDU 称为报文段。

当在各层之间传输数据时，将从第 $n+1$ 层收到的 PDU 作为第 n 层的 SDU，加上第 n 层的 PCI，就封装成了第 n 层的 PDU，交给第 $n-1$ 层后作为 SDU 发送，接收方接收时做相反的处理，因此可知三者的关系为 n-SDU + n-PCI = n-PDU = $(n-1)$-SDU，其变换过程如图 1.7 所示。

具体地，层次结构的含义包括如下几方面：

1）第 n 层的实体不仅要使用第 $n-1$ 层的服务来实现自身定义的功能，而且要向第 $n+1$ 层提供本层的服务，该服务是第 n 层及其下面各层提供的服务总和。

2）最低层只提供服务，是整个层次结构的基础；最高层面向用户提供服务。

3）上一层只能通过相邻层间的接口使用下一层的服务，而不能调用其他层的服务。

4）当两台主机通信时，对等层在逻辑上有一个直接信道，表现为能直接将信息传送到对方。

图 1.7　网络各层数据单元的联系

1.2.2　计算机网络协议、接口、服务的概念

1. 协议

要在网络中做到有条不紊地交换数据，就必须遵循一些事先约定好的规则，其规定了所交换数据的格式及有关的同步问题。为了在网络中进行数据交换而建立的这些规则、标准或约定称为**网络协议**（Network Protocol），是控制在对等实体之间进行通信的规则的集合，是水平的。不对等实体之间是没有协议的，如用 TCP/IP 协议栈通信的两个结点 A 和结点 B，结点 A 的传输层和结点 B 的传输层之间存在协议，但结点 A 的传输层和结点 B 的网络层之间不存在协议。

协议由语法、语义和同步三部分组成。

命题追踪 ▶▶ 同步的定义（2020）

1）**语法**。数据与控制信息的格式。例如，TCP 报文段格式就是由 TCP 协议的语法定义的。

2）**语义**。即需要发出何种控制信息、完成何种动作及做出何种应答。例如，在建立 TCP 连接的三次握手时所执行的操作就是由 TCP 协议的语义定义的。

3）**同步**（或时序）。执行各种操作的条件、时序关系等，即事件实现顺序的详细说明。例如，建立 TCP 连接的三次握手操作的时序关系就是由 TCP 协议的同步定义的。

2. 接口

同一结点内相邻两层的实体交换信息的逻辑接口称为服务访问点（Service Access Point，SAP）。每层只能为紧邻的层之间定义接口，而不能跨层定义接口。服务是通过 SAP 提供给上层

使用的，第 n 层的 SAP 就是第 $n+1$ 层可以访问第 n 层服务的地方。例如，在本书描述的 5 层体系结构中，数据链路层的服务访问点为帧的"类型"字段，网络层的服务访问点为 IP 数据报的"协议"字段，传输层的服务访问点为"端口号"字段。

3．服务

服务是指下层为紧邻的上层提供的功能调用，是垂直的。对等实体在协议的控制下，使得本层能为上层提供服务，但要实现本层协议，还需要使用下层提供的服务。当上层使用下层提供的服务时，必须与下层交换一些命令，这些命令称为服务原语。

OSI 参考模型将原语划分为四类：

1）请求（Request）。由服务用户发往服务提供者，请求完成某项工作。

2）指示（Indication）。由服务提供者发往服务用户，指示用户做某件事情。

3）响应（Response）。由服务用户发往服务提供者，作为对指示的响应。

4）证实（Confirmation）。由服务提供者发往服务用户，作为对请求的证实。

这四类原语用于不同的功能，如建立连接、传输数据和断开连接等。有应答服务包括全部四类原语，而无应答服务则只有请求和指示两类原语。四类原语的关系如图 1.8 所示。

图 1.8　四类原语的关系

注意，协议和服务概念上是不一样的。首先，只有本层协议的实现才能保证向上一层提供服务。本层的服务用户只能看见服务而无法看见下面的协议，即下面的协议对上层的服务用户是透明的。其次，<u>协议是"水平的"</u>，即协议是控制对等实体之间通信的规则。但是，<u>服务是"垂直的"</u>，即服务是由下层通过层间接口向上层提供的。另外，并非在一层内完成的全部功能都称为服务，只有那些能够被高一层实体"看得见"的功能才称为服务。

协议、接口、服务三者之间的关系如图 1.9 所示。

图 1.9　协议、接口、服务三者之间的关系

计算机网络提供的服务可按以下三种方式分类。

（1）面向连接服务与无连接服务

在面向连接服务中，通信前双方必须先建立连接，分配相应的资源（如缓冲区），以保证通信能正常进行，传输结束后释放连接和占用的资源。因此这种服务可分为连接建立、数据传输和连接释放三个阶段。例如，TCP 就是一种面向连接服务的协议。

在无连接服务中，通信前双方不需要先建立连接，需要发送数据时可直接发送，将每个带有目的地址的包（报文分组）传送到线路上，由系统选定路线进行传输。这种服务常被描述为"尽最大努力交付"，是一种不可靠的服务。例如，IP、UDP 就是一种无连接服务的协议。

（2）可靠服务和不可靠服务

可靠服务是指网络具有纠错、检错、应答机制，能保证数据正确、可靠地传送到目的地。不可靠服务是指网络只是尽量让数据正确、可靠地传送到目的地，是一种尽力而为的服务。

对于提供不可靠服务的网络，其网络的正确性、可靠性要由应用或用户来保障。例如，用户收到信息后要判断信息的正确性，若不正确，则用户就要把出错信息报告给信息的发送者，以便发送者采取纠正措施。通过用户的这些措施，可将不可靠服务变成可靠服务。

（3）有应答服务和无应答服务

有应答服务是指接收方在收到数据后向发送方给出相应的应答，该应答由传输系统内部自动实现，而不由用户实现。发送的应答既可以是肯定应答，又可以是否定应答，通常在接收到的数据有错误时发送否定应答。例如，文件传输服务就是一种有应答服务。

无应答服务是指接收方收到数据后不自动给出应答。若需要应答，则由高层实现。例如，对于 WWW 服务，客户端收到服务器发送的页面文件后不给出应答。

1.2.3 ISO/OSI 参考模型和 TCP/IP 模型

1．OSI 参考模型

命题追踪 ▶▶ OSI 参考模型的通信子网各层所包含的中继设备（2016）

国际标准化组织（ISO）提出的网络体系结构模型称为开放系统互连参考模型（OSI/RM），通常简称为 OSI 参考模型。OSI 参考模型有 7 层，自下而上依次为物理层、数据链路层、网络层、传输层、会话层、表示层、应用层。低三层统称通信子网，是为联网而附加的通信设备，完成数据的传输功能；高三层统称资源子网，相当于计算机系统，完成数据的处理等功能。传输层承上启下。OSI 参考模型的层次结构如图 1.10 所示。

图 1.10 OSI 参考模型的层次结构

下面详述 OSI 参考模型各层的功能。

命题追踪 ▶▶ OSI 参考模型的层次结构（2013、2014、2017、2019）

（1）物理层（Physical Layer）

物理层的传输单位是比特，功能是在物理介质上为数据端设备透明地传输原始比特流。物理层主要定义数据终端设备（DTE）和数据通信设备（DCE）的物理与逻辑连接方法。

物理层接口标准很多，如 EIA-232C、EIA/TIA RS-449、CCITT 的 X.21 等。

图 1.11 表示的是两个通信结点及它们间的一段通信链路，物理层主要研究以下内容：

图 1.11　两个通信结点及它们间的一段通信链路

① 通信链路与通信结点的连接需要一些电路接口，物理层规定了这些接口的一些参数，如机械形状和尺寸、交换电路的数量和排列等，例如笔记本电脑上的网线接口。

② 物理层规定了通信链路上所传输的信号的意义和电气特征。例如，若规定信号 X 代表数字 0，则当结点传输 0 时就发出信号 X，而当结点接收到信号 X 时就知道收到的是 0。

注意，传输信息所用的一些物理介质（如双绞线、光缆、无线信道等）并不在物理层协议之内，而在物理层协议下面。因此，有人将物理介质当作第 0 层。

（2）数据链路层（Data Link Layer）

命题追踪　▶▶　OSI 参考模型的数据链路层的功能（2022）

数据链路层的传输单位是帧。两台主机之间的数据传输总是在一段一段的链路上传送的，这就需要使用专门的链路层协议。数据链路层将网络层交来的 IP 分组封装成帧，并且可靠地传输到相邻结点的网络层。主要作用是加强物理层传输原始比特流的功能，将物理层提供的可能出错的物理连接改造为逻辑上无差错的数据链路，使之对网络层表现为一条无差错的链路。

因为外界噪声的干扰，所以原始的物理连接在传输比特流时可能发生错误。如图 1.11 所示，结点 A 想向结点 B 传输数字 0，于是发出信号 X；但在传输过程中受到干扰，信号 X 变成了信号 Y，而信号 Y 又刚好代表 1，结点 B 接收到信号 Y 时，误以为结点 A 传送了数字 1，从而发生差错。数据链路层协议应能检测出这些差错，然后将收到的错误信息丢弃。

如图 1.11 所示，在两个相邻结点之间传送数据时，结点 A 的发送速率可能比结点 B 的接收速率快，若不加以控制，则结点 B 就会丢弃很多来不及接收的正确数据，造成传输线路效率下降。流量控制可以协调两个结点的速率，使结点 A 的发送速率刚好是结点 B 的接收速率。

广播式网络在数据链路层还要处理新的问题，即如何控制对共享信道的访问。数据链路层的一个特殊子层——介质访问子层就是专门处理这个问题的。

典型的数据链路层协议有 SDLC、HDLC、PPP、STP 和帧中继等。

（3）网络层（Network Layer）

网络层的传输单位是数据报。它关心的是通信子网的运行控制，主要任务是将网络层的协议数据单元（分组）从源结点传输到目的结点，为分组交换网上的不同主机提供通信服务。关键问题是对分组进行路由选择，并实现流量控制、拥塞控制、差错控制和网际互连等功能。

> **注　意**
>
> 无论是在哪一层传送的数据单元，都可以笼统地用"分组"来表示。

如图 1.12 所示，当结点 A 向结点 B 传输一个分组时，既可经过边 a、c、g，又可经过边 b、h，有多条可以选择的路由，而网络层的作用是根据网络的情况，利用相应的路由算法计算出一条合适的路径，使这个分组可以顺利地到达结点 B。

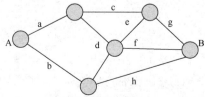

图 1.12　某网络结构图

流量控制与数据链路层的流量控制的含义一样，都是协调 A 的发送速率和 B 的接收速率。

差错控制是通信结点之间约定的特定检错规则，接收方根据该规则检查接收到的分组是否出错，若出错，则能纠错就纠错，不能纠错就丢弃，确保向上层提交的数据都是无误的。

若图 1.12 中的结点都来不及接收分组而丢弃大量分组，导致结点间无法正常通信，那么网络就处于拥塞状态。网络层要采取措施来缓解这种拥塞，这就是拥塞控制。

互联网是由大量异构网络通过路由器相互连接起来的。互联网使用的网络层协议是无连接的网际协议（IP）和许多种路由选择协议，因此互联网的网络层也称网际层或 IP 层。

网络层的协议有 IP、IPX、ICMP、IGMP、ARP、RARP、RIP 和 OSPF 等。

（4）传输层（Transport Layer）

命题追踪 ▶▶ OSI 参考模型的传输层的功能（2009）

传输层也称运输层，负责主机中两个进程之间的通信，功能是为端到端连接提供可靠的传输服务，即为端到端连接提供流量控制、差错控制、服务质量、数据传输管理等服务。

数据链路层提供的是点到点通信，传输层提供的是端到端通信，两者不同。

通俗地说，点到点可理解为主机和主机之间的通信，一个点是指一个硬件地址或 IP 地址，网络中参与通信的主机是通过硬件地址或 IP 地址来标识的；端到端通信是指运行在不同主机内的两个进程之间的通信，一个进程由一个端口来标识，所以称为端到端通信。

通过传输层的屏蔽，高层用户看不到通信子网的交替和变化。因为一台主机可同时运行多个进程，所以传输层具有复用和分用的功能。复用是指多个应用层进程可同时使用下面传输层的服务，分用是指传输层将收到的信息分别交付给上面应用层中相应的进程。

传输层的协议有 TCP、UDP。

（5）会话层（Session Layer）

命题追踪 ▶▶ OSI 参考模型的会话层的功能（2019）

会话层允许不同主机上的各个进程之间进行会话。这种服务主要为表示层实体或用户进程建立连接，并在连接上有序地传输数据，这就是会话，也称建立同步（SYN）。会话层负责管理主机间的会话进程，包括建立、管理和终止进程间的会话。会话层包含一种称为检查点的机制来维持可靠会话，使通信会话在通信失效时从检查点继续恢复通信，即断点下载的原理。

（6）表示层（Presentation Layer）

命题追踪 ▶▶ OSI 参考模型的表示层的功能（2013）

表示层主要处理在两个通信系统中交换信息的表示方式。不同机器采用的编码和表示方法不同，为了使不同表示方法的数据和信息之间能够互相交换，表示层采用抽象的标准方法定义数据结构，并采用标准的编码形式。此外，数据压缩、加密和解密也是表示层的功能。

（7）应用层（Application Layer）

应用层是 OSI 参考模型的最高层，是用户与网络的接口。应用层为特定类型的网络应用提供访问 OSI 参考模型环境的手段。用户的实际应用多种多样，这就要求应用层采用不同的应用协议来解决不同类型的应用要求，因此应用层是最复杂的一层，使用的协议也最多。典型的协议有用于文件传送的 FTP、用于电子邮件的 SMTP、用于万维网的 HTTP 等。

2．TCP/IP 模型

命题追踪 ▶▶ TCP/IP 模型的各层的顺序（2021）

TCP/IP 模型从低到高依次为网络接口层（对应 OSI 参考模型的物理层和数据链路层）、网际层、传输层和应用层（对应 OSI 参考模型的会话层、表示层和应用层）。TCP/IP 因为得到广泛应用而成为事实上的国际标准。TCP/IP 模型的层次结构及各层的主要协议如图 1.13 所示。

图 1.13　TCP/IP 模型的层次结构及各层的主要协议

网络接口层的功能类似于 OSI 参考模型的物理层和数据链路层。它表示与物理网络的接口，但实际上 TCP/IP 本身并未真正描述这一部分，只是指出主机必须使用某种协议与网络连接，以便在其上传输 IP 分组。具体的物理网络既可是各种类型的局域网，如以太网、令牌环网、令牌总线网等，又可是诸如电话网、SDH、X.25、帧中继和 ATM 等公共数据网络。网络接口层的作用是从主机或结点接收 IP 分组，并将它们发送到指定的物理网络上。

命题追踪 ▶▶ TCP/IP 模型的网际层的功能（2011、2021）

网际层（主机-主机）是 TCP/IP 体系结构的关键部分，功能上它与 OSI 参考模型的网络层非常相似。网际层将分组发往任何网络，并为其独立地选择合适的路由，但不保证各个分组有序地到达，各个分组的有序和可靠交付由高层负责。网际层定义了标准的分组格式和协议，即 IP。当前采用的 IP 是第 4 版，即 IPv4，它的下一版本是 IPv6。

传输层（应用-应用或进程-进程）的功能同样与 OSI 参考模型中的传输层类似，即使得发送端和目的端主机上的对等实体进行会话。传输层主要使用以下两种协议：

1）传输控制协议（Transmission Control Protocol，TCP）。它是面向连接的，传输数据之前必须先建立连接，能够提供可靠的交付。数据传输的单位是报文段。

2）用户数据报协议（User Datagram Protocol，UDP）。它是无连接的，不保证提供可靠的交付，只能提供"尽最大努力交付"。数据传输的单位是用户数据报。

应用层（用户-用户）包含所有的高层协议，如虚拟终端协议（Telnet）、文件传输协议（FTP）、域名解析服务（DNS）、电子邮件协议（SMTP）和超文本传输协议（HTTP）。

由图 1.13 可以看出，IP 是互联网中的核心协议；TCP/IP 可为各式各样的应用提供服务（所谓 everything over IP），TCP/IP 还允许 IP 在由各种网络构成的互联网上运行（所谓 IP over everything）。因此，互联网才会发展到今天的规模。

3．TCP/IP 模型与 OSI 参考模型的比较

TCP/IP 模型与 OSI 参考模型有许多相似之处。

首先，二者都采取分层的体系结构，且分层的功能也大体相似。

其次，二者都是基于独立的协议栈的概念。

最后，二者都可解决异构网络的互连，实现不同厂家生产的计算机之间的通信。

它们之间的比较如图 1.14 所示。

两个模型除了具有这些基本的相似之处，也有很多差别。

　　第一，OSI 参考模型的最大贡献是精确定义了三个主要概念：服务、协议和接口，这与现代的面向对象程序设计思想非常吻合。而 TCP/IP 模型在这三个概念上没有明确区分。

　　第二，OSI 参考模型是 7 层模型，而 TCP/IP 模型是 4 层结构。TCP/IP 模型将 OSI 参考模型的表示层和会话层的功能合并到了应用层，还将数据链路层和物理层合并为网络接口层。

　　第三，OSI 参考模型先有模型，后有协议规范，通用性良好，适合描述各种网络。TCP/IP 模型正好相反，即先有协议栈，后建立模型，因此不适合任何其他的非 TCP/IP 网络。

　　第四，OSI 参考模型在网络层支持无连接和面向连接的通信，但在传输层仅有面向连接的通信。而 TCP/IP 模型认为可靠性是端到端的问题，因此它在网际层仅有一种无连接的通信模式，但传输层支持无连接和面向连接两种模式。<u>这个不同点常常作为考查点。</u>

图 1.14　TCP/IP 模型与 OSI 参考模型的层次对应关系

　　OSI 参考模型和 TCP/IP 模型都不是完美的，对二者的批评都很多。OSI 参考模型的设计者从一开始就试图建立一个全世界的计算机网络都要遵循的统一标准。从技术角度看，他们追求一种完美的理想状态，导致基于 OSI 参考模型的软件效率极低。OSI 参考模型缺乏市场与商业动力，结构复杂，运行效率低，这是它未能达到预期目标的重要原因。

　　学习计算机网络时，我们往往采取折中的办法，即综合 OSI 参考模型和 TCP/IP 模型的优点，采用一种如图 1.15 所示的只有 5 层协议的体系结构，本书也采用这种体系结构进行讨论。

图 1.15　网络的 5 层协议体系结构模型

命题追踪 ▶▶ 应用层 DNS 报文逐层封装的关系（2021）

　　最后简单介绍使用协议栈进行通信的数据传输过程。每个协议栈的顶端都是一个面向用户的接口，下面各层是为通信服务的协议。用户传输的数据通常是用户能够理解的自然语言，通过应用层将自然语言转化为用于通信的通信数据。通信数据到达传输层，作为传输层的数据部分（传输层 SDU），加上传输层的控制信息（传输层 PCI），组成传输层的 PDU；下放到网络层后，就成为网络层的 SDU，加上网络层的 PCI，又组成了网络层的 PDU；下放到数据链路层……就这样层层下放，层层包裹，最后形成的数据包通过通信线路传输，到达接收方结点协议栈，接收方逆向逐层地拆开"包裹"，然后将收到的数据提交给用户，如图 1.16 所示。

图 1.16　协议栈的通信过程示例

1.2.4　本节习题精选

单项选择题

01. （　）不是对网络模型进行分层的目标。

    A. 提供标准语言　　　　　　　　　B. 定义功能执行的方法

    C. 定义标准界面　　　　　　　　　D. 增加功能之间的独立性

02. 将用户数据分成一个个数据块传输的优点不包括（　）。

    A. 减少延迟时间

    B. 提高错误控制效率

    C. 使多个应用更公平地使用共享通信介质

    D. 有效数据在协议数据单元（PDU）中所占比例更大

03. 协议是指在（　）之间进行通信的规则或约定。

    A. 同一结点的上下层　　　　　　　B. 不同结点

    C. 相邻实体　　　　　　　　　　　D. 不同结点对等实体

04. OSI 参考模型中的实体指的是（　）。

    A. 实现各层功能的规则　　　　　　B. 上下层之间进行交互时所要的信息

    C. 各层中实现该层功能的软件或硬件　D. 同一结点中相邻两层相互作用的地方

05. 在 OSI 参考模型中，第 n 层与它之上的第 $n+1$ 层的关系是（　）。

    A. 第 n 层为第 $n+1$ 层提供服务

    B. 第 $n+1$ 层为从第 n 层接收的报文添加一个报头

    C. 第 n 层使用第 $n+1$ 层提供的服务

    D. 第 n 层和第 $n+1$ 层相互没有影响

06. 关于计算机网络及其结构模型，下列几种说法中错误的是（　）。

    A. 世界上第一个计算机网络是 ARPAnet

    B. Internet 最早起源于 ARPAnet

    C. 国际标准化组织（ISO）设计出了 OSI/RM 参考模型，即实际执行的标准

  D. TCP/IP 参考模型分为 4 个层次

07. ( ) 是计算机网络中 OSI 参考模型的 3 个主要概念。

  A. 服务、接口、协议   B. 结构、模型、交换

  C. 子网、层次、端口   D. 广域网、城域网、局域网

08. 描述网络协议三要素的是 ( )。

  A. 数据格式、编码、信号电平   B. 数据格式、控制信息、速度匹配

  C. 语法、语义、同步   D. 编码、控制信息、同步

09. TCP 通信双方通过"三报文握手"建立连接，这属于网络协议三要素中的 ( )。

  A. 语义   B. 时序   C. 服务   D. 语法

10. 下图描述的网络协议要素是 ( )。

题 10 图　IPv4 数据报的首部格式

  I. 语法   II. 语义   III. 时序（同步）

  A. 仅 I   B. 仅 II   C. 仅 III   D. I、II 和 III

11. 下列关于 OSI 参考模型的描述中，错误的是 ( )。

  A. OSI 参考模型定义了开放系统的层次结构

  B. OSI 参考模型定义了各层所包括的可能的服务

  C. OSI 参考模型作为一个框架协调组织各层协议的制定

  D. OSI 参考模型定义了各层接口的实现方法

12. 负责将比特转换成电信号进行传输的层是 ( )。

  A. 应用层   B. 网络层   C. 数据链路层   D. 物理层

13. 下列选项中不属于 OSI 参考模型中物理层功能的是 ( )。

  A. 比特 0 和 1 使用何种电信号表示

  B. 传输能否在两个方向上同时进行

  C. 1 个比特持续多长时间

  D. 避免快速发送方"淹没"慢速接收方

14. OSI 参考模型中的数据链路层不具有 ( ) 功能。

  A. 物理寻址   B. 流量控制   C. 差错检验   D. 拥塞控制

15. 下列能够最好地描述 OSI 参考模型的数据链路层功能的是 ( )。

  A. 提供用户和网络的接口   B. 处理信号通过介质的传输

  C. 控制报文通过网络的路由选择   D. 保证数据正确的顺序和完整性

16. 当数据由端系统 A 传送至端系统 B 时，不参与数据封装工作的是 ( )。

  A. 物理层   B. 数据链路层   C. 网络层   D. 表示层

17. 在 OSI 参考模型中，实现端到端的应答、分组排序和流量控制功能的协议层是 ( )。

A. 会话层　　　　　B. 网络层　　　　　C. 传输层　　　　　D. 数据链路层

18. 在 ISO/OSI 参考模型中，可同时提供无连接服务和面向连接服务的是（　　）。
　　A. 物理层　　　　　B. 数据链路层　　　　C. 网络层　　　　　D. 传输层

19. 在 OSI 参考模型中，当两台计算机进行文件传输时，为防止中间出现网络故障而重传整个文件的情况，可通过在文件中插入同步点来解决，这个动作发生在（　　）。
　　A. 表示层　　　　　B. 会话层　　　　　C. 网络层　　　　　D. 应用层

20. 数据的格式转换及压缩属于 OSI 参考模型中（　　）的功能。
　　A. 应用层　　　　　B. 表示层　　　　　C. 会话层　　　　　D. 传输层

21. OSI 参考模型中（　　）通过设置检验点，使通信双方在通信失效时可从检验点恢复通信。
　　A. 传输层　　　　　B. 网络层　　　　　C. 表示层　　　　　D. 会话层

22. 下列说法中正确描述了 OSI 参考模型中数据的封装过程的是（　　）。
　　A. 数据链路层在分组上仅增加了源物理地址和目的物理地址
　　B. 网络层将高层协议产生的数据封装成分组，并增加第三层的地址和控制信息
　　C. 传输层将数据流封装成数据帧，并增加可靠性和流控制信息
　　D. 表示层将高层协议产生的数据分割成数据段，并增加相应的源和目的端口信息

23. 在 OSI 参考模型中，提供流量控制功能的层是第（①）层；提供建立、维护和拆除端到端的连接的层是（②）；为数据分组提供在网络中路由的功能的是（③）；传输层提供（④）的数据传送；为网络层实体提供数据发送和接收功能及过程的是（⑤）。
　　① A. 1、2、3　　　B. 2、3、4　　　C. 3、4、5　　　D. 4、5、6
　　② A. 物理层　　　　B. 数据链路层　　　C. 会话层　　　　D. 传输层
　　③ A. 物理层　　　　B. 数据链路层　　　C. 网络层　　　　D. 传输层
　　④ A. 主机进程之间　　　　　　　　　　B. 网络之间
　　　　C. 数据链路之间　　　　　　　　　　D. 物理线路之间
　　⑤ A. 物理层　　　　B. 数据链路层　　　C. 会话层　　　　D. 传输层

24. 在 OSI 参考模型中，（　　）利用通信子网提供的服务实现两个进程之间的端到端通信。
　　A. 网络层　　　　　B. 传输层　　　　　C. 会话层　　　　　D. 表示层

25. 互联网采用的核心技术是（　　）。
　　A. TCP/IP　　　　　B. 局域网技术　　　C. 远程通信技术　　D. 光纤技术

26. 在 TCP/IP 模型中，（　　）处理关于可靠性、流量控制和错误校正等问题。
　　A. 网络接口层　　　B. 网际层　　　　　C. 传输层　　　　　D. 应用层

27. 上下邻层实体之间的接口称为服务访问点，应用层的服务访问点也称（　　）。
　　A. 用户接口　　　　B. 网卡接口　　　　C. IP 地址　　　　　D. MAC 地址

28. 在 OSI 参考模型中，各层都有差错控制过程，指出以下每种差错发生在哪些层中。噪声使传输链路上的一个 0 变成 1 或一个 1 变成 0（①）。收到一个序号错误的目的帧（②）。一台打印机正在打印，突然收到一个错误指令要打印头回到本行的开始位置（③）。
　　① A. 物理层　　　　B. 网络层　　　　　C. 数据链路层　　　D. 会话层
　　② A. 物理层　　　　B. 网络层　　　　　C. 数据链路层　　　D. 会话层
　　③ A. 物理层　　　　B. 网络层　　　　　C. 应用层　　　　　D. 会话层

29. 【2009 统考真题】在 OSI 参考模型中，自下而上第一个提供端到端服务的层是（　　）。
　　A. 数据链路层　　　B. 传输层　　　　　C. 会话层　　　　　D. 应用层

30. 【2010 统考真题】下列选项中不属于网络体系结构所描述的内容是（　）。
    A. 网络的层次
    B. 每层使用的协议
    C. 协议的内部实现细节
    D. 每层必须完成的功能

31. 【2011 统考真题】TCP/IP 参考模型的网络层提供的是（　）。
    A. 无连接不可靠的数据报服务
    B. 无连接可靠的数据报服务
    C. 有连接不可靠的虚电路服务
    D. 有连接可靠的虚电路服务

32. 【2013 统考真题】在 OSI 参考模型中，功能需由应用层的相邻层实现的是（　）。
    A. 对话管理　　　B. 数据格式转换　　　C. 路由选择　　　D. 可靠数据传输

33. 【2014 统考真题】在 OSI 参考模型中，直接为会话层提供服务的是（　）。
    A. 应用层　　　B. 表示层　　　C. 传输层　　　D. 网络层

34. 【2016 统考真题】在 OSI 参考模型中，路由器、交换机（Switch）、集线器（Hub）实现
    的最高功能层分别是（　）。
    A. 2、2、1　　　B. 2、2、2　　　C. 3、2、1　　　D. 3、2、2

35. 【2017 统考真题】假设 OSI 参考模型的应用层欲发送 400B 的数据（无拆分），除物理
    层和应用层外，其他各层在封装 PDU 时均引入 20B 的额外开销，则应用层的数据传
    输效率约为（　）。
    A. 80%　　　B. 83%　　　C. 87%　　　D. 91%

36. 【2019 统考真题】OSI 参考模型的第 5 层（自下而上）完成的主要功能是（　）。
    A. 差错控制　　　B. 路由选择　　　C. 会话管理　　　D. 数据表示转换

37. 【2020 统考真题】下图描述的协议要素是（　）。

    Ⅰ. 语法　　　　Ⅱ. 语义　　　　Ⅲ. 时序
    A. 仅 Ⅰ　　　　B. 仅 Ⅱ　　　　C. 仅 Ⅲ　　　　D. Ⅰ、Ⅱ 和 Ⅲ

38. 【2021 统考真题】在 TCP/IP 参考模型中，由传输层相邻的下一层实现的主要功能是（　）。
    A. 对话管理
    B. 路由选择
    C. 端到端报文段传输
    D. 结点到结点流量控制

39. 【2022 统考真题】在 ISO/OSI 参考模型中，实现两个相邻结点间流量控制功能的是（　）。
    A. 物理层　　　B. 数据链路层　　　C. 网络层　　　D. 传输层

1.2.5　答案与解析

单项选择题

01. B

分层属于计算机网络体系结构的范畴，选项 A、C 和 D 均是网络模型分层的目的，而分层的
目的不包括定义功能执行的具体方法。

02. D

将用户数据分成一个个数据块传输，因为每块均需加入控制信息，所以实际上会使有效数据

在 PDU 中所占的比例更小。其他各项均为其优点。

03．D

协议是为对等层实体之间进行逻辑通信而定义的规则的集合。

04．C

实体是指每一层中实现该层功能的软件或硬件，可以是程序、模块、子程序或设备。

05．A

服务是指下层为紧邻的上层提供的功能调用，每层只能调用紧邻下层提供的服务（通过服务访问点），而不能跨层调用。

06．C

国际标准化组织（ISO）设计了开放系统互连参考模型（OSI/RM），即 7 层网络参考模型，但实际执行的国际标准是 TCP/IP 标准。

07．A

计算机网络要做到有条不紊地交换数据，就必须遵守一些事先约定的原则，这些原则就是协议。在协议的控制下，两个对等实体之间的通信使得本层能够向上一层提供服务。要实现本层协议，还要使用下一层提供的服务，而提供服务就是交换信息，交换信息就需要通过接口，所以说服务、接口、协议是 OSI 参考模型的 3 个主要概念。

08．C

描述网络协议的三要素是语法、语义和同步。

09．B

网络协议三要素中的时序（或称同步）定义了通信双方的时序关系，TCP 通信双方通过"三报文握手"建立连接，它规定发送 SYN、ACK 和 SYN+ACK 报文的先后顺序。

10．A

网络协议三要素中的语法定义所交换信息的格式，所以 IPv4 首部格式体现了语法的要素。

11．D

OSI 参考模型不仅划分了层次结构，还定义了各层可能提供的服务，但并未规定协议的具体实现，而是描述了一些概念和原则，用来协调和组织各层所用的协议。OSI 参考模型并未定义各层接口的实现方法，而把具体的实现细节留给了各个协议和标准，D 错误。

12．D

物理层为数据链路层提供二进制流的传输服务，涉及信号的编码、解码和同步等，D 正确。

13．D

避免快速发送方"淹没"慢速接收方，描述的是流量控制的作用，属于数据链路层或传输层的功能。物理层只负责透明地传送比特流，不涉及流量控制的功能，D 错误。

14．D

数据链路层在不可靠的物理介质上提供可靠的传输，作用包括物理寻址、组帧、流量控制、差错检验、数据重发等。网络层和传输层才具有拥塞控制的功能。

15．D

OSI 参考模型的数据链路层向上提供可靠的传输服务，在差错检测的基础上，增加了帧编号、确认和重传机制，因此保证了数据正确的顺序和完整性。A 是应用层的功能，B 是物理层的功能，C 是网络层的功能。学习 3.1 节后，对本题的理解将更深刻。

16．A

物理层以 0、1 比特流的形式透明地传输数据链路层提交的帧。网络层和表示层都为上层提交的数据加上首部，数据链路层为上层提交的数据加上首部和尾部，然后提交给下一层。物理层不存在下一层，自然也就不用封装。

17．C

只有传输层及以上各层的通信才能称为端到端，选项 B、D 错。会话层管理不同主机间进程的对话，而传输层实现应答、分组排序和流量控制功能。

18．C

本题容易误选 D。ISO/OSI 参考模型在网络层支持无连接和面向连接的通信，但在传输层仅支持面向连接的通信；TCP/IP 模型在网络层仅有无连接的通信，而在传输层支持无连接和面向连接的通信。两类协议栈的区别是联考的考点，而这个区别是常考点。

19．B

在 OSI 参考模型中，会话层的两个主要服务是会话管理和同步。会话层使用检验点使通信会话在通信失效时从检验点继续恢复通信，实现数据同步。

20．B

OSI 参考模型表示层的功能有数据解密与加密、压缩、格式转换等。

21．D

会话层的主要功能是建立、管理和终止进程间的会话，以及使用检查点（或称检验点）使会话在通信失效时从检验点继续恢复通信，实现数据同步。

22．B

数据链路层在分组上除增加源和目的物理地址外，也增加控制信息；传输层的 PDU 不称为帧；表示层不负责将高层协议产生的数据分割成数据段，负责增加相应源和目的端口信息的应是传输层。选项 B 正确描述了 OSI 参考模型中数据的封装过程，数据经过网络层后，只是增加了第三层 PCI。

23．①B、②D、③C、④A、⑤B

在计算机网络中，流量控制指的是通过限制发送方发出的数据流量，使得其发送速率不超过接收方接收速率的一种技术。流量控制功能可存在于数据链路层及其之上的各层中。目前提供流量控制功能的主要是数据链路层、网络层和传输层。不过，各层的流量控制对象不一样，各层的流量控制功能是在各层实体之间进行的。

在 OSI 参考模型中，物理层实现比特流在传输介质上的透明传输；数据链路层将有差错的物理线路变成无差错的数据链路，实现相邻结点之间即点到点的数据传输。网络层的主要功能是路由选择、拥塞控制和网际互连等，实现主机到主机的通信；传输层实现主机的进程之间即端到端的数据传输。

下一层为上一层提供服务，而网络层的下一层是数据链路层，所以为网络层实体提供数据发送和接收功能及过程的是数据链路层。

24．B

在 OSI 参考模型中，数据链路层提供链路上相邻结点之间的逻辑通信，网络层提供主机之间的逻辑通信，传输层在运行于不同主机上的进程之间（即端到端）提供逻辑通信。

25．A

协议是网络上计算机之间进行信息交换和资源共享时共同遵守的约定，没有协议的存在，网络的作用也就无从谈起。在互联网中应用的网络协议是采用分组交换技术的 TCP/IP，它是互联网的核心技术。

26. C

TCP/IP 模型的传输层提供端到端的通信，并且负责差错控制和流量控制，可以提供可靠的面向连接服务或不可靠的无连接服务。

27. A

在同一系统中相邻两层的实体交换信息的逻辑接口称为服务访问点（SAP），N 层的 SAP 是 $N+1$ 层可以访问 N 层服务的地方。SAP 用于区分不同的服务类型。在 5 层体系结构中，数据链路层的服务访问点为帧的"类型"字段，网络层的服务访问点为 IP 数据报的"协议"字段，传输层的服务访问点为"端口号"字段，应用层的服务访问点为"用户接口"。

28. A、C、C

1）物理层。物理层负责正确、透明地传输比特流（0，1）。

2）数据链路层。数据链路层的 PDU 称为帧，帧的差错检测是数据链路层的功能。

3）应用层。打印机是向用户提供服务的，运行的是应用层的程序。

29. B

传输层提供应用进程之间的逻辑通信（通过端口号），即端到端的通信。数据链路层负责相邻结点之间的通信，这个结点包括交换机和路由器等数据通信设备，且这些设备不能称为端系统。网络层负责主机到主机的逻辑通信。因此，答案为选项 B。

30. C

计算机网络的各层及其协议的集合称为体系结构，分层就涉及对各层功能的划分，因此 A、B、D 正确。体系结构是抽象的，它不包括各层协议的具体实现细节。在讲解网络层次时，仅涉及各层的协议和功能，而内部实现细节没有提及。内部实现细节是由具体设备厂家确定的。

31. A

TCP/IP 的网络层向上只提供简单灵活的、无连接的、尽最大努力交付的数据报服务。考察 IP 首部，若是面向连接的，则应有用于建立连接的字段，但是首部中没有；若提供可靠的服务，则至少应有序号和检验和两个字段，但是 IP 分组头中也没有（IP 首部中只有首部检验和）。通常有连接、可靠的应用是由传输层的 TCP 实现的。

32. B

在 OSI 参考模型中，应用层的相邻层是表示层，它是 OSI 参考模型七层协议的第六层。表示层的功能是表示出用户看得懂的数据格式，实现与数据表示有关的功能。主要完成数据字符集的转换、数据格式化及文本压缩、数据加密和解密等工作。

33. C

直接为会话层提供服务的是会话层的下一层，即传输层，答案为选项 C。

34. C

集线器是一个多端口的中继器，工作在物理层。以太网交换机是一个多端口的网桥，工作在数据链路层。路由器是网络层设备，实现网络模型的下三层，即物理层、数据链路层和网络层。题中，R1、Switch 和 Hub 分别是路由器、交换机和集线器，实现的最高层功能分别是 OSI 参考模型中的网络层（第 3 层）、数据链路层（第 2 层）和物理层（第 1 层）。

35. A

OSI 参考模型共 7 层，除去物理层和应用层，剩 5 层。它们向 PDU 引入 20B×5＝100B 的额外开销。应用层是最高层，因此其数据传输效率为 400B/500B＝80%。

36. C

OSI 参考模型自下而上分别为物理层、数据链路层、网络层、传输层、会话层、表示层和应用层。第 5 层为会话层，它的主要功能是管理和协调不同主机上各种进程之间的通信（对话），即负责建立、管理和终止应用程序之间的会话，这也是会话层得名的原因。

37. C

协议由语法、语义和时序（又称同步）三部分组成。语法规定了通信双方彼此"如何讲"，即规定了传输数据的格式。语义规定了通信双方彼此"讲什么"，即规定了所要完成的功能，如通信双方要发出什么控制信息、执行的动作和返回的应答。时序规定了信息交流的次序。由图可知发送方与接收方依次交换信息，体现了协议三要素中的时序要素。

38. B

TCP/IP 模型中与传输层相邻的下一层是网际层。TCP/IP 的网际层使用一种尽力而为的服务，它将分组发往任何网络，并为其独立选择合适的路由,但不保证各个分组有序到达,B 正确。TCP/IP 认为可靠性是端到端的问题（传输层的功能），因此它在网际层仅有无连接、不可靠的通信模式，无法完成结点到结点的流量控制（OSI 参考模型的网络层具有该功能）。端到端的报文段传输为传输层的功能。对话管理在 TCP/IP 中属于应用层的功能。A、C 和 D 错误。

39. B

在 OSI 参考模型中，数据链路层、网络层、传输层都具有流量控制功能，数据链路层是相邻结点之间的流量控制，网络层是整个网络中的流量控制，传输层是端到端的流量控制。

1.3 本章小结及疑难点

1. 互联网使用的 IP 协议是无连接的，因此其传输是不可靠的。这样容易使人们感到互联网很不可靠。为什么当初不把互联网的传输设计为可靠的呢？

传统电信网的主要用途是电话通信，且普通电话机不是智能的，因此电信公司必须花费巨大的代价将电信网设计得非常可靠，以保证用户的通信质量。

数据的传送显然必须可靠。当初设计 ARPAnet 时，很重要的讨论内容之一是"谁应当负责数据传输的可靠性？"一种意见是主张像电信网那样，由通信网络负责数据传输的可靠性（因为电信网的发展史及技术水平已经证明，人们可将网络设计得相当可靠）。另一种意见则主张由用户主机负责数据传输的可靠性，理由是这样可使计算机网络便宜、灵活。

计算机网络的先驱认为，计算机网络和电信网的一个重大区别是终端设备的性能差别很大。于是，他们采用了"端到端的可靠传输"策略，即在传输层使用面向连接的 TCP 协议，这样既能使网络部分价格便宜且灵活可靠，又能保证端到端的可靠传输。

2. 端到端通信和点到点通信有什么区别？

本质上说，由物理层、数据链路层和网络层组成的通信子网为网络环境中的主机提供点到点的服务，而传输层为网络中的主机提供端到端的通信。

直接相连的结点之间的通信称为点到点通信，它只提供一台机器到另一台机器之间的通信，不涉及程序或进程的概念。同时，点到点通信并不能保证数据传输的可靠性，也不能说明源主机与目的主机之间是哪两个进程正在通信，这些工作都由传输层来完成。

端到端通信建立在点到点通信的基础上，由一段段点到点通信信道构成，以完成应用程序（进程）之间的通信。"端"是指用户程序的端口，端口号标识了应用层中的不同进程。

3. 如何理解传输速率和传播速率？

传输速率是指主机或路由器在数字信道上发送数据的速率，也称传输率、数据率或比特率，单位是比特/秒（b/s），或千比特/秒（kb/s）、兆比特/秒（Mb/s）、吉比特/秒（Gb/s）等。

> **注　意**
>
> 在通信领域中表示速率时，$k=10^3$，$M=10^6$，$G=10^9$，$T=10^{12}$。表示存储容量或文件大小时，$K=2^{10}=1024$，$M=2^{20}$，$G=2^{30}$，$T=2^{40}$，这与通信领域中的表示方式不同。

传播速率是指电磁波在信道中传播的速率，单位是米/秒（m/s）或千米/秒（km/s）。

在图 1.17 中，假定链路的传播速率为 $2×10^8$m/s，这相当于电磁波在该介质中 1μs 可向前传播 200m。若链路带宽为 1Mb/s，则主机在 1μs 内可向链路发送 1 比特的数据。当 $t=0$ 时，开始向链路发送数据；当 $t=1$μs 时，信号传播到 200m 处，注入链路 1 比特；当 $t=2$μs 时，信号传播到 400m 处，注入链路共 2 比特；当 $t=3$μs 时，信号传播到 600m 处，注入链路共 3 比特。

从图 1.17 可以看出，在一段时间内链路中有多少比特取决于带宽（或传输速率），而 1 比特"跑"了多远取决于传播速率。

图 1.17　传输速率、带宽和传播速率三者的区别

扫一扫

视频讲解

02 第2章 物理层

【考纲内容】

（一）通信基础

    信道、信号、带宽、码元、波特、速率、信源与信宿等基本概念；

    奈奎斯特定理与香农定理；编码与调制；

    电路交换、报文交换与分组交换；数据报与虚电路[①]

（二）传输介质

    双绞线、同轴电缆、光纤与无线传输介质；物理层接口的特性

（三）物理层设备

    中继器；集线器

【复习提示】

    物理层考虑的是怎样才能在连接各台计算机的传输介质上传输数据比特流，而不是具体的传输介质。本章概念较多，易出选择题，复习时应抓住重点，如奈奎斯特定理和香农定理的应用、编码与调制技术、数据交换方式，以及电路交换、报文交换与分组交换技术等。

2.1 通信基础

2.1.1 基本概念

1. 数据、信号与码元

    通信的目的是传输信息，如文字、图像和视频等。数据是指传送信息的实体。信号则是数据的电气或电磁表现，是数据在传输过程中的存在形式。数据和信号都有模拟或数字之分：①模拟数据（或模拟信号）的取值是连续的；②数字数据（或数字信号）的取值是离散的。

    在通信系统中，常用一个固定时长的信号波形（数字脉冲）表示一位 k 进制数字，代表不同离散数值的基本波形就称为码元。码元是数字通信中数字信号的计量单位，这个时长内的信号称为 k 进制码元，而该时长称为码元宽度。1 码元可携带若干比特的信息量。例如，在使用二进制编码时，只有两种不同的码元：一种代表 0 状态，另一种代表 1 状态。

2. 信源、信道与信宿

    图 2.1 所示为一个单向通信系统的模型，实际的通信系统大多数是双向的，可进行双向通信。

---

① 这两个考点分别在 1.1.4 节和 4.1.3 节中介绍。

数据通信系统主要划分为信源、信道和信宿三部分。信源是产生和发送数据的源头，信宿是接收数据的终点，它们通常都是计算机或其他数字终端装置。信道是信号的传输介质，一条双向通信的线路包含一个发送信道和一个接收信道。发送端信源发出的信息需要通过变换器转换成适合在信道上传输的信号，而通过信道传输到接收端的信号首先由反变换器转换成原始信息，然后发送给信宿。噪声源是信道上的噪声及分散在通信系统其他各处的噪声的集中表示。

图 2.1　通信系统模型

信道按传输信号形式的不同，分为传送模拟信号的模拟信道和传送数字信号的数字信道两大类；信道按传输介质的不同分为无线信道和有线信道。

信道上传送的信号有基带信号和宽带信号之分。基带信号首先将数字信号 1 和 0 直接用两种不同的电压表示，然后送到数字信道上传输（称为基带传输）；宽带信号首先将基带信号进行调制，形成频分复用模拟信号，然后送到模拟信道上传输（称为宽带传输）。

数据传输方式分为串行传输和并行传输。串行传输是指逐比特地按序依次传输，并行传输是指若干比特通过多个通信信道同时传输。串行传输适用于长距离通信，如计算机网络。并行传输适用于近距离通信，常用于计算机内部，如 CPU 与主存之间。

从通信双方信息的交互方式看，可分为三种基本方式：

1）单向通信。只有一个方向的通信而没有反方向的交互，如无线电广播、电视广播等。

2）半双工通信。通信双方都可发送或接收信息，但任何一方都不能同时发送和接收信息。

3）全双工通信。通信双方可同时发送和接收信息。

单向通信只需一个信道，而半双工通信或全双工通信都需要两个信道，每个方向一个信道。

3．速率、波特与带宽

速率是指数据传输速率，表示单位时间内传输的数据量，常有两种描述形式。

命题追踪 ▶ 调制速率的概念（2014）

1）码元传输速率。又称波特率，表示单位时间内数字通信系统所传输的码元数（也称调制速率或符号速率），单位是波特（Baud）。1 波特表示数字通信系统每秒传输 1 个码元。码元既可以是多进制的，又可以是二进制的，码元速率与进制数无关。

2）信息传输速率。又称比特率，表示单位时间内数字通信系统传输的二进制码元数（即比特数），单位是比特/秒（b/s）。

注　意

波特和比特是两个不同的概念，但波特率与比特率在数量上又有一定的关系。若一个码元携带 n 比特的信息量，则波特率 M Baud 对应的比特率为 Mn b/s。

在模拟信号系统中，带宽（又称频率带宽）用来表示某个信道所能传输信号的频率范围，即最高频率与最低频率之差，单位是赫兹（Hz）。在计算机网络中，带宽用来表示网络的通信线路所能传输数据的能力，即最高数据率；显然，此时带宽的单位不再是 Hz，而是 b/s。

2.1.2 信道的极限容量

任何实际的信道都不是理想的，信号在信道上传输时会不可避免地产生失真。但是，只要接收端能够从失真的信号波形中识别出原来的信号，这种失真对通信质量就没有影响。但是，若信号失真很严重，则接收端就无法识别出每个码元。码元的传输速率越高，或者信号的传输距离越远，或者噪声干扰越大，或者传输介质的质量越差，接收端波形的失真就越严重。

1. 奈奎斯特定理（奈氏准则）

命题追踪 ▶▶ 无噪声信道的最大数据传输速率（2009、2022、2023）

具体的信道所能通过的频率范围总是有限的。信号中的许多高频分量往往不能通过信道，否则在传输中就会衰减，导致接收端收到的信号波形失去码元之间的清晰界限，这种现象称为码间串扰。奈奎斯特定理规定：在理想低通（没有噪声、带宽有限）信道中，为了避免码间串扰，极限码元传输速率为 $2W$ 波特，其中 W 是信道的频率带宽（单位为 Hz）。若用 V 表示每个码元的离散电平数目（码元的离散电平数目是指有多少种不同的码元，若有 16 种不同的码元，则需要 4 个二进制位，因此数据传输速率是码元传输速率的 4 倍），则极限数据率为

$$理想低通信道下的极限数据传输速率 = 2W\log_2 V \quad （单位为 b/s）$$

对于奈氏准则，有以下结论：
1）在任何信道中，码元传输速率是有上限的。若传输速率超过上限，则会出现严重的码间串扰问题，使得接收端不可能完全正确地识别码元。
2）信道的频带越宽（即通过的信号高频分量越多），就越可用更高的速率有效地传输码元。
3）奈氏准则给出了码元传输速率的限制，但并未限制信息传输速率，即未对一个码元可以对应多少个二进制位给出限制。

因为码元传输速率受奈氏准则制约，所以要提高数据传输速率，就要设法使每个码元携带更多比特的信息量，此时需要采用多元制的调制方法。

2. 香农定理

命题追踪 ▶▶ 有噪声信道的实际数据传输速率（2016）

实际的信道会有噪声，噪声是随机产生的。香农定理给出了带宽受限且有高斯噪声干扰的信道的极限数据传输速率，当用该速率传输数据时，不会产生误差。香农定理定义为

$$信道的极限数据传输速率 = W\log_2(1 + S/N) \quad （单位为 b/s）$$

式中，W 为信道的频率带宽（单位为 Hz），S 为信道内所传输信号的平均功率，N 为信道内的高斯噪声功率。S/N 为信噪比，即信号的平均功率与噪声的平均功率之比，信噪比 $= 10\log_{10}(S/N)$（单位为 dB）。例如，当 $S/N = 10$ 时，信噪比为 10dB；而当 $S/N = 1000$ 时，信噪比为 30dB。

命题追踪 ▶▶ 信道数据传输速率的影响因素分析（2014）

对于香农定理，有以下结论：
1）信道的带宽或信道中的信噪比越大，信息的极限传输速率越高。
2）对一定的传输带宽和一定的信噪比，信息传输速率的上限是确定的。
3）只要信息传输速率低于信道的极限传输速率，就能找到某种方法实现无差错的传输。
4）香农定理得出的是极限信息传输速率，实际信道能达到的传输速率要比它低不少。

命题追踪 ▶▶ 奈氏准则和香农定理的对比分析（2017）

奈氏准则只考虑了带宽与极限码元传输速率之间的关系，而香农定理不仅考虑了带宽，也考虑了信噪比。这从另一个侧面表明，一个码元对应的二进制位数是有限的。

2.1.3 编码与调制

信号是数据的具体表示形式，数据无论是数字的还是模拟的，为了传输的目的，都要转换成信号。将数据转换为模拟信号的过程称为调制，将数据转换为数字信号的过程称为编码。

数字数据可通过数字发送器转换为数字信号传输，也可通过调制器转换成模拟信号传输；同样，模拟数据可通过 PCM 编码器转换成数字信号传输，也可通过放大器调制器转换成模拟信号传输。这样，就形成了如下 4 种编码与调制方式。

1. 数字数据编码为数字信号

数字数据编码用于基带传输中，即在基本不改变数字数据信号频率的情况下，直接传输数字信号。具体用什么样的数字信号表示 0 及用什么样的数字信号表示 1，就是所谓的编码。编码的规则有多种，只要能有效区分 0 和 1 即可。常用的数字数据编码有以下几种，如图 2.2 所示。

图 2.2 常用的数字数据编码

1）归零（RZ）编码。用高电平表示 1、低电平表示 0（或者相反），每个码元的中间均跳变到零电平（归零），接收方根据该跳变调整本方的时钟基准，这就为收发双方提供了自同步机制。因为归零需要占用一部分带宽，所以传输效率受到了一定的影响。

命题追踪 ▶▶ 非归零编码和反向非归零编码的波形记忆（2015）

2）非归零（NRZ）编码。与 RZ 编码的区别是不用归零，一个时钟全部用来传输数据，编码效率最高。但 NRZ 编码的收发双方存在同步问题，为此需要双方都带有时钟线。

3）反向非归零（NRZI）编码。与 NRZ 编码的区别是用电平的跳变表示 0、电平保持不变表示 1。跳变信号本身可作为一种通知机制。这种编码方式集成了前两种编码的优点，既能传输时钟信号，又能尽量不损失系统带宽。USB 2.0 的编码方式就是 NRZI 编码。

命题追踪　▶▶ 曼彻斯特编码的波形记忆（2013、2015）

4）曼彻斯特编码。每个码元的中间都发生电平跳变，电平跳变既作为时钟信号（用于同步），又作为数据信号。可用向下跳变表示 1、向上跳变表示 0，或者采用相反的规定。

命题追踪　▶▶ 差分曼彻斯特编码的波形记忆（2021）

5）差分曼彻斯特编码。每个码元的中间都发生电平跳变，与曼彻斯特编码不同的是，电平跳变仅表示时钟信号，而不表示数据。数据的表示在于每个码元开始处是否有电平跳变：无跳变表示 1，有跳变表示 0。差分曼彻斯特编码拥有更强的抗干扰能力。

曼彻斯特编码和差分曼彻斯特编码在每个码元的中间都发生电平跳变，相当于将一个码元一分为二，编码速率是码元速率的 2 倍，二者所占的频带宽度是原始基带宽度的 2 倍。标准以太网使用的就是曼彻斯特编码，而差分曼彻斯特编码则被广泛用于宽带高速网中。

2．模拟数据编码为数字信号

主要包括三个步骤，即采样、量化和编码，常用于对音频信号进行编码的 PCM 编码。

首先介绍采样定理：在将模拟信号转换成数字信号时，假设原始信号中的最大频率为 f，那么采样率 $f_{采样}$ 必须大于或等于最大频率 f 的 2 倍，才能保证采样后的数字信号完整保留原模拟信号的信息（只需记住结论）。另外，采样定理又称奈奎斯特定理。

1）采样是指对模拟信号进行周期性扫描，将时间上连续的信号变成时间上离散的信号。

2）量化是指将采样得到的电平幅值按照一定的分级标度转换为对应的数值并取整，这样就将连续的电平幅值转换为了离散的数字量。采样和量化的实质就是分割和转换。

3）编码是指将量化得到的离散整数转换为与之对应的二进制编码。

3．数字数据调制为模拟信号

数字数据调制技术在发送端将数字信号转换为模拟信号，而在接收端将模拟信号还原为数字信号，分别对应于调制解调器的调制和解调过程。图 2.3 中显示了数字调制的三种方式。

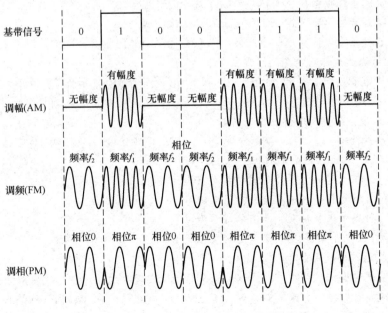

图 2.3　数字调制的三种方式

命题追踪 ▶ 各种数字调制方法的原理（2024）

命题追踪 ▶ 采用调幅技术时码元的比特位数（2022）

1）调幅（AM）或幅移键控（ASK）。通过改变载波的振幅来表示数字信号 1 和 0。例如，用有载波和无载波输出分别表示 1 和 0。这种方式比较容易实现，但抗干扰能力差。

2）调频（FM）或频移键控（FSK）。通过改变载波的频率来表示数字信号 1 和 0。例如，用频率 f_1 和频率 f_2 分别表示 1 和 0。这种方式容易实现，抗干扰能力强，目前应用较广泛。

命题追踪 ▶ 采用调相技术时比特率和波特率的转化（2011）

3）调相（PM）或相移键控（PSK）。通过改变载波的相位来表示数字信号 1 和 0，又分为绝对调相和相对调相。例如，用相位 0 和 π 分别表示 1 和 0，是一种绝对调相方式。

命题追踪 ▶ 采用 QAM 技术时码元的比特位数（2009、2023）

4）正交幅度调制（QAM）。在频率相同的前提下，将 AM 与 PM 结合起来，形成叠加信号。设波特率为 B，采用 m 个相位，每个相位有 n 种振幅，则该 QAM 的数据传输速率 R 为

$$R = B\log_2(mn) \quad （单位为 \text{b/s}）$$

4．模拟数据调制为模拟信号

为了实现传输的有效性，可能需要较高的频率。这种调制方式还可使用频分复用（FDM）技术，充分利用带宽资源。电话机和本地局交换机采用模拟信号传输模拟数据的编码方式。

2.1.4 本节习题精选

一、单项选择题

01. 下列说法中正确的是（　）。
   A. 信道与通信电路类似，一条可通信的电路往往包含一个信道
   B. 调制是指把模拟数据转换为数字信号的过程
   C. 信息传输速率是指通信信道上每秒传输的码元数
   D. 在数值上，波特率等于比特率与每符号所含的比特数的比值

02. 影响信道最大传输速率的因素主要有（　）。
   A. 信道带宽和信噪比
   B. 码元传输速率和噪声功率
   C. 频率特性和带宽
   D. 发送功率和噪声功率

03. （　）被用于计算机内部的数据传输。
   A. 串行传输　　　B. 并行传输　　　C. 同步传输　　　D. 异步传输

04. 下列有关曼彻斯特编码的叙述中，正确的是（　）。
   A. 每个信号起始边界作为时钟信号有利于同步
   B. 将时钟与数据取值都包含在信号中
   C. 这种编码机制特别适合传输模拟数据
   D. 每位的中间不跳变表示信号的取值为 0

05. 在数据通信中使用曼彻斯特编码的主要原因是（　）。
   A. 实现对通信过程中传输错误的恢复　B. 实现对通信过程中收发双方的数据同步
   C. 提高对数据的有效传输速率　　　　D. 提高传输信号的抗干扰能力

06. 不含同步信息的编码是（　）。
   I. 非归零编码　　II. 曼彻斯特编码　　III. 差分曼彻斯特编码

    A. 仅 I　　　　　　　B. 仅 II　　　　　　　C. 仅 II、III　　　　　　D. I、II、III

07. 波特率等于（　）。

    A. 每秒可能发生的信号变化次数　　　　　B. 每秒传输的比特数

    C. 每秒传输的周期数　　　　　　　　　　D. 每秒传输的字节数

08. 测得一个以太网的数据波特率是 40MBaud，那么其数据率是（　）。

    A. 10Mb/s　　　　B. 20Mb/s　　　　　C. 40Mb/s　　　　　D. 80Mb/s

09. 某信道的波特率为 1000Baud，若令其数据传输速率达到 4kb/s，则一个信号码元所取的有效离散值个数为（　）。

    A. 2　　　　　　B. 4　　　　　　　C. 8　　　　　　　D. 16

10. 下图是某比特串的曼彻斯特编码信号波形，则该比特串为（　）。

    A. 0011 0110　　　B. 1010 1101　　　C. 0101 0010　　　D. 1100 0101

11. 已知某信道的信息传输速率为 64kb/s，一个载波信号码元有 4 个有效离散值，则该信道的波特率为（　）。

    A. 16kBaud　　　B. 32kBaud　　　　C. 64kBaud　　　　D. 128kBaud

12. 有一个无噪声的 8kHz 信道，每个信号包含 8 级，每秒采样 24k 次，那么可以获得的最大传输速率是（　）。

    A. 24kb/s　　　　B. 32kb/s　　　　　C. 48kb/s　　　　　D. 72kb/s

13. 对于某带宽为 4000Hz 的低通信道，采用 16 种不同的物理状态来表示数据。按照奈奎斯特定理，信道的最大传输速率是（　）。

    A. 4kb/s　　　　B. 8kb/s　　　　　C. 16kb/s　　　　　D. 32kb/s

14. 二进制信号在信噪比为 127 : 1 的 4kHz 信道上传输，最大数据传输速率可以达到（　）。

    A. 28000b/s　　　B. 8000b/s　　　　C. 4000b/s　　　　　D. 无限大

15. 电话系统的典型参数是信道带宽为 3000Hz，信噪比为 30dB，该系统的最大数据传输速率为（　）。

    A. 3kb/s　　　　B. 6kb/s　　　　　C. 30kb/s　　　　　D. 64kb/s

16. 一个传输数字信号的模拟信道的信号功率是 0.14W，噪声功率是 0.02W，频率范围为 3.5 ~ 3.9MHz，则该信道的最高数据传输速率是（　）。

    A. 1.2Mb/s　　　B. 2.4Mb/s　　　　C. 11.7Mb/s　　　　D. 23.4Mb/s

17. 采用 8 种相位，每种相位各有两种幅度的 QAM 调制方法，在 1200Baud 的信息传输速率下能达到的数据传输速率为（　）。

    A. 2400b/s　　　B. 3600b/s　　　　C. 9600b/s　　　　　D. 4800b/s

18. 一个信道每 1/8s 采样一次，传输信号共有 16 种变化状态，最大数据传输速率是（　）。

    A. 16b/s　　　　B. 32b/s　　　　　C. 48b/s　　　　　　D. 64b/s

19. 根据采样定理，在对连续变化的模拟信号进行周期性采样时，只要采样率大于或等于有效信号的最高频率或其带宽的（　）倍，采样值便可包含原始信号的全部信息。

    A. 0.5　　　　　B. 1　　　　　　　C. 2　　　　　　　D. 4

20. 将 1 路模拟信号分别编码为数字信号后，与另外 7 路数字信号采用同步 TDM 方式复用到一条通信线路上。1 路模拟信号的频率变化范围为 0 ~ 1kHz，每个采样点采用 PCM 方式编码为 4 位的二进制数，另外 7 路数字信号的数据率均为 7.2kb/s。复用线路需要的最小通信能力是（　　）。

A. 7.2kb/s　　　　B. 8kb/s　　　　C. 64kb/s　　　　D. 512kb/s

21. 用 PCM 对语音进行数字量化，若将声音分为 128 个量化级，采样率为 8000 次/秒，则一路话音需要的数据传输速率为（　　）。

A. 56kb/s　　　　B. 64kb/s　　　　C. 128kb/s　　　　D. 1024kb/s

22.【2009 统考真题】在无噪声的情况下，若某通信链路的带宽为 3kHz，采用 4 个相位，每个相位具有 4 种幅度的 QAM 调制技术，则该通信链路的最大数据传输速率是（　　）。

A. 12kb/s　　　　B. 24kb/s　　　　C. 48kb/s　　　　D. 96kb/s

23.【2011 统考真题】若某通信链路的数据传输速率为 2400b/s，采用 4 个相位调制，则该链路的波特率是（　　）。

A. 600Baud　　　　B. 1200Baud　　　　C. 4800Baud　　　　D. 9600Baud

24.【2013 统考真题】下图为 10BaseT 网卡接收到的信号波形，则该网卡收到的比特串是（　　）。

A. 0011 0110　　　　　　　　　　　B. 1010 1101

C. 0101 0010　　　　　　　　　　　D. 1100 0101

25.【2014 统考真题】在下列因素中，不影响信道数据传输速率的是（　　）。

A. 信噪比　　　　B. 频率带宽　　　　C. 调制速率　　　　D. 信号传播速度

26.【2015 统考真题】使用两种编码方案对比特流 01100111 进行编码的结果如下图所示，编码 1 和编码 2 分别是（　　）。

A. NRZ 编码和曼彻斯特编码　　　　　　B. NRZ 编码和差分曼彻斯特编码

C. NRZI 编码和曼彻斯特编码　　　　　　D. NRZI 编码和差分曼彻斯特编码

27.【2016 统考真题】如下图所示，若连接 R2 和 R3 链路的频带宽度为 8kHz，信噪比为 30dB，该链路实际数据传输速率约为理论最大数据传输速率的 50%，则该链路的实际数据传输速率约为（　　）。

A. 8kb/s　　　　B. 20kb/s　　　　C. 40kb/s　　　　D. 80kb/s

28.【2017 统考真题】若信道在无噪声情况下的极限数据传输速率不小于信噪比为 30dB 条件下的极限数据传输速率，则信号状态数至少是（　　）。

A. 4　　　　B. 8　　　　C. 16　　　　D. 32

29.【2021 统考真题】下图为一段差分曼彻斯特编码信号波形，该编码的二进制串是（　　）。

    A. 1011 1001　　B. 1101 0001　　C. 0010 1110　　D. 1011 0110

30.【2022 统考真题】在一条带宽为 200kHz 的无噪声信道上，若采用 4 个幅值的 ASK 调制，则该信道的最大数据传输速率是（　）。

    A. 200kb/s　　B. 400kb/s　　C. 800kb/s　　D. 1600kb/s

31.【2023 统考真题】某无噪声理想信道带宽为 4MHz，采用 QAM 调制，若该信道的最大数据传输速率是 48Mb/s，则该信道采用的 QAM 调制方案是（　）。

    A. QAM-16　　B. QAM-32　　C. QAM-64　　D. QAM-128

二、综合应用题

01. 如下图所示，主机 A 和 B 都通过 10Mb/s 的链路连接到交换机 S。

每条链路上的传播时延都是 20μs。S 是一个存储转发设备，它在接收完一个分组 35μs 后开始转发收到的分组。试计算将 10000 比特从 A 发送到 B 所需的总时间。

    1）作为单个分组。

    2）作为两个 5000 比特的分组一个紧接着另一个发送。

02. 一个分组交换网采用虚电路方式转发分组，分组的首部和数据部分分别为 h 位和 p 位。现有 L（$L \gg p$ 且 L 为 p 的倍数）位的报文通过该网络传送，源点和终点之间的线路数为 k，每条线路上的传播时延为 d 秒，数据传输速率为 b b/s，虚电路建立连接的时间为 s 秒，每个中间结点有 m 秒的平均处理时延。求源点开始发送数据直至终点收到全部数据所需的时间。

2.1.5　答案与解析

一、单项选择题

01. D

信道不等于通信电路，一条可双向通信的电路往往包含两个信道：一个是发送信道，一个是接收信道。另外，多个通信用户共用通信电路时，每个用户在该通信电路都有一个信道，因此 A 错误。调制是将数据转换为模拟信号的过程，B 错误。C 明显错误。"比特率"在数值上和"波特率"的关系如下：波特率=比特率/每符号含的比特数，D 正确。

02. A

根据香农定理，影响信道最大传输速率的因素主要有信道带宽和信噪比，而信噪比与信道内所传输的平均信号功率和噪声功率有关，数值上等于二者之比。

03. B

并行传输的特点：距离短、速度快。串行传输的特点：距离长、速度慢。所以在计算机内部（距离短）传输时应选择并行传输。同步、异步传输是通信方式，而不是传输方式。

04. B

曼彻斯特编码将时钟和数据包含在信号中，在传输数据的同时，也将时钟一起传输给对方，码元中间的跳变作为时钟信号，不同的跳变方式作为数据信号，A 错误、B 正确。每个码元的中间都发生电平跳变，D 错误。曼彻斯特编码最适合传输二进制数字信号，C 错误。

05. B

曼彻斯特编码用码元中间的电平跳变来表示每个比特，可方便收发双方根据跳变来同步时钟，而不需要额外的时钟信号，B 正确。

06．A

非归零编码是最简单的一种编码方式，它用低电平表示 0，用高电平表示 1，或者采用相反的表示方式。因为各个码元之间并没有间隔标志，所以不包含同步信息。曼彻斯特编码和差分曼彻斯特编码都将每个码元分成两个相等的时间间隔，码元的中间跳变也作为收发双方的同步信息，所以不需要额外的同步信息，实际应用较多，但它们所占的频带宽度是原始基带宽度的 2 倍。

07．A

波特率表示信号每秒变化的次数（注意和比特率的区别）。

08．B

因为以太网采用曼彻斯特编码，每位数据（1 比特，对应信息传输速率）都需要两个电平（两个脉冲信号，对应码元传输速率）来表示，因此波特率是数据率的 2 倍，得数据率为(40Mb/s)/2 = 20Mb/s。

> **注 意**
> 曼彻斯特编码的每个比特需要两个信号周期，信号率是数据率的 2 倍，编码效率是 50%。

09．D

比特率 = 波特率 × $\log_2 n$，若一个码元含有 k 比特的信息量，则表示该码元所需的不同离散值为 $n = 2^k$ 个。波特率数值上等于比特率/每码元所含比特数，因此每码元所含比特数 = 4000/1000 = 4 比特，有效离散值的个数为 $2^4 = 16$。

10．A

在曼彻斯特编码中，可用向下跳变表示 1、向上跳变表示 0，或者采用相反的表示。因此，该比特串可能是 0011 0110 或 1100 1001，因此选 A。

11．B

一个码元若取 2^n 个不同的离散值，则含有 n 比特的信息量。本题中，一个码元所含的信息量为 2 比特，因为数值上波特率 = 比特率/每码元所含比特数，所以波特率为(64/2)k = 32kBaud。

12．C

无噪声的信号应该满足奈奎斯特定理，即最大数据传输速率 = $2W \log_2 V$ 比特/秒。将题中的数据代入，得到答案是 48kb/s。注意题中给出的每秒采样 24kHz 是无意义的，因为超过了波特率的上限 $2W = 16$kBaud，所以选项 D 是错误答案。

13．D

根据奈奎斯特定理，题中 $W = 4000$Hz，最大码元传输速率 = $2W = 8000$Baud，16 种不同的物理状态可以表示 $\log_2 16 = 4$ 比特的数据，所以信道的最大传输速率 = 8000 × 4 = 32kb/s。

14．B

根据香农定理，最大数据率 = $W\log_2(1 + S/N)$ = 4000 × $\log_2(1 + 127)$ = 28000b/s，容易误选 A。注意题中"二进制信号"的限制后，依据奈奎斯特定理，最大数据传输速率 = $2H\log_2 V$ = 2 × 4000 × $\log_2 2$ = 8000b/s，两个上限中取小者，因此答案为 B。

> **注 意**
> 若给出了码元与比特数之间的关系，则需受两个公式的共同限制。关于香农定理和奈奎斯特定理的比较，请参考本章中的疑难点。

15．C

信噪比 S/N 常用分贝（dB）表示，数值上等于 $10\log_{10}(S/N)\text{dB}$。依题意有 $30 = 10\log_{10}(S/N)$，解出 $S/N = 1000$。根据香农定理，最大数据传输速率 $= 3000\log_2(1 + S/N) \approx 30\text{kb/s}$。

16．A

带宽受限且有噪声的信道应用香农定理来计算信道容量。最高数据传输速率 $= W\log_2(1 + S/N)$，其中，信道带宽 $W = 3.9 - 3.5 = 0.4\text{MHz}$，信号功率 $S = 0.14\text{W}$，噪声功率 $N = 0.02\text{W}$，代入得 1.2Mb/s。

17．D

每个信号有 $8 \times 2 = 16$ 种变化，每个码元携带 $\log_2 16 = 4$ 比特的信息，则信息传输速率为 $1200 \times 4 = 4800\text{b/s}$。

18．B

由题意知采样率为 8Hz。有 16 种变化状态的信号可携带 4 比特的数据，因此最大数据传输速率为 $8 \times 4 = 32\text{b/s}$。

19．C

根据采样定理（又称奈奎斯特定理或奈氏准则），若采样率低于有效信号最高频率的 2 倍，则会出现频谱混叠现象，导致原始信号无法完全恢复。

20．C

1 路模拟信号的最大频率为 1kHz，根据采样定理可知采样率至少为 2kHz，每个样值编码为 4 位二进制数，所以数据传输速率为 8kb/s。复用的每条支路的数字信号的速率要相等，而另 7 路数字信号的速率均低于 8kb/s，所以它们均要采用脉冲填充方式，将数据率提高到 8kb/s，然后复用这 8 路信号，需要的通信能力为 $8\text{kb/s} \times 8 = 64\text{kb/s}$。

21．A

声音信号需要 128 个量化级，因此每采样一次就需要 $\log_2 128 = 7$ 比特来表示，每秒采样 8000 次，一路话音需要的数据传输速率为 $8000 \times 7 = 56\text{kb/s}$。

22．B

采用 4 个相位，每个相位有 4 种幅度的 QAM 调制方法，每个信号有 16 种变化，传输 4 比特的数据。根据奈奎斯特定理，信息的最大传输速率为 $2W\log_2 V = 2 \times 3\text{k} \times 4 = 24\text{kb/s}$。

23．B

波特率 B 与数据传输速率 C 的关系为 $C = B\log_2 N$，N 为一个码元所取的离散值个数。采用 4 种相位，即可以表示 4 种变化，因此一个码元可携带 $\log_2 4 = 2$ 比特的信息。于是，该链路的波特率 = 比特率/每码元所含比特数 $= 2400/2 = 1200$ 波特。

24．A

10BaseT 即 10Mb/s 的以太网，采用曼彻斯特编码，将一个码元分成两个相等的间隔，前一个间隔为低电平，而后一个间隔为高电平，表示码元 1；码元 0 正好相反。也可采用相反的规定。因此，对应的比特串可以是 0011 0110 或 1100 1001。

25．D

由香农定理可知，信噪比和频带宽度都可限制信道的极限传输速率，A 和 B 错误。码元速率也称调制速率，它也直接限制数据传输速率，C 错误。信道传输速率实际上是信号的发送速率，而信号的传播速率是信号在信道上传播的速率，它与信道的发送速率无关，答案为 D。

26．A

NRZ 是最简单的串行编码技术，它用两个电压来代表两个二进制数，如高电平表示 1、低电平表示 0，题中编码 1 符合。NRZI 用电平的一次翻转来表示 0，用与前一个 NRZI 电平相同的电平表示 1。曼彻斯特编码将一个码元分成两个相等的间隔，前一个间隔为高电平，后一个间隔为低电平，表示 1；0 的表示方式正好相反，题中编码 2 符合。

27．C

香农定理给出了带宽受限且有高斯白噪声干扰的信道的极限数据传输速率，香农定理定义为：信道的极限数据传输速率 $= W\log_2(1 + S/N)$，单位为 b/s。其中，S/N 为信噪比，即信号的平均功率和噪声的平均功率之比，信噪比 $= 10\log_{10}(S/N)$，单位为 dB，当 $S/N = 1000$ 时，信噪比为 30dB。则该链路的实际数据传输速率约为 $50\% \times W\log_2(1 + S/N) = 50\% \times 8k \times \log_2(1 + 1000) = 40\text{kb/s}$。

28．D

可用奈奎斯特采样定理计算无噪声情况下的极限数据传输速率，用香农第二定理计算有噪信道极限数据传输速率。$2W\log_2N \geqslant W\log_2(1 + S/N)$，$W$ 是信道带宽，N 是信号状态数，S/N 是信噪比。将数据代入公式得 $N \geqslant 32$。分贝数 $= 10\log_{10}(S/N)$。

29．A

差分曼彻斯特编码常用于局域网传输，其规则是：若码元为 1，则前半个码元的电平与上一码元的后半个码元的电平相同；若码元为 0，则情形相反。差分曼彻斯特编码的特点是，在每个时钟周期的起始处，跳变则说明该比特是 0，不跳变则说明该比特是 1。根据题图，第 1 个码元的信号波形因缺乏上一码元的信号波形，无法判断 0 还是 1，但根据后面的信号波形，可以求出第 2～8 个码元为 011 1001。

30．C

根据奈奎斯特定理，最大数据传输速率 $= 2W\log_2V$，4 个幅值的 ASK 调制说明有 4 个幅度，将 $V = 4$ 代入得 800kb/s。

31．C

本题实际考查奈奎斯特定理，只需求出一个码元调制出的符号个数 V 即可。根据奈奎斯特定理，最大数据传输速率 $= 2W\log_2V = 48\text{Mb/s}$，$W = 4\text{MHz}$，求出 $V = 2^6 = 64$。

二、综合应用题

01．【解答】

1）每条链路的发送时延是 $10000/(10\text{Mb/s}) = 1000\mu s$。

总传送时间等于 $2 \times 1000 + 2 \times 20 + 35 = 2075\mu s$。

2）解法一：作为两个分组发送时，下面列出了各种事件发生的时间表。

$T = 0$	开始
$T = 500$	A 完成分组 1 的发送，开始发送分组 2
$T = 520$	分组 1 完全到达 S
$T = 555$	分组 1 从 S 起程前往 B
$T = 1000$	A 结束分组 2 的发送
$T = 1055$	分组 2 从 S 起程前往 B
$T = 1075$	分组 2 的第 1 位开始到达 B
$T = 1575$	分组 2 的最后 1 位到达 B

解法二：此题属于分组交换各过程中时间不等长的情况，类似于不等长流水段的情况，为避免出错，建议画出对应的时空图。根据题意可分为 5 个流水段，各流水段的时间分别为 500μs、20μs、35μs、500μs、20μs，共有 2 个分组，注意<u>不同分组的相同流水段不能重叠</u>，画出的时空图

如下图所示。本题只有 2 个分组，不用流水线的方法也可求得结果，但当分组数量更多时，采用流水线的方法并画出时空图得出计算规律，才不容易出错。

02.【解答】

整个传输过程的总时延 = 连接建立时延 + 源点发送时延 + 中间结点的发送时延 + 中间结点的处理时延 + 传播时延。

虚电路的建立时延已给出，为 s 秒。

源点要将 L 位报文分割成分组，分组数 = L/p，每个分组的长度为 $(h+p)$，源点要发送的数据量 = $(h+p)L/p$，所以源点的发送时延 = $(h+p)L/(pb)$ 秒。

每个中间结点的发送时延 = $(h+p)/b$ 秒，源点和终点之间的线路数为 k，所以有 $k-1$ 个中间结点，因此中间结点的发送时延 = $(h+p)(k-1)/b$ 秒。

中间结点的处理时延 = $m(k-1)$ 秒，传播时延 = kd 秒。所以源结点开始发送数据直至终点收到全部数据所需的时间 = $s + (h+p)L/(pb) + (h+p)(k-1)/b + m(k-1) + kd$ 秒。

2.2 传输介质

2.2.1 双绞线、同轴电缆、光纤与无线传输介质

传输介质也称传输媒体，是数据传输系统中发送器和接收器之间的物理通路。传输介质可分为：①导向传输介质，指铜线或光纤等，电磁波被导向为沿着固体介质传播；②非导向传输介质，指自由空间（空气、真空或海水），电磁波在非导向传输介质中的传输称为无线传输。

1．双绞线

双绞线是最常用的传输介质，在局域网和传统电话网中普遍使用。双绞线由两根采用一定规则并排绞合、相互绝缘的铜导线组成。绞合可减少对相邻导线的电磁干扰。为了进一步提高抗电磁干扰的能力，还可在双绞线的外面加上一层金属丝编织成的屏蔽层，这就是屏蔽双绞线（STP）。无屏蔽层的双绞线称为非屏蔽双绞线（UTP）。双绞线的结构如图 2.4 所示。

双绞线的价格便宜，模拟传输和数字传输都可使用双绞线，通信距离一般为几千米到数十千米。双绞线的带宽取决于铜线的粗细和传输的距离。距离太远时，对于模拟传输，要用放大器放大衰减的信号；对于数字传输，要用中继器来对失真的信号进行整形。

(a) 无屏蔽双绞线　　　　　　(b) 屏蔽双绞线

图 2.4　双绞线的结构

2．同轴电缆

同轴电缆由内导体、绝缘层、网状编织屏蔽层和塑料外层构成，如图 2.5 所示。同轴电缆一般分为两类：① 50Ω 同轴电缆，主要用于传送基带数字信号，在早期局域网中应用广泛；② 75Ω 同轴电缆，主要用于传送宽带信号，在有线电视系统中应用广泛。因为外导体屏蔽层的作用，所以同轴电缆具有良好的抗干扰特性而被广泛用于传输较高速率的数据。

绝缘保护套层　外导体屏蔽层　绝缘层　内导体

图 2.5　同轴电缆的结构

随着技术的发展和集线器的出现，在局域网领域基本上都采用双绞线作为传输介质。

3．光纤

光纤通信是指利用光导纤维（简称光纤）传递光脉冲来进行通信。有光脉冲表示 1，无光脉冲表示 0。可见光的频率约为 10^8MHz，因此光纤通信系统的带宽极大。

光纤主要由纤芯和包层构成（见图 2.6），纤芯很细，直径仅为 8～100μm，包层较纤芯有较低的折射率，光波通过纤芯进行传导。当光线从高折射率的介质射向低折射率的介质时，其折射角将大于入射角。因此，只要入射角大于某个临界角，就会出现全反射，即光线碰到包层时就会折射回纤芯，这个过程不断重复，光也就沿着光纤传输下去。

低折射率(包层)
高折射率(纤芯)
光线在纤芯中传输的方式是不断地全反射
折射角
入射角

图 2.6　光波在纤芯中的传播

利用光的全反射特性，可让从不同角度入射的多条光线在一根光纤中传输，这种光纤称为多模光纤（见图 2.7），多模光纤的光源为发光二极管。光脉冲在多模光纤中传输时逐渐展宽，造成失真，因此多模光纤只适合近距离传输。

输入脉冲　　　　　　　　　　　　　　　　　　输出脉冲

图 2.7　多模光纤

当光纤的直径减小到只有一个光的波长时，光纤就像一根波导那样，可使光线一直向前传播，而不产生多次反射，这样的光纤就是单模光纤（见图 2.8）。单模光纤的纤芯很细，直径只有几微米，制造成本较高。同时，单模光纤的光源是定向性很好的半导体激光器，因此单模光纤的衰减较小，可传输数千米甚至数十千米而不必采用中继器，适合远距离传输。

输入脉冲　　　　　　　　　　　　　　　　　　输出脉冲

图 2.8　单模光纤

光纤不仅具有通信容量非常大的优点，而且具有如下特点：

1）传输损耗小，中继距离长，对远距离传输特别经济。

2）抗雷电和电磁干扰性能好，在有大电流脉冲干扰的环境下这尤为重要。

3）无串音干扰，保密性好，不易被窃听或截取数据。

4）体积小，重量轻，在现有电缆管道已拥塞不堪的情况下这特别有利。

4．无线传输介质

无线通信已广泛用于蜂窝移动电话领域。随着便携式计算机的出现，以及军事、野外等特殊场合对移动联网的需要，促进了移动通信的发展，现在无线局域网的应用已非常普遍。

（1）无线电波

无线电波具有较强的穿透能力，可以传输很长的距离，因此广泛用于通信领域，如无线手机通信、计算机网络中的无线局域网（WLAN）等。因为无线电波使信号向所有方向散播，所以有效距离范围内的接收设备无须对准某个方向，就可与无线电波发射者进行通信连接，大大简化了通信连接。这也是无线电波传输的最重要优点之一。

（2）微波、红外线和激光

目前高带宽的无线通信主要使用三种技术：微波、红外线和激光，它们都需要在发送方和接收方之间有一条视线通路，有很强的方向性，沿直线传播。不同的是，红外通信和激光通信将要传输的信号分别转换为各自的信号格式，即红外光信号和激光信号，再直接在空间中传播。

微波通信的频率较高，频段范围也很宽，载波频率通常为 2～40GHz，因此通信信道的容量大。例如，一个带宽为 2MHz 的频段可容纳 500 条语音线路，若用来传输数字信号，则数据率可达数兆比特/秒。与通常的无线电波不同，微波通信的信号是沿直线传播的，因此在地面上的传播距离有限，超过一定距离后就要使用中继站来接力。

卫星通信利用地球同步卫星作为中继来转发微波信号，可以克服地面微波通信距离的限制。三颗相隔 120° 的同步卫星几乎就能覆盖整个地球表面，因此基本能实现全球通信。卫星通信的优点是通信容量大、距离远、覆盖广，缺点是保密性差、端到端传播时延长。

2.2.2 物理层接口的特性

物理层考虑的是如何在连接各种计算机的传输介质上传输比特流，而不指具体的传输介质。网络中的硬件设备和传输介质的种类繁多，通信方式也各不相同。物理层应尽可能屏蔽这些差异，让数据链路层感觉不到这些差异，使数据链路层只需考虑如何完成本层的协议和服务。

命题追踪 ▶▶ 物理层接口的特性的内容（2018）

物理层的主要任务是确定与传输介质的接口有关的一些特性：

1）机械特性。指明接口所用接线器的形状和尺寸、引脚数目和排列、固定和锁定装置等。

2）电气特性。指明在接口电缆的各条线上的电压范围、传输速率和距离限制等。

3）功能特性。指明某条线上出现的某一电平的电压的意义，以及每条线的功能。

命题追踪 ▶▶ 物理层接口的过程特性的内容（2012）

4）过程特性，也称规程特性。指明对不同功能的各种可能事件的出现顺序。

2.2.3 本节习题精选

单项选择题

01. 双绞线是用两根绝缘导线绞合而成的，绞合的目的是（　）。

    A. 减少干扰　　　　B. 提高传输速度　　C. 增大传输距离　　D. 增大抗拉强度

02. 在电缆中采用屏蔽技术带来的好处主要是（　）。

    A. 减少信号衰减　　　　　　　　　　B. 减少电磁干扰辐射

    C. 减少物理损坏　　　　　　　　　　D. 减少电缆的阻抗

03. 利用一根同轴电缆互连主机构成以太网，则主机间的通信方式为（　）。

    A. 全双工　　　　　B. 半双工　　　　　C. 单工　　　　　　D. 不确定

04. 同轴电缆比双绞线的传输速率更快，得益于（　）。

    A. 同轴电缆的铜芯比双绞线粗，能通过更大的电流

    B. 同轴电缆的阻抗比较标准，减少了信号的衰减

    C. 同轴电缆具有更高的屏蔽性，同时有更好的抗噪声性

    D. 以上都正确

05. 不受电磁干扰和噪声影响的传输介质是（　）。

    A. 屏蔽双绞线　　　　　　　　　　　B. 非屏蔽双绞线

    C. 光纤　　　　　　　　　　　　　　D. 同轴电缆

06. 多模光纤传输光信号的原理是（　）。

    A. 光的折射特性　　　　　　　　　　B. 光的发射特性

    C. 光的全反射特性　　　　　　　　　D. 光的绕射特性

07. 以下关于单模光纤的说法中，正确的是（　）。

    A. 光纤越粗，数据传输速率越高

    B. 若光纤的直径减小到只有光的一个波长大小，则光沿直线传播

    C. 光源是发光二极管或激光

    D. 光纤是中空的

08. 下列关于卫星通信的说法中，错误的是（　）。

    A. 卫星通信的距离长，覆盖的范围广

    B. 使用卫星通信易于实现广播通信和多址通信

    C. 卫星通信的好处在于不受气候的影响，误码率很低

    D. 通信费用高、延时较大是卫星通信的不足之处

09. 某网络在物理层规定，信号的电平用 +10V～+15V 表示二进制 0，用 −10V～−15V 表示二进制 1，电线长度限于 15m 以内，这体现了物理层接口的（　）。

    A. 机械特性　　　　　　　　　　　　B. 功能特性

    C. 电气特性　　　　　　　　　　　　D. 规程特性

10. 当描述一个物理层接口引脚处于高电平时的含义时，该描述属于（　）。

    A. 机械特性　　　　　　　　　　　　B. 电气特性

    C. 功能特性　　　　　　　　　　　　D. 规程特性

11. 【2012 统考真题】在物理层接口特性中，用于描述完成每种功能的事件发生顺序的是（　）。

    A. 机械特性　　　　B. 功能特性　　　　C. 过程特性　　　　D. 电气特性

12.【2018 统考真题】下列选项中，不属于物理层接口规范定义范畴的是（　）。

　　A．接口形状　　　　B．引脚功能　　　C．物理地址　　　D．信号电平

2.2.4　答案与解析

单项选择题

01．A

绞合可以减少两根导线相互的电磁干扰。

02．B

屏蔽层的主要作用是提高电缆的抗干扰能力。

03．B

传统以太网采用广播的方式发送信息，同一时间只允许一台主机发送信息，否则各主机之间就形成冲突，因此主机间的通信方式是半双工。全双工是指通信双方可同时发送和接收信息。单工是指只有一个方向的通信而没有反方向的交互。

04．C

同轴电缆以硬铜线为芯，外面包一层绝缘材料，绝缘材料的外面再包一层密织的网状导体，导体的外面又覆盖一层保护性的塑料外壳。这种结构使得它具有更高的屏蔽性，从而既有很高的带宽，又有很好的抗噪性。因此，同轴电缆的带宽更高得益于它的高屏蔽性。

05．C

光纤抗雷电和电磁干扰性能好，无串音干扰，保密性好。

06．C

多模光纤传输光信号的原理是光的全反射特性。

07．B

光纤的直径减小到与光线的一个波长相同时，光纤就如同一个波导，光在其中没有反射，而沿直线传播，这就是单模光纤。

08．C

卫星通信有成本高、传播时延长、受气候影响大、保密性差、误码率较高的特点。

09．C

本题易误选功能特性。规定各条线上的电压范围，以及电缆长度的限制，属于电气特性。而功能特性指明某条线上出现的某一电平的电压表示何种意义，以及每条线的功能（数据线、控制线、时钟线）。例如，数据线上的电压+11V 表示二进制 1，就属于功能特性。

10．C

物理层的功能特性指明某条线上出现的某一电平的电压表示何种意义，以及每条线的功能。

11．C

物理层的过程特性指明对于不同功能的各种可能事件的出现顺序。

12．C

物理层的接口规范主要分为 4 种：机械特性、电气特性、功能特性、过程特性。机械特性规定连接所用设备的规格，如 A 所说的接口形状。电气特性规定各条线上的电压范围、阻抗匹配等，如 D 所说的信号电平。功能特性规定线路上出现的电平表示何种意义及每条线的功能，如 B 所说的引脚功能。C 中的物理地址是 MAC 地址，它属于数据链路层的范畴。

2.3 物理层设备

2.3.1 中继器

中继器的主要功能是整形、放大并转发信号，以消除信号经过一长段电缆后产生的失真和衰减，使信号的波形和强度达到所需的要求，进而扩大网络传输的距离。其原理是信号再生（而非简单地放大衰减的信号）。中继器有两个端口，数据从一个端口输入，从另一个端口发出。端口仅作用于信号的电气部分，而不管是否有错误数据或不适于网段的数据。

中继器是用来扩大网络规模的最简单的廉价互连设备。中继器两端的网络部分是网段，而不是子网，使用中继器连接的几个网段仍是一个局域网。中继器若出现故障，则对相邻两个网段的工作都产生影响。因为中继器工作在物理层，所以不能连接两个具有不同速率的局域网。

> **注 意**
>
> 若某个网络设备有存储转发功能，则认为它能连接两个不同的协议；若该网络设备无存储转发功能，则认为它不能连接两个不同的协议。中继器没有存储转发功能，因此它不能连接两个速率不同的网段，中继器两端的网段一定要使用同一个协议。

从理论上讲，中继器的使用数目是无限的，网络因而也可无限延长。但事实上这是不可能的，因为网络标准中对信号的延迟范围做了具体规定，中继器只能在该范围内进行有效的工作，否则会引起网络故障。例如，在采用粗同轴电缆的 10BASE5 以太网规范中，互相串联的中继器的个数不能超过 4 个，而且用 4 个中继器串联的 5 段通信介质中，只有 3 段可以挂接计算机，其余 2 段只能用作扩展通信范围的链路段，不能挂接计算机。这就是所谓的 "5-4-3 规则"。

> **注 意**
>
> 放大器和中继器都起放大作用，只不过放大器放大的是模拟信号，其原理是放大衰减的信号，而中继器放大的是数字信号，其原理是整形再生衰减的信号。

2.3.2 集线器

集线器（Hub）实质上是一个多端口的中继器。当 Hub 工作时，一个端口接收到数据信号后，因为信号在从端口到 Hub 的传输过程中已有衰减，所以 Hub 便对该信号进行整形放大，使之再生（恢复）到发送时的状态，紧接着转发到其他所有（除输入端口外）处于工作状态的端口。若同时有两个或多个端口输入，则输出时将发生冲突，致使这些数据都无效。从 Hub 的工作方式可以看出，它在网络中只起信号放大和转发作用，目的是扩大网络的传输范围，而不具备信号的定向传送能力，即信息传输的方向是固定的，是标准的共享式设备。

使用 Hub 组网灵活，它将所有结点的通信集中在以其为中心的结点上，由 Hub 组成的网络是共享式网络，但逻辑上仍是总线网。Hub 的每个端口连接的是同一网络的不同网段，同时 Hub 也只能在半双工状态下工作，网络的吞吐率因而受到限制。

命题追踪 ▶▶ 中继器和集线器对冲突域/广播域的划分（2010、2020）

注 意

集线器不能分割冲突域，集线器的所有端口都属于同一个冲突域。集线器在一个时钟周期内只能传输一组信息，当一台集线器连接的机器数目较多且多台机器经常需要同时通信时，将导致信息冲突，使得集线器的工作效率很差。例如，一个带宽为 10Mb/s 的集线器上连接了 8 台计算机，当这 8 台计算机同时工作时，每台计算机所真正拥有的带宽为 10/8Mb/s = 1.25Mb/s。

2.3.3 本节习题精选

单项选择题

01. 下列关于物理层设备的叙述中，错误的是（　）。
    A. 中继器仅作用于信号的电气部分
    B. 利用中继器来扩大网络传输距离的原理是它将衰减的信号进行了放大
    C. 集线器实质上相当于一个多端口的中继器
    D. 物理层设备连接的几个网段仍是一个局域网

02. 转发器的作用是（　）。
    A. 放大信号　　　　B. 转发帧　　　　C. 存储帧　　　　D. 寻址

03. 两个网段在物理层进行互连时要求（　）。
    A. 数据传输速率和数据链路层协议都可以不同
    B. 数据传输速率和数据链路层协议都要相同
    C. 数据传输速率要相同，但数据链路层协议可以不同
    D. 数据传输速率可以不同，但数据链路层协议要相同

04. 为了使数字信号传输得更远，可采用的设备是（　）。
    A. 中继器　　　　B. 放大器　　　　C. 网桥　　　　D. 路由器

05. 以太网遵循 IEEE 802.3 标准，用粗缆组网时每段的长度不能大于 500m，超过 500m 时就要分段，段间相连利用的是（　）。
    A. 网络适配器　　B. 中继器　　　C. 调制解调器　　D. 网关

06. 在粗缆以太网中可通过中继器扩充网段，中继器最多可有（　）。
    A. 3 个　　　　　B. 4 个　　　　　C. 5 个　　　　　D. 无限个

07. 由集线器连接多台设备构成的网络在物理上和逻辑上的结构分别是（　）。
    A. 总线形、环形　B. 网状、星形　　C. 总线形、星形　D. 星形、总线形

08. 用集线器连接的工作站集合（　）。
    A. 同属一个冲突域，也同属一个广播域
    B. 不同属一个冲突域，但同属一个广播域
    C. 不同属一个冲突域，也不同属一个广播域
    D. 同属一个冲突域，但不同属一个广播域

09. 中继器可以用来连接（　）。
    A. 不同类型的局域网　　　　　　　　B. 不同速率的局域网
    C. 不同介质的局域网　　　　　　　　D. 不同协议的局域网

10. 若有 5 台计算机连接到 10Mb/s 的集线器上，则每台计算机分得的平均带宽至多为（　）。
    A. 2Mb/s　　　　B. 5Mb/s　　　　C. 10Mb/s　　　　D. 50Mb/s

11. 当集线器的一个端口收到数据后，将其（　）。

A. 从所有端口广播出去

B. 从除输入端口外的所有端口广播出去

C. 根据目的地址从合适的端口转发出去

D. 随机选择一个端口转发出去

12. 下列关于中继器和集线器的说法中，不正确的是（　　）。

A. 二者都工作在 OSI 参考模型的物理层

B. 二者都可以对信号进行放大和整形

C. 通过中继器或集线器互连的网段数量不受限制

D. 中继器通常只有 2 个端口，而集线器通常有 4 个或更多端口

2.3.4　答案与解析

单项选择题

01．B

中继器的原理是将衰减的信号再生而不是放大，连接后的网段仍然属于同一个局域网。

02．A

转发器是物理层设备，不能识别数据链路层的帧，也无寻址功能，只具有放大信号的功能。

03．C

物理层是 OSI 参考模型的第一层，它建立在物理通信介质的基础上，作为与通信介质的接口。当物理层互连时，各种网络的数据传输速率若不同，则可能出现以下两种情况：①发送方的速率高于接收方，接收方来不及接收导致溢出（因为物理层没有流量控制），数据丢失。②接收方的速率高于发送方，不会出现数据丢失的情况，但效率极低。

综上所述，数据传输速率必须相同。注意，物理层互连成功，只表明这两个网段之间可以互相传送物理层信号，但物理层设备只能转发物理信号，不能识别数据链路层协议，所以并不能保证可以互相传送数据链路层的帧。因此，数据链路层协议可以不同。要达到在数据链路层互连互通的目的，就要求数据传输速率和数据链路层协议都相同。

04．A

放大器通常用于远距离地传输模拟信号，但它同时会放大噪声，引发失真。中继器用于数字信号的传输，其工作原理是信号再生，因此会减少失真。网桥用来连接两个网段以扩展物理网络的覆盖范围。路由器是网络层的互连设备，可以实现不同网络的互连。

05．B

中继器的主要功能是将信号复制、整形和放大再转发出去，以消除信号经过一长段电缆而造成的失真和衰减，使信号的波形和强度达到所需的要求，进而扩大网络传输的距离，原理是信号再生，因此选 B，其他三项显然有点大材小用。

06．B

中继器或集线器有"5-4-3 规则"，其中"5"表示 5 个网段，"4"表示 4 个中继器或集线器，"3"表示 3 个网段为主机段。也就是说，在一个由中继器或集线器互连的网络中，任意发送方和接收方最多只能经过 4 个中继器、5 个网段。

07．D

集线器将多个设备连接在以它为中心的结点上，因此使用它的网络在物理拓扑上属于星形结构。当集线器工作时，一个端口接收到数据信号后，集线器将该信号整形放大，紧接着转发到其他所有处于工作状态的端口。集线器不具备交换机所具有的交换表，所以它发送数据时是没有针

对性的，而采用广播方式发送。因此，使用集线器的星形以太网逻辑上仍然是总线网。

08．A

集线器的功能是将从一个端口收到的数据通过所有其他端口转发出去。集线器在物理层上扩大了网络的覆盖范围，但无法解决冲突域（第二层交换机可解决）与广播域（第三层交换机可解决）的问题，而且增大了冲突的范围。注意，冲突域和广播域的概念涉及后面章节的内容。

09．C

因为物理层设备没有存储转发功能，所以中继器不能连接不同速率的局域网，也不能连接不同数据链路层协议的局域网（连接后要能达到正常通信的目的）。中继器可以连接不同介质的局域网，如光纤和双绞线，只要它们具有相同的速率和协议。

10．A

集线器以广播的方式将信号从除输入端口外的所有端口输出，因此任意时刻只能有一个端口的有效数据输入。理想情况（无冲突）下，每秒通过集线器的数据量都是 10Mb，假设 5 台计算机占用相同大小的时间片来收发数据，则平均带宽的上限为 10Mb/s÷5＝2Mb/s。若有多台计算机同时发送数据，则会导致每台计算机实际获得的平均带宽低于 2Mb/s。

11．B

集线器没有寻址功能，一个端口接收到数据信号后，从其他所有端口转发出去。

12．C

中继器和集线器均工作在物理层，集线器本质上是一个多端口中继器，它们都能对信号进行放大和整形。因为中继器不仅传送有用信号，而且传送噪声和冲突信号，因此互相串联的个数只能在规定的范围内进行，否则网络将不可用。注意"5-4-3 规则"。

2.4　本章小结及疑难点

1. 传输介质是物理层吗？传输介质和物理层的主要区别是什么？

传输介质并不是物理层。因为传输介质在物理层的下面，而物理层是体系结构的第一层，所以有时称传输介质为 0 层。在传输介质中传输的是信号，但传输介质并不知道所传输的信号代表什么。也就是说，传输介质不知道所传输的信号什么时候是 1、什么时候是 0。但是，物理层因为规定了电气特性，所以能够识别所传送的比特流。图 2.9 描述了上述概念。

图 2.9　传输介质与物理层

2. 什么是基带传输、频带传输和宽带传输？三者的区别是什么？

在计算机内部或在相邻设备之间近距离传输时，可不经过调制就在信道上直接进行的传输方式称为基带传输。它通常用于局域网。数字基带传输就是在信道中直接传输数字信号，且传输介质的整个带宽都被基带信号占用，双向地传输信息。最简单的方法是用两个高低电平来表示二进制数字，常用的编码方法有不归零编码和曼彻斯特编码。例如，要传输 1010，低电平代表 0，高电平代表 1，那么在基带传输下，1010 需要向通信线路传输（高、低、高、低电平）。

用数字信号对特定频率的载波进行调制（数字调制），将其变成适合传送的信号后再进行传输，这种传输方式就是频带传输。当采用远距离传输或无线传输时，数字信号必须用频带传输技术进行传输。利用频带传输，不仅解决了电话系统传输数字信号的问题，而且可以实现多路复用，进而提高传输信道的利用率。同样传输 1010，经过调制，一个码元对应 4 个二进制位，假设码元 A 代表 1010，那么在模拟信道上传输码元 A 就相当于传输 1010。

借助频带传输，可将链路分解成两个或多个信道，每个信道可携带不同的信号，这就是宽带传输。宽带传输中所有的信道能同时互不干扰地发送信号。例如，对信道进行频分复用，划分为 2 个互不相关的子信道，分别在两个子信道上同时进行频带传输，链路容量就会大大增加。

3. 奈氏准则和香农定理的主要区别是什么？这两个定理对数据通信的意义是什么？

奈氏准则指出，码元传输的速率是受限的，不能任意提高，否则接收端就不能正确判定码元所携带的比特数据（因为码元之间存在相互干扰）。奈氏准则是在理想条件下推导出来的。在实际条件下，最高码元传输速率要比理想条件下得出的数值小很多。

值得注意的是，奈氏准则并未限制信息传输速率。要提高信息传输速率，就必须使每个码元能够携带许多比特的信息。但是，码元所载的比特数确定后，信道的极限数据率也就确定了。

香农定理给出了信息传输速率的极限，即对于一定的传输带宽（单位为 Hz）和一定的信噪比，信息传输速率的上限是确定的，这个极限不能突破。要想提高信息传输速率，要么设法提高传输线路的带宽，要么设法提高信道的信噪比，此外没有其他任何办法。

香农定理告诉我们，要得到无限大的信息传输速率，只有两个办法：要么使用无限大的传输带宽（这显然不可能），要么使信号的信噪比无限大，即采用没有噪声的信道或使用无限大的发送功率（这显然也不可能）。注意，奈氏准则和香农定理中"带宽"的单位都是 Hz。

4. 信噪比为 S/N，为什么还要取对数 $10\log_{10}(S/N)$？

1）数字形式表示，如噪声功率为 1，信号功率为 100，信噪比为 $100/1 = 100$。

2）同样还是上面这些数字，以分贝形式表示的信噪比为 $10\log_{10}(S/N) = 10\log_{10}100 = 20\text{dB}$。

二者在数值上等价。区别在于，前者没有单位，后者必须加 dB（分贝）。采用分贝表示的原因：很多时候，信号要比噪声强得多，如信号比噪声强 10 亿倍，若用数值表示，则 1 后面有 9 个 0，很容易丢失 0；若用分贝表示，则仅为 90dB，因此要简单得多，且不容易出错。分贝对于表示特别大或特别小的数值极为方便，在通信领域中用途很广。

03 第3章
数据链路层

扫一扫

视频讲解

【考纲内容】

（一）数据链路层的功能

（二）组帧

（三）差错控制

    检错编码；纠错编码

（四）流量控制与可靠传输机制

    流量控制、可靠传输与滑动窗口机制；停止-等待协议；

    后退 N 帧协议（GBN）；选择重传协议（SR）

（五）介质访问控制

    1. 信道划分：频分复用、时分复用、波分复用、码分复用

    2. 随机访问：ALOHA 协议；CSMA 协议；CSMA/CD 协议；CSMA/CA 协议

    3. 轮询访问：令牌传递协议

（六）局域网

    局域网的基本概念与体系结构；以太网与 IEEE 802.3；

    IEEE 802.11 无线局域网；VLAN 的基本概念与基本原理

（七）广域网

    广域网的基本概念；PPP 协议

（八）数据链路层设备

    以太网交换机及其工作原理

【复习提示】

    本章是历年考试中考查的重点。要求在了解数据链路层基本概念和功能的基础上，重点掌握滑动窗口机制、三种可靠传输协议、各种 MAC 协议，特别是 CSMA/CD 协议、CSMA/CA 协议和以太网帧格式，以及局域网的争用期和最小帧长的概念、二进制指数退避算法。此外，中继器、网卡、集线器、网桥和局域网交换机的原理及区别也要重点掌握。

3.1 数据链路层的功能

    数据链路层的主要任务是实现帧在一段链路上或一个网络中进行传输。数据链路层协议有多种，但有三个基本问题则是共同的，即封装成帧、透明传输和差错检测。

    数据链路层使用的信道主要有两种：

1）点对点信道，使用一对一的通信方式。PPP 协议则是目前使用最广泛的点对点协议。

2）广播信道，这种信道上连接的主机很多，使用一对多的广播通信方式。采用共享广播信道的有线局域网普遍使用 CSMA/CD 协议，而无线局域网则使用 CSMA/CA 协议。

3.1.1 数据链路层所处的地位

下面使用两台主机通过互联网进行通信的例子来了解数据链路层所处的地位，如图 3.1 所示。局域网 1 中的主机 H1 经过路由器 R1、广域网及路由器 R2 连接到局域网 2 中的主机 H2。主机 H1 和 H2 都有完整的五层协议栈，而路由器在转发分组时仅使用协议栈的下三层。当主机 H1 向 H2 发送数据时，从协议的层次上看，数据的流动如图 3.2 所示。数据进入路由器后要先从物理层上到网络层，在转发表中找到下一跳的地址后，再下到物理层转发出去。因此，数据从主机 H1 送到主机 H2 需要在路径中的各结点的协议栈向上和向下流动多次。

图 3.1　主机 H1 向 H2 发送数据

图 3.2　从层次上看数据的流动

当我们学习数据链路层时，通常可以只关心协议栈中水平方向的各数据链路层。于是，当主机 H1 向主机 H2 发送数据时，可以想象数据就是在各相关设备的数据链路层之间沿水平方向传送的。如图 3.3 所示，即通过以下这样的链路：H1 的链路层→R1 的链路层→R2 的链路层→H2 的链路层，其中三段不同的数据链路可能采用不同的数据链路层协议。

图 3.3　只考虑数据在数据链路层的流动

下面介绍点对点信道的一些基本概念，某些概念对广播信道也是适用的。

1）**链路**。指从一个结点到相邻结点的一段物理线路。当进行数据通信时，两台计算机之间的通信路径往往要经过许多段这样的链路。可见链路只是一条路径的组成部分。

2）**数据链路**。当在一条链路上传送数据时，除了需要链路本身，还需要一些必要的通信协议来控制这些数据的传输，把实现这些协议的硬件和软件加到链路上，就构成了数据链路。有时也把上面所说的链路称为物理链路，而把数据链路称为逻辑链路。

3）帧。数据链路层对等实体之间进行逻辑通信的协议数据单元。数据链路层把网络层下交的数据构成帧发送到链路上，并把接收到的帧中的数据取出并上交给网络层。

3.1.2 为网络层提供服务

数据链路层通常可以为网络层提供如下三种服务：

1）无确认的无连接服务。源主机发送帧时不需要先建立链路连接，目的主机收到帧时不需要发回确认。数据传输的可靠性由高层负责。适用于误码率较低的信道，如以太网。

2）有确认的无连接服务。源主机发送帧时不需先建立链路连接，但目的主机收到帧时必须发回确认。源主机在所规定的时间内未收到确定信号时，就重传丢失的帧，以提高传输的可靠性。该服务适用于误码率较高的信道，如无线通信。

3）有确认的面向连接服务。帧传输过程分为三个阶段：建立链路、传输帧、释放链路。目的主机对收到的每一个帧都要返回确认。该服务适用于可靠性要求较高的场合。

> **注 意**
>
> 有连接就一定要有确认，即不存在无确认的面向连接的服务。

3.1.3 链路管理

数据链路层连接的建立、维持和释放过程称为链路管理，它主要用于面向连接的服务。链路两端的结点要进行通信，必须首先确认对方已处于就绪状态，并交换一些必要的信息以对帧序号初始化，然后才能建立连接，在传输过程中要能维持连接，而在传输完毕后要释放该连接。

3.1.4 封装成帧与透明传输

封装成帧是指在一段数据的前后分别添加首部和尾部，构成帧，帧是数据链路层的数据传送单元。帧长等于帧的数据部分长度加上首部和尾部的长度。首部和尾部中含有很多控制信息，它们的一个重要作用是确定帧的界限，即帧定界。接收方能从接收到的二进制比特流中区分出帧的起始与终止，即帧同步。如在 HDLC 协议中，用标识位 F（01111110）来标识帧的开始和结束。在通信过程中，检测到帧标识位 F 即认为其是帧的开始，然后一旦检测到帧标识位 F 即表示帧的结束。HDLC 标准帧格式如图 3.4 所示。为了提高帧的传输效率，应当使帧的数据部分的长度尽可能地大于首部和尾部的长度，但随着帧长的增加，传输差错发生的概率也随之提高，发生差错时重传的代价也越大，因此每种链路层协议都规定了帧的数据部分的长度上限，即最大传送单元。

标志	地址	控制	信息	帧检验序列	标志
F	A	C	I	FCS	F
01111110	8 位	8 位	N 位（可变）	16 位	01111110

图 3.4 HDLC 标准帧格式

若在数据中恰好出现与帧定界符相同的比特组合（会误认为"传输结束"而丢弃后面的数据），则要采取有效的措施来解决这个问题，即透明传输。更确切地说，透明传输是指不论所传的数据是什么样的比特组合，都能够按原样无差错地在这个数据链路上传输。

3.1.5 流量控制

因为链路两端结点的工作速率和缓存空间存在差异，所以发送方的发送能力可能大于接收方的接收能力，此时若不适当限制发送方的发送速率，前面来不及接收的帧将被后面不断发送来的帧"淹没"，造成帧的丢失而出错。因此，流量控制实际上就是限制发送方的发送速率，使之不超过接收方的接收能力。这个过程需通过某种反馈机制，使发送方知道在什么情况下可以接着发送下一帧，而在什么情况下必须暂停发送，以等待收到某种反馈信息后继续发送。

在 OSI 体系结构中，数据链路层具有流量控制的功能。而在 TCP/IP 体系结构中，流量控制功能被移到了传输层。它们控制的对象不同。对数据链路层来说，控制的是相邻结点之间的数据链路上的流量，而对传输层来说，控制的则是从源端到目的端之间的流量。

3.1.6　差错检测

因为信道噪声等原因，帧在传输过程中可能会出现错误，这些错误分为位错和帧错。

1）位错：帧中某些位出现差错，通常采用循环冗余检验（CRC）来发现位错。

2）帧错：帧丢失、帧重复或帧失序等错误，它们都属于传输差错。

过去 OSI 的观点是：必须让数据链路层向上提供可靠传输。因此在 CRC 检错的基础上，增加了帧编号、确认和重传机制。收到正确的帧就要向发送方发送确认。发送方在一定期限内若未收到对方的确认，就认为出现了差错，因此进行重传，直到收到确认为止。现在，在通信质量较差的无线传输中，数据链路层依然使用确认和重传机制，向上提供可靠的传输服务。

对于通信质量良好的有线链路，数据链路层已不再使用确认和重传机制，即不要求向上提供可靠传输的服务，而仅需进行 CRC 检错，目的是将有差错的帧丢弃，保证上交的帧都是正确的，而对出错的帧的重传任务则由高层协议（如传输层 TCP 协议）完成。

3.1.7　本节习题精选

单项选择题

01. 下列不属于数据链路层功能的是（　）。

A. 帧定界　　　　　B. 电路管理　　　　C. 差错控制　　　　　D. 流量控制

02. 下列不属于数据链路层功能的是（　）。

A. 透明传输　　　　B. 差错检测　　　　C. 可靠传输　　　　　D. 拥塞控制

03. 数据链路层协议的功能不包括（　）。

A. 定义数据格式　　　　　　　　　　B. 提供结点之间的可靠传输

C. 控制对物理传输介质的访问　　　　D. 为终端结点隐蔽物理传输的细节

04. 为了避免传输过程中帧的丢失，数据链路层采用的方法是（　）。

A. 帧编号机制　　　B. 循环冗余检验码　C. 海明码　　　　　　D. 计时器超时重发

05. 数据链路层为网络层提供的服务不包括（　）。

A. 无确认的无连接服务　　　　　　　B. 有确认的无连接服务

C. 无确认的面向连接服务　　　　　　D. 有确认的面向连接服务

06. 对于信道比较可靠且对实时性要求高的网络，数据链路层采用（　）比较合适。

A. 无确认的无连接服务　　　　　　　B. 有确认的无连接服务

C. 无确认的面向连接服务　　　　　　D. 有确认的面向连接服务

07. 流量控制实际上是对（　）的控制。

A. 发送方的数据流量　　　　　　　　B. 接收方的数据流量

C. 发送、接收方的数据流量　　　　　D. 链路上任意两结点间的数据流量

08. 下述协议中，（　）不是数据链路层的标准。

A. ICMP　　　　　B. HDLC　　　　　C. PPP　　　　　D. SLIP

3.1.8 答案与解析

单项选择题

01．B

数据链路层的主要功能包括：如何将二进制比特流组织成数据链路层的帧；如何控制帧在物理信道上的传输，包括如何处理传输差错；在两个网络实体之间提供数据链路的建立、维护和释放；控制链路上帧的传输速率，以使接收方有足够的缓存来接收每个帧。这些功能对应为帧定界、差错检测、链路管理和流量控制。电路管理功能由物理层提供。

02．D

拥塞控制是网络层或传输层的功能，用于防止过多的分组注入网络而导致网络性能下降。

03．D

数据链路层的主要功能包括组帧，组帧即定义数据格式，A 正确。数据链路层在物理层提供的不可靠的物理连接上实现结点到结点的可靠性传输，B 正确。控制对物理传输介质的访问由数据链路层的介质访问控制（MAC）子层完成，C 正确。为终端结点隐蔽物理传输的细节是物理层的功能，数据链路层不必考虑如何实现无差别的比特传输，D 错误。

04．D

为防止在传输过程中帧丢失，在可靠的数据链路层协议中，发送方对发送的每个数据帧设计一个计时器，当计时器到期而该帧的确认帧仍未到达时，发送方将重发该帧。为保证接收方不会接收到重复帧，需要对每个发送的帧进行编号；海明码和循环冗余检验码都用于差错控制。

05．C

连接是建立在确认机制基础之上的，因此数据链路层没有无确认的面向连接服务。一般情况下，数据链路层会为网络层提供三种可能的服务：无确认的无连接服务、有确认的无连接服务、有确认的面向连接服务。

06．A

无确认的无连接服务是指源机器向目标机器发送独立的帧，目标机器并不对这些帧进行确认。事先并不建立逻辑连接，事后也不用释放逻辑连接。若因线路上有噪声而造成某一帧丢失，则数据链路层并不检测这样的丢帧现象，也不回复。当错误率很低时，这类服务非常合适，这时恢复任务可留给上面的各层来完成。这类服务对实时通信也非常合适，因为实时通信中数据的迟到比数据损坏更不好。

07．A

流量控制是通过限制发送方的数据流量而使发送方的发送速率不超过接收方接收速率的一种技术。流量控制功能并不是数据链路层独有的，其他层上也有相应的控制策略，只是各层的流量控制对象是在相应层的实体之间进行的。

08．A

ICMP 是网络层协议，PPP 是在 SLIP 基础上发展而来的，都是数据链路层协议。

3.2 组帧

发送方依据一定的规则将网络层递交的分组封装成帧（也称组帧）。数据链路层之所以要将比特组合成以帧为单位传输，是为了在出错时只重发出错的帧，而不必重发全部数据，从而提高效率。组帧主要解决帧定界、帧同步、透明传输等问题。实现组帧的方法通常有以下 4 种。

> **注 意**
>
> 　　组帧时既要加首部，又要加尾部。原因是，在网络中信息是以帧为最小单位进行传输的，所以接收方要正确地接收帧，就必须清楚该帧在一串比特流中从哪里开始到哪里结束（因为接收方收到的是一串比特流，没有首部和尾部是不能正确区分帧的）。而分组（即 IP 数据报）仅是包含在帧中的数据部分（后面将详细讲解），所以不需要加尾部来定界。

3.2.1　字符计数法

字符计数法是指在帧首部使用一个计数字段来记录该帧所含的字节数（包括计数字段自身所占用的 1 个字节），如图 3.5 所示。当接收方读出帧首部的字节计数值时，就知道后面跟随的字节数，从而确定帧结束位置。因为帧与帧之间是连续传输的，所以也能确定下一帧的开始位置。

图 3.5　字符计数法

这种方法最大的问题在于若计数字段出错，即失去帧边界划分的依据，则接收就无法判断所传输帧的结束位和下一帧的开始位，收发双方将失去同步，造成灾难性后果。

3.2.2　字节填充法

字节填充法使用特定字符来定界一帧的开始与结束，在图 3.6 的例子中，控制字符 SOH 放在帧的最前面，表示帧的开始，控制字符 EOT 表示帧的结束。为了使信息位中出现的特殊字符不被误判为帧的首尾定界符，可在特殊字符之前填充一个转义字符 ESC 来加以区分（注意，转义字符是 ASCII 码中的控制字符，是一个字符，而非 "E" "S" "C" 三个字符的组合），以实现数据的透明传输。接收方收到转义字符后，就知道其后面紧跟的是数据信息，而不是控制信息。

在图 3.6(a)所示的字符帧中，帧的数据段中出现 EOT 或 SOH 字符，发送方在每个 EOT 或 SOH 字符前再插入一个 ESC 字符［见图 3.6(b)］，接收方收到数据后会自己删除这个插入的 ESC 字符，结果仍得到原来的数据［见图 3.6(c)］。这也正是字节填充法名称的由来。若转义字符 ESC 也出现在数据中，则解决方法仍是在转义字符前插入一个转义字符。

图 3.6　字节填充法

3.2.3　零比特填充法

命题追踪　▶▶ HDLC 协议中的比特填充法（2013）

零比特填充法允许数据帧包含任意个数的比特，它使用一个特定的比特串 01111110 来标志一帧的开始和结束，如图 3.7 所示。为了不使数据字段中出现的比特流 01111110 被误判为帧的首尾标志，发送方先扫描整个数据字段，每遇到 5 个连续的 "1"，就自动在其后插入一个 "0"。经过这种比特填充后，就可保证数据字段中不会出现 6 个连续的 "1"。接收方做该过程的逆操作，即每收到 5 个连续的 "1"，就自动删除后面紧跟的 "0"，以恢复原始数据。在数据链路层早期使用的 HDLC 协议中，便是采用这种比特填充的首尾标志法来实现透明传输的。

(a) 原始数据　　01101111111111111111110010
(b) 线上数据　　011011111**0**11111**0**11111010010
　　　　　　　　　　　　　填充的位
(c) 接收方删除填
　　充位后的数据　01101111111111111111110010

图 3.7　比特填充法

零比特填充法很容易由硬件来实现，性能优于字节填充法。

3.2.4　违规编码法

在物理层进行比特编码时，常采用违规编码法。例如，曼彻斯特编码方法将数据比特 "1" 编码成 "高-低" 电平对，将数据比特 "0" 编码成 "低-高" 电平对，而 "高-高" 电平对和 "低-低" 电平对在数据比特中是违规的（即没有采用），因此可借用这些违规编码序列来定界帧的起始和终止。局域网 IEEE 802 标准就采用了这种方法。违规编码法不采用任何填充技术便能实现数据的透明传输，但只适用于采用冗余编码的特殊编码环境。

因为字符计数法中计数字段的脆弱性和字节填充法实现上的复杂性与不兼容性，所以目前较常用的组帧方法是零比特填充法和违规编码法。

3.2.5　本节习题精选

一、单项选择题

01. 【2013 统考真题】HDLC 协议对 01111100 01111110 组帧后，对应的比特串为（　　）。
　　A. 01111100 00111110 10　　　　　　B. 01111100 01111101 01111110
　　C. 01111100 01111101 0　　　　　　　D. 01111100 01111110 01111101

二、综合应用题

01. 在一个数据链路协议中使用下列字符编码：
　　A 01000111;　　　　B 11100011;　　　　ESC 11100000;　　　　FLAG 01111110
　　在使用下列组帧方法的情况下，说明为传送 4 个字符 A、B、ESC、FLAG 所组织的帧而实际发送的二进制位序列（使用 FLAG 作为首尾标志，ESC 作为转义字符）。
　　1）字符计数法。
　　2）使用字节填充法。
　　3）使用零比特填充法。

3.2.6　答案与解析

一、单项选择题

01. A
HDLC 协议对比特串组帧时，HDLC 数据帧以比特模式 0111 1110 标识每个帧的开始和结束，因此在帧数据中只要出现 5 个连续的位 "1"，就在输出的位流中填充一个 "0"。因此，组帧后的比特串为 01111<u>1</u>0<u>0</u> 0011111<u>0</u> 10（下画线部分为新增的 0）。

二、综合应用题

01.【解答】

1）第一字节为所传输的字符计数 5，转换为二进制为 00000101，后面依次为 A、B、ESC、FLAG 的二进制编码：

00000101　01000111　11100011　11100000　01111110

2）首尾标志位 FLAG（01111110），在所传输的数据中，若出现控制字符，则在该字符前插入转义字符 ESC（11100000）：

01111110 01000111 11100011 11100000 11100000 11100000 01111110 01111110

3）首尾标志位 FLAG（01111110），在所传输的数据中，若连续出现 5 个 "1"，则在其后插入 "0"：

01111110　01000111　110100011　111000000　011111010　01111110

3.3 差错控制

实际通信链路都不是理想的，比特在传输过程中可能产生差错，1 可能变成 0，0 也可能变成 1，这就是比特差错。比特差错是传输差错中的一种，本节仅讨论比特差错。

通常利用编码技术进行差错控制，主要有两类：自动重传请求（Automatic Repeat reQuest，ARQ）和前向纠错（Forward Error Correction，FEC）。在 ARQ 方式中，当接收方检测到差错时，就设法通知发送方重发，直到收到正确的数据为止。在 FEC 方式中，接收方不但能发现差错，而且能确定错误的位置并加以纠正。因此，差错控制又可分为检错编码和纠错编码。

3.3.1 检错编码

检错编码都采用冗余编码技术，核心思想是在有效数据（信息位）被发送前，按某种关系附加一定的冗余位，构成一个符合某一规则的码字后发送。当要发送的有效数据变化时，相应的冗余位也随之变化，使得码字遵从不变的规则。接收方根据收到的码字是否仍符合原规则来判断是否出错。常见的检错编码有奇偶检验码和循环冗余码。

1．奇偶检验码

奇偶检验码是奇检验码和偶检验码的统称，是一种最基本的检错码。它由 $n-1$ 位数据和 1 位检验位组成，检验位的取值（0 或 1）将使整个检验码中 "1" 的个数为奇数或偶数。

1）奇检验码：附加一个检验位后，码长为 n 的码字中 "1" 的个数为奇数。

2）偶检验码：附加一个检验位后，码长为 n 的码字中 "1" 的个数为偶数。

例如，7 位数据 1001101 对应的奇检验码为 1001101**1**，对应的偶检验码为 1001101**0**。它只能检测奇数位的出错情况，但不知道哪些位错了，也不能发现偶数位的出错情况。

2．循环冗余码

数据链路层广泛使用循环冗余码（Cyclic Redundancy Code，CRC）检错技术。

循环冗余码（CRC）检错的基本思想：

1）收发双方约定生成多项式 $G(x)$（最高位和最低位必须为 1）。k 位位串可视为阶数为 $k-1$ 的多项式的系数序列。例如，可用多项式 $x^3 + x^2 + 1$ 表示位串 1101。

2）发送方基于待发送的数据和 $G(x)$，计算出冗余码，将冗余码附加到数据后面一起发送。

3）接收方收到数据和冗余码后，通过 $G(x)$ 来计算收到的数据和冗余码是否产生差错。

假设一个待传送 m 位的数据，CRC 运算产生一个 r 位的冗余码，称为帧检验序列（FCS）。这样形成的帧将由 $m+r$ 位组成。在所要发送的数据后面增加 r 位冗余码，虽然增大了传输开销，但是可以进行差错检测，这种代价往往是值得的。这个带检验码的帧刚好能被预先确定的多项式 $G(x)$ 整除。接收方用相同的多项式去除收到的帧，若无余数，则认为无差错。

命题追踪 ▶▶ 循环冗余码的计算（2023）

假设一段 m 位数据，则计算冗余码的步骤如下：

1）加 0。假设 $G(x)$ 的阶为 r，在数据后面加 r 个 0，相当于乘以 2^r。

2）模 2 除。利用模 2 除法，用 $G(x)$ 对应的二进制串去除 1）中计算得出的数据串，得到的余数即为冗余码（共 r 位，前面的 0 不可省略）。

按照模 2 运算规则，加法不进位，减法不借位，相当于对应位进行逻辑异或运算。

冗余码的计算举例。假设数据 $M=101001$（即 $m=6$），除数 $G(x)=1101$（即 $r=3$），经模 2 除法运算后的结果是：商 $Q=110101$（这个商没什么用），余数 $R=001$。因此，发送出去的数据为 101001 001（即 $2^r M + \text{FCS}$），共有 $m+r$ 位，运算过程如图 3.8 所示。

图 3.8　循环冗余码的运算过程

发送方的 FCS 生成和接收方的 CRC 检验都是由硬件实现的，处理非常迅速，不会影响数据的传输。若在传输过程中无差错，则经过 CRC 检验后得出的余数 R 肯定为 0。但是，若出现误码，则余数 R 仍为 0 的概率极低。因此，通过 CRC 检错技术，可以近似地认为"凡是接收方数据链路层接受的帧均无差错"。也就是说，凡是接收方数据链路层接受的帧，我们都能以非常接近 1 的概率认为这些帧在传输过程中未产生差错；而接收方丢弃的帧虽然曾经收到，但最终因为有差错而被丢弃，即未被接受。

注 意
　　循环冗余码（CRC）是具有纠错功能的，只是数据链路层仅使用了它的检错功能，检测到帧出错则直接丢弃，是为了方便协议的实现，因此本节将 CRC 放在检错编码中介绍。

3.3.2　纠错编码

最常见的纠错编码是海明码，其实现原理是在有效信息位中加入几个检验位形成海明码，并把海明码的每个二进制位分配到几个奇偶检验组中。某一位出错后，就会引起有关的几个检验位的值发生变化，这不但可以发现错位，而且能指出错位的位置，为自动纠错提供依据。

现以数据码 1010 为例讲述海明码的编码原理和过程。

（1）确定海明码的位数

设 n 为有效信息的位数，k 为检验位的位数，则信息位 n 和检验位 k 应满足

$$n+k \leqslant 2^k-1$$

海明码位数 $n+k=7 \leqslant 2^3-1$ 成立，则 n、k 有效。设信息位为 $D_4D_3D_2D_1$（1010），共 4 位，检验位为 $P_3P_2P_1$，共 3 位，对应的海明码为 $H_7H_6H_5H_4H_3H_2H_1$。

（2）确定检验位的分布

规定检验位 P_i 在海明位号为 2^{i-1} 的位置上，其余各位为信息位，因此有：

P_1 的海明码位号为 $2^{i-1}=2^0=1$，即 H_1 为 P_1。

P_2 的海明码位号为 $2^{i-1}=2^1=2$，即 H_2 为 P_2。

P_3 的海明码位号为 $2^{i-1}=2^2=4$，即 H_4 为 P_3。

将信息位按原来的顺序插入，则海明码各位的分布如下：

$$
\begin{array}{ccccccc}
H_7 & H_6 & H_5 & H_4 & H_3 & H_2 & H_1 \\
D_4 & D_3 & D_2 & P_3 & D_1 & P_2 & P_1
\end{array}
$$

（3）分组以形成检验关系

每个数据位用多个检验位进行检验，但要满足条件：被检验数据位的海明位号等于检验该数据位的各检验位海明位号之和。另外，检验位不需要再被检验。分组形成的检验关系如下。

		$P_1(H_1)$		$P_2(H_2)$		$P_3(H_4)$
D_1 放在 H_3 上，由 P_2P_1 检验：	3 =	1	+	2		
D_2 放在 H_5 上，由 P_3P_1 检验：	5 =	1	+			4
D_3 放在 H_6 上，由 P_3P_2 检验：	6 =			2	+	4
D_4 放在 H_7 上，由 $P_3P_2P_1$ 检验：	7 =	1	+	2	+	4
		第 1 组		第 2 组		第 3 组

（4）检验位取值

检验位 P_i 的值为第 i 组（由该检验位检验的数据位）所有位求异或。

根据（3）中的分组有

$$P_1=D_1 \oplus D_2 \oplus D_4=0 \oplus 1 \oplus 1=0$$
$$P_2=D_1 \oplus D_3 \oplus D_4=0 \oplus 0 \oplus 1=1$$
$$P_3=D_2 \oplus D_3 \oplus D_4=1 \oplus 0 \oplus 1=0$$

所以，1010 对应的海明码为 1010**0010**（下画线为检验位，其他为信息位）。

（5）海明码的检验原理

每个检验组分别利用检验位和参与形成该检验位的信息位进行奇偶检验检查，构成 k 个检验方程：

$$S_1=P_1 \oplus D_1 \oplus D_2 \oplus D_4$$
$$S_2=P_2 \oplus D_1 \oplus D_3 \oplus D_4$$
$$S_3=P_3 \oplus D_2 \oplus D_3 \oplus D_4$$

若 $S_3S_2S_1$ 的值为 "000"，则说明无错；否则说明出错，且这个数就是错误位的位号，如 $S_3S_2S_1=001$，说明第 1 位出错，即 H_1 出错，直接将该位取反就达到了纠错的目的。

3.3.3 本节习题精选

一、单项选择题

01. 下列有关数据链路层差错控制的叙述中，错误的是（　）。

A. 数据链路层只能提供差错检测，而不提供对差错的纠正

B. 奇偶检验码只能检测出错误而无法对其进行修正，也无法检测出双位错误

C. CRC 检验码可以检测出所有的单比特错误

D. 海明码可以纠正一位差错

02. 下列属于奇偶检验码特征的是（　）。

A. 只能检查出奇数个比特的错误　　　B. 能检查出任意个比特的错误

C. 比 CRC 检验更可靠　　　　　　　D. 只能检查出偶数个比特的错误

03. 字符 S 的 ASCII 编码从低到高依次为 1100101，采用奇检验，在下述收到的传输后字符中，错误（　）不能检测。

A. 11000011　　　B. 11001010　　　C. 11001100　　　D. 11010011

04. 为了纠正 2 比特的错误，编码的海明码的码距应该为（　）。

A. 2　　　　　　　B. 3　　　　　　　C. 4　　　　　　　D. 5

05. 对于 10 位要传输的数据，若采用海明码检验，则需要增加的冗余信息位数是（　）。

A. 3　　　　　　　B. 4　　　　　　　C. 5　　　　　　　D. 6

06. 下列关于循环冗余检验的说法中，（　）是错误的。

A. 带 r 个检验位的多项式编码可以检测到所有长度小于或等于 r 的突发性错误

B. 通信双方可以无须商定就直接使用多项式编码

C. CRC 检验可以使用硬件来完成

D. 有一些特殊的多项式，因为其有很好的特性，而成了国际标准

07. 要发送的数据是 1101 0110 11，采用 CRC 检验，生成多项式是 10011，那么最终发送的数据应是（　）。

A. 1101 0110 1110 10　　　　　　B. 1101 0110 1101 10

C. 1101 0110 1111 10　　　　　　D. 1111 0011 0111 00

08. 【2023 统考真题】若甲向乙发送数据时采用 CRC 检验，生成多项式为 $G(X) = X^4 + X + 1$（即 $G = 10011$），则乙方接收到比特串（　）时，可以断定其在传输过程中未发生错误。

A. 10111 0000　　B. 10111 0100　　C. 10111 1000　　D. 10111 1100

二、综合应用题

01. 在数据传输过程中，若接收方收到的二进制比特序列为 10110011010，收发双方采用的生成多项式为 $G(x) = x^4 + x^3 + 1$，则该二进制比特序列在传输中是否出错？若未出错，则发送数据的比特序列和 CRC 检验码的比特序列分别是什么？

3.3.4　答案与解析

一、单项选择题

01. A

链路层的差错控制有两种基本策略：检错编码和纠错编码。常见的纠错码有海明码，它可以纠正一位差错。CRC 检验码可以检测出所有的单比特错误（记住该结论即可）。

02. A

奇偶检验的原理是通过增加冗余位来使得码字中"1"的个数保持为奇数或偶数的编码方法，它只能检查出奇数个比特的错误。

03. D

既然采用奇检验，那么传输的数据中 1 的个数若是偶数则可检测出错误，若 1 的个数是奇数则检测不出错误。

04．D

海明码"纠错"d 位，需要码距为 $2d+1$ 的编码方案；"检错"d 位，则只需码距为 $d+1$。

05．B

在 k 比特信息位上附加 r 比特冗余信息，构成 $k+r$ 比特的码字，必须满足 $2^r \geqslant k+r+1$。若 k 的取值小于或等于 11 且大于 4，则 $r=4$。

06．B

在使用多项式编码时，发送方和接收方必须预先商定一个生成多项式。发送方按照模 2 除法，得到检验码，在发送数据时将该检验码加到数据后面。接收方收到数据后，也需要根据该生成多项式来验证数据的正确性。选项 A 是正确结论，了解即可，无须掌握证明过程。

07．C

假设一个帧有 m 位，其对应的多项式为 $G(x)$，则计算冗余码的步骤如下：

① 加 0。假设 $G(x)$ 的阶为 r，在帧的低位端加上 r 个 0。

② 模 2 除。利用模 2 除法，用 $G(x)$ 对应的数据串除①中计算出的数据串，得到的余数即为冗余码（共 r 位，前面的 0 不可省略）。

多项式以 2 为模运算。按照模 2 运算规则，加法不进位，减法不借位，它刚好是异或操作。乘除法类似于二进制运算，只是在做加减法时按模 2 规则进行。

08．D

观察选项：除后 4 位外，前 5 位都为 10111，可知发送方发送的数据部分为 10111，列式求得余数部分为 1100，因此发送方发送的帧串为 10111 1100。

```
              1000100
    10011 / 101110000
            10011
            10000
            10011
             1100  -------- 余数
```

二、综合应用题

01.【解答】

根据题意，生成多项式 $G(x)$ 对应的二进制比特序列为 11001。进行如下的二进制模 2 除法，被除数为 10110011010，除数为 11001：

```
                1101010
    11001 / 10110011010
            11001
             11110
             11001
              11111
              11001
               11001
               11001
                  00
```

所得余数为 0，因此该二进制比特序列在传输过程中未出现差错。发送数据的比特序列是 1011001，CRC 检验码的比特序列是 1010。

注　意

CRC 检验码的位数等于生成多项式 $G(x)$ 的最高次数。

3.4 流量控制与可靠传输机制

在数据链路层中，流量控制机制和可靠传输机制是交织在一起的。

3.4.1 流量控制与滑动窗口机制

流量控制是指由接收方控制发送方的发送速率，使接收方有足够的缓冲空间来接收每个帧。常见的流量控制方法有两种：停止-等待协议和滑动窗口协议。数据链路层和传输层均有流量控制的功能，它们都用到了滑动窗口协议，但也有所区别，主要体现如下：

1）数据链路层控制的是相邻结点之间的流量，而传输层控制的是端到端的流量。

2）数据链路层的控制手段是接收方收不下就不返回确认。传输层的控制手段是接收方通过确认报文段中的窗口值来调整发送方的发送窗口。

1. 停止-等待流量控制基本原理

停止-等待流量控制是一种最简单的流量控制方法。发送方每次只允许发送一个帧，接收方每接收一个帧都要反馈一个应答信号，表示可以接收下一帧，发送方收到应答信号后才能发送下一帧。若发送方没有收到接收方反馈的应答信号，则需要一直等待。发送方每发送完一个帧，就进入等待接收方确认信息的过程中，因而传输效率很低。

2. 滑动窗口流量控制基本原理

滑动窗口流量控制是一种更高效的流量控制方法。在任意时刻，发送方都维持一组连续的允许发送帧的序号，称为发送窗口；同时接收方也维持一组连续的允许接收帧的序号，称为接收窗口。发送窗口表示在还未收到对方确认信息的情况下，发送方最多还能发送多少个帧和哪些帧。同理，在接收方设置接收窗口是为了控制可以接收哪些帧和不可以接收哪些帧。

图 3.9 给出了发送窗口的工作原理，图 3.10 给出了接收窗口（$W_T = 1$）的工作原理。

图 3.9 发送窗口控制发送方的发送速率：(a)允许发送 0~4 号共 5 个帧；(b)允许发送 1~4 号共 4 个帧；(c)不允许发送任何帧；(d)允许发送 5~7 号共 3 个帧

发送方每收到一个按序确认的确认帧，就将发送窗口向前滑动一个位置。这样，就有一个新的序号落入发送窗口，序号落入发送窗口内的数据帧可以继续发送。当窗口内没有可以发送的帧（即窗口内的帧全部是已发送但未收到确认的帧）时，发送方就停止发送。

图 3.10　$W_R = 1$ 的接收窗口的意义

接收方每收到一个序号落入接收窗口的数据帧，就允许将该帧收下，然后将接收窗口向前滑动一个位置，并发回确认。这样，就有一个新的序号落入接收窗口，序号落入接收窗口内的数据帧即为准备接收的帧。若收到的帧落在接收窗口之外，则一律丢弃。

滑动窗口具有以下重要特性：

1）只有接收窗口向前滑动（同时接收方发送了确认）时，发送窗口才有可能（只有发送方收到确认后才一定）向前滑动。

命题追踪　▶▶　滑动窗口协议的窗口大小的关系（2019）

2）从滑动窗口的概念看，停止-等待协议、后退 N 帧协议和选择重传协议只在发送窗口大小与接收窗口大小上有所差别：

停止-等待协议：发送窗口 $W_T = 1$，接收窗口 $W_R = 1$。

后退 N 帧协议：发送窗口 $W_T > 1$，接收窗口 $W_R = 1$。

选择重传协议：发送窗口 $W_T > 1$，接收窗口 $W_R > 1$。

若采用 n 比特对帧编号，则后两种滑动窗口协议还需满足 $W_T + W_R \leqslant 2^n$。

3）当接收窗口的大小为 1 时，可保证帧的有序接收。

4）在数据链路层的滑动窗口协议中，窗口大小在传输过程中是固定的（与传输层不同）。

3.4.2　可靠传输机制

可靠传输是指发送方发送的数据都能被接收方正确地接收，通常采用确认和超时重传两种机制来实现。确认是指接收方每收到发送方发来的数据帧，都要向发送方发回一个确认帧，表示已正确地收到该数据帧。超时重传是指发送方在发送一个数据帧后就启动一个计时器，若在规定时间内没有收到所发送数据帧的确认帧，则重发该数据帧，直到发送成功为止。

使用这两种机制的可靠传输协议称为自动重传请求（ARQ），它意味着重传是自动进行的，接收方不需要对发送方发出重传请求。在 ARQ 协议中，数据帧和确认帧都必须编号，以区分确认帧是对哪个帧的确认，以及哪些帧还未确认。ARQ 协议分为三种：停止-等待（Stop-and-Wait）协议、后退 N 帧（Go-Back-N）协议和选择重传（Selective Repeat）协议。值得注意的是，这三种可靠传输协议的基本原理并不仅限于数据链路层，还可应用到其上各层。

在有线网络中，链路的误码率较低，为了降低开销，并不要求数据链路层向其上层提供可靠传输服务，即使出现了误码，可靠传输的问题也由其上层处理。而无线网络的链路易受干扰，误码率较高，因此要求数据链路层必须向其上层提供可靠传输服务。

1. 单帧滑动窗口与停止-等待协议（S-W）

在停止-等待协议中，发送方每次只能发送一个帧，当发送方收到接收方的确认帧之后，才可以发送下一个帧。从滑动窗口的角度看，停止-等待协议的发送窗口和接收窗口大小均为 1。

在停止-等待协议中，除数据帧丢失外，还可能出现以下两种差错：①到达接收方的数据帧可能已遭破坏，接收方利用前面介绍的差错检测技术检出后，简单地将该帧丢弃。为了应付这种可能的情况，发送方装备了计时器。在一个帧发送后，发送方等待确认，当计时器超时的时候，若仍未收到确认，则重发该数据帧。如此重复，直到该数据帧正确到达为止。②数据帧正确而确认帧被破坏，此时接收方已收到正确的数据帧，但发送方收不到确认帧，因此发送方会重传已被接收的数据帧，接收方收到相同的数据帧时会丢弃该帧，并重传一个该帧对应的确认帧。

对于停止-等待协议，因为每发送一个数据帧就停止并等待，所以用 1 比特来编号就已足够。发送的帧交替地用 0 和 1 来标识，确认帧分别用 ACK0 和 ACK1 来表示，当收到的确认帧有误时，就重传已发送的数据帧。若连续出现相同序号的数据帧，则表明发送方进行了超时重传。若连续出现相同序号的确认帧，则表明接收方收到了重复帧。

此外，为了超时重传和判定重复帧的需要，发送方和接收方都要设置一个帧缓冲区。当发送方发送完数据帧时，必须在其发送缓存中保留该数据帧的副本，这样才能在出现差错时进行重传。只有在收到对方发来的确认帧 ACK 后，方可清除该副本。

停止-等待协议的信道利用率很低。为了提高传输效率，产生了连续 ARQ 协议（后退 N 帧协议和选择重传协议），发送方可连续发送多个帧，而不是每发完一个帧就停止等待确认。

2. 多帧滑动窗口与后退 N 帧协议（GBN）

命题追踪 ▶▶ GBN 协议的工作原理（2009）

在后退 N 帧协议中，发送方可在未收到确认帧的情况下，将序号在发送窗口内的多个数据帧全部发送出去。后退 N 帧的含义是：发送方发送 N 个数据帧后，若发现这 N 个帧的前一个数据帧在计时器超时的时候仍未收到其确认信息，则该帧被判为出错或丢失，此时发送方不得不重传该出错帧及随后的 N 个帧。这意味着，接收方只允许按顺序接收帧。

命题追踪 ▶▶ GBN 确认号的含义/捎带确认的应用（2017）

如图 3.11 所示，发送方向接收方发送数据帧。发送方发完 0 号帧后，可以继续发送后续的 1 号帧、2 号帧等。发送方每发送完一个数据帧，就要为该帧设置超时计时器。因为连续发送了许多帧，所以确认帧必须指明是对哪个帧的确认。为了降低开销，GBN 协议允许接收方进行累积确认，即允许接收方不需要每收到一个正确的数据帧就立即发回一个确认帧，而可在连续收到多个正确的数据帧后，对最后一个数据帧发回确认信息，也就是说，对某个数据帧的确认就代表该数据帧和之前所有的帧均已正确无误地收到。ACKn 表示对 n 号帧的确认，表示接收方已正确收到 n 号帧及之前的所有帧，下次期望收到 $n+1$ 号帧（也可能是 0 号帧）。接收方只按序接收数据帧。图中，虽然在有差错的 2 号帧之后接着收到了正确的 6 个数据帧，但接收方必须将这些帧丢弃。

接收方虽然丢弃了这些未按序出现的无差错帧，但应重发已发送的最后一个确认帧 ACK1（这是为了防止已发送的确认帧 ACK1 丢失）。

命题追踪 ▶▶ GBN 超时重传的分析（2017）

图 3.11 GBN 协议的工作原理：对出错数据帧的处理

命题追踪 ▶▶ GBN 发送窗口的意义/最大尺寸（2017）

若采用 n 比特对帧编号，则其发送窗口 W_T 应满足 $1 < W_T \leqslant 2^n - 1$。若 W_T 大于 $2^n - 1$，则会造成接收方无法分辨新数据帧和旧数据帧（参考本章末的疑难点 1）。

后退 N 帧协议的接收窗口 $W_R = 1$，可保证按序接收数据帧。

不难看出，后退 N 帧协议一方面因连续发送数据帧而提高了信道利用率，另一方面在重传时又必须重传原来已正确到达的帧（仅因这些帧的前面有一帧出错），因此这种做法会降低传送效率。当信道误码率较大时，后退 N 帧协议不一定优于停止-等待协议。

3．多帧滑动窗口与选择重传协议（SR）

为了进一步提高信道的利用率，可以设法只重传出现差错和计时器超时的数据帧，但此时必须加大接收窗口，以便先收下失序但正确到达且序号仍落在接收窗口内的那些数据帧，等到所缺序号的数据帧收齐后，再一并送交上层。这就是选择重传协议。

命题追踪 ▶▶ 选择重传协议的原理及实现（2011、2024）

为了使发送方仅重传出错的帧，接收方不能再采用累积确认，而要对每个正确接收的数据帧逐一进行确认。显然，选择重传协议比后退 N 帧协议更复杂，且接收方需要设置足够的帧缓冲区（帧缓冲区的数目等于接收窗口的大小而非序号数目，因为接收方不能接收序号在窗口下界以下或窗口上界以上的帧）来暂存那些失序但正确到达且序号落在接收窗口内的数据帧。每个发送缓冲区对应一个计时器，当计时器超时的时候，缓冲区的帧就重传。另外，选择重传协议还采用了比上述其他协议更有效的差错处理策略，即一旦接收方检测到某个数据帧出错，就向发送方发送一个否定帧 NAK，要求发送方立即重传 NAK 指定的数据帧。在图 3.12 中，2 号帧丢失后，接收方仍可正常接收并缓存之后收到的数据帧，待发送方超时重传 2 号帧并被接收方成功接收后，接收窗口就向前移动，而当发送方收到 2 号帧的确认后，发送窗口就可向前移动。在某个时刻，接收方检测到 10 号帧出错，向发送方发出否定帧 NAK10，在此期间接收方仍可正常接收并缓存之后收到的帧，发送方收到否定帧 NAK10 后立即重传 10 号帧。

选择重传协议的接收窗口 W_R 和发送窗口 W_T 都大于 1，一次可以发送或接收多个帧。若采用 n 比特对帧编号，需满足条件①：$W_R + W_T \leqslant 2^n$（否则，在接收方的接收窗口向前移动后，若有一个或多个确认帧丢失，则发送方就会超时重传之前的旧数据帧，接收窗口内的新序号与之前的旧序号出现重叠，接收方就无法分辨是新数据帧还是重传的旧数据帧）。此外，还应满足条件②：$W_R \leqslant W_T$（否则，若接收窗口大于发送窗口，则接收窗口永远不可能填满，接收窗口多出的空间就毫无意义）。由①和②不难得出 $W_R \leqslant 2^{n-1}$。一般情况下，W_R 和 W_T 的大小是相同的。

图 3.12　SR 协议的工作原理：对超时和出错数据帧的处理

4．信道利用率的分析

信道利用率是指信道的效率。从时间角度看，信道效率是对发送方而言的，是指发送方在一个发送周期（从发送方开始发送分组到收到第一个确认分组所需的时间）内，有效发送数据的时间与整个发送周期之比。本节之所以使用分组的 PDU 名称而不使用帧，是为了更具通用性。

（1）停止-等待协议的信道利用率

命题追踪 ▶▶ 停止-等待协议下信道利用率的计算（2018、2020）

停止-等待协议的优点是简单，缺点是信道利用率太低。下面用图 3.13 来分析这个问题。假定在发送方和接收方之间有一个直通的信道来传送分组。

图 3.13　停止-等待协议中数据帧和确认帧的发送时间关系

发送方发送分组的发送时延为 T_D。显然，T_D 等于分组长度除以数据传输速率。假定分组正确到达接收方后，接收方处理分组的时间可以忽略不计，同时立即发回确认。接收方发送确认分组的发送时延为 T_A（通常可以忽略不计）。再假设发送方处理确认分组的时间也可以忽略不计，那么发送方经过时间 $T_D + \text{RTT} + T_A$ 后就可再发送下一个分组，其中 RTT 是往返时延。因为仅在 T_D 内才用来发送数据分组，因此停止-等待协议的信道利用率 U 为

$$U = \frac{T_D}{T_D + \text{RTT} + T_A}$$

假定某个信道的 RTT = 20ms。分组长度是 1200 比特，数据传输速率是 1Mb/s。若忽略处理时间和 T_A，则可算出信道利用率 $U = 5.66\%$。若把数据传输速率提高到 10Mb/s，则 $U = 0.596\%$。由此可知，当往返时延 RTT 大于分组发送时延 T_D 时，信道利用率就非常低。

（2）连续 ARQ 协议的信道利用率

命题追踪 ▶▶ 三种滑动窗口协议的信道利用率比较（2023）

连续 ARQ 协议采用流水线传输（见图 3.14），即发送方可连续发送多个分组。这样，<u>只要发送窗口足够大</u>，就可使信道上有数据持续流动。显然，这种方式能获得很高的信道利用率。

图 3.14　连续 ARQ 协议的流水线传输可提高信道利用率

命题追踪 ▶▶ GBN 协议下信道利用率与发送窗口大小的关系（2012、2015、2017）

假设连续 ARQ 协议的发送窗口为 n，即发送方可连续发送 n 个分组，分为两种情况：

1）$nT_D < T_D + \text{RTT} + T_A$：即在一个发送周期内可以发送完 n 个分组，信道利用率为

$$U = \frac{nT_D}{T_D + \text{RTT} + T_A}$$

2）$nT_D \geqslant T_D + \text{RTT} + T_A$：即在一个发送周期内发不完（或刚好发完）$n$ 个分组，对于这种情况，只要不发生差错，发送方就可不间断地发送分组，信道利用率为 1。

命题追踪 ▶▶ 滑动窗口协议的数据传输速率的计算（2009、2010、2014）

此外，"信道平均（实际）数据传输速率 = 信道利用率×信道带宽（最大数据传输速率）"，或者"信道平均（实际）数据传输速率 = 发送周期内发送的数据量/发送周期"。

本节习题中有不少关于信道利用率和数据传输速率的计算，读者可以结合习题学习。

3.4.3　本节习题精选

一、单项选择题

01. 下列有关停止-等待协议的叙述中，错误的是（　）。

    A. 从滑动窗口角度看，发送窗口的尺寸为 1

    B. 从滑动窗口角度看，接收窗口的尺寸为 1

    C. 仅用 1 比特给数据帧编号

    D. 有较高的信道利用率

02. 下列情况中，会使停止-等待协议的效率变得很低的是（　）。

    A. 当源主机和目的主机之间的距离很近而且数据传输速率很高时

    B. 当源主机和目的主机之间的距离很远而且数据传输速率很高时

    C. 当源主机和目的主机之间的距离很近而且数据传输速率很低时

    D. 当源主机和目的主机之间的距离很远而且数据传输速率很低时

03. 在简单的停止-等待协议中，当帧出现丢失时，发送方会永远等待下去，解决这种死锁现象的办法是（　）。

    A. 差错检验　　　　B. 帧序号　　　　C. NAK 机制　　　　D. 超时机制

04. 在停止-等待协议中，为了让接收方能判断所收到的数据帧是否重复，采用（　）的方法。

A. 帧编号　　　　B. 检错码　　　　C. 重传计时器　　　D. NAK 帧

05. 一个信道的数据传输速率为 4kb/s，单向传播时延为 30ms，若使停止-等待协议的信道最大利用率达到 80%，则要求的数据帧长至少为（　　）。

A. 160 比特　　　B. 320 比特　　　C. 560 比特　　　　D. 960 比特

06. 主机甲采用停止-等待协议向主机乙发送数据，数据传输速率是 6kb/s，单向传播时延是100ms，忽略确认帧的发送时延。若信道的利用率为 40%，则数据帧的长度为（　　）。

A. 240 比特　　　　B. 320 比特　　　　C. 600 比特　　　　D. 800 比特

07. 在停止-等待协议中，若发送方发送的数据帧中途丢失，则可能发生的情况是（　　）。

A. 接收方发送 NAK 帧，请求重发此帧

B. 发送方在经过超时时间后未收到 ACK 帧，自动重发此帧

C. 接收方在经过超时时间后，向发送方发送 ACK 帧，请求重发此帧

D. 发送方继续发送后续帧，直到经过超时时间后未收到 ACK 帧，重发此帧

08. 下列关于连续 ARQ 的说法中，错误的是（　　）。

A. 发送方可以连续发送若干数据帧，而不是发完一个数据帧就停下来等待确认帧

B. 发送方收到了接收方发来的确认帧，还可以接着发送数据帧

C. 相比停止-等待协议，连续 ARQ 因为减少了等待时间，所以提高了信道利用率

D. 接收方可以不按序接收数据帧

09. 数据链路层采用后退 N 帧协议方式，进行流量控制和差错控制，发送方已经发送了编号 $0 \sim 6$ 的帧。当计时器超时的时候，只收到对 1、3 和 5 号帧的确认，发送方需要重传的帧的数目是（　　）。

A. 1　　　　　　B. 2　　　　　　C. 5　　　　　　D. 6

10. 数据链路层采用后退 N 帧协议，发送方已经发送了编号从 0 到 6 的帧。当计时器超时的时候，只收到对 1、2、4 号帧的确认，发送方需要重传的帧的数目是（　　）。

A. 1　　　　　　B. 2　　　　　　C. 5　　　　　　D. 6

11. 数据链路层采用了后退 N 帧协议（GBN），若发送窗口的大小是 32，则至少需要（　　）位的序列号才能保证协议不出错。

A. 4　　　　　　B. 5　　　　　　C. 6　　　　　　D. 7

12. 若采用后退 N 帧的 ARQ 协议进行流量控制，帧编号字段为 7 位，则发送窗口的最大长度为（　　）。

A. 7　　　　　　B. 8　　　　　　C. 127　　　　　D. 128

13. 一个使用选择重传协议的数据链路层，若采用 5 位的帧序列号，则可以选用的最大接收窗口是（　　）。

A. 15　　　　　B. 16　　　　　C. 31　　　　　D. 32

14. 对于窗口大小为 n 的滑动窗口，最多可以有（　　）帧已发送但没有确认。

A. 0　　　　　B. $n-1$　　　　C. n　　　　　D. $n/2$

15. 对于选择重传协议，帧采用 5 位编号，接收窗口大小为 14，则发送窗口最大为（　　）。

A. 14　　　　　B. 16　　　　　C. 18　　　　　D. 31

16. 对无序接收的滑动窗口协议，若序号位数为 n，则接收窗口最大尺寸为（　　）。

A. 2^n-1　　　B. $2n$　　　　C. $2n-1$　　　　D. 2^{n-1}

17. 采用滑动窗口机制对两个相邻结点 A 和 B 的通信过程进行流量控制。假定帧的序号长度为 4，发送窗口和接收窗口的大小都是 7，使用累积确认。当 A 发送编号为 0、1、2、

3 这四个帧后，而 B 接收了这 4 个帧，但仅应答了 0、3 两个帧，此时发送窗口将要发送的帧序号为（①）；若采用选择重传协议来进行流量控制，则允许发送方在收到应答之前连续发出多个帧；若帧的序号长度为 k 比特，则接收窗口的大小（②）2^{k-1}。

① A. 2   B. 3   C. 4   D. 5

② A. <   B. >   C. ⩾   D. ⩽

18. 流量控制是实现发送方和接收方速度一致的机制，实现这种机制所采取的措施是（　）。
     A. 增大接收方接收速度   B. 减小发送方发送速度
     C. 接收方向发送方反馈信息   D. 增加双方的缓冲区

19. 假设两台主机之间采用后退 N 帧协议传输数据，数据传输速率为 16kb/s，单向传播时延为 250ms，数据帧的长度是 128 字节，确认帧的长度也是 128 字节，为使信道利用率达到最高，则帧序号的比特数至少为（　）。
     A. 2   B. 3   C. 4   D. 5

20. 在下列滑动窗口机制中，理论上可以达到 100% 信道利用率的是（　）。
     I. 停止-等待协议   II. 后退 N 帧协议   III. 选择重传协议
     A. I   B. II   C. III   D. II 和 III

21. 数据链路层采用选择重传协议进行流量控制，发送方在收到 0~3 号帧的确认后，又收到了 5 号帧的确认，发送窗口内还有其他帧未发送，且未发生超时，则发送方将（　）。
     A. 重传 4 号帧   B. 重传 5 号帧
     C. 接收该确认帧并继续发送剩下的帧   D. 停止发送并等待超时

22. 【2009 统考真题】数据链路层采用了后退 N 帧（GBN）协议，发送方已经发送了编号为 0~7 的帧。当计时器超时的时候，若发送方只收到 0、2、3 号帧的确认，则发送方需要重发的帧数是（　）。
     A. 2   B. 3   C. 4   D. 5

23. 【2011 统考真题】数据链路层采用选择重传协议（SR）传输数据，发送方已发送 0~3 号数据帧，现已收到 1 号帧的确认，而 0、2 号帧依次超时，则此时需要重传的帧数是（　）。
     A. 1   B. 2   C. 3   D. 4

24. 【2012 统考真题】两台主机之间的数据链路层采用后退 N 帧协议（GBN）传输数据，数据传输速率为 16kb/s，单向传播时延为 270ms，数据帧长范围是 128~512 字节，接收方总是以与数据帧等长的帧进行确认。为使信道利用率达到最高，帧序号的比特数至少为（　）。
     A. 5   B. 4   C. 3   D. 2

25. 【2014 统考真题】主机甲与主机乙之间使用后退 N 帧协议（GBN）传输数据，主机甲的发送窗口尺寸为 1000，数据帧长为 1000 字节，信道带宽为 100Mb/s，主机乙每收到一个数据帧，就立即利用一个短帧（忽略其传输延迟）进行确认，若主机甲和主机乙之间的单向传播时延是 50ms，则主机甲可以达到的最大平均数据传输速率约为（　）。
     A. 10Mb/s   B. 20Mb/s   C. 80Mb/s   D. 100Mb/s

26. 【2015 统考真题】主机甲通过 128kb/s 卫星链路，采用滑动窗口协议向主机乙发送数据，链路单向传播时延为 250ms，帧长为 1000 字节。不考虑确认帧的开销，为使链路利用率不小于 80%，帧序号的比特数至少是（　）。
     A. 3   B. 4   C. 7   D. 8

27. 【2018 统考真题】主机甲采用停止-等待协议向主机乙发送数据，数据传输速率是 3kb/s，单向传播时延是 200ms，忽略确认帧的传输时延。当信道利用率等于 40% 时，数据帧的长度为（　）。

    A. 240 比特　　　　　B. 400 比特　　　　　C. 480 比特　　　　　D. 800 比特

28. 【2019 统考真题】对于滑动窗口协议，若分组序号采用 3 比特编号，发送窗口大小为 5，则接收窗口最大是（　）。

    A. 2　　　　　　　　B. 3　　　　　　　　C. 4　　　　　　　　D. 5

29. 【2020 统考真题】假设主机甲采用停止-等待协议向主机乙发送数据帧，数据帧长与确认帧长均为 1000B，数据传输速率是 10kb/s，单项传播延时是 200ms。则主机甲的最大信道利用率为（　）。

    A. 80%　　　　　　　B. 66.7%　　　　　　C. 44.4%　　　　　　D. 40%

30. 【2023 统考真题】假设通过同一条信道，数据链路层分别采用停止-等待协议、GBN 协议和 SR 协议（发送窗口和接收窗口相等）传输数据，三个协议的数据帧长相同，忽略确认帧长，帧序号位数为 3 比特。若对应三个协议的发送方最大信道利用率分别是 U_1、U_2 和 U_3，则 U_1、U_2 和 U_3 满足的关系是（　）。

    A. $U_1 \leq U_2 \leq U_3$　　B. $U_1 \leq U_3 \leq U_2$　　C. $U_2 \leq U_3 \leq U_1$　　D. $U_3 \leq U_2 \leq U_1$

二、综合应用题

01. 在选择重传协议中，设序号用 3 比特编号，发送窗口 $W_T=6$，接收窗口 $W_R=3$。试找出一种情况，使得在此情况下协议不能正确工作。

02. 假设一个信道的数据传输速率为 5kb/s，单向传播时延为 30ms，那么帧长在什么范围内，才能使用于差错控制的停止-等待协议的效率至少为 50%？（忽略确认帧的发送时延。）

03. 假定信道的数据传输速率为 100kb/s，单程传播时延为 250ms，每个数据帧的长度均为 2000 位，且不考虑确认帧长、首部和处理时间等开销，为了达到最大的传输效率，试问帧的序号应为多少位？此时的信道利用率是多少？

04. 在数据传输速率为 50kb/s 的信道上传送长度为 1kbit 的帧，总是采用捎带确认，帧序号长度为 3bit，单向传播延迟为 270ms。对于下面三种协议，信道的最大利用率是多少？

    1）停止-等待协议。

    2）后退 N 帧协议。

    3）选择重传协议（假设发送窗口和接收窗口相等）。

05. 对于下列给定条件，不考虑差错重传，停止-等待协议的实际数据传输速率是多少？

    R = 传输速率（16Mb/s）

    S = 信号传播速率（200m/μs）

    D = 接收主机和发送主机之间传播距离（200m）

    T = 创建帧的时间（2μs）

    F = 每帧的长度（500bit）

    N = 每帧中的数据长度（450bit）

    A = 确认帧 ACK 的帧长（80bit）

06. 在数据传输速率为 64kb/s 的卫星信道上，甲方发送长度为 512B 的数据帧，乙方返回一个很短的确认帧（忽略确认帧的发送时延）。信道的单向传播延时为 270ms，对于发送窗口大小分别为 1、7、17 和 117 的情况，甲方的实际数据传输速率分别为多少？

07. 【2017 统考真题】甲乙双方均采用后退 N 帧协议（GBN）进行持续的双向数据传输，且双方始终采用捎带确认, 帧长均为 1000B。$S_{x,y}$ 和 $R_{x,y}$ 分别表示甲方和乙方发送的数据帧, 其中 x 是发送序号, y 是确认序号(表示希望接收对方的下一帧序号), 数据帧的发送序号和确认序号字段均为 3 比特。信道传输速率为 100Mb/s, RTT = 0.96ms。下图给出了甲方发送数据帧和接收数据帧的两种场景, 其中 t_0 为初始时刻, 此时甲方的发送和确认序号均为 0, t_1 时刻甲方有足够多的数据待发送。

请回答下列问题。

1)对于图(a), t_0 时刻到 t_1 时刻期间, 甲方可以断定乙方已正确接收的数据帧数是多少? 正确接收的是哪几个帧(请用 $S_{x,y}$ 形式给出)?

2)对于图(a), 从 t_1 时刻起, 甲方在不出现超时且未收到乙方新的数据帧之前, 最多还可以发送多少个数据帧? 其中第一个帧和最后一个帧分别是哪个(请用 $S_{x,y}$ 形式给出)?

3)对于图(b), 从 t_1 时刻起, 甲方在不出现新的超时且未收到乙方新的数据帧之前, 需要重发多少个数据帧? 重发的第一个帧是哪个帧(请用 $S_{x,y}$ 形式给出)?

4)甲方可以达到的最大信道利用率是多少?

(a)   (b)

3.4.4　答案与解析

一、单项选择题

01. D

根据停止-等待协议的信道利用率 U 的公式

$$信道利用率 U = \frac{数据帧的发送时延}{数据帧的发送时延 + 往返时延 + 确认帧的发送时延}$$

可知, 当往返时延大于数据帧的发送时延时, 信道利用率非常低。

02. B

根据信道利用率的计算公式, 当数据传输速率很高时, 数据帧的发送时间很短; 当源主机和目的主机的距离很远时, 往返时延很大, 此时的信道利用率很低。

03. D

在停止-等待协议中, 发送方设置了计时器, 在发送一个帧后, 发送方等待确认, 若在计时器计满时仍未收到确认, 则再次发送相同的帧, 以免陷入永久的等待。

04．A

在停止-等待协议中，使用 1 位来编号即可。若连续出现相同序号的数据帧，则表明发送方进行了超时重传；若连续出现相同序号的确认帧，则表明接收方收到了重复帧。

05．D

设 C 为数据传输速率，L 为帧长，R 为单程传播时延。停止-等待协议的信道最大利用率为 $(L/C)/(L/C+2R)=L/(L+2RC)=L/(L+2\times30\text{ms}\times4\text{kb/s})=80\%$，得出 $L=960\text{bit}$。

06．D

本题忽略确认帧的发送时延，所以信道利用率 = 数据帧的发送时延/(数据帧的发送时延 + 往返时延) = 0.4，解得数据帧的发送时延为 4/30s，所以数据帧的长度为 6kb/s×4/30s = 800bit。

07．B

停止-等待协议使用确认和重传机制，发送方每发送完一个帧，就要停下来等待接收方发回的确认帧，收到确认帧后才能发送下一帧，经过超时时间后未收到 ACK 帧则自动重传。

08．D

连续 ARQ 协议分为 GBN 协议和 SR 协议。SR 的接收窗口大于 1，接收方可以先收下失序但序号仍落在接收窗口内的那些数据帧。GBN 的接收窗口等于 1，接收方必须按序接收数据帧。

09．A

GBN 一般采用累积确认，因此收到了对 5 号帧的确认意味着接收方已收到 1～5 号帧，因此发送方仅需要重传 6 号帧，即需要重传的帧的数目是 1。

10．B

后退 N 帧协议采用累积确认，确认的最后一个帧是 4 号帧，表示 4 号帧及 4 号帧之前的数据帧都已被正确接收，所以只需重传 5 号帧和 6 号帧这两个数据帧。

11．C

对于滑动窗口协议，序列号个数要大于或等于窗口数（发送窗口大小 + 接收窗口大小），所以在后退 N 帧的协议中，序列号个数不小于"发送窗口大小 + 1"，题中发送窗口大小是 32，那么序列号个数最少应该是 33 个。所以最少需要 6 位的序列号才能达到要求。

12．C

接收窗口整体向前移动时，新窗口中的序列号和旧窗口的序列号产生重叠，致使接收方无法区别发送方发送的帧是重发帧还是新帧，因此在后退 N 帧的 ARQ 协议中，发送窗口 $W_\text{T} \leqslant 2^n-1$。本题中 $n=7$，因此发送窗口的最大长度是 127。

13．B

在选择重传协议中，若用 n 比特对帧编号，则发送窗口和接收窗口的大小关系为 $1 < W_\text{R} \leqslant W_\text{T}$，还需满足 $W_\text{R}+W_\text{T} \leqslant 2^n$，所以接收窗口的最大尺寸不超过序号范围的一半，即 $W_\text{R} \leqslant 2^{n-1}$。

14．B

在连续 ARQ 协议中，发送窗口大小≤窗口总数 - 1。例如，窗口总数为 8，编号为 0～7，假设这 8 个帧都已发出，下一轮又发出编号 0～7 的 8 个帧，接收方将无法判断第二轮发的 8 个帧到底是重传帧还是新帧，因为它们的序号完全相同。另一方面，对于后退 N 帧协议，发送窗口大小可以等于窗口总数 - 1，因为它的接收窗口大小为 1，所有的帧保证按序接收。因此对于窗口大小为 n 的滑动窗口，其发送窗口大小最大为 $n-1$，即最多可以有 $n-1$ 帧已发送但没有确认。

15．C

在选择重传协议中，若用 n 比特对帧编号，则发送窗口和接收窗口的大小关系为 $1 < W_\text{R} \leqslant W_\text{T}$，

此外还需满足 $W_R + W_T \leqslant 2^n$，所以发送窗口的最大尺寸为 $2^5 - 14 = 32 - 14 = 18$。

16. D

本题未直接告知使用的是选择重传协议，而是通过间接方式给出的。题目说无序接收的滑动窗口协议，表示接收窗口大于 1，所以使用的是选择重传协议，接收窗口最大尺寸为 2^{n-1}。

17. C、D

1）发送窗口大小为 7 意味着发送方在没有收到确认之前可以连续发送 7 个帧，因为发送方 A 已经发送编号为 0～3 的四个帧，所以下一个帧将是编号为 4 的帧。

2）当帧的序号长度为 k 比特时，对于选择重传协议，接收窗口 $W_R \leqslant 2^{k-1}$。

18. C

实现流量控制的常用方法是滑动窗口协议，它让接收方把自己的接收窗口大小反馈给发送方，以调节发送方的发送窗口大小，避免发送方因发送速度过快而导致接收方来不及接收。

19. C

为使信道利用率最高（即 100%），要让发送方在一个发送周期内持续发送帧，不能出现发送窗口内的帧发完但还未收到第一个帧的确认帧的情况。发送周期 = 发送一个数据帧的时间 + 往返时延 + 发送一个确认帧的时间，发送一个数据帧或确认帧的时间均为 128B÷16kb/s = 64ms，发送周期 = 64ms + 250ms×2 + 64ms = 628ms。为保证发送方持续发送帧，在一个发送周期内至少要发送的帧数为 628ms/64ms = 10，即发送窗口大小至少为 10，所以帧序号至少采用 4 比特。

20. D

信道利用率 = 发送周期内用于发送数据帧的时间/发送周期，其中发送周期 = 发送一个数据帧的时间 + 往返时延 + 发送一个确认帧的时间。停止-等待协议的发送窗口为 1，不可能达到 100% 的信道利用率；后退 N 帧协议和选择重传协议只要发送窗口够大，都有可能达到 100% 的信道利用率。

21. C

在选择重传协议中，接收方对正确收到的每个数据帧单独进行确认，不要求收到的数据帧是有序的。依题意，接收方已正确收到 0～3 号和 5 号数据帧，但不确定 4 号数据帧是否收到。因为没有发生超时，发送方不进行重传，所以接收该确认帧并继续发送剩下的数据帧。

22. C

在 GBN 协议中，当接收方检测到某个帧出错时，会简单地丢弃该帧及所有的后续帧，发送方超时后需重传该数据帧及所有的后续帧。注意，在 GBN 协议中，接收方一般采用累积确认的方式，即接收方对按序到达的最后一个分组发送确认，因此本题中收到 3 的确认帧就表示编号为 0、1、2、3 的帧已接收，而此时发送方未收到 1 号帧的确认只代表确认帧在返回的过程中丢失，而不代表 1 号帧未到达接收方。因此需要重传的帧为编号是 4、5、6、7 的帧。

23. B

在选择重传协议中，接收方逐个确认正确接收的分组，不管接收到的分组是否有序，只要正确接收就发送选择 ACK 分组进行确认，因此 ACK 分组不再具有累积确认的作用。对于这一点，要特别注意与 GBN 协议的区别。此题中只收到 1 号帧的确认，0、2 号帧超时，因为对 1 号帧的确认不具累积确认的作用，所以发送方认为接收方未收到 0、2 号帧，于是重传这两帧。

24. B

连续 ARQ 的信道利用率：

$$\frac{\text{发送窗口大小} \times \text{数据帧长/数据传输速率}}{(\text{数据帧长/数据传输速率}) \times 2 + \text{RTT}} = \frac{\text{发送窗口大小/数据传输速率}}{2/\text{数据传输速率} + \text{RTT/数据帧长}}$$

从上述公式可知,数据帧长越大,信道利用率就越高。数据帧长是不确定的,范围 128～512B,在计算最小窗口数时,为了保证无论数据帧长如何变化,信道利用率都能达到 100%,应以 128B 的帧长计算。因此,当最短的帧长都能达到 100% 的信道利用率时,发送更长的数据帧也都能达到 100% 的信道利用率。若以 512B 的帧长计算,则求得的最小窗口数在 128B 的帧长下,达不到 100% 的信道利用率。首先计算出发送一个帧的时间 $128 \times 8/(16 \times 10^3) = 64$ ms;发送一个帧到收到确认帧为止的总时间 $64 + 270 \times 2 + 64 = 668$ ms;这段时间总共可发送 $668/64 = 10.4$ 帧,即发送窗口 $\geqslant 11$,而接收窗口 $= 1$,所以至少需要用 4 位比特进行编号。

25. C

考虑制约甲方的数据传输速率的因素。首先,信道带宽能直接制约数据的传输速率,传输速率一定是小于或等于信道带宽的。其次,因为甲方和乙方之间采用后退 N 帧协议传输数据,要考虑发送一个数据到接收到它的确认之前,最多能发送多少数据,甲方的最大传输速率受这两个条件的约束,所以甲方的最大传输速率是这两个值中的小者。甲方的发送窗口尺寸为 1000,即收到第一个数据的确认前,最多能发送 1000 个数据帧,即 1000×1000B $= 1$MB 的内容,而从发送第一个帧到接收到它的确认的时间是一个帧的发送时间加上往返时间,即 1000B$\div 100$Mb/s $+ 50$ms $+ 50$ms $= 0.10008$s,此时的最大传输速率为 1MB$/0.10008$s ≈ 10MB/s $= 80$Mb/s。信道带宽为 100Mb/s,因此答案为 $\min\{80$Mb/s, 100Mb/s$\} = 80$Mb/s。

26. B

按发送周期思考,从开始发送帧到收到第一个确认帧为止,用时为 $T =$ 第一个帧的发送时延 + 第一个帧的传播时延 + 确认帧的发送时延 + 确认帧的传播时延,这里忽略确认帧的发送时延。因此 $T = 1000$B$\div 128$kb/s $+$ RTT $= 0.5625$s,接着计算在 T 内需要发送多少数据才能满足利用率不小于 80%。设数据大小为 L 字节,则 $(L \div 128$kb/s$)/T \geqslant 0.8$,得 $L \geqslant 7200$B,即在一个发送周期内至少要发 7.2 个帧才能满足要求,设需要编号的比特数为 n,则 $2^n - 1 \geqslant 7.2$,因此 n 至少为 4。

27. D

信道利用率 = 传输帧的有效时间/传输帧的周期。假设帧的长度为 x 比特。对于有效时间,应该用帧的大小除以数据传输速率,即 $x \div 3$kb/s。对于帧的传输周期,应包含 4 部分:帧在发送方的发送时延、帧从发送方到接收方的单程传播时延、确认帧在接收方的发送时延、确认帧从接收方到发送方的单程传播时延。这 4 个时延中,因为题目中说“忽略确认帧的传输时延”,所以不计算确认帧的传输时延(传输时延也称发送时延,注意与传播时延区分)。所以帧的传输周期由三部分组成:首先是帧在发送方的发送时延 $x \div 3$kb/s,其次是帧从发送方到接收方的单程传播时延 200ms,最后是确认帧从接收方到发送方的单程传播时延 200ms,三者相加得周期为 $x \div 3$kb/s $+ 400$ms。代入信道利用率的公式得 $x = 800$bit。

28. B

从滑动窗口的概念来看,停止-等待协议:发送窗口大小 $= 1$,接收窗口大小 $= 1$;后退 N 帧协议:发送窗口大小 > 1,接收窗口大小 $= 1$;选择重传协议:发送窗口大小 > 1,接收窗口大小 > 1。在选择重传协议中,还需满足:接收窗口大小 $\leqslant$ 发送窗口大小;发送窗口大小 + 接收窗口大小 $\leqslant 2^n$。根据以上规则,采用 3 比特编号,发送窗口大小为 5,接收窗口大小应 $\leqslant 3$。

29. D

发送数据帧和确认帧的时间均为 $t = 1000 \times 8$b$\div 10$kb/s $= 800$ms。

发送周期为 $T = 800$ms $+ 200$ms $+ 800$ms $+ 200$ms $= 2000$ms。

信道利用率为 $t/T \times 100\% = 800/2000 = 40\%$。

30．B

信道利用率 $U = n \times T_D/T$，其中 n 是发送窗口的大小，T_D 是发送一个数据帧的时间，T 是一个数据帧的发送周期。在 T_D 和 T 确定的情况下，n 越大，信道利用率就越大。设帧序号的比特数为 k，则停止-等待协议的发送窗口 $W_{T1} = 1$；GBN 协议的发送窗口 $W_{T2} = 2^k - 1$；SR 协议的发送窗口 W_{T3} 总是 $\leqslant 2^k - 1$，通常取 2^{k-1}，$W_{T1} \leqslant W_{T3} \leqslant W_{T2}$，因此 $U_1 \leqslant U_3 \leqslant U_2$。

二、综合应用题

01．【解答】

对于选择重传协议，接收窗口和发送窗口的尺寸需满足：接收窗口尺寸 W_R + 发送窗口尺寸 $W_T \leqslant 2^n$，而题中给出的数据是 $W_R + W_T = 9 \geqslant 2^3$，所以是无法正常工作的。举例如下：

发送方：0 1 2 3 4 5 6 7 0 1 2 3 4 5 6 7 0

接收方：0 1 2 3 4 5 6 7 0 1 2 3 4 5 6 7 0

发送方发送 0～5 号共 6 个数据帧时，因发送窗口已满，发送暂停。接收方收到所有数据帧，对每个帧都发送确认帧，并期待后面的 6、7、0 号帧。若所有的确认帧都未到达发送方，经过发送方计时器控制的超时时间后，发送方再次发送之前的 6 个数据帧，而接收方收到 0 号帧后，无法判断是新的数据帧还是重传的旧的数据帧。

02．【解答】

设数据帧长为 L。在停止-等待协议中，发送数据帧的时间为 L/B，发送完数据帧后等待确认的时间为 $2R$。要使协议的效率至少为 50%，要求信道利用率 U 至少为 50%，则

$$\text{信道利用率} U = \frac{\text{数据发送时延}}{\text{数据发送时延} + \text{往返时延}} = \frac{L/B}{L/B + 2R} \geqslant 50\%$$

解得 $L \geqslant 2RB = 2 \times 5000 \times 0.03\,\text{bit} = 300\,\text{bit}$。

因此，当帧长大于或等于 300bit 时，停止-等待协议的效率至少为 50%。

03．【解答】

$\text{RTT} = 250 \times 2 = 500\,\text{ms} = 0.5\,\text{s}$。

一个帧的发送时间等于 $2000\,\text{bit} \div 100\,\text{kb/s} = 20 \times 10^{-3}\,\text{s} = 0.02\,\text{s}$。

一个帧发送完后经过一个单程时延到达接收方，再经过一个单程时延发送方收到确认帧，从而可以继续发送，因此要使传输效率最大，就要让发送方继续地发送帧。设发送窗口等于 x，则

$$0.02\,\text{s} \times x = 0.02\,\text{s} + \text{RTT} = 0.52\,\text{s}$$

解得 $x = 26$，即发送窗口取 26 即可。因为 $16 < 26 < 32$，所以帧序号应为 5 位。在使用连续 ARQ 的情况下，发送窗口的最大值是 31，大于 26，可以不间断地发送帧，此时信道利用率是 100%。

04．【解答】

最大信道利用率即每个传输周期内每个协议可发送的最大帧数。由题意，数据帧的长度为 1kbit，信道的数据传输速率为 50kb/s，因此信道的发送时延为 $1/50\,\text{s} = 0.02\,\text{s}$，另外信道端到端的传播时延 $= 0.27\,\text{s}$。本题中的确认帧是捎带的（通过数据帧来传送），因此每个数据帧的传输周期为 $(0.02 + 0.27 + 0.02 + 0.27)\,\text{s} = 0.58\,\text{s}$，

1) 在停止-等待协议中，发送方每发送一帧，都要等待接收方的应答信号，之后才能发送下一帧；接收方每接收一帧，都要反馈一个应答信号，表示可接收下一帧。其中用于发送数据帧的时间为 0.02s。因此，信道的最大利用率为 $0.02/0.58 = 3.4\%$。

2) 在后退 N 帧协议中，接收窗口尺寸为 1，若采用 n 比特对帧编号，则其发送窗口的尺寸 W 满足 $1 < W \leqslant 2^n - 1$。发送方可以连续再发送若干数据帧，直到发送窗口内的数据帧都发送完毕。若收到接收方的确认帧，则可以继续发送。若某个帧出错，则接收方只是简

单地丢弃该帧及所有的后续帧，发送方超时后需重传该数据帧及所有的后续数据帧。

根据题目条件，在达到最大传输速率的情况下，发送窗口的大小应为 $2^n-1=7$，此时在第一帧的数据传输周期 0.58s 内，实际连续发送了 7 帧（考虑极限情况，0.58s 后接收方只收到 0 号帧的确认，此时又可以发出一个新帧，这样依次下去，取极限即是每个传输周期 0.58s 内发送了 7 帧），因此此时的最大信道利用率为 $7 \times 0.02/0.58 = 24.1\%$。

3）选择重传协议的接收窗口尺寸和发送窗口尺寸都大于 1，可以一次发送或接收多个帧。若采用 n 比特对帧编号，则窗口尺寸应满足：接收窗口尺寸 + 发送窗口尺寸 $\leqslant 2^n$，当发送窗口与接收窗口尺寸相等时，应有接收窗口尺寸 $\leqslant 2^{n-1}$ 且发送窗口尺寸 $\leqslant 2^{n-1}$。发送方可以连续发送若干数据帧，直到发送窗口内的数据帧都发送完毕。若收到接收方的确认帧，则可以继续发送。若某个帧出错，则接收方只是简单地丢弃该帧，发送方超时后需重传该数据帧。

和 2）问中的情况类似，唯一不同的是为达到最大信道利用率，发送窗口大小应为 $2^{n-1}=4$，因此，此时的最大信道利用率为 $4 \times 0.02/0.58 = 13.8\%$。

05.【解答】

对于停止-等待协议，

$$实际数据传输速率 = \frac{N}{2 \times (T + D/S) + \dfrac{F+A}{R}}$$

$$= \frac{450\,\text{bit}}{2 \times \left(2\,\mu s + \dfrac{200\,\text{m}}{200\,\text{m}/\mu s}\right) + \dfrac{500\,\text{bit} + 80\,\text{bit}}{16\,\text{bit}/\mu s}}$$

$$\approx 10.65\,\text{bit}/\mu s = 10.65\,\text{Mb/s}$$

06.【解答】

要注意题中的单位。数据帧的长度为 512B，即 $512 \times 8\,\text{bit} = 4.096\,\text{kbit}$，一个数据帧的发送时延为 $4.096/64 = 0.064s$。因此一个发送周期为 $0.064 + 2 \times 0.27 = 0.604s$。

当发送窗口为 1 时，甲方的实际数据传输速率为 $1 \times 4.096/0.604 = 6.8\,\text{kb/s}$。

当发送窗口为 7 时，甲方的实际数据传输速率为 $7 \times 4.096/0.604 = 47.5\,\text{kb/s}$。

当发送窗口大于 0.604/0.064，即大于或等于 10 时，就能保证甲在信道上持续发送数据。因此发送窗口为 17 和 117 时，信道的利用率达到 100%，甲方的实际数据传输速率为 64kb/s。

07.【解答】

1）t_0 时刻到 t_1 时刻期间，甲方可以断定乙方已正确接收 3 个数据帧，分别是 $S_{0,0}$、$S_{1,0}$、$S_{2,0}$。$R_{3,3}$ 说明乙方发送的数据帧序号是 3，即希望甲方发送序号 3 的数据帧，说明乙方已经收序号为 0～2 的数据帧（注意，这个确认序号是期望接收对方的下一帧的序号）。

2）从 t_1 时刻起，甲方最多还可以发送 5 个数据帧，其中第一个帧是 $S_{5,2}$，最后一个数据帧是 $S_{1,2}$。发送序号 3 位，有 8 个序号，在 GBN 协议中，发送窗口 + 1 $\leqslant$ 序号总数，所以这里发送窗口取最大值 7。此时已发送 $S_{3,0}$ 和 $S_{4,1}$，所以最多还可以发送 5 个帧（数据帧以序号 01234567, 01234567,… 的规律发送，但初始时只有 0123456 落在发送窗口内，之后随着发送方不断收到确认，发送窗口也不断向前滑动）。

3）甲方需要重发 3 个数据帧，重发的第一个帧是 $S_{2,3}$。在 GBN 协议中，发送方发送 N 帧后，检测出错，则需要发送出错帧及其之后的帧。$S_{2,0}$ 超时，所以重发的第一帧是 S_2。已收到

乙方的 R_2 帧，所以帧号应为 3。

4）甲方可以达到的最大信道利用率 U 是

$$\frac{发送窗口大小 \times \dfrac{帧长}{数据传输速率}}{RTT + \dfrac{帧长}{数据传输速率} \times 2} = \frac{7 \times \dfrac{8 \times 1000}{100 \times 10^6}}{0.96 \times 10^{-3} + \dfrac{8 \times 1000}{100 \times 10^6} \times 2} \times 100\% = 50\%$$

信道利用率 U = 发送数据帧的时间/从开始发送第一个数据帧到收到第一个确认帧的时间 = $N \times T_d / (T_d + RTT + T_a)$。其中，$N$ 取发送窗口的最大值，T_d 是发送一个数据帧的时间，RTT 是往返时间，T_a 是发送一个确认帧的时间。这里采用捎带确认，$T_d = T_a$。

3.5 介质访问控制

介质访问控制所要完成的主要任务是，为使用介质的每个结点隔离来自同一信道上其他结点所传送的信号，以协调活动结点的传输。图 3.15 是广播信道的通信方式，结点 A、B、C、D、E 共享广播信道，假设 A 要与 C 通信，B 要与 D 通信，因为它们共用一条信道，若不加控制，则两对结点之间的通信可能会因互相干扰而失败。用来决定广播信道中信道分配的协议属于数据链路层的一个子层，称为介质访问控制（Medium Access Control，MAC）子层。

图 3.15 广播信道的通信方式

常见的介质访问控制方法有信道划分介质访问控制、随机访问介质访问控制和轮询访问介质访问控制。其中前者是静态划分信道的方法，而后两者是动态分配信道的方法。

3.5.1 信道划分介质访问控制

信道划分介质访问控制将使用同一传输介质的多个设备的通信隔离开来，把时域和频域资源合理地分配给这些设备。信道划分介质访问控制通过复用技术实现。所谓复用，是指在发送端把多个发送方的信号组合在一条物理信道上进行传输，在接收端把收到的复用信号分离出来，并发送给对应的接收方，如图 3.16 所示。当传输介质的带宽超过传输单个信号所需的带宽时，通过在一条介质上传输多个信号，还能提高传输系统的利用率。

图 3.16 复用原理示意图

信道划分的实质是通过分时、分频、分码等方法，将原来的一个广播信道，逻辑上分为几个用于在两个结点之间进行通信的互不干扰的子信道，即将广播信道转变为若干个点对点信道。

信道划分介质访问控制分为以下 4 种。

1．频分复用（FDM）

频分复用（Frequency Division Multiplexing，FDM）是指将信道的总频带划分为多个子频带，每个子频带作为一个子信道，每对用户使用一个子信道进行通信，如图 3.17 所示。所有用户在同一时间占用不同的频带资源。每个子信道分配的频带可不相同，但它们的总和不能超过信道的总频带。在实际应用中，为了防止子信道之间互相干扰，相邻信道间还要加入"隔离频带"。

图 3.17 频分复用的原理示意图

频分复用的优点在于充分利用了传输介质的带宽，系统效率较高，实现也较容易。

2．时分复用（TDM）

时分复用（Time Division Multiplexing，TDM）是指将信道的传输时间划分为一段段等长的时间片，称为 TDM 帧，每个用户在每个 TDM 帧中占用固定序号的时隙，每个用户所占用的时隙周期性地出现（其周期就是 TDM 的长度），所有用户在不同的时间占用同样的信道资源，如图 3.18 所示。TDM 帧实际上是一段固定长度的时间，它与数据链路层的帧不是同一个概念。

图 3.18 时分复用的原理示意图

从某个时刻来看，时分复用信道上传送的仅是某对用户之间的信号；从某段时间来看，传送的是按时间分割的复用信号。因为时分复用是按固定次序给用户分配时隙的，当用户在某段时间暂无数据传输时，其他用户也无法使用这个暂时空闲的线路资源，所以时分复用后的信道利用率不高。统计时分复用（Statistic TDM，STDM）又称异步时分复用，它是对 TDM 的一种改进。STDM 帧与 TDM 帧不同，它并不固定分配时隙，而按需动态分配时隙，当用户有数据要传送时，才会分配到 STDM 帧中的时隙，因此可以提高线路的利用率。例如，假设线路的数据传输速率为6000b/s，3 个用户的平均速率都为 2000b/s，当采用 TDM 方式时，每个用户的最高速率为 2000b/s，而在 STDM 方式下，每个用户的最高速率可达 6000b/s。

3．波分复用（WDM）

波分复用（Wavelength Division Multiplexing，WDM）即光的频分复用，它在一根光纤中传输多种不同波长（频率）的光信号，因为波长不同，各路光信号互不干扰，最后用光分用器将各路波长分解出来。因为光波处于频谱的高频段，有很大的带宽，所以可以实现多路的波分复用。

4．码分复用（CDM）

码分复用（Code Division Multiplexing，CDM）是采用不同的编码来区分各路原始信号的一种复用方式。与 FDM 和 TDM 不同，它既共享信道的频率，又共享时间。

实际上，更常用的名词是码分多址（Code Division Multiple Access，CDMA），其原理是将每个比特时间再划分成 m 个短的时间槽，称为码片（Chip），通常 m 的值是 64 或 128，下例中为简单起见，设 m 为 8。每个站点被指派一个唯一的 m 位码片序列。发送 1 时，站点发送它的码片序列；发送 0 时，站点发送该码片序列的反码。当两个或多个站点同时发送时，各路数据在信道中线性相加。为了从信道中分离出各路信号，要求各个站点的码片序列相互正交。

简单理解就是，A 站向 C 站发出的信号用一个向量来表示，B 站向 C 站发出的信号用另一个向量来表示，两个向量要求相互正交。向量中的分量，就是所谓的码片。

下面举例说明 CDMA 的原理。

令向量 S 表示 A 站的码片向量，T 表示 B 站的码片向量。假设 A 站的码片序列被指派为 00011011，则 A 站发送 00011011 就表示发送比特 1，发送 11100100 就表示发送比特 0。为了方便计算，将码片中的 0 写为 –1，将 1 写为 +1，因此 A 站的码片序列是（–1 –1 –1 +1 +1 –1 +1 +1）。

不同站的码片序列相互正交，即向量 S 和 T 的规格化内积为 0：

$$S \cdot T \equiv \frac{1}{m}\sum_{i=1}^{m} S_i T_i = 0$$

任何站的码片向量和该码片向量自身的规格化内积都是 1：

$$S \cdot S = \frac{1}{m}\sum_{i=1}^{m} S_i S_i = \frac{1}{m}\sum_{i=1}^{m} S_i^2 = \frac{1}{m}\sum_{i=1}^{m} (\pm 1)^2 = 1$$

任何站的码片向量和该码片反码的向量的规格化内积都是 –1：

$$S \cdot \overline{S} = \frac{1}{m}\sum_{i=1}^{m} S_i \overline{S_i} = -\frac{1}{m}\sum_{i=1}^{m} S_i^2 = -1$$

令向量 T 为（–1 –1 +1 –1 +1 +1 +1 –1）。

当 A 站向 C 站发送数据 1 时，就发送了向量（–1 –1 –1 +1 +1 –1 +1 +1）。

当 B 站向 C 站发送数据 0 时，就发送了向量（+1 +1 –1 +1 –1 –1 –1 +1）。

两个向量在公共信道上叠加，实际上是线性相加，得到

$$S + \overline{T} = \begin{pmatrix} 0 & 0 & -2 & 2 & 0 & -2 & 0 & 2 \end{pmatrix}$$

命题追踪 ▶▶ 码分复用中数据分离的计算（2014）

到达 C 站后，进行数据分离，若要得到来自 A 站的数据，则 C 站就必须知道 A 站的码片序列，让 S 与 $S + \overline{T}$ 进行规格化内积。根据叠加原理，其他站点的信号都在内积的结果中被过滤掉，内积的相关项都是 0，而只剩下 A 站发送的信号，得到

$$S \cdot (S + \overline{T}) = 1$$

所以 A 站发出的数据是 1。同理，若要得到来自 B 站的数据，则

$$T \cdot (S + \overline{T}) = -1$$

因此从 B 站发送过来的信号向量是一个反码向量，代表 0。

规格化内积是线性代数中的内容，它在得到两个向量的内积后，再除以向量的分量的个数。

下面举一个直观的例子来理解频分复用、时分复用和码分复用。

假设 A 站要向 C 站运输黄豆，B 站要向 C 站运输绿豆，A 站和 B 站与 C 站之间有一条公共的道路，可类比为广播信道。在频分复用方式下，公共道路被划分为两个车道，分别提供给 A 站到 C 站的车和 B 站到 C 站的车通行，两类车可同时通行，但都只分到了公共车道的一半，因此频分复用（波分复用也一样）共享时间而不共享空间。在时分复用方式下，先让 A 站到 C 站的车走一趟，再让 B 站到 C 站的车走一趟，两类车交替地使用公共车道，因此时分复用共享空间，但不共享时间。码分复用与另外两种信道划分方式极为不同，在这种方式下，黄豆与绿豆放在同一辆车上运送，到达 C 站后，由 C 站负责把车上的黄豆和绿豆分开，因此码分复用既共享空间，又共享时间。

码分复用技术具有频谱利用率高、抗干扰能力强、保密性强、语音质量好等优点，还可以减少投资及降低运行成本，主要用于无线通信系统，特别是移动通信系统。

3.5.2　随机访问介质访问控制

命题追踪 ▶▶ 信道划分与随机访问介质访问控制的特点（2014）

在随机访问协议中，不采用集中控制方式解决发送信息的次序问题，所有用户都能根据自己的意愿随机地发送信息，占用信道的全部速率。在总线形网络中，当有两个或多个用户同时发送信息时，就会产生帧冲突（也称碰撞），导致所有冲突用户的发送均以失败告终。为了解决随机访问发生的冲突，每个用户需要按照一定的规则反复地重传它的帧，直到该帧无冲突地通过，这些规则就是随机访问介质访问控制协议，其核心思想是：胜利者通过争用获得信道，进而获得信息的发送权。因此，随机访问介质访问控制协议又称争用型协议。

可见，若采用信道划分机制，则结点之间的通信要么共享空间，要么共享时间，要么共享空间和时间；而若采用随机访问控制机制，则结点之间的通信既不共享时间，又不共享空间。因此，随机介质访问控制实质上是一种将广播信道转换为点到点信道的机制。

1．ALOHA 协议

ALOHA 协议分为纯 ALOHA 协议和时隙 ALOHA 协议两种。

（1）纯 ALOHA 协议

纯 ALOHA 协议的基本思想是，当总线形网络中的任何站点需要发送数据时，可以不进行任何检测就发送数据。若在一段时间内未收到确认，则该站点就认为传输过程中发生了冲突。发送站点需要等待一段时间后再发送数据，直至发送成功。

图 3.19 表示一个纯 ALOHA 协议的工作原理。每个站均可自由地发送数据帧，假定所有帧都是定长的，帧长不用比特而用发送这个帧所需的时间来表示，图中用 T_0 表示这段时间。

图 3.19　纯 ALOHA 协议的工作原理

在图 3.19 的例子中，当站 1 发送帧 1 时，其他站都未发送数据，所以站 1 的发送必定是成功的。但随后站 2 和站 $N-1$ 发送的帧 2 和帧 3 在时间上重叠了一部分（即发生了冲突）。发生冲突的各站都必须进行重传，但并不能马上进行重传，因为这样做必然导致继续发生冲突。因此，让各站等待一段随机的时间，然后进行重传。若再次发生冲突，则需要再等待一段随机的时间，直到重传成功为止。图中其余一些帧的发送情况是，帧 4 发送成功，而帧 5 和帧 6 发生冲突。

纯 ALOHA 网络的吞吐量很低，为了克服这个缺点，便产生了时隙 ALOHA 协议。

（2）时隙 ALOHA 协议

时隙 ALOHA 协议同步各站点的时间，将时间划分为一段段等长的时隙（Slot），规定站点只能在每个时隙开始时才能发送帧，发送一帧的时间必须小于或等于时隙的长度。这样做避免了用户发送数据的随意性，降低了产生冲突的可能性，提高了信道的利用率。

图 3.20 表示两个站的时隙 ALOHA 协议的工作原理。每个帧到达后，一般都要在缓存中等待一段小于时隙 T_0 的时间，才能发送出去。当在一个时隙内有两个或两个以上的帧到达时，在下一个时隙将产生冲突。冲突后重传的策略与纯 ALOHA 协议的情况相似。

图 3.20　时隙 ALOHA 协议的工作原理

2．CSMA 协议

ALOHA 网络发生冲突的概率很大。若每个站点在发送前都先监听公用信道，发现信道空闲后再发送，则会大大降低冲突的可能性，从而提高信道的利用率，载波监听多路访问（Carrier Sense Multiple Access，CSMA）协议依据的正是这一思想。CSMA 协议是在 ALOHA 协议基础上提出的一种改进协议，它与 ALOHA 协议的主要区别是多了一个载波监听装置。

根据监听方式和监听到信道忙后的处理方式的不同，CSMA 协议分为三种。

（1）1-坚持 CSMA

1-坚持 CSMA 的基本思想是：当站点要发送数据时，首先监听信道；若信道空闲，则立即发送数据；若信道忙，则继续监听直至信道空闲。"坚持"的含义是监听到信道忙时，继续坚持监听信道；"1"的含义是监听到信道空闲时，立即发送帧的概率为 1。

（2）非坚持 CSMA

非坚持 CSMA 的基本思想是：当站点要发送数据时，首先监听信道；若信道空闲，则立即发送数据；若信道忙，则放弃监听，等待一个随机的时间后，再重新监听。

非坚持 CSMA 协议在监听到信道忙时就放弃监听，因此降低了多个站点等待信道空闲后同时发送数据导致冲突的概率，但也增加了数据在网络中的平均时延。

（3）p-坚持 CSMA

p-坚持 CSMA 只适用于时分信道，其基本思想是：当站点要发送数据时，首先监听信道；若信道忙，则持续监听（即等到下一个时隙再监听），直至信道空闲；若信道空闲，则以概率 p 发送数据，以概率 $1-p$ 推迟到下一个时隙再继续监听；直到数据发送成功。

p-坚持 CSMA 检测到信道空闲后，以概率 p 发送数据，以概率 $1-p$ 推迟到下一个时隙继续监听，目的是降低 1-坚持 CSMA 中多个站点检测到信道空闲时同时发送帧的冲突概率；采用坚持"监听"的目的是，克服非坚持 CSMA 中因随机等待造成的延迟时间较长的缺点。因此，p-坚持 CSMA 协议是非坚持 CSMA 协议和 1-坚持 CSMA 协议的折中。

三种不同类型的 CSMA 协议比较如表 3.1 所示。

表 3.1　三种不同类型的 CSMA 协议比较

信道状态	1-坚持	非　坚　持	p-坚持
空闲	立即发送数据	立即发送数据	以概率 p 发送数据，以概率 $1-p$ 推迟到下一个时隙
忙	继续坚持监听	放弃监听，等待一个随机的时间后再监听	持续监听（等到下一时隙再监听），直至信道空闲

3．CSMA/CD 协议

命题追踪 ▶▶ CSMA/CD 协议的特点（2015）

载波监听多路访问/冲突检测（CSMA/CD）协议是 CSMA 协议的改进方案，适用于总线形网络或半双工网络环境。对于全双工网络，因为全双工采用两条信道，分别用来发送和接收，在任何时候，发收双方都可以发送或接收数据，不可能产生冲突，所以不需要 CSMA/CD 协议。

载波监听是指每个站点在发送前和发送过程中都必须不停地检测信道，在发送前检测信道是为了获得发送权，在发送过程中检测信道是为了及时发现发送的数据是否发生冲突。站点要在发送数据前先监听信道，只有信道空闲时才能发送。冲突检测（Collision Detection）就是边发送边监听的，若监听到了冲突，则立即停止数据发送，等待一段随机时间后，重新开始尝试发送数据。

CSMA/CD 的工作流程可简单地概括为"先听后发，边听边发，冲突停发，随机重发"。

命题追踪 ▶▶ 信道发生冲突的最短、最长时间的分析（2010）

电磁波在总线上的传播速率总是有限的。因此，当某时刻发送站检测到信道空闲时，信道不一定空闲。如图 3.21 所示，设 τ 为单程传播时延。当 $t=0$ 时，A 站发送数据。当 $t=\tau-\delta$ 时，A 站发送的数据还未到达 B 站，因为 B 站检测到信道空闲而发送数据。经过时间 $\delta/2$ 后，即当 $t=\tau-\delta/2$ 时，A 站发送的数据和 B 站发送的数据发生冲突，但这时 A 站和 B 站都不知道。当 $t=\tau$ 时，B 站检测到冲突，于是停止发送数据。当 $t=2\tau-\delta$ 时，A 站检测到冲突，也停止发送数据。显然，CSMA/CD 中的站不可能同时进行发送和接收，因此采用 CSMA/CD 协议的以太网只能进行半双工通信。

图 3.21　传播时延对载波监听的影响

从图 3.21 不难看出，A 站在开始发送数据后<u>最多经过时间 2τ（端到端传播时延的 2 倍）就能知道有没有发生冲突</u>（当 $\delta \to 0$ 时）。因此，把以太网的端到端往返时间 2τ 称为<u>争用期</u>（又称冲突窗口）。每个站在自己发送数据后的一小段时间内，存在发生冲突的可能性，只有经过争用期这段时间还未检测到冲突时，才能确定这次发送不会发生冲突。

命题追踪 ▶▶ CSMA/CD 最短帧长的理解和相关计算（2009、2016、2019、2022）

现在考虑一种情况：某站发送一个很短的帧，但在发送完之前并未检测出冲突。假定这个帧在继续向前传播到达目的站之前和别的站发送的帧发生了冲突，因此目的站将收到有差错的帧（当然会把它丢弃）。然而，发送站却不知道发生了冲突，因此不会重传这个帧。为了避免发生这种情况，以太网规定了一个<u>最短帧长</u>（争用期内可发送的数据长度）。在争用期内若检测到冲突，则站就停止发送，此时已发送出去的数据一定小于最短帧长，因此凡长度小于这个最短帧长的帧，就都是因为冲突而异常中止的无效帧。<u>最短帧长的计算公式为</u>

$$最短帧长 = 总线传播时延 \times 数据传输速率 \times 2$$

例如，以太网规定 51.2μs 为争用期的长度。对于 10Mb/s 的以太网，在争用期内可发送 512bit，即 64B。当以太网发送数据时，若前 64B 未发生冲突，则后续数据也不会发生冲突（表示已成功抢占信道）。换句话说，若发生冲突，则一定在前 64B。因为一旦检测到冲突就立即停止发送，所以这时发送出去的数据一定小于 64B。于是，以太网规定最短帧长为 64B，凡长度小于 64B 的帧，就都是因为冲突而异常中止的无效帧，收到这种无效帧时应立即丢弃。

若只发送小于 64B 的帧，如 40B 的帧，则需要在 MAC 子层中于数据字段的后面加一个整数字节的填充字段，以保证以太网的 MAC 帧的长度不小于 64B。

命题追踪 ▶▶ 二进制指数退避算法的应用（2023）

一旦发生冲突，参与冲突的两个站点紧接着再次发送就没有意义，若坚持这样做，则将导致无休止的冲突。CSMA/CD 采用截断二进制指数退避算法来确定冲突后重传的时机，它让发生冲突的站点在停止发送后，推迟一个随机的时间再重新发送。算法精髓如下：

1）确定基本退避时间，一般取 2 倍的总线端到端的传播时延 2τ（即争用期）。

2）从离散的整数集合 $[0, 1, \cdots, (2^k - 1)]$ 中随机取出一个数，记为 r，重传所需推迟的时间就是 r 倍的争用期，即 $2r\tau$。参数 $k = \min[$重传次数, $10]$，可见当重传次数不超过 10 时，参数 k 等于重传次数；但当重传次数超过 10 时，k 就不再增大，而一直等于 10。

3）当重传达 16 次仍不成功时，说明网络太拥挤，认为该帧永远无法正确发出，抛弃该帧并向高层报告出错（这个条件也容易忽略，请读者注意）。

假设适配器首次试图传送一帧，且在传送过程中检测到冲突。第 1 次重传时，$k = 1$，随机数 r 从整数集合 $\{0, 1\}$ 中选择，可选的重传推迟时间是 0 或 2τ。若再次发生冲突，则第二次重传时，随机数 r 从整数集合 $\{0, 1, 2, 3\}$ 中选择，因此重传推迟时间是在 $0, 2\tau, 4\tau, 6\tau$ 这四个时间中随机选取的一个，以此类推。使用截断二进制指数退避算法可使重传需要推迟的平均时间随重传次数的增大而增大（也称动态退避），因此能降低发生冲突的概率，有利于整个系统的稳定。

CSMA/CD 算法的归纳如下：

① 准备发送：适配器从网络层获得一个分组，封装成帧，放入适配器的缓存。

② 检测信道：若信道空闲，则开始发送该帧；若信道忙，则持续检测直至信道空闲。

③ 在发送过程中，适配器仍然持续检测信道。这里只有如下两种可能。

- 发送成功：在争用期内一直未检测到冲突，该帧肯定能发送成功。

- 发送失败：在争用期内检测到冲突，此时立即停止发送，适配器执行指数退避算法，等待一段随机时间后返回到步骤②。若重传 16 次仍不能成功，则停止重传并向上报错。

4．CSMA/CA 协议

CSMA/CD 协议已成功用于使用有线连接的局域网，但在无线局域网环境下不能简单地搬用 CSMA/CD 协议，特别是冲突检测部分，主要有两个原因：

1）接收信号的强度往往远小于发送信号的强度，且在无线介质上信号强度的动态变化范围很大，因此若要实现冲突检测，则硬件上的花费会过大。

2）在无线通信中，并非所有站点都能够听见对方，即存在"隐蔽站"问题。

为此，802.11 标准定义了广泛用于无线局域网的 CSMA/CA 协议，它对 CSMA/CD 协议进行修改，将冲突检测改为冲突避免（Collision Avoidance，CA）。"冲突避免"并不是指协议可以完全避免冲突，而是指协议的设计要尽量降低冲突发生的概率。因为 802.11 无线局域网不使用冲突检测，一旦站点开始发送一个帧，就会完全发送该帧，但冲突存在时仍发送整个帧（尤其是长数据帧）会严重降低网络的效率，所以要采用冲突避免技术来降低冲突的概率。

命题追踪 ▶▶ 需要使用确认方案的 MAC 协议（2011）

因为无线信道的通信质量远不如有线信道，所以 802.11 标准使用链路层确认/重传（ARQ）方案，即站点每通过无线局域网发送完一帧，就要在收到对方的确认帧后才能继续发送下一帧。可见，802.11 标准无线局域网采用的停止-等待协议是一种可靠传输协议。

为了尽量避免冲突，802.11 标准规定，所有站完成发送后，必须等待一段很短的时间（继续监听）才能发送下一帧。这段时间称为帧间间隔（InterFrame Space，IFS）。帧间间隔的长短取决于该站要发送的帧的类型。802.11 标准使用了下列三种 IFS。

命题追踪 ▶▶ CSMA/CA 协议的 IFS 的特点（2020）

1）SIFS（短 IFS）：最短的 IFS，用来分隔属于一次对话的各帧，使用 SIFS 的帧类型有 ACK 帧、CTS 帧、分片后的数据帧，以及所有回答 AP 探询的帧等。

2）PIFS（点协调 IFS）：中等长度的 IFS，在 PCF 操作中使用。

3）DIFS（分布式协调 IFS）：最长的 IFS，用于异步帧竞争访问的时延。

802.11 标准还采用了虚拟载波监听机制，即让源站将它要占用信道的持续时间（包括目的站发回 ACK 帧所需的时间）及时通知给所有其他站，以便使所有其他站在这段时间内都停止发送，这样就大大减少了冲突的机会。"虚拟载波监听"表示其他站并未监听信道，而是因收到了源站的通知才不发送数据，这种效果就像是其他站都监听了信道。

当信道从忙态变为空闲时，任何一个站要发送数据帧，不仅要等待一个 DIFS 的间隔，而且要进入争用窗口，计算随机退避时间以便再次试图访问信道，因此降低了冲突发生的概率。当且仅当检测到信道空闲且这个数据帧是要发送的第一个数据帧时，才不使用退避算法，其他所有情况都必须使用退避算法，具体为：①在发送第一个帧之前检测到信道忙；②每次重传；③每次成功发送后要发送下一帧。CSMA/CA 的退避算法与 CSMA/CD 的稍有不同（详见相关的教材）。

CSMA/CA 算法的归纳如下：

1）若站点最初有数据要发送（而非发送不成功再进行重传），且检测到信道空闲，那么在等待时间 DIFS 后，就发送整个数据帧。

2）否则，站点执行 CSMA/CA 退避算法，选取一个随机退避值。一旦检测到信道忙，退避计时器就保持不变。只要信道空闲，退避计时器就进行倒计时。

3）当退避计时器减至 0 时（这时信道只可能是空闲的），站点就发送整个帧并等待确认。

4）发送站若收到确认，就知道已发送的帧被目的站正确接收。这时要发送第二帧，就要从步骤 2）开始，执行 CSMA/CA 退避算法，随机选定一段退避时间。

若发送站在规定时间（由重传计时器控制）内未收到确认帧 ACK，就必须重传该帧，再次使用 CSMA/CA 协议争用该信道，直到收到确认，或经过若干次重传失败后放弃发送。

处理隐蔽站问题：RTS 和 CTS

在图 3.22 中，站 A 和站 B 都在 AP 的覆盖范围内，但站 A 和站 B 相距较远，彼此都听不见对方。当站 A 和站 B 检测到信道空闲时，都向 AP 发送数据，导致冲突发生，这就是隐蔽站问题。

命题追踪 ▶ CSMA/CA 协议进行信道预约的方法（2018）

为了避免该问题，802.11 标准允许发送站对信道进行预约，如图 3.23 所示。源站要发送数据帧之前，先监听信道，若信道空闲，则等待时间 DIFS 后，广播一个请求发送 RTS（Request To Send）控制帧，它包括源地址、目的地址和这次通信所需的持续时间。若 AP 正确收到 RTS 帧，且信道空闲，则等待时间 SIFS 后，向源站发送一个允许发送 CTS（Clear To Send）控制帧，它也包括这次通信所需的持续时间，源站收到 CTS 帧后，再等待时间 SIFS，就可发送数据帧。若 AP 正确收到了源站发来的数据，则等待时间 SIFS 后就向源站发送确认帧 ACK。AP 覆盖范围内的其他站听到 CTS 帧后，将在 CTS 帧中指明的时间内抑制发送。CTS 帧有两个目的：①给源站明确的发送许可；②指示其他站在预约期内不要发送。

命题追踪 ▶ NAV 值的分析（2024）

需要说明的是，源站在 RTS 帧中填写的所需占用信道的持续时间，是从 RTS 帧发送完毕后，到目的站最后发送完 ACK 帧为止的时间，即 "SIFS + CTS + SIFS + 数据帧 + SIFS + ACK"。而 AP 在 CTS 帧中填写的所需占用信道的持续时间，是从 CTS 帧发送完毕，到目的站最后发送完 ACK 帧为止的时间，即 "SIFS + 数据帧 + SIFS + ACK"。

在图 3.22 中，虽然站 B 检测不到站 A 发送给 AP 的 RTS 帧，但却能检测到 AP 发送给站 A 的 CTS 帧，站 B 根据 CTS 帧中的持续时间设置自己的网络分配向量（NAV），NAV 指出了信道忙的持续时间，意味着站 A 和 AP 以外的站点都不能在这段时间内发送数据。

图 3.22 A 站和 B 站同时向 AP 发送信号，发生冲突　　　图 3.23　使用 RTS 和 CTS 帧的冲突避免

使用 RTS 帧和 CTS 帧会使网络的通信效率有所下降，但这两种帧都很短，与数据帧相比开销不算大。相反，若不使用这种控制帧，则一旦发生冲突而导致数据帧重发，浪费的时间

会更多。信道预约不是强制性规定，各站可自行决定使用或不使用。只有当数据帧长超过某个数值时，使用 RTS 帧和 CTS 帧才比较划算。

CSMA/CD 与 CSMA/CA 主要有如下区别：

1）CSMA/CD 可以检测冲突，但无法避免；CSMA/CA 发送数据的同时不能检测信道上有无冲突，本结点处没有冲突并不意味着在接收结点处就没有冲突，只能尽量避免。

2）传输介质不同。CSMA/CD 用于总线形以太网，CSMA/CA 用于无线局域网 802.11a/b/g/n 等。

3）检测方式不同。CSMA/CD 通过电缆中的电压变化来检测；而 CSMA/CA 采用能量检测、载波检测和能量载波混合检测三种检测信道空闲的方式。

总结：CSMA/CA 在发送数据帧之前先广播告知其他站点，让其他站点在某段时间内不要发送数据帧，以免发生冲突。CSMA/CD 在发送数据帧之前监听，边发送边监听，一旦发生冲突，就立即停止发送。

3.5.3　轮询访问：令牌传递协议

在轮询访问中，用户不能随机地发送信息，而要通过一个集中控制的监控站，以循环方式轮询每个结点，再决定信道的分配。典型的轮询访问控制协议是令牌传递协议。

在令牌传递协议中，一个令牌（Token）沿着环形总线在各站之间依次传递。令牌是一个特殊的控制帧，它本身并不包含信息，仅控制信道的使用，确保同一时刻只有一个站独占信道。当环上的一个站希望发送帧时，必须等待令牌。站点只有取得令牌后才能发送帧，因此令牌环网络不会发生冲突（因为令牌只有一个）。站点发送完一帧后，应释放令牌，以便让其他站使用。因为令牌在网环上是按顺序依次传递的，所以对所有入网计算机而言，访问权是公平的。

令牌环网络中令牌和数据的传递过程如下：

1）当网络空闲时，环路中只有令牌帧在循环传递。

2）当令牌传递到有数据要发送的站点时，该站点就修改令牌中的一个标志位，并在令牌中附加自己需要传输的数据，将令牌变成一个数据帧，然后将这个数据帧发送出去。

3）数据帧沿着环路传输，接收到的站点一边转发数据，一边查看帧的目的地址。若目的地址和自己的地址相同，则接收站就复制该数据帧，以便进一步处理。

4）数据帧沿着环路传输，直到到达该帧的源站点，源站点收到自己发出去的帧后便不再转发。同时，通过检验返回的帧来查看数据传输过程中是否出错，若出错则重传。

5）源站点传送完数据后，重新产生一个令牌，并传递给下一站点，交出信道控制权。

令牌传递协议非常适合负载很高的广播信道，即多个结点在同一时刻发送数据概率很大的信道。若这样的信道采用随机介质访问控制，则发生冲突的概率很大，而采用令牌传递协议则可以很好地满足各站点间的通信需求。令牌传递协议既不共享时间，又不共享空间；它实际上在随机访问介质访问控制的基础上，限定了有权发送数据的结点只能有一个。

即使是广播信道也可通过介质访问控制机制，使广播信道变为逻辑上的点对点信道，所以说数据链路层研究的是"点到点"之间的通信。

3.5.4　本节习题精选

一、单项选择题

01. 信道划分介质访问控制的核心思想是（　　）。

　　A. 通过分时、分频、分码等方法，将广播信道变为若干点对点信道

　　B. 胜利者通过争用获得信道，从而获得信息的发送权

    C. 通过集中控制方式解决发送信息的次序问题

    D. 通过轮询方式依次询问每个站点是否有数据要发送

02. 将物理信道的总频带宽分割成若干子信道，每个子信道传输一路信号，这种信道复用技术是（　　）。

    A. 码分复用　　　　B. 频分复用　　　　C. 时分复用　　　　D. 空分复用

03. TDM 所用传输介质的性质是（　　）。

    A. 介质的带宽大于结合信号的位速率　　B. 介质的带宽小于单个信号的带宽

    C. 介质的位速率小于最小信号的带宽　　D. 介质的位速率大于单个信号的位速率

04. 从表面上看，FDM 比 TDM 能更好地利用信道的传输能力，但现在计算机网络更多地使用 TDM 而非 FDM，其原因是（　　）。

    A. FDM 实际能力更差　　　　　　　　B. TDM 可用于数字传输而 FDM 不行

    C. FDM 技术不成熟　　　　　　　　　D. TDM 能更充分地利用带宽

05. 在下列复用技术中，（　　）具有动态分配时隙的功能。

    A. 同步时分复用　　B. 统计时分复用　　C. 频分复用　　　　D. 码分复用

06. 在下列协议中，不会发生冲突的是（　　）。

    A. TDM　　　　　　B. ALOHA　　　　C. CSMA　　　　D. CSMA/CD

07. 在纯 ALOHA 协议中，一个站点想要发送数据时（　　）。

    A. 必须等待信道空闲　　　　　　　　B. 必须等待下一个时间槽开始

    C. 可以立即发送　　　　　　　　　　D. 必须先发送 RTS 帧

08. 以下几种 CSMA 协议中，（　　）协议在监听到信道空闲时仍可能不发送。

    A. 1-坚持 CSMA　　B. 非坚持 CSMA　　C. p-坚持 CSMA　　D. 以上都不是

09. 在 CSMA 的非坚持协议中，当信号忙时，则（　　）直到介质空闲。

    A. 延迟一个固定的时间单位再监听　　B. 继续监听

    C. 延迟一个随机的时间单位再监听　　D. 放弃监听

10. 在 CSMA 的非坚持协议中，当站点监听到总线信道空闲时，它（　　）。

    A. 以概率 p 传送　　　　　　　　　　B. 马上传送

    C. 以概率 $1-p$ 传送　　　　　　　　D. 以概率 p 延迟一个时间单位后传送

11. 在 CSMA/CD 协议的定义中，"争用期"指的是（　　）。

    A. 信号在最远两个端点之间往返传输的时间

    B. 信号从线路一端传输到另一端的时间

    C. 从发送开始到收到应答的时间

    D. 从发送完毕到收到应答的时间

12. 在 CSMA/CD 协议中，若不对帧的长度加以限制，当一个站在发送完毕之前没有检测到冲突，则该站所发送的帧（　　）和其他站发送的帧发生冲突。

    A. 肯定不会　　　　B. 可能会　　　　　C. 肯定会　　　　　D. 无法判断

13. 在以太网中，当数据传输速率提高时，帧的发送时间相应地缩短，这样可能会影响到冲突的检测。为了能有效地检测冲突，可以使用的解决方案有（　　）。

    A. 减少电缆介质的长度或减少最短帧长　　B. 减少电缆介质的长度或增加最短帧长

    C. 增加电缆介质的长度或减少最短帧长　　D. 增加电缆介质的长度或增加最短帧长

14. 长度为 10km、数据传输速率为 10Mb/s 的 CSMA/CD 以太网，信号传播速率为 200m/μs。那么该网络的最小帧长为（　　）。

    A. 20bit　　　　　　B. 200bit　　　　　C. 100bit　　　　　D. 1000bit

15. 以太网中若发生信道访问冲突，则按照二进制指数退避算法决定下一次重发的时间。使用二进制指数退避算法的理由是（ ）。
    A. 这种算法简单　　　　　　　　　　B. 这种算法执行速度快
    C. 这种算法考虑了网络负载对冲突的影响　D. 这种算法与网络的规模大小无关

16. 以太网中采用二进制指数退避算法处理冲突问题。下列数据帧重传时再次发生冲突的概率最低的是（ ）。
    A. 首次重传的帧　　　　　　　　　　B. 发生两次冲突的帧
    C. 发生三次重传的帧　　　　　　　　D. 发生四次重传的帧

17. 某 100Mb/s 以太网使用 CSMA/CD 协议，该以太网中的某个站在发送帧时检测到冲突，并准备进行第二次重传，则所需等待的最大退避时间是（ ）。
    A. 5.12μs　　　　B. 15.36μs　　　　C. 25.6μs　　　　D. 51.2μs

18. 在以太网的二进制指数退避算法中，在 11 次冲突之后，站点会在 0～（ ）之间选择一个随机数。
    A. 255　　　　　B. 511　　　　　C. 1023　　　　D. 2047

19. 与 CSMA/CD 网络相比，令牌环网络更适合的环境是（ ）。
    A. 负载轻　　　B. 负载重　　　C. 距离远　　　D. 距离近

20. 根据 CSMA/CD 协议的工作原理，需要提高最短帧长的是（ ）。
    A. 网络传输速率不变，冲突域的最大距离变短
    B. 冲突域的最大距离不变，网络传输速率提高
    C. 上层协议使用 TCP 的概率增加
    D. 在冲突域不变的情况下减少线路中的中继器数量

21. 在某 CSMA/CD 局域网中，使用一个 Hub 连接所有站点，且限定站点到 Hub 的最长距离为 100m，信号的传播速率为 200000km/s，则站点的最长冲突检测时间是（ ）。
    A. 2μs　　　　　B. 2ms　　　　　C. 1μs　　　　　D. 1ms

22. 无线局域网不使用 CSMA/CD 而使用 CSMA/CA 的原因是，无线局域网（ ）。
    A. 不能同时收发，无法在发送时接收信号
    B. 难以实现冲突检测，存在隐蔽站和暴露站问题
    C. 无线信号的广播特性，使得不会出现冲突
    D. 覆盖范围很小，不进行冲突检测不影响正确性

23. 下列关于 CSMA/CA 的叙述中，正确的是（ ）。
    A. 接收方收到数据帧后，需要向发送方返回确认帧
    B. CA 表示 Collision Avoidance，即冲突避免，因而此类网络中不会出现冲突
    C. 按照载波监听的工作原理，发送站点在检测到信道空闲后立即启动发送
    D. CSMA/CA 和 CSMA/CD 的区别之一是 CSMA/CA 不需要使用退避算法

24. CSMA/CA 协议的主要特点是（ ）。
    A. 发送前先检测信道，信道空闲就立即发送，信道忙就随机推迟发送
    B. 边发送边检测信道，一旦发现冲突就立即停止发送
    C. 发送前先预约信道，获得信道授权后再发送
    D. 发送后等待确认帧，在规定时间内未收到确认帧就重传

25. 在 CSMA/CA 协议中，有三种不同的时间参数：短帧间间隔 SIFS、分布式协调帧间间隔 DIFS 和点协调帧间间隔 PIFS。它们之间的长度关系是（ ）。
    A. SIFS < PIFS < DIFS　　　　　　B. SIFS < DIFS < PIFS

    C. PIFS < SIFS < DIFS   D. PIFS < DIFS < SIFS

26. 下列关于令牌环网络的描述中，错误的是（   ）。

    A. 令牌环网络存在冲突的可能

    B. 同一时刻，环上只有一个结点的数据在传输

    C. 网上所有结点共享网络带宽

    D. 数据从一个结点到另一结点的时间可以计算

27. 下列关于令牌环网络的说法中，不正确的是（   ）。

    I. 信道的利用率比较公平

    II. 重负载下信道利用率高

    III. 结点可以一直持有令牌，直至所要发送的数据传输完毕

    IV. 结点只能持有令牌一段固定的时间，对于没有数据要发送的结点也是如此

    A. I、II 和 III   B. III   C. III 和 IV   D. IV

28. 在令牌环网络中，当网络空闲时，环路中（   ）。

    A. 只有令牌帧在循环传递   B. 只有数据帧在循环传递

    C. 令牌帧和数据帧都在循环传递   D. 令牌帧和数据帧都不在循环传递

29. 在令牌环网络中，当一个站点收到自己发出去的数据帧后，它将（   ）。

    A. 不再转发该帧，并重新产生一个令牌

    B. 不再转发该帧，并等待下一个令牌

    C. 继续转发该帧，并重新产生一个令牌

    D. 继续转发该帧，并等待下一个令牌

30. 在令牌环网络中，当所有站点都有数据帧要发送时，一个站点在最坏情况下等待获得令牌和发送数据帧的时间等于（   ）。

    A. 所有站点传送令牌的时间总和

    B. 所有站点传送令牌和发送帧的时间总和

    C. 所有站点传送令牌的时间总和的一半

    D. 所有站点传送令牌和发送帧的时间总和的一半

31. 在一条广播信道上连有 4 个站点 a、b、c、d，采用码分复用技术，当 a、b、c 要向 d 发送数据时，设 a 的码片序列为（1, -1, 1, -1），则 b 和 c 的码片序列可以为（   ）。

    A. （-1, 1, 1, 1）和（-1, -1, -1, 1）   C. （-1, 1, 1, -1）和（1, 1, -1, -1）

    B. （-1, -1, 1, 1）和（-1, 1, -1, 1）   D. （-1, -1, -1, -1）和（1, 1, 1, 1）

32. 一个广播信道上接有 3 个站点 A、B、C，介质访问控制采用信道划分方法，信道的划分采用码分复用技术，A、B 要向 C 发送数据，设 A 的码片序列为（+1, -1, -1, +1, +1, +1, +1, -1）。B 可以选用的码片序列为（   ）。

    A. -1, -1, -1, +1, -1, +1, +1, +1   B. -1, +1, -1, -1, +1, -1, +1, +1

    C. -1, +1, -1, +1, -1, +1, -1, +1   D. -1, +1, -1, +1, -1, +1, +1, +1

33. 【2009 统考真题】在一个采用 CSMA/CD 协议的网络中，传输介质是一根完整的电缆，传输速率为 1Gb/s，电缆中的信号传播速率是 200000km/s。若最小数据帧长减少 800 比特，则最远的两个站点之间的距离至少需要（   ）。

    A. 增加 160m   B. 增加 80m   C. 减少 160m   D. 减少 80m

34. 【2011 统考真题】下列选项中，对正确接收到的数据帧进行确认的 MAC 协议是（   ）。

    A. CSMA   B. CDMA   C. CSMA/CD   D. CSMA/CA

35. 【2013 统考真题】下列介质访问控制方法中，可能发生冲突的是（   ）。

    A. CDMA　　　　　B. CSMA　　　　　C. TDMA　　　　　D. FDMA

36. 【2014 统考真题】站 A、B、C 通过 CDMA 共享链路，A、B、C 的码片序列分别是(1, 1, 1, 1)、(1, −1, 1, −1)和(1, 1, −1, −1)。若 C 从链路上收到的序列是(2, 0, 2, 0, 0, −2, 0, −2, 0, 2, 0, 2)，则 C 收到 A 发送的数据是（　）。

    A. 000　　　　　　B. 101　　　　　　C. 110　　　　　　D. 111

37. 【2015 统考真题】下列关于 CSMA/CD 协议的叙述中，错误的是（　）。

    A. 边发送数据帧，边检测是否发生冲突

    B. 适用于无线网络，以实现无线链路共享

    C. 需要根据网络跨距和数据传输速率限定最小帧长

    D. 当信号传播延迟趋近 0 时，信道利用率趋近 100%

38. 【2016 统考真题】如下图所示，在 Hub 再生比特流的过程中会产生 1.535μs 的延时（Switch 和 Hub 均为 100Base-T 设备），信号传播速率为 200m/μs，不考虑以太网帧的前导码，则 H3 和 H4 之间理论上可以相距的最远距离是（　）。

    A. 200m　　　　　B. 205m　　　　　C. 359m　　　　　D. 512m

39. 【2018 统考真题】IEEE 802.11 无线局域网的 MAC 协议 CSMA/CA 进行信道预约的方法是（　）。

    A. 发送确认帧　　　　　　　　　　　B. 采用二进制指数退避

    C. 使用多个 MAC 地址　　　　　　　D. 交换 RTS 与 CTS 帧

40. 【2019 统考真题】假设一个采用 CSMA/CD 协议的 100Mb/s 局域网，最小帧长是 128B，则在一个冲突域内两个站点之间的单向传播时延最多是（　）。

    A. 2.56μs　　　　　B. 5.12μs　　　　　C. 10.24μs　　　　　D. 20.48μs

41. 【2020 统考真题】在某个 IEEE 802.11 无线局域网中，主机 H 与 AP 之间发送或接收 CSMA/CA 帧的过程如下图所示。在 H 或 AP 发送帧前等待的帧间间隔时间（IFS）中，最长的是（　）。

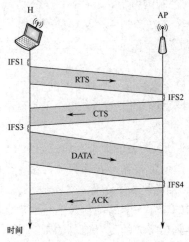

    A. IFS1　　　　　B. IFS2　　　　　C. IFS3　　　　　D. IFS4

42. 【2023 统考真题】已知 10BaseT 以太网的争用时间片为 51.2μs。若网卡在发送某帧时发生了连续 4 次冲突，则基于二进制指数退避算法确定的再次尝试重发该帧前等待的最长时间是（ ）。

    A. 51.2μs   B. 204.8μs   C. 768μs   D. 819.2μs

二、综合应用题

01. 以太网使用的 CSMA/CD 协议是以争用方式接入共享信道的，与传统的时分复用（TDM）相比，其优缺点如何？

02. 长度为 1km、数据传输速率为 10Mb/s 的 CSMA/CD 以太网，信号在电缆中的传播速率为 200000km/s。试求能够使该网络正常运行的最小帧长。

03. 考虑建立一个 CSMA/CD 网，电缆长 1km，不使用重发器，运行速率为 1Gb/s，电缆中的信号速率是 200000km/s，最小帧长是多少？

04. 构造一个 CSMA/CD 总线网，速率为 100Mb/s，信号在电缆中的传播速率为 2×10^5 km/s，数据帧的最小长度为 125 字节。试求总线电缆的最大长度（假设总线电缆中无中继器）。

05. 【2010 统考真题】某局域网采用 CSMA/CD 协议实现介质访问控制，数据传输速率为 10Mb/s，主机甲和主机乙之间的距离是 2km，信号传播速率是 200000km/s。请回答下列问题，要求说明理由或写出计算过程。

    1）若主机甲和方机乙发送数据时发生冲突，则从开始发送数据的时刻起，到两台主机均检测到冲突为止，最短需要经过多长时间？最长需要经过多长时间（假设主机甲和主机乙在发送数据的过程中，其他主机不发送数据）？

    2）若网络不存在任何冲突与差错，主机甲总以标准的最长以太网数据帧（1518 字节）向主机乙发送数据，主机乙每成功收到一个数据帧，就立即向主机甲发送一个 64 字节的确认帧，主机甲收到确认帧后方可发送下一个数据帧。此时主机甲的有效数据传输速率是多少（不考虑以太网的前导码）？

3.5.5 答案与解析

一、单项选择题

01. A

选项 B 是随机访问介质访问控制的特点，如 CSMA/CD 协议。选项 C 是集中式介质访问控制的特点，如主从式协议，它由一个主站控制所有从站的发送顺序，从站只能在主站允许时才能发送数据。选项 D 是轮询访问介质访问控制的特点，如令牌传递协议。

02. B

在物理信道的可用带宽超过单个原始信号所需带宽的情况下，可将该物理信道的总带宽分割成若干与传输单个信号带宽相同（或略宽）的子信道，每个子信道传输一种信号，这就是频分复用。

03. D

本题的关键是理解 TDM（时分复用）的原理和特点。TDM 在发送端将不同用户的信号相互交织在不同的时间片内，沿同一个信道传输，在接收端再将各个时间片内的信号提取出来，还原成原始信号。为了实现 TDM，必须满足如下条件：①介质的位速率（即每秒传输的二进制位数）大于单个信号的位速率；②介质的带宽（即所能传输信号的最高频率与最低频率之差）大于结合信号的带宽（即所有信号经过调制后形成的复合信号的带宽）。

04．B

TDM 与 FDM 相比，抗干扰能力强，可以逐级再生整形，避免干扰的积累，而且数字信号比较容易实现自动转换，所以根据 FDM 和 TDM 的工作原理，FDM 适合传输模拟信号，TDM 适合传输数字信号。

05．B

时分复用（TDM）分为同步时分复用和异步时分复用（又称统计时分复用）。同步时分复用是一种静态时分复用技术，它预先分配时间片（即时隙），而异步时分复用则是一种动态时分复用技术，它动态地分配时间片（时隙）。

06．A

TDM 属于静态划分信道的方法，各结点分时使用信道，不发生冲突。而 ALOHA、CSMA 和 CSMA/CD 都属于动态分配信道的方法，都采用检测冲突的策略来应对冲突，因此都可能发生冲突。注意，随机访问介质访问控制和轮询访问介质访问控制，都属于动态分配信道的方法，但是随机访问介质访问控制可能发生冲突，而轮询访问介质访问控制不发生冲突。

07．C

在纯 ALOHA 协议中，一个站点想要发送数据时可以立即发送，而不需要等待信道空闲或下一个时间槽开始，也不需要先发送 RTS 帧。

08．C

p-坚持 CSMA 协议是 1-坚持 CSMA 协议和非坚持 CSMA 协议的折中。p-坚持 CSMA 检测到信道空闲后，以概率 p 发送数据，以概率 $1-p$ 推迟到下一个时隙，目的是降低 1-坚持 CSMA 中多个结点检测到信道空闲后同时发送数据的冲突概率；采用坚持"监听"的目的，是克服非坚持 CSMA 中因随机等待造成延迟时间较长的缺点。

09．C

非坚持 CSMA：站点在发送数据前先监听信道，若信道忙则放弃监听，等待一个随机时间后再监听，若信道空闲则发送数据。

10．B

解析同上。

11．A

CSMA/CD 协议中定义的争用期是指信号在最远两个端点之间往返传输的时间。

12．B

即使一个站在发送完帧之前没有检测到冲突，也不能肯定该站所发送的帧不会和其他站发送的帧发生冲突。因为存在这样的可能：当一个站发送完后，另一个站刚好开始发送，而两个站之间的往返传播时延大于帧的发送时间，使得第一个站无法及时检测到冲突。

13．B

CSMA/CD 协议要求：发送帧的时间≥争用期的时间（即信号在最远两个端点之间往返传输的时间）。因此，当数据传输速率提高时，发送帧的时间就缩短，此时可通过增加最短帧长来增加发送帧的时间，或缩短电缆的长度来减少争用期的时间，以便仍然满足"发送帧的时间≥争用期的时间"这个要求。掌握 CSMA/CD 最短帧长的原理是解决这类问题的关键。

14．D

来回路程 $= 10000 \times 2\text{m}$，往返时间 RTT $= 10000 \times 2/(200 \times 10^6) = 10^{-4}\text{s}$，最小帧长 $= W \times \text{RTT} = 1000\text{bit}$。

15．C

以太网采用 CSMA/CD 技术，网络上的流量越大、负载越多时，发生冲突的概率也越大。当工作站发送的数据帧因冲突而传输失败时，将采用二进制指数退避算法后退一段时间再重新发送数据帧。二进制指数退避算法可以动态地适应发送站点的数量，后退时延的取值范围与重发次数 n 形成二进制指数关系。当网络负载小时，后退时延的取值范围也小；当网络负载大时，后退时延的取值范围也随着增大。二进制指数退避算法的优点是，它将后退时延的平均取值与负载的大小联系起来了。因此，二进制指数退避算法考虑了负载对冲突的影响。

16．D

根据 IEEE 802.3 标准的规定，以太网采用二进制指数退避算法处理冲突问题。当检测到冲突而停止发送后，一个站必须等待一个随机时间段才能重新尝试发送。这一随机等待时间的目的是减少再次发生冲突的可能性。等待的时间长度按下列步骤计算：

1）取均匀分布在 0 至 $2^{\min(k,\,10)}-1$ 之间的一个随机整数 r，k 是冲突发生的次数。

2）发送站等待 $r\times 2t$ 长度的时间后才能尝试重新发送，其中 t 为以太网的端到端延迟。

从这个计算步骤可以看出，k 值越大，帧重传时再次发生冲突的概率越低。

17．B

对于 100Mb/s 的以太网，争用期与 10Mb/s 的以太网相同，仍然是 64B 的发送时间，即 512b/100Mb/s = 5.12μs。根据 CSMA/CD 协议的退避算法，第 k 次重传需要退避的时间为：从整数集合 $\{0,1,\cdots,2^k-1\}$ 中随机取出一个数 r，退避时间就是 r 倍的争用期。当重传次数大于 10 时，k 不再增大，而一直等于 10。本题中 $k=2$，问的是最大退避时间，所以取 $r=3$，最大退避时间为 15.36μs。

18．C

一般来说，在第 i（$i<10$）次冲突后，站点会在 0 到 2^i-1 之间随机选择一个数 M，然后等待 M 倍的争用期再发送数据。达到 10 次冲突后，随机数的区间固定在最大值 1023 上，以后不再增加。若连续超过 16 次冲突，则丢弃相应的数据帧。

19．B

CSMA/CD 网络中各站随机发送数据，有冲突产生。当负载很多时，冲突加剧。而令牌环网络各站轮流使用令牌发送数据，无论网络负载如何，都无冲突产生，这是它的突出优点。

20．B

CSMA/CD 协议要求：发送帧的时间≥争用期的时间，当等号成立时，即最短帧长 = 数据传输速率×争用期。对于选项 A，最大距离变短会使争用期（最大距离的往返时间）变短，最短帧长变短。对于选项 B，数据传输速率提高，最短帧长变长。选项 C 对最短帧长没有影响。对于选项 D，在冲突域不变的情况下减少线路中的中继器数量会降低传播时延，争用期变短，最短帧长变短。

21．A

限定站点到集线器（Hub）的最长距离为 100m，则两个站点之间的最长距离为 200m，最长冲突检测时间等于信号在两个最远站点之间的往返传输时间，即 2×200m÷200000km/s = 2μs。

22．B

无线局域网不能简单地使用 CSMA/CD 协议，特别是冲突检测部分，原因如下：第一，在无线局域网的适配器上，接收信号的强度往往远小于发送信号的强度，因此要实现冲突检测，硬件费用就会过大；第二，在无线局域网中，并非所有站点都能听见对方，即存在隐蔽站和暴露站问题（暴露站问题举例：在下图中，假设 B 站向 A 站发送数据，而 C 站又想和 D 站通信，但 C 站检测到信道忙，于是就不向 D 站发送数据，其实 B 站向 A 站发送数据并不影响 C 站向 D 站发送数据。在无线局域网中，在不发生干扰的情况下，允许同时有多个移动站进行通信，这一点与有线局域网有很大的差别）。而"所有站点都能听见对方"正是实现 CSMA/CD 协议的前提。选项 A 是 CSMA/CD 和 CSMA/CA 的特点，但不是无线局域网使用 CSMA/CA 的原因。

23．A

CSMA/CA 只能尽量降低冲突发生的概率，在无线信道中冲突是无法完全避免的。检测到信道空闲后，CSMA/CA 规定还必须等待 DIFS 的时间才能开始发送。无线信道中可能发生冲突，所以 CSMA/CA 也需要退避算法，但是和 CSMA/CD 的退避算法有一定的区别。

24．D

若检测到信道空闲，则 CSMA/CA 规定还必须等待 DIFS 的时间才能开始发送。CSMA/CA 不会进行冲突检测。预约信道并不是 CSMA/CA 的强制规定，在普通模式下不进行预约信道。

25．A

SIFS 最短，网络中的控制帧和确认帧都采用 SIFS 作为发送之前的等待时延。DIFS 最长，所有的数据帧都采用 DIFS 作为等待时延。PIFS 中等，用于 AP 发送管理帧或探测帧的等待时延。当源站要发送数据时，先检测信道，在持续检测到信道空闲达到 DIFS 时间后就开始发送。目的站正确收到数据帧后，等待 SIFS 时间后发出对应的确认帧。若源站在规定时间内未收到确认帧，就必须重传此帧，直到收到确认帧为止，或经过若干重传失败后放弃发送。

26．A

令牌环网络的拓扑结构为环状，有一个令牌不停地在环中流动，只有获得了令牌的结点才能发送数据，因此不存在冲突，A 错误。令牌环网络是一种半双工通信方式，同一时刻只能有一个结点发送数据，其他结点只能接收或转发数据，B 正确。令牌环网络中的所有结点都连接到同一个信道上，共享整个信道的带宽，C 正确。在令牌环网络中，数据从一个结点到另一结点的时间可根据环上经过的结点数、传输速率和数据帧长来计算，D 正确。

27．C

令牌环网络使用令牌在各个结点之间传递来分配信道的使用权，每个结点都可在一定的时间内（令牌持有时间）获得发送数据的权限，而并非无限制地持有令牌。在令牌传递过程中，没有数据要发送的结点收到令牌后将立刻传递下去而不能持有。Ⅰ 和 Ⅱ 均为令牌环网络的特点。

28．A

在令牌环网络中，当网络空闲时，环路中只有令牌帧在循环传递。当某个站点要发送数据时，必须等待令牌到达，然后修改令牌中的标志位，并附加数据，将令牌变成一个数据帧。

29．A

在令牌环网络中，一个站点收到自己发出去的数据帧后，不再转发该帧，而重新产生一个令牌，然后将该令牌发送给下一个站点。这样可以回收数据帧，避免环路上的冗余，并释放传输权限。

30．B

令牌环网络在逻辑上采用环状控制结构。因为令牌总沿逻辑环单向逐站传送，所以结点总可在确定的时间内获得令牌并发送数据。在最坏情况下，即在所有结点都要发送数据的情况下，一个结点获得令牌的等待时间等于逻辑环上所有其他结点依次获得令牌，并在令牌持有时间内发送数据的时间之和。

31. C

要实现码分复用，a、b、c 三个站点的码片序列必须满足正交性，即两两之间的规格化内积等于 0，分别计算各选项与（1, -1, 1, -1）两两之间的规格化内积，只有选项 C 满足要求。

32. D

B 站点选用的码片序列一定要与 A 站点的码片序列正交，且规格化内积为 0。分别计算 A、B、C、D，可知只有 D 符合要求。

33. D

有关最短帧长的题要抓住两个公式来分析：①发送帧的时间≥争用期的时间；②最短帧长=数据传输速率×争用期时间。题中，最短帧长减少 800 比特，则发送帧的时间减少 0.8μs，要使①和②依然成立，就需要至少将争用期（信号的往返时间）的时间减少 0.8μs，所以往返传播的总距离至少需要减少 200000km/s×0.8us = 160m，即单程距离至少需要减少 80m。

34. D

CSMA/CA 是无线局域网标准 802.11 中的协议，它在 CSMA 的基础上增加了冲突避免的功能。ACK 帧是 CSMA/CA 避免冲突的机制之一，也就是说，只有当发送方收到接收方发回的 ACK 帧时，才确认发出的数据帧已正确到达目的地。

35. B

选项 A、C 和 D 都是信道划分协议，信道划分协议是静态划分信道的方法，肯定不会发生冲突。CSMA 的全称是载波监听多路访问协议，其原理是站点在发送数据前先监听信道，发现信道空闲后再发送数据，但在发送过程中可能会发生冲突。

36. B

将收到的序列分成每 4 个数一组，即(2, 0, 2, 0), (0, −2, 0, −2), (0, 2, 0, 2)，因为题目求的是 A 站发送的数据，因此将这三组数据与 A 站的码片序列(1, 1, 1, 1)做内积运算，结果分别是(2, 0, 2, 0)•(1, 1, 1, 1)/4 = 1，(0, −2, 0, −2)•(1, 1, 1, 1)/4 = −1，(0, 2, 0, 2)•(1, 1, 1, 1)/4 = 1，所以 C 站接收到的 A 站发送的数据是 101。

37. B

CSMA/CD 适用于有线网络，CSMA/CA 广泛应用于无线局域网。选项 A、C 关于 CSMA/CD 的描述都是正确的。对于选项 D，因为在 CSMA/CD 协议中，信号传播时延会影响冲突检测的效率，若信号传播时延趋于零，则冲突检测就会非常及时，从而减少重传的时间和次数，提高信道利用率。当信号传播时延趋于零时，信道利用率也趋于 100%。

38. B

有关最短帧长的题要抓住两个公式来分析：①发送帧的时间≥争用期的时间；②最短帧长 = 数据传输速率×争用期时间。要使公式①恒成立，就要考虑在最短帧长的情况下公式①仍成立。对于本题，发送最短帧的时间为 64B÷100Mb/s = 5.12μs，根据公式①可知，该时间即为争用期时间（往返时延）的最大值。本题的特点在于往返时延由两部分组成，即传播时延和 Hub 产生的转发时延。单程总时延为 2.56us，Hub 产生的转发时延为 1.535us，所以传播时延为 2.56 − 1.535 = 1.025μs，从而 H3 与 H4 之间理论上可以相距的最大距离为 200m/μs×1.025μs = 205m。

39. D

当 CSMA/CA 进行信道预约时，主要使用的是请求发送 RTS 帧和清除发送 CTS 帧。当一台主机想要发送信息时，先向无线站点发送一个 RTS 帧，说明要传输的数据及相应的时间。无线站点收到 RTS 帧后，将广播一个 CTS 帧作为对此的响应，既给发送方发送许可，又指示其他主机不要在这个时间内发送数据，从而预约信道，避免冲突。发送确认帧的目的主要是保证信息的可靠传输。二进制指数退避算法是 CSMA/CD 中的一种冲突处理方法。选项 C 与预约信道无关。

40.B

有关最短帧长的题要抓住两个公式来分析：①发送帧的时间≥争用期的时间；②最短帧长 = 数据传输速率×争用期时间。对于本题，数据传输速率为 100Mb/s，最短帧长为 128B，根据公式②可得争用期时间（往返时延）为 $128B\div100Mb/s = 10.24\times10^{-6}s$，所以单向传播时延为 5.12μs。

41.A

为了尽量避免冲突，IEEE 802.11 标准规定，所有站完成发送后，必须再等待一段很短的时间（继续监听）才能发送下一帧，这段时间称为帧间间隔（IFS），有三种 IFS：DIFS、PIFS 和 SIFS。帧间间隔的长短取决于该站要发送的帧的类型。网络中的控制帧以及对所接收数据的确认帧都采用 SIFS 作为发送之前的等待时延。当站点要发送数据时，若载波监听到信道空闲，则需等待 DIFS 后发送 RTS 预约信道，图中 IFS1 对应 DIFS，时间最长，图中 IFS2、IFS3、IFS4 对应 SIFS。

42.C

10BaseT 以太网采用 CSMA/CD 协议，CSMA/CD 采用截断二进制指数退避算法来确定冲突后重传的时机。从整数集合 $[0, 1, \cdots, 2^k-1]$ 中随机取出一个数 r，参数 $k = \min[\text{重传次数}, 10]$，站点重传所需等待的时间 = $r\times$争用期，因此等待的最长时间为 $(2^4-1)\times51.2\mu s = 768\mu s$。

二、综合应用题

01.【解答】

CSMA/CD 是一种动态的介质随机接入共享信道方式，而 TDM 是一种静态的信道划分方式，从对信道的利用率来说，CSMA/CD 用户共享信道，更灵活，信道利用率更高。

TDM 不同，它为用户按时隙固定分配信道，当用户没有数据传送时，信道在用户时隙就浪费了；因为 CSMA/CD 让用户共享信道，所以当同时有多个用户需要使用信道时，就会发生冲突，从而降低信道的利用率；而在 TDM 中，用户在分配的时隙中不与其他用户发生冲突。对局域网来说，连入信道的是相距较近的用户，通常信道带宽较大。当使用 TDM 方式时，用户在自己的时隙中没有发送的情况更多，不利于信道的充分利用。

对于计算机通信来讲，突发式的数据更不利于使用 TDM 方式。

02.【解答】

对于 1km 长的电缆，单程传播时间为 $1/200000 = 5\mu s$，来回路程传播时间为 $10\mu s = 10^{-5}s$。

为了使该网络能按照 CSMA/CD 工作，最小的发送时间不能小于 10μs。当以 10Mb/s 速率工作时，$10^{-5}s$ 内可发送的比特数为 $(10\times10^6 b/s)\times10^{-5}s = 100$，因此最小帧长为 100bit。

03.【解答】

对于 1km 的电缆，单程传播时延是 $1/200000 = 5\times10^{-6}s$，即 5μs，往返传播时延是 10μs。要能按照 CSMA/CD 工作，最小帧的发送时间不能小于 10μs。当以 1Gb/s 速率工作时，10μs 内可以发送的比特数为 $(10\times10^{-6})/(1\times10^{-9}) = 10000$，因此最小帧长为 10000bit。

> **注 意**
>
> 假设现在传了一个帧，还未到往返时延就发送完毕，而且在中途出现冲突，这样就检测不出错误；若中途发生冲突，且这个帧还未发送完，则可检测出错误。因此，要保证 CSMA/CD 正常工作，就必须使发送时间大于或等于来回往返时延（即争用期）。

04.【解答】

设总线电缆的长度为 L，则

$$\frac{125\times8}{100\times10^6}=2\times\frac{L}{2\times10^8}, \quad L=\frac{125\times8\times10^8}{100\times10^6}\text{m}=1000\text{m}$$

05.【解答】

1）题目问的是当两台主机均检测到冲突时的最短时间和最长时间。首先要理解一个概念，即什么叫"主机检测到冲突"。假设主机甲和主机乙通信，双方发送的数据帧在中途相遇，此时发生了冲突，但甲方要检测到此次冲突，就必须收到乙方发送来的数据帧；同理，乙方要检测到此次冲突，就必须收到甲方发送来的数据帧。若仅考虑一方，则最短时间显然趋于 0（即一方在发送数据时，对方的数据即将到达），最长时间显然是往返时延（即争用期）。若同时考虑两台主机，则不难发现，从开始发送数据的时刻起，假设甲方检测到冲突发生的时间为 T_1，乙方检测到冲突发生的时间为 T_2，则 $T_1+T_2=$ 往返时延。

显然，当甲方和乙方同时向对方发送数据时，信号在信道中间发生冲突后，冲突信号继续向两个方向传播。这种情况下两台主机均检测到冲突的时间最短：

$$T_{(A)}=1\text{km}/200000\text{km/s}\times2=0.01\text{ms}=\text{单程传播时延 }t_0$$

设甲方（或乙方）先发送数据，当数据即将到达乙方（或甲方）时，乙方（或甲方）才开始发送数据。此时，乙方（或甲方）将立即检测到冲突，而甲方（或乙方）要检测到冲突，还需等待冲突信号从乙方（或甲方）传播到甲方（或乙方）。两台主机均检测到冲突的时间最长：

$$T_{(B)}=2\text{km}/200000\text{km/s}\times2=0.02\text{ms}=\text{双程传播时延 }2t_0$$

(a) 时间最短的情况   (b) 时间最长的情况

2）甲方发送一个数据帧的时间即发送时延 $t_1=1518\times8\text{bit}\div10\text{Mb/s}=1.2144\text{ms}$；乙方每成功收到一个数据帧，就向甲方发送一个确认帧，确认帧的发送时延 $t_2=64\times8\text{bit}\div10\text{Mb/s}=0.0512\text{ms}$；甲方收到确认帧后，即发送下一数据帧，因此甲方的发送周期 $T=$ 数据帧发送时延 t_1+ 确认帧发送时延 t_2+ 双程传播时延 $2t_0=t_1+t_2+2t_0=1.2856\text{ms}$。

有效数据传输速率＝信道利用率×信道带宽（最大数据传输速率）；或者有效数据传输速率＝发送周期内发送的数据量/发送周期。因此，甲方的有效数据传输速率为 $1500\times8/T=12000\text{bit}/1.2856\text{ms}\approx9.33\text{Mb/s}$（以太网帧的数据部分为 1500B）。

3.6 局域网

3.6.1 局域网的基本概念和体系结构

局域网（Local Area Network，LAN）是指在一个较小的地理范围（如一所学校）内，将各种计算机、外部设备和数据库系统等通过双绞线、同轴电缆等连接介质互相连接起来，组成资源和信息共享的计算机互连网络。主要特点如下：

1）为一个单位所拥有，且地理范围和站点数目均有限。

2）所有站点共享较高的总带宽（即较高的数据传输速率）。

3）较低的时延和较低的误码率。

4）各站为平等关系而非主从关系。

5）能进行广播和多播。

局域网的特性主要由三个要素决定：拓扑结构、传输介质、介质访问控制方式，其中最重要的是介质访问控制方式，它决定着局域网的技术特性。

常见的局域网拓扑结构主要有以下 4 大类：①星形结构；②环形结构；③总线形结构；④星形和总线形结合的复合型结构。

局域网可以使用铜缆、双绞线和光纤等多种传输介质，其中双绞线为主流传输介质。

局域网的介质访问控制方法主要有 CSMA/CD 协议、令牌总线协议和令牌环协议，其中前两种协议主要用于总线形局域网，令牌环协议主要用于环形局域网。

三种特殊的局域网拓扑实现如下：

● 以太网（目前使用范围最广）。逻辑拓扑是总线形结构，物理拓扑是星形结构。

● 令牌环（Token Ring，IEEE 802.5）。逻辑拓扑是环形结构，物理拓扑是星形结构。

● FDDI（光纤分布数字接口，IEEE 802.8）。逻辑拓扑是环形结构，物理拓扑是双环结构。

IEEE 802 标准定义的局域网参考模型只对应于 OSI 参考模型的数据链路层和物理层，并将数据链路层拆分为两个子层：逻辑链路控制（LLC）子层和介质访问控制（MAC）子层。与接入传输介质有关的内容都放在 MAC 子层，它向上层屏蔽对物理层访问的各种差异，主要功能包括：组帧和拆卸帧、比特传输差错检测、透明传输。LLC 子层与传输介质无关，它向网络层提供无确认无连接、面向连接、带确认无连接、高速传送四种不同的连接服务类型。

因为在局域网市场中的垄断地位，以太网几乎成为局域网的代名词，而 802 委员会制定的 LLC 子层作用已经不大，所以现在许多网卡仅装 MAC 协议而不装 LLC 协议。IEEE 802 协议层与 OSI 参考模型的比较如图 3.24 所示。

图 3.24　IEEE 802 协议层与 OSI 参考模型的比较

3.6.2　以太网与 IEEE 802.3

以太网规约的第一个版本是 DIX V1，它由 DEC、Intel 和 Xerox 联合提出。之后，它被修改为第二版规约 DIX Ethernet V2，是世界上第一个局域网产品的规约。在此基础上，IEEE 802 委员会的 IEEE 802.3 工作组制定了第一个 IEEE 的以太网标准 IEEE 802.3。

以太网是目前最流行的有线局域网技术。以太网逻辑上采用总线形拓扑结构，所有计算机共享同一条总线，信息以广播方式发送，以太网使用 CSMA/CD 方式对总线进行访问控制。

严格来说，以太网是指符合 DIX Ethernet V2 标准的局域网，但 DIX Ethernet V2 标准与 IEEE 802.3 标准的差别很小，因此通常将 802.3 局域网简称为以太网。

命题追踪 ▶ 以太网 MAC 协议提供的服务类型（2012）

以太网采用两项措施来简化通信：①采用无连接的工作方式，既不对发送的数据帧编号，又不要求接收方发送确认，即以太网尽最大努力交付数据，提供的是不可靠服务，对差错的纠正则由高层完成；②发送的数据都使用曼彻斯特编码的信号，每个码元的中间出现一次电压转换，接收方利用这种电压转换方便地将位同步信号提取出来。

1．以太网的传输介质与网卡

以太网常用的传输介质有 4 种：粗缆、细缆、双绞线和光纤，它们的适用情况见表 3.2。

表 3.2　各种传输介质的适用情况

标准名称	10BASE5	10BASE2	10BASE-T	10BASE-F
传输介质	同轴电缆（粗缆）	同轴电缆（细缆）	非屏蔽双绞线	光纤对（850nm）
编码	曼彻斯特编码	曼彻斯特编码	曼彻斯特编码	曼彻斯特编码
拓扑结构	总线形	总线形	星形	点对点
最大段长	500m	185m	100m	2000m
最多结点数目	100	30	2	2

注 意

在上述标准中，10 指标准的速率为 10Mb/s；Base 指基带以太网；早期标准 Base 之后的 5 或 2 指单段最大传输距离不超过 500m 或 185m，Base 之后的 T 指双绞线，F 指光纤。

计算机与外界局域网的连接是通过主板上嵌入的一块网络适配器（Adapter）[又称网络接口卡（Network Interface Card，NIC）] 实现的。适配器上装有处理器和存储器，工作在数据链路层。适配器和局域网的通信是通过电缆或双绞线以串行方式进行的，而适配器和计算机的通信则是通过计算机的 I/O 总线以并行方式进行的。因此，适配器的重要功能就是进行数据的串并转换。

适配器不仅能实现与局域网传输介质之间的物理连接和电信号匹配，还涉及帧的发送与接收、帧的封装与拆封、介质访问控制、数据的编码与解码及数据缓存等功能。当适配器收到正确的帧时，就使用中断来通知该计算机，并交付协议栈中的网络层。当计算机要发送 IP 数据报时，就由协议栈把 IP 数据报向下交给适配器，组帧后发送到局域网。

2．以太网的 MAC 地址

IEEE 802 标准为局域网规定了一种 48 位的全球地址，是指局域网上的每台计算机中固化在适配器的 ROM 中的地址，称为物理地址或 MAC 地址（因为这种地址用在 MAC 帧中），这个地址用于控制主机在网络上的数据通信。全世界所有的局域网适配器都具有不同的地址，一台计算机只要没有更换适配器，不管其地理位置如何变化，其 MAC 地址都不会变化。

命题追踪 ▶ 以太网 MAC 地址的长度（2013）

MAC 地址长 6 字节，一般用由连字符（或冒号）分隔的 12 个十六进制数表示，如 02-60-8c-e4-b1-21。高 24 位为厂商代码，低 24 位为厂商自行分配的适配器序列号。

当路由器通过适配器连接到局域网时，适配器上的 MAC 地址就用来标志路由器的某个接口。路由器若同时连接到两个网络上，则它需要两个适配器和两个 MAC 地址。

适配器从网络上每收到一个 MAC 帧，首先都要用硬件检查 MAC 帧中的目的地址。若是发往本站的帧，则收下，否则丢弃该帧。这里"发往本站的帧"包括以下三种帧：

1）单播帧（一对一），即收到的帧的目的地址与本站的 MAC 地址相同。

2）广播帧（一对全体），即发送给本局域网上所有站点的（全 1 地址）。

3）多播帧（一对多），即发送给本局域网上一部分站点的帧。

3．以太网的 MAC 帧

以太网 MAC 帧格式有两种标准：DIX Ethernet V2 标准（即以太网 V2 标准）和 IEEE 802.3 标准。这里只介绍最常用的以太网 V2 的 MAC 帧格式，如图 3.25 所示。

图 3.25　以太网 V2 标准的 MAC 帧格式

命题追踪 ▶▶ 以太网帧首部的内容、首部和尾部的长度（2010、2011）

在帧前面插入的 8 字节前导码分为两个字段：第一个字段是 7 字节的前同步码，用来实现 MAC 帧的比特同步；第二个字段是 1 字节的帧开始定界符，表示后面的信息就是 MAC 帧。

> **注　意**
>
> 以太网帧不需要帧结束定界符，因为当以太网传送帧时，各帧之间必须有一定的间隙。因此，接收方只要找到帧开始定界符，其后面连续到达的比特流就都属于同一个帧。实际上，以太网采用了违规编码法的思想，因为以太网使用曼彻斯特编码，所以每个码元中间都有一次电压的跳变。发送方发完一个帧后，发送方网络接口上的电压不再变化，这样接收方就能很容易地找到帧的结束位置，这个位置往前数 4 字节就是 FCS 字段，于是就能确定数据字段的结束位置。

命题追踪 ▶▶ 以太网帧中目的地址和源地址的含义（2018）

目的地址：6 字节，帧在局域网上的目的适配器的 MAC 地址。

源地址：6 字节，传输帧到局域网上的源适配器的 MAC 地址。

类型：2 字节，指出数据字段中的数据应交给哪个上层协议处理，如网络层的 IP 协议。

命题追踪 ▶▶ 分析 IP 首部并判断其以太帧是否需要填充（2012）

数据：46～1500 字节，承载上层的协议数据单元（如 IP 数据报）。以太网的最大传输单元是 1500 字节，若 IP 数据报超过 1500 字节，则必须将该 IP 数据报分片。此外，由于 CSMA/CD 算法的限制，以太网帧必须满足最小长度是 64 字节，当数据字段的长度小于 46 字节时，MAC 子层就在数据字段的后面加一个整数字节的填充字段，以确保帧长不小于 64 字节。

> **注 意**
>
> 46 是怎么来的？由 CSMA/CD 可知以太网帧的最短帧长为 64B，而 MAC 帧的首部和尾部的长度为 18 字节，所以数据字段最短为 64－18＝46 字节。

检验码（FCS）：4 字节，检验范围从目的地址段到数据字段，算法采用 32 位 CRC 码，不但要检验 MAC 帧的数据部分，而且要检验目的地址、源地址和类型字段，但不检验前导码。

802.3 帧格式与以太网 V2 帧格式的不同之处是，用长度域替代了 V2 帧中的类型域，指出了数据域的长度。在实践中，前述长度/类型两种机制可以并存，因为 IEEE 802.3 数据段的最大字节数是 1500，所以长度段的最大值是 1500，于是从 1501 到 65535 的值可用于类型段标识符。

4．高速以太网

速率达到或超过 100Mb/s 的以太网称为高速以太网，表 3.3 列出了几种高速以太网技术。

表 3.3　几种高速以太网技术

标 准 名 称	100Base-T 以太网	吉比特以太网	10 吉比特以太网
传输速率	100Mb/s	1Gb/s	10Gb/s
传输介质	双绞线	双绞线或光纤	双绞线或光纤
通信方式	支持半双工和全双工方式		只有全双工方式
介质访问控制协议	半双工方式下使用 CSMA/CD 协议		无

（1）100BASE-T 以太网

命题追踪 ▶ 100BaseT 以太网使用的传输介质（2019）

100BASE-T 是在双绞线上传送 100Mb/s 基带信号的星形拓扑以太网，它仍然使用 CSMA/CD 协议，又称快速以太网。100BASE-T 既支持全双工方式，又支持半双工方式，可在全双工方式下工作而无冲突发生，因此在全双工方式下不使用 CSMA/CD 协议。

100BASE-T 的 MAC 帧格式仍然是 802.3 标准规定的帧格式。保持最短帧长不变，但将一个网段的最大长度减小到 100m。帧间最小间隔从原来的 9.6μs 改为 0.96μs。

（2）吉比特以太网

吉比特以太网又称千兆以太网，允许在 1Gb/s 速率下以全双工和半双工两种方式工作。使用 802.3 协议规定的帧格式。使用双绞线或光纤作为传输介质。在半双工方式下使用 CSMA/CD 协议，而在全双工方式不使用 CSMA/CD 协议。与 10BASE-T 和 100BASE-T 技术向后兼容。

（3）10 吉比特以太网

10 吉比特以太网的帧格式与 10Mb/s、100Mb/s 和 1Gb/s 以太网的帧格式完全相同，还保留了 802.3 标准规定的以太网最小帧长和最大帧长，以便升级和向后兼容。10 吉比特以太网只工作在全双工方式，不存在争用问题，当然也不使用 CSMA/CD 协议。

以太网从 10Mb/s 到 10Gb/s 的演进证明了以太网是可扩展的（从 10Mb/s 到 10Gb/s）、灵活的（多种传输介质、全/半双工、共享/交换），且易于安装，稳健性好。

3.6.3　IEEE 802.11 无线局域网

1．无线局域网的组成

无线局域网可分为两大类：有固定基础设施的无线局域网和无固定基础设施的移动自组织网络。所谓"固定基础设施"，是指预先建立的、能覆盖一定地理范围的固定基站。

（1）有固定基础设施无线局域网

对于有固定基础设施的无线局域网，IEEE 制定了无线局域网的 802.11 系列协议标准，包括 802.11a/b/g/n 等。802.11 标准使用星形拓扑，其中心称为接入点（Access Point，AP），在 MAC 层使用 CSMA/CA 协议。使用 802.11 系列协议的局域网又称 Wi-Fi。

802.11 标准规定无线局域网的最小构件是基本服务集（Basic Service Set，BSS）。一个基本服务集包括一个接入点和若干移动站。各站在本 BSS 内的通信，或与本 BSS 外部站的通信，都必须通过本 BSS 的 AP。上面提到的 AP 就是基本服务集中的基站（base station）。安装 AP 时，必须为其分配一个不超过 32 字节的服务集标识符（Service Set IDentifier，SSID）和一个信道。SSID 是指使用该 AP 的无线局域网的名称。基本服务集覆盖的地理范围称为基本服务区（Basic Service Area，BSA），无线局域网的基本服务区的直径一般不超过 100m。

基本服务集可以是孤立的，也可通过 AP 连接到一个分配系统（Distribution System，DS），然后连接到另一个基本服务集，构成一个扩展的服务集（Extended Service Set，ESS）。分配系统的作用是使扩展的服务集对上层的表现就像一个基本服务集。ESS 还可通过一种称为 Portal（门户）的设备为无线用户提供到有线连接的以太网接入。门户的作用相当于网桥。在图 3.26 中，移动站 A 若要和另一个基本服务集中的移动站 B 通信，则必须经过两个接入点 AP_1 和 AP_2，即 A→AP_1→AP_2→B，注意 AP_1 到 AP_2 的通信是使用有线传输的。

图 3.26　基本服务集和扩展服务集

当移动站 A 从某个基本服务集漫游到另一个基本服务集时（图 3.26 中的 A′），仍可保持与另一个移动站 B 的通信。但 A 在不同的基本服务集中使用的 AP 改变了。

（2）无固定基础设施移动自组织网络

另一种无线局域网是无固定基础设施的无线局域网，又称自组网络（ad hoc network）。自组网络没有上述基本服务集中的 AP，而有由一些平等状态的移动站相互通信组成的临时网络（见图 3.27）。各结点之间地位平等，中间结点都为转发结点，因此都具有路由器的功能。

图 3.27　由一些处于平等状态的便携机构成的自组网络

　　自组网络通常是这样构成的：一些可移动设备发现在它们附近还有其他的可移动设备，且要求和其他移动设备进行通信。自组网络中的每个移动站都要参与网络中其他移动站的路由发现和维护，同时由移动站构成的网络拓扑可能随时间变化很快，因此在固定网络中行之有效的一些路由选择协议对移动自组网络已不适用，需引起特别的关注。

　　自组网络和移动 IP 并不相同。移动 IP 技术使漫游的主机可用多种方法连接到因特网，其核心网络功能仍然基于固定网络中一直使用的各种路由选择协议。而自组网络是将移动性扩展到无线领域中的自治系统，具有自己特定的路由选择协议，且可以不和因特网相连。

2．802.11 局域网的 MAC 帧

　　802.11 帧共有三种类型，即数据帧、控制帧和管理帧。数据帧的格式如图 3.28 所示。
802.11 数据帧由以下三部分组成：

1）MAC 首部，共 30 字节。帧的复杂性都在 MAC 首部。

2）帧主体，即帧的数据部分，不超过 2312 字节。它比以太网的最大长度长很多。

3）帧检验序列 FCS 是 MAC 尾部，共 4 字节。

图 3.28　802.11 局域网的数据帧

命题追踪　▶　802.11 数据帧前三个地址的含义（2017、2022）

　　802.11 帧的 MAC 首部中最重要的是 4 个地址字段（都是 MAC 地址）。这里仅讨论前三个地址（地址 4 用于自组网络）。这三个地址的内容取决于帧控制字段中的"去往 AP"和"来自 AP"这两个字段的数值。表 3.4 中给出了 802.11 帧的地址字段最常用的两种情况。

表 3.4　802.11 帧的地址字段最常用的两种情况

去往 AP	来自 AP	地　址　1	地　址　2	地　址　3	地　址　4
0	1	接收地址 = 目的地址	发送地址 = AP 地址	源地址	——
1	0	接收地址 = AP 地址	发送地址 = 源地址	目的地址	——

　　地址 1 是直接接收数据帧的结点地址，地址 2 是实际发送数据帧的结点地址。

1）现在假定从一个 BSS 中的 A 站向 B 站发送数据帧。在 A 站发往 AP 的数据帧的帧控制字段中，"去往 AP = 1"而"来自 AP = 0"；地址 1 是 AP 的 MAC 地址，地址 2 是 A 站的 MAC 地址，地址 3 是 B 站的 MAC 地址。注意，"接收地址"与"目的地址"并不等同。

2）AP 接收到数据帧后，转发给 B 站，此时在数据帧的帧控制字段中，"去往 AP = 0"而"来自 AP = 1"；地址 1 是 B 站的 MAC 地址，地址 2 是 AP 的 MAC 地址，地址 3 是 A 站的 MAC 地址。注意，"发送地址"与"源地址"也不等同。

　　对这三个地址的理解方法如下：地址 1 和地址 2 分别是无线通信中信道两端的接收地址和发送地址。当主机发往 AP 时，接收地址不是实际的目的地址，因此用地址 3 来存放实际的目的地址；当 AP 发往主机时，发送地址不是实际的源地址，因此用地址 3 来存放实际的源地址。

下面讨论一种更复杂的情况。在图 3.29 中，两个 AP 有线连接到路由器，现在路由器要向 A 站发送数据。路由器是网络层设备，它看不见链路层的 AP，只认识 A 站的 IP 地址。而 AP 是链路层设备，它只认识 MAC 地址，而不认识 IP 地址。

图 3.29　链路上的 802.11 帧和 802.3 帧

1）路由器从 IP 数据报获知 A 站的 IP 地址，并用 ARP 获取 A 站的 MAC 地址。获取 A 站的 MAC 地址后，路由器接口 R1 将该 IP 数据报封装成 802.3 帧（802.3 帧只有两个地址），该帧的源地址字段是 R1 的 MAC 地址，目的地址字段是 A 站的 MAC 地址。

2）AP 收到该 802.3 帧后，将该 802.3 帧转换为 802.11 帧，在帧控制字段中，"去往 AP = 0" 而 "来自 AP = 1"；地址 1 是 A 站的 MAC 地址，地址 2 是 AP 的 MAC 地址，地址 3 是 R1 的 MAC 地址。这样，A 站就可以确定（从地址 3）将数据报发送到子网中的路由器接口的 MAC 地址。

现在考虑从 A 站向路由器接口 R1 发送数据的情况。

1）A 站生成一个 802.11 帧，在帧控制字段中，"去往 AP = 1" 而 "来自 AP = 0"；地址 1 是 AP 的 MAC 地址，地址 2 是 A 站的 MAC 地址，地址 3 是 R1 的 MAC 地址。

2）AP 收到该 802.11 帧后，将其转换为 802.3 帧。该帧的源地址字段是 A 站的 MAC 地址，目的地址字段是 R1 的 MAC 地址。

由此可见，地址 3 在 BSS 和有线局域网互连中起关键作用，它允许 AP 在构建以太网帧时确定目的 MAC 地址。

802.11 帧的 MAC 首部的其他字段不是考查重点，感兴趣的同学可以翻阅教材。

3.6.4　VLAN 基本概念与基本原理

一个以太网是一个广播域，当一个以太网中包含的计算机太多时，往往会导致：

● 以太网中出现大量的广播帧，特别是经常使用的 ARP 和 DHCP 协议（第 4 章）。

● 一个单位的不同部门共享一个局域网，对信息保密和安全不利。

通过虚拟局域网（Virtual LAN，VLAN），可将一个较大的局域网分割成一些较小的与地理位置无关的逻辑上的 VLAN，而每个 VLAN 是一个较小的广播域。

有以下三种划分 VLAN 的方式：

1）基于接口。将交换机的若干接口划为一个逻辑组，这种方法最简单、最有效，若主机离开了原来的接口，则可能进入一个新的子网。

2）基于 MAC 地址。按 MAC 地址将一些主机划分为一个逻辑子网，当主机的物理位置从一个交换机移动到另一个交换机时，它仍属于原来的子网。

3）基于 IP 地址。根据网络层地址或协议划分 VLAN，这样的 VLAN 可以跨越路由器进行扩展，将多个局域网的主机连接在一起。

802.3ac 标准定义了支持 VLAN 的以太网帧格式的扩展。它在以太网帧中插入一个 4 字节的标识符（插在源地址字段和类型字段之间），称为 VLAN 标签，用来指明发送该帧的计算机属于哪个虚拟局域网。插入 VLAN 标签的帧称为 802.1Q 帧，如图 3.30 所示。因为 VLAN 帧的首部增加了 4 字节，所以以太网的最大帧长从原来的 1518 字节变为 1522 字节。

图 3.30　插入 VLAN 标签后变成了 802.1Q 帧

VLAN 标签的前两个字节总是置为 0x8100，表示这是一个 802.1Q 帧。在 VLAN 标签的后两个字节中，前 4 位实际上并没什么作用，这里不讨论，后 12 位是该 VLAN 的标识符 VID，它唯一地标识该 802.1Q 帧属于哪个 VLAN。12 位的 VID 可识别 4096 个不同的 VLAN。插入 VLAN 标签后，802.1Q 帧最后的 FCS 必须重新计算。

如图 3.31 所示，交换机 1 连接 7 台计算机，该局域网划分为两个虚拟局域网 VLAN-10 和 VLAN-20，这里的 10 和 20 就是 802.1Q 帧中的 VID 字段的值，由交换机管理员设定。各主机并不知道自己的 VID 值（但交换机必须知道），主机与交换机之间交互的都是标准以太网帧。一个 VLAN 的范围可以跨越不同的交换机，前提是所用的交换机能够识别和处理 VLAN。交换机 2 连接 5 台计算机，并与交换机 1 相连。交换机 2 中的 2 台计算机加入 VLAN-10，另外 3 台计算机加入 VLAN-20。这两个 VLAN 虽然都跨越了两个交换机，但各自都是一个广播域。

连接两个交换机接口之间的链路称为汇聚链路或干线链路。

图 3.31　利用以太网交换机构成虚拟局域网

假定 A 站向 B 站发送帧，交换机 1 根据帧首部的目的 MAC 地址，识别 B 站属于本交换机管理的 VLAN-10，因此就像在普通以太网中那样直接转发帧。假定 A 站向 E 站发送帧，交换机 1 必须把帧转发到交换机 2，但在转发前，要插入 VLAN 标签，否则交换机 2 就不知道应把帧转发给哪个 VLAN。因此，在干线链路上传送的帧是 802.1Q 帧。交换机 2 在向 E 站转发帧之前，要拿走已插入的 VLAN 标签，因此 E 站收到的帧是 A 站发送的标准以太网帧，而不是 802.1Q 帧。若 A 站向 C 站发送帧，则情况就复杂了，因为这是在不同网络之间的通信，虽然 A 站和 C 站都连接到同一个交换机，但是它们已处在不同的网络中（VLAN-10 和 VLAN-20），需要通过上层的路由器来解决，也可在交换机中嵌入专用芯片进行转发，以便在交换机中实现第 3 层的转发功能。

虚拟局域网只是局域网为用户提供的一种服务，并不是一种新型局域网。

3.6.5 本节习题精选

单项选择题

01. 以下关于以太网的说法中，正确的是（ ）。

    A. 以太网的物理拓扑是总线形结构

    B. 以太网提供有确认的无连接服务

    C. 以太网参考模型一般只包括物理层和数据链路层

    D. 以太网必须使用 CSMA/CD 协议

02. 下列以太网中，采用双绞线作为传输介质的是（ ）。

    A. 10BASE-2   B. 10BASE-5   C. 10BASE-T   D. 10BASE-F

03. 下列关于广播式网络的说法中，错误的是（ ）。

    A. 共享广播信道   B. 不存在路由选择问题

    C. 可以不要网络层   D. 不需要服务接入点

04. 10BaseT 以太网采用的传输介质是（ ）。

    A. 双绞线   B. 同轴电缆   C. 光纤   D. 微波

05. 若使用 5 类 UTP 来设计一个覆盖范围为 200m 的 10BASE-T 以太网，则需要采用的设备是（ ）。

    A. 放大器   B. 中继器   C. 网桥   D. 路由器

06. 网卡实现的主要功能在（ ）。

    A. 物理层和数据链路层   B. 数据链路层和网络层

    C. 物理层和网络层   D. 数据链路层和应用层

07. 每个以太网卡都有自己的时钟，每个网卡在互相通信时为了知道什么时候一位结束、下一位开始，即具有同样的频率，它们采用了（ ）。

    A. 量化机制   B. 曼彻斯特机制   C. 奇偶检验机制   D. 定时令牌机制

08. 以下关于以太网地址的描述，错误的是（ ）。

    A. 以太网地址就是通常所说的 MAC 地址

    B. MAC 地址又称局域网硬件地址

    C. MAC 地址是通过域名解析查得的

    D. 以太网地址通常存储在网卡中

09. 在以太网中，大量的广播信息会降低整个网络性能的原因是（ ）。

    A. 网络中的每台计算机都必须为每个广播信息发送一个确认信息

    B. 网络中的每台计算机都必须处理每个广播信息

    C. 广播信息被路由器自动路由到每个网段

    D. 广播信息不能直接自动传送到目的计算机

10. 同一局域网中的两个设备具有相同的静态 MAC 地址时，会发生（ ）。

    A. 首次引导的设备排他地使用该地址，第二个设备不能通信

    B. 最后引导的设备排他地使用该地址，另一个设备不能通信

    C. 在网络上的这两个设备都不能正确通信

    D. 两个设备都可以通信，因为它们可以读分组的整个内容，知道哪些分组是发给它们的，而不是发给其他站的

11. 有一个长度为 56 字节的 IP 数据报需要通过以太网进行传输，则以太网 MAC 帧的数据

载荷部分需要填充的字节数是（　）。

    A. 0   B. 4   C. 8   D. 12

12. 介质访问控制（MAC）子层的主要功能是（　）。

    A. 提供可靠的数据传输   B. 控制和协调所有站点对共享介质的访问

    C. 实现数据链路层和物理层之间的接口   D. 为上层协议提供服务

13. 在以太网中，若网卡发现某个帧的目的 MAC 地址不是自己的，则（　）。

    A. 它将该帧递交给网络层，由网络层决定如何处理

    B. 它将丢弃该帧，并向网络层报告错误消息

    C. 它将丢弃该帧，不向网络层报告错误消息

    D. 它将向发送主机发回一个 NAK 帧

14. 在 CSMA/CD 以太网中，站点（　）进行全双工通信，（　）进行半双工通信。

    A. 可以，不可以   B. 可以，可以   C. 不可以，可以   D. 不可以，不可以

15. IEEE 802.3 标准规定，若采用同轴电缆作为传输介质，在无中继的情况下，传输介质的最大长度不能超过（　）。

    A. 500m   B. 200m   C. 100m   D. 50m

16. 下面 4 种以太网中，只能工作在全双工模式下的是（　）。

    A. 10BASE-T 以太网   B. 100BASE-T 以太网

    C. 吉比特以太网   D. 10 吉比特以太网

17. IEEE 802 局域网标准对应 OSI 参考模型的（　）。

    A. 数据链路层和网络层   B. 物理层和数据链路层

    C. 物理层   D. 数据链路层

18. 在以太网中，实现"给帧加序号"功能的层次是（　）。

    A. 物理层   B. 介质访问控制子层（MAC）

    C. 逻辑链路控制子层（LLC）   D. 网络层

19. 快速以太网仍然使用 CSMA/CD 协议，它采用（　）而将最大电缆长度减少到 100m 的方法，使以太网的数据传输速率提高至 100Mb/s。

    A. 改变最短帧长   B. 改变最长帧长

    C. 保持最短帧长不变   D. 保持最长帧长不变

20. 在传统以太网中，有 A、B、C、D 四台主机，若 A 向 B 发送数据，则除 A 外（　）。

    A. 只有 B 可以接收到数据   B. B、C 和 D 都能接收到数据

    C. 只有 B 不能接收到数据   D. B、C 和 D 都不能接收到数据

21. 高速以太网使用的 MAC 帧格式与标准以太网的帧格式（　）。

    A. 完全相同   B. 完全不同   C. 部分相同   D. 不确定

22. 下列关于吉比特以太网的说法中，错误的是（　）。

    A. 支持流量控制机制

    B. 采用曼彻斯特编码，利用光纤进行数据传输

    C. 数据的传输时间主要受线路传输延迟的制约

    D. 同时支持全双工模式和半双工模式

23. 下列关于 802.1Q 帧的描述中，错误的是（　）。

    A. 在原始的以太网帧中加入一个 4 字节的标签字段，就构成 802.1Q 帧

    B. 插入 VLAN 标签后，以太网的最大帧长也需要保持不变

C. VLAN 标签中有标识符字段，称为 VID，标志该帧属于哪个 VLAN

D. 设置 VLAN 后，两台主机之间通信也不一定使用 802.1Q 帧

24. 下列关于 VLAN 的描述中，错误的是（　　）。

A. 从数据链路层的角度看，不同 VLAN 中的主机之间不能直接通信

B. 属于同一个 VLAN 中的两个主机可能连接在不同的交换机上

C. VLAN 只是局域网为用户提供的一种服务，而不是一种新型局域网

D. VLAN 使用的 802.1Q 帧的最大长度为 1518 字节

25. 下列关于虚拟局域网（VLAN）的说法中，不正确的是（　　）。

A. 虚拟局域网建立在交换技术的基础上

B. 虚拟局域网通过硬件方式实现逻辑分组与管理

C. 虚拟网的划分与计算机的实际物理位置无关

D. 虚拟局域网中的计算机可以处于不同的局域网中

26. 划分虚拟局域网（VLAN）有多种方式，（　　）不是正确的划分方式。

A. 基于交换机接口划分 　　　　　　B. 基于网卡地址划分

C. 基于用户名划分 　　　　　　　　D. 基于网络层地址划分

27. 下列选项中，（　　）不是虚拟局域网（VLAN）的优点。

A. 有效共享网络资源 　　　　　　　B. 简化网络管理

C. 链路聚合 　　　　　　　　　　　D. 提高网络安全性

28. 在 802.11 协议中，MAC 帧首部中的地址字段有（　　）个。

A. 2 　　　　　　B. 3 　　　　　　C. 4 　　　　　　D. 5

29. 在 802.11 协议中，MAC 帧首部中的地址字段的含义和作用取决于（　　）。

A. 帧的类型和子类型 　　　　　　　B. 帧的源和目的站点

C. 帧的 To AP 和 From AP 位 　　　D. 帧的 BSSID 和 SSID 位

30. 【2012 统考真题】以太网的 MAC 协议提供的是（　　）。

A. 无连接的不可靠服务 　　　　　　B. 无连接的可靠服务

C. 有连接的可靠服务 　　　　　　　D. 有连接的不可靠服务

31. 【2017 统考真题】在下图所示的网络中，若主机 H 发送一个封装访问 Internet 的 IP 分组的 IEEE 802.11 数据帧 F，则帧 F 的地址 1、地址 2 和地址 3 分别是（　　）。

A. 00-12-34-56-78-9a，00-12-34-56-78-9b，00-12-34-56-78-9c

B. 00-12-34-56-78-9b，00-12-34-56-78-9a，00-12-34-56-78-9c

C. 00-12-34-56-78-9b，00-12-34-56-78-9c，00-12-34-56-78-9a

D. 00-12-34-56-78-9a，00-12-34-56-78-9c，00-12-34-56-78-9b

32. 【2019 统考真题】100BaseT 快速以太网使用的导向传输介质是（　　）。

A. 双绞线 　　　B. 单模光纤 　　　C. 多模光纤 　　　D. 同轴电缆

3.6.6 答案与解析

单项选择题

01．C

以太网的逻辑拓扑是总线形结构，物理拓扑是星形或拓展星形结构，因此 A 错误。以太网采用两项措施简化通信：采用无连接的工作方式；不对发送的数据帧编号，也不要求接收方发送确认，因此 B 错误。从相关层次看，局域网仅工作在 OSI 参考模型的物理层和数据链路层，而广域网工作在 OSI 参考模型的下三层，且以太网是局域网的一种实现形式，因此 C 正确。只有当以太网工作于半双工方式下时，才需要 CSMA/CD 协议来应对冲突问题，速率小于或等于 1Gb/s 的以太网可工作于半双工或全双工方式，而速率大于或等于 10Gb/s 的以太网只能工作于全双工方式，因此没有争用问题，不使用 CSMA/CD 协议，因此 D 错误。

02．C

这里 BASE 前面的数字代表数据率，单位为 Mb/s；"BASE"指介质上的信号为基带信号（即基带传输，采用曼彻斯特编码）；后面的 5 或 2 表示每段电缆的最长长度为 500m 或 200m（实际上为 185m），T 表示双绞线，F 表示光纤。

03．D

广播式网络使用共享的广播信道进行通信，通常是局域网的一种通信方式（局域网工作在数据链路层），因此可以不需要网络层，也就不存在路由选择问题。但数据链路层使用物理层的服务必须通过服务接入点，数据链路层向高层提供服务也必须通过服务接入点。

04．A

局域网通常采用类似 10BaseT 的方式来表示，其中第 1 部分的数字表示数据传输速率，如 10 表示 10Mb/s、100 表示 100Mb/s；第 2 部分的 Base 表示基带传输。第 3 部分若是字母，则表示传输介质，如 T 表示双绞线、F 表示光纤；若是数字，则表示所支持的最大传输距离。

05．B

5 类无屏蔽双绞线（UTP）所能支持的最大长度是 100m，因此若要覆盖范围为 200m 的以太网，则必须延长 UTP 所支持的长度。放大器是用来加强宽带信号（用于传输模拟信号）的设备（大多数以太网采用基带传输）；中继器是用来加强基带信号（用于传输数字信号）的设备。

06．A

通常情况下，网卡是用来实现以太网协议的。网卡不仅能实现与局域网传输介质之间的物理连接和电信号匹配，还涉及帧的发送与接收、帧的封装与拆封、介质访问控制、数据的编码与解码及数据缓存等功能，因此实现的功能主要在物理层和数据链路层。

07．B

10BASE-T 以太网使用曼彻斯特编码。曼彻斯特编码提取每个比特中间的电平跳变作为收发双方的同步信号，不需要额外的同步信号，是一种"自含时钟编码"的编码方式。

08．C

域名解析用于将主机名解析成对应的 IP 地址，它不涉及 MAC 地址。实际上，MAC 地址通常是通过 ARP 协议查得的。

09．B

因为广播信息的目的地是该网络中的所有计算机，所以网络中的每台计算机都必须花时间来处理这些信息，若网络中存在大量的广播信息，则所有计算机的运行效率都会受到影响，导致网络性能降低。广播信息通常只在一个网络内部传输。以太网提供无确认的无连接服务，每台计算机无须对广播信息进行确认，A 错误。路由器可以隔离广播域，C 错误。D 的说法正确，但这不是大量广播信息而降低网络性能的原因，因此不选 D。

10．C

在同一个局域网中，两个设备具有相同的 MAC 地址，若这两个设备通过交换机相互发送帧，则根据交换机的原理，目的 MAC 地址等于本机 MAC 地址的帧将被交换机丢弃。当其他设备向这两个设备中的一个发送帧时，另一个设备也收到帧，而网卡在与本机 MAC 地址比较后，都认为是属于自己的帧。因此，导致这两个设备无法正常通信。

11．A

以太网 MAC 帧的数据载荷部分的长度必须在 46 字节和 1500 字节之间，若小于 46 字节，则需要填充字节来达到最小长度。IP 数据报的长度为 56 字节，因此不需要填充字节。

12．B

介质访问控制（MAC）子层的主要功能是控制和协调所有站点对共享介质的访问。能否实现带确认的可靠传输服务与介质访问控制子层无关。

13．C

当网卡收到一个帧时，首先检查该帧的目的 MAC 地址是否与当前网卡的物理地址相同，若相同，则做下一步处理；若不同，则直接丢弃，并不需要向网络层报告错误消息。

14．C

CSMA/CD 协议是一种用于解决共享介质上的冲突问题的方法，它在半双工通信中使用，而在全双工通信中无须用到 CSMA/CD 协议。因此站点可以进行半双工通信，不可以进行全双工通信。

15．A

以太网常用的传输介质有 4 种：粗缆、细缆、双绞线和光纤。同轴电缆分 50Ω 基带电缆和 75Ω 宽带电缆两类。基带电缆又分细同轴电缆和粗同轴电缆。

10Base5：粗缆以太网，数据率为 10Mb/s，每段电缆最大长度为 500m；使用特殊的收发器连接到电缆上，收发器完成载波监听和冲突检测的功能。

10Base2：细缆以太网，数据率为 10Mb/s，每段电缆最大长度为 185m；使用 BNC 连接器形成 T 形连接，无源部件。

16．D

10BASE-T 以太网、100BASE-T 以太网、吉比特以太网都使用 CSMA/CD 协议，因此可以工作在半双工模式。10 吉比特以太网只工作在全双工方式，没有争用问题，也不使用 CSMA/CD 协议，并且只使用光纤作为传输介质。

17．B

IEEE 802 为局域网制定的标准相当于 OSI 参考模型的数据链路层和物理层，其中的数据链路层又被进一步分为逻辑链路控制（LLC）和介质访问控制（MAC）两个子层。

18．C

以太网没有网络层。物理层的主要功能是：信号的编码和译码、比特的接收和传输；MAC 子层的主要功能是：组帧和拆帧、比特差错检测、寻址、竞争处理；LLC 子层的主要功能是：建立和释放数据链路层的逻辑连接、提供与高层的接口、差错控制、给帧加序号（待确认的服务）。

19．C

快速以太网使用的方法是保持最短帧长不变，将一个网段的最大长度减少到 100m，以提高以太网的数据传输速率。

20．B

在传统以太网中，若一个结点要发送数据，则它以"广播"方式把数据通过作为公共传输介质的总线发送出去，连在总线上的所有结点都能"听"到发送结点发送的数据信号。

21．A

高速以太网的 MAC 帧格式与标准以太网的帧格式完全相同，以便升级和向后兼容。

22．B

吉比特以太网的物理层有两个标准：IEEE 802.3z 和 IEEE 802.3ab，前者采用光纤通道，后者采用 4 对 UTP5 类线。

23．B

A 和 C 是 VLAN 的规定。插入 VLAN 标签后，以太网的最大帧长变为 1522 字节。802.1Q 帧用于干线链路，若同一个交换机下的同一个 VLAN 的两台主机通信，则不使用 802.1Q 帧。

24．D

802.1Q 帧在以太网帧的基础上增加了 4 字节的 VLAN 标签，所以最大长度也增加了 4 字节。因此，VLAN 使用的 802.1Q 帧的最大长度为 1522 字节而非 1518 字节。

25．B

VLAN 建立在交换技术的基础上，以软件方式实现逻辑分组与管理，VLAN 中的计算机不受物理位置的限制。当计算机从一个 VLAN 转移到另一个 VLAN 时，只需简单地通过软件设定，而无须改交它在网络中的物理位置。同一个 VLAN 的计算机不一定连接到相同的物理网段，它们可连接到相同的交换机，也可连接到不同的局域网交换机，只要这些交换机互连即可。

26．C

一般有三种划分 VLAN 的方法：①基于接口；②基于 MAC 地址；基于 IP 地址。

27．C

带"虚拟"两个字的基本上都有一个优点，即有效共享资源。通过虚拟局域网，可将一个较大的局域网分割成一些较小的与地理位置无关的逻辑上的虚拟局域网，而每个虚拟局域网都是一个较小的局域网，因此简化了网络管理，提高了信息的保密性和网络的安全性。链路聚合是解决交换机之间的宽带瓶颈问题的技术，而不是虚拟局域网的技术。

28．C

802.11 帧首部中的地址字段有 4 个，分别是地址 1、地址 2、地址 3 和地址 4。

29．C

802.11 帧首部中的地址字段的含义和作用取决于帧的 To DS 和 From DS 位。

30．A

考虑到局域网信道质量好，以太网采取了两项重要的措施来使通信更简单：①采用无连接的工作方式；②不对发送的数据帧进行编号，也不要求对方发回确认。因此，以太网提供的服务是不可靠的服务，即尽最大努力的交付。差错的纠正由高层完成。

31．B

802.11 帧首部的地址字段最常用的两种情况如下表所示。

去往 AP	来自 AP	地 址 1	地 址 2	地 址 3	地 址 4
0	1	接收地址 = 目的地址	发送地址 = AP 地址	源地址	—
1	0	接收地址 = AP 地址	发送地址 = 源地址	目的地址	—

帧 F 是由 H 站发送到 AP 的，即"去往 AP＝1"而"来自 AP＝0"。因此，地址 1 是 AP 的 MAC 地址，地址 2 是 H 站的 MAC 地址，地址 3 是 R 站的 MAC 地址。

32．A

100Base-T 是一种以速率 100Mb/s 工作的快速以太网标准，且使用 UTP（非屏蔽双绞线）铜质电缆。100Base-T：100 标识传输速率为 100Mb/s；base 标识采用基带传输；T 表示传输介质为双绞线（包括 5 类 UTP 或 1 类 STP），为 F 时表示光纤。

3.7 广域网

3.7.1 广域网的基本概念

广域网（Wide Area Network，WAN）通常是指覆盖范围很广（远超一个城市的范围）的长距离网络，任务是长距离运送主机所发送的数据。连接广域网各结点交换机的链路都是高速链路，广域网首要考虑的问题是通信容量必须足够大，以便支持日益增长的通信量。

广域网不等于互联网。互联网可以连接不同类型的网络，通常使用路由器来连接。图 3.32 显示了由相距较远的局域网通过路由器与广域网相连而成的一个覆盖范围很广的互联网。因此，局域网可以通过广域网与另一个相隔很远的局域网通信。

图 3.32 由局域网和广域网形成的互联网

广域网由一些结点交换机（注意不是路由器，结点交换机和路由器都用来转发分组，它们的工作原理也类似。结点交换机在单个网络中转发分组，而路由器在多个网络构成的互联网中转发分组）及连接这些交换机的链路组成。结点交换机的功能是存储并转发分组。结点之间都是点到点连接，但为了提高网络的可靠性，通常一个结点交换机往往与多个结点交换机相连。

从层次上考虑，广域网和局域网的区别很大，因为局域网使用的协议主要在数据链路层（还有少量在物理层），而广域网使用的协议主要在网络层。怎么理解"局域网使用的协议主要在数据链路层，而广域网使用的协议主要在网络层"这句话呢？若网络中的两个结点要进行数据交换，则结点除了要给出数据，还要给数据"包装"上一层控制信息，用于实现传输控制等功能。若这层控制信息是数据链路层协议的控制信息，则称使用了数据链路层协议；若这层控制信息是网络层的控制信息，则称使用了网络层协议。

广域网和局域网的区别与联系见表 3.5。

表 3.5 广域网和局域网的区别与联系

	广　域　网	局　域　网
覆盖范围	很广，通常跨区域	较小，通常在一个区域内
连接方式	通常采用点对点连接	普遍使用广播信道
OSI 参考模型层次	三层：物理层，数据链路层，网络层	两层：物理层，数据链路层
联系与相似点	1. 广域网和局域网都是互联网的重要构件，从互联网的角度看，二者平等（不是包含关系） 2. 当连接到一个广域网或一个局域网上的主机在该网内进行通信时，只需要使用其网络的物理地址	
着重点	强调资源共享	强调数据传输

在通信线路质量较差的年代，能实现可靠传输的高级数据链路控制（HDLC）成为当时比较流行的数据链路层协议。但对现在误码率很低的点对点有线链路，更简单的点对点协议（PPP）则是目前使用最广泛的数据链路层协议。HDLC 已从最新大纲中删除，所以本书不再介绍。

3.7.2　PPP 协议

点对点协议（Point-to-Point Protocol，PPP）是现在最流行的点对点链路控制协议。主要有两种应用：①用户通常都要连接到某个 ISP 才能接入互联网，PPP 协议就是用户计算机与 ISP 通信时所用的数据链路层协议；②广泛用于广域网路由器之间的专用线路。

PPP 协议有三个组成部分：

1）一个链路控制协议（LCP）。用来建立、配置、测试数据链路连接，以及协商一些选项。

2）一套网络控制协议（NCP）。PPP 协议允许采用多种网络层协议，每个不同的网络层协议要用一个相应的 NCP 来配置，为网络层协议建立和配置逻辑连接。

3）一种将 IP 数据报封装到串行链路的方法。IP 数据报在 PPP 帧中就是其信息部分，这个信息部分的长度受最大传送单元（MTU）限制。

PPP 帧的格式如图 3.33 所示，首部和尾部分别为 4 个字段和 2 个字段。

图 3.33　PPP 帧的格式

首部和尾部各有一个标志字段（F），规定为 0x7E（01111110），它表示一个帧的开始和结束，即 PPP 帧的定界符。当标志字段出现在信息段中时，就必须采取一些措施使这种形式上和标志字段一样的比特组合不出现在信息段中。当 PPP 使用异步传输时，采用字节填充法，使用的转义字符是 0x7D（01111101）。当 PPP 使用同步传输时，采用零比特填充法来实现透明传输。

地址字段（A）占 1 字节，规定为 0xFF，控制字段（C）占 1 字节，规定为 0x03，这两个字段的意义暂未定义。PPP 是面向字节的，因此所有 PPP 帧的长度都是整数个字节。

第四个字段是协议段，占 2 字节，它表示信息段运载的是什么种类的分组。若为 0x0021，则信息字段是 IP 数据报。若为 0xC021，则信息字段是 PPP 链路控制协议（LCP）的数据。

第五段信息段的长度是可变的，长度为 0～1500 字节。

> **注 意**
>
> 　　因为 PPP 是点对点的，并不是总线形，所以无须使用 CSMA/CD 协议，自然就不会有最短帧长的限制，所以信息段占 0～1500 字节，而不是 46～1500 字节。

第六个字段是帧检验序列（FCS），占 2 字节，是使用 CRC 检验的冗余码。

图 3.34 给出了 PPP 协议的状态图。具体解释如下：

图 3.34　PPP 协议的状态图

1）当处于链路静止状态时，通信双方不存在物理层的连接。

2）当链路一方检测到载波信号并建立物理连接时，进入链路建立状态。

3）在链路建立状态下，链路控制协议（LCP）开始协商一些配置选项（包括最大帧长、鉴别协议等）。若协商成功，则进入鉴别状态。若协商失败，则退回到链路静止状态。

4）协商成功后，双方就建立了 LCP 链路，接着进入"鉴别"状态。若双方无须鉴别或鉴别身份成功，则进入网络层协议状态。若鉴别失败，则进入链路终止状态。

5）处于网络层协议状态后，双方采用 NCP 配置网络层，配置协商成功后，进入链路打开状态。

6）只要链路处于打开状态，双方就可进行数据通信。

7）数据传输结束后，链路一方发出终止请求且在收到对方发来的终止确认后，或者链路出现故障时，进入链路终止状态。载波停止后，回到链路静止状态。

PPP 协议的特点如下：

1）PPP 不使用序号和确认机制，只保证无差错接收（CRC 检验），因此是不可靠服务。

2）PPP 只支持全双工的点对点链路，不支持多点线路。

3）PPP 的两端可以运行不同的网络层协议，但仍可使用同一个 PPP 进行通信。

4）PPP 是面向字节的，所有 PPP 帧的长度都是整数个字节。

3.7.3　本节习题精选

单项选择题

01. 局域网和广域网的差异不仅在于它们所覆盖的范围不同，还主要在于它们（　　）。

    A. 所使用的介质不同　　　　　　　　B. 所使用的协议不同

    C. 所能支持的通信量不同　　　　　　D. 所提供的服务不同

02. 广域网覆盖的地理范围从几十千米到几千千米，它的通信子网主要使用（　　）。

    A. 报文交换技术　　B. 分组交换技术　　C. 文件交换技术　　D. 电路交换技术

03. 广域网所使用的传输方式是（　　）。

    A. 广播式   B. 存储转发式   C. 集中控制式   D. 分布控制式

04. 广域网的拓扑结构通常采用（　　）。

    A. 星形   B. 总线形   C. 网状   D. 环形

05. 现在大量的计算机是通过诸如以太网这样的局域网连入广域网的，而局域网与广域网的互连是通过（　　）实现的。

    A. 路由器   B. 资源子网   C. 桥接器   D. 中继器

06. 下列协议中不属于 TCP/IP 协议族的是（　　）。

    A. ICMP   B. TCP   C. FTP   D. HDLC

07. 为实现透明传输（默认为异步线路），PPP 使用的填充方法是（　　）。

    A. 位填充

    B. 字符填充

    C. 对字符数据使用字符填充，对非字符数据使用位填充

    D. 对字符数据使用位填充，对非字符数据使用字符填充

08. 以下对 PPP 的说法中，错误的是（　　）。

    A. 具有差错控制能力   B. 仅支持 IP 协议

    C. 支持动态分配 IP 地址   D. 支持身份验证

09. PPP 协议提供的功能有（　　）。

    A. 一种组帧方法   B. 链路控制协议（LCP）

    C. 网络控制协议（NCP）   D. A、B 和 C 都是

10. PPP 协议中的 LCP 帧的作用是（　　）。

    A. 在建立状态阶段协商数据链路协议的选项

    B. 配置网络层协议

    C. 检查数据链路层的错误，并通知错误信息

    D. 安全控制，保护通信双方的数据安全

11. 下列关于 PPP 协议的叙述中，正确的是（　　）。

    A. PPP 协议是网络层协议

    B. PPP 协议支持半双工或全双工通信

    C. PPP 协议两端的网络层必须运行相同的网络层协议

    D. PPP 协议是面向字节的协议

12. PPP 协议提供的是（　　）。

    A. 无连接的不可靠服务   B. 无连接的可靠服务

    C. 有连接的不可靠服务   D. 有连接的可靠服务

3.7.4　答案与解析

单项选择题

01. B

广域网和局域网之间的差异不仅在于它们所覆盖范围的不同，还在于它们所采用的协议和网络技术的不同，广域网使用点对点等技术，局域网使用广播技术。

02. B

广域网的通信子网主要使用分组交换技术，将分布在不同地区的局域网或计算机系统互连起

来，达到资源共享的目的。

03．B

广域网通常指覆盖范围很广的长距离网络，它由一些结点交换机及连接这些交换机的链路组成，其中结点交换机执行分组存储、转发功能。

04．C

广域网覆盖范围较广、结点较多，为了保证可靠性和可扩展性，通常需采用网状结构。

05．A

中继器和桥接器通常是指用于局域网的物理层和数据链路层的联网设备。目前局域网接入广域网主要是通过称为路由器的互连设备实现的。

06．D

TCP/IP 协议族主要包括 TCP、IP、ICMP、IGMP、ARP、RARP、UDP、DNS、FTP、HTTP 等。HDLC 是 ISO 提出的一个面向比特型的数据链路层协议，它不属于 TCP/IP 协议族。

07．B

PPP 是一种面向字节的协议，所有的帧长都是整数个字节，使用一种特殊的字符填充法完成数据的填充。

08．B

PPP 提供差错检测功能，但不提供纠错功能。PPP 两端的网络层可以运行不同的网络层协议，但仍能使用同一个 PPP 进行通信。PPP 可用于拨号连接，因此支持动态分配 IP 地址。PPP 双方建立 LCP 链路后，接着进入身份鉴别状态（可选）。

09．D

PPP 协议主要由三部分组成：①链路控制协议（LCP）；②网络控制协议（NCP）；③一个将 IP 数据报封装到串行链路的方法。因此，选项 A、B、C 都正确。

10．A

PPP 协议帧在默认配置下，地址和控制域总是常量，所以 LCP 提供了必要的机制，允许双方协商一个选项。在建立状态阶段，LCP 协商数据链路协议中的选项，它并不关心这些选项本身，只提供一个协商选择的机制。

11．D

PPP 协议是数据链路层协议，A 错误。根据 PPP 协议的特点可知 B、C 错误，D 正确。

12．C

PPP 协议是一种面向连接的点对点数据链路层协议，但它是不可靠的，因为它不使用序号和确认机制，因此 PPP 协议提供的是有连接的不可靠服务。

3.8 数据链路层设备

*3.8.1 网桥的基本概念

使用集线器在物理层扩展以太网会形成更大的冲突域。为了避免这个问题，可以使用网桥在数据链路层扩展以太网，而原来的每个以太网称为一个网段。使用网桥进行扩展时，不会将原本独立的两个冲突域合并成一个更大的冲突域，这是因为网桥具有识别帧和转发帧的能力，根据帧首部中的目的 MAC 地址和网桥的帧转发表来转发或丢弃所收到的帧，起到了过滤通信量的功能。因为各个网段是相对独立的，所以一个网段的故障不影响另一个网段的运行。

网络 1 和网络 2 通过网桥连接后，网桥接收网络 1 发送的数据帧，检查数据帧中的地址，若是网络 2 的地址，则转发给网络 2；若是网络 1 的地址，则将其丢弃，因为源站和目的站处在同一个网段，目的站能够直接收到这个帧，而不需要借助网桥转发。

网桥是早期的数据链路层设备，现已被以太网交换机取代，最新大纲中已将其删除。

3.8.2　以太网交换机

1．交换机的原理和特点

以太网交换机也称二层交换机，二层是指以太网交换机工作在数据链路层。以太网交换机实质上是一个多接口的网桥，它能将网络分成小的冲突域，为每个用户提供更大的带宽。对于传统使用集线器的共享式 10Mb/s 以太网，若共有 N 个用户，则每个用户的平均带宽为总带宽（10Mb/s）的 $1/N$。使用以太网交换机（全双工方式）连接这些主机时，虽然从每个接口到主机的带宽还是 10Mb/s，但是因为一个用户通信时是独占带宽的（而不是和其他网络用户共享传输介质带宽的），所以拥有 N 个接口的交换机的总容量为 $N \times 10$Mb/s。这正是交换机的最大优点。

> **命题追踪** ▶▶ 以太网交换机的特点（2015）

以太网交换机的特点：

1）当交换机的接口直接与主机或其他交换机连接时，可工作在全双工方式，并能同时连通多对接口，使每对相互通信的主机都能像独占通信介质那样，无冲突地传输数据，这样就不需要使用 CSMA/CD 协议。

2）当交换机的接口连接集线器时，只能使用 CSMA/CD 协议且只能工作在半双工方式。当前的交换机和计算机中的网卡都能自动识别上述两种情况。

3）交换机是一种即插即用设备，其内部的帧转发表是通过自学习算法，基于网络中各主机间的通信，自动地逐渐建立的。

4）交换机因为使用专用交换结构芯片，交换速率较高。

5）交换机独占传输介质的带宽。

> **命题追踪** ▶▶ 直通交换方式的转发时延的分析（2013）

以太网交换机主要采用两种交换模式：

1）直通交换方式。只检查帧的目的 MAC 地址，以决定该帧的转发接口。这种方式的交换时延非常小，缺点是它不检查差错就直接转发，因此可能将一些无效帧转发给其他站。直通交换方式不适用于需要速率匹配、协议转换或差错检测的线路。

2）存储转发交换方式。先将接收到的帧缓存到高速缓存器中，并检查数据是否正确，确认无误后通过查找表转换为输出接口，以便将该帧发送出去。若发现帧有错，则将其丢弃。优点是可靠性高，且能支持不同速率接口间的转换，缺点是时延较大。

交换机一般都具有多种速率的接口，如 10Mb/s、100Mb/s 的接口，以及多速率自适应接口。

2．交换机的自学习功能

> **命题追踪** ▶▶ 以太网交换机转发决策时使用的 PDU 地址（2009）

决定一个帧是转发到某个接口还是丢弃它称为过滤。决定一个帧应被移至哪个接口称为转发。交换机的过滤和转发借助交换表（switch table）完成。交换表中的一个表项至少包含：①一个 MAC 地址；②连通该 MAC 地址的接口。例如，在图 3.35 中，以太网交换机有 4 个接口，各连接一台计算机，MAC 地址分别为 A、B、C 和 D，交换机的交换表最初为空。

图 3.35　以太网交换机中的交换表

命题追踪 ▶▶ 交换机自学习的过程（2014、2016、2021）

　　A 先向 B 发送一帧，从接口 1 进入交换机。交换机收到帧后，查找交换表，找不到 MAC 地址为 B 的表项。然后，交换机将该帧的源地址 A 和接口 1 写入交换表，并向除接口 1 外的所有接口广播这个帧（该帧就是从接口 1 进入的，因此不应将它再从接口 1 转发出去）。C 和 D 丢弃该帧，因为目的地址不对。只有 B 才收下这个目的地址正确的帧。交换表中写入（A, 1）后，从任何接口收到目的地址为 A 的帧都应从接口 1 转发出去。这是因为，既然 A 发出的帧从接口 1 进入交换机，那么从接口 1 转发出去的帧也应能到达 A。

　　接下来，假定 B 通过接口 3 向 A 发送一帧，交换机查找交换表后，发现有表项（A, 1），将该帧从接口 1 转发给 A。显然，此时已没有必要再广播收到的帧。将该帧的源地址 B 和接口 3 写入交换表，表明以后若有发送给 B 的帧，则应从接口 3 转发出去。

　　经过一段时间后，只要 C 和 D 也向其他主机发送帧，交换机就把 C 和 D 及对应的接口号写入交换表。这样，转发给任何主机的帧，就都能很快地在交换表中找到相应的转发接口。

　　因为交换机所连的主机会随时变化，所以需要更新交换表中的表项。为此，交换表中的每个表项都设有一定的有效时间，过期表项将被自动删除。这就保证了交换表中的数据符合当前网络的实际状况。这种自学习算法使得交换机能即插即用，而不必手工配置，因此非常方便。

3．共享式以太网和交换式以太网的对比

命题追踪 ▶▶ 集线器与交换机连接的网段的区别（2016）

　　假设交换机已通过自学习算法逐步建立了完整的转发表，下面举例说明使用集线器的共享式以太网与全部使用交换机的交换式以太网的区别。

1）主机发送普通帧。对于共享式以太网，集线器将帧转发到其他所有接口，其他各主机中的网卡根据帧的目的 MAC 地址决定接收或丢弃该帧。对于交换式以太网，交换机收到帧后，根据帧的目的 MAC 地址和自身的交换表将帧明确地转发给目的主机。

2）主机发送广播帧。对于共享式以太网，集线器将帧转发到其他所有接口，其他各主机中的网卡检测到帧的目的 MAC 地址是广播地址时，就接收该帧。对于交换式以太网，交换机检测到帧的目的 MAC 地址是广播地址，于是从其他所有接口转发该帧，其他各主机收到该广播帧后，就接收该帧。两种情况从效果上看是相同的，但它们的原理并不相同。

3）多对主机同时通信。对于共享式以太网，当多对主机同时通信时，必然产生冲突。对于交换式以太网，交换机能实现多对接口的高速并行交换，因此不会产生冲突。

命题追踪 ▶▶ 集线器和交换机对冲突域/广播域的隔离（2020、2022）

可见，集线器既不隔离广播域，又不隔离冲突域，而交换机不隔离广播域，但隔离冲突域。

3.8.3 本节习题精选

单项选择题

01. 下列网络连接设备都工作在数据链路层的是（　）。
    A. 中继器和集线器
    B. 集线器和网桥
    C. 网桥和局域网交换机
    D. 集线器和局域网交换机

02. 下列关于数据链路层设备的叙述中，错误的是（　）。
    A. 交换机将网络划分成多个网段，一个网段的故障不会影响到另一个网段的运行
    B. 交换机可互连不同的物理层、不同的 MAC 子层及不同速率的以太网
    C. 交换机的每个接口结点所占用的带宽不会因为接口结点数目的增加而减少，且整个交换机的总带宽会随着接口结点的增加而增加
    D. 利用交换机可以实现虚拟局域网（VLAN），VLAN 可以隔离冲突域，但不能隔离广播域

03. 下列（　）不是使用交换机分割网络所带来的好处。
    A. 减少冲突域的范围
    B. 在一定条件下增加了网络的带宽
    C. 过滤网段之间的数据
    D. 缩小了广播域的范围

04. 下列不能分割冲突域的设备是（　）。
    A. 集线器
    B. 交换机
    C. 路由器
    D. 网桥

05. 局域网交换机实现的主要功能在（　）。
    A. 物理层和数据链路层
    B. 数据链路层和网络层
    C. 物理层和网络层
    D. 数据链路层和应用层

06. 交换机比集线器提供更好的网络性能的原因是（　）。
    A. 交换机支持多对用户同时通信
    B. 交换机使用差错控制减少出错率
    C. 交换机使网络的覆盖范围更大
    D. 交换机无须设置，使用更方便

07. 通过交换机连接的一组工作站（　）。
    A. 组成一个冲突域，但不是一个广播域
    B. 组成一个广播域，但不是一个冲突域
    C. 既是一个冲突域，又是一个广播域
    D. 既不是冲突域，又不是广播域

08. 一个 16 接口的集线器的冲突域和广播域的个数分别是（　）。
    A. 16, 1
    B. 16, 16
    C. 1, 1
    D. 1, 16

09. 一个 16 个接口的以太网交换机，冲突域和广播域的个数分别是（　）。
    A. 1, 1
    B. 16, 16
    C. 1, 16
    D. 16, 1

10. 对于由交换机连接的 10Mb/s 共享式以太网，若共有 10 个用户，则每个用户能够占有的

带宽为（　　）。

    A．1Mb/s　　　　　B．2Mb/s　　　　　C．10Mb/s　　　　　D．100Mb/s

11. 若一个网络采用一个具有 24 个 10Mb/s 接口的半双工交换机作为连接设备，则每个连接点平均获得的带宽为（①），该交换机的总容量为（②）。

    ①A．0.417Mb/s　　B．0.0417Mb/s　　C．4.17Mb/s　　D．10Mb/s

    ②A．120Mb/s　　　B．240Mb/s　　　　C．10Mb/s　　　D．24Mb/s

12. 假设以太网 A 中 80%的通信量在本局域网内进行，其余 20%在本局域网与因特网之间进行，而以太网 B 正好相反。在这两个局域网中，一个使用集线器，另一个使用交换机，则交换机应放置的局域网是（　　）。

    A．以太网 A　　　B．以太网 B　　　C．任意以太网　　　D．都不合适

13. 在使用以太网交换机的局域网中，以下（　　）是正确的。

    A．局域网中只包含一个冲突域　　　　　B．交换机的多个接口可以并行传输

    C．交换机可以隔离广播域　　　　　　　D．交换机根据 LLC 目的地址转发

14. 以太网交换机的自学习功能是指（　　）。

    A．记录帧的源 MAC 地址与该帧进入交换机的接口号

    B．记录帧的目的 MAC 地址与该帧进入交换机的接口号

    C．记录分组的源 IP 地址与该分组进入交换机的接口号

    D．记录分组的目的 IP 地址与该分组进入交换机的接口号

15. 当以太网交换机某接口收到帧时，若在交换表中未找到目的 MAC 地址，则（　　）。

    A．将帧发送到特定接口进行 ARP 查询　　　B．丢弃该帧

    C．将帧发送到除本接口外的所有接口　　　　D．将帧发送给 DHCP 服务器

16. 某以太网如下图所示，假设交换机 1 和交换机 2 的交换表初始为空，各主机之间依次进行以下通信：A→B、H→A、E→X、X→E，则关于上述通信过程叙述错误的是（　　）。

    A．当 A→B 时，除 A 外的全部主机都能收到 A 发送的帧

    B．当 H→A 时，仅 A 能收到 H 发送的帧

    C．当 E→X 时，仅 X 能收到 E 发送的帧

    D．当 X→E 时，交换机 2 收不到 X 发送的帧

17.【2009 统考真题】以太网交换机进行转发决策时使用的 PDU 地址是（　　）。

    A．目的物理地址　　B．目的 IP 地址　　C．源物理地址　　　D．源 IP 地址

18.【2013 统考真题】对于 100Mb/s 的以太网交换机，当输出端口无排队，以直通交换方式转发一个以太网帧（不包括前导码）时，引入的转发时延至少是（　　）。

    A．0μs　　　　　　B．0.48μs　　　　　C．5.12μs　　　　　D．121.44μs

19.【2014 统考真题】某以太网拓扑及交换机的当前转发表如下图所示，主机 00-e1-d5-00-23-a1

向主机 00-e1-d5-00-23-c1 发送一个数据帧，主机 00-e1-d5-00-23-c1 收到该帧后，向主机 00-e1-d5-00-23-a1 发送一个确认帧，交换机对这两个帧的转发端口分别是（　）。

目的地址	端口
00-e1-d5-00-23-b1	2

A. {3}和{1}　　　B. {2, 3}和{1}　　　C. {2, 3}和{1, 2}　　　D. {1, 2, 3}和{1}

20.【2015 统考真题】下列关于交换机的叙述中，正确的是（　）。
A. 以太网交换机本质上是一种多端口网桥
B. 通过交换机互连的一组工作站构成一个冲突域
C. 交换机每个接口所连的网络构成一个独立的广播域
D. 以太网交换机可实现采用不同网络层协议的网络互连

21.【2016 统考真题】若主机 H2 向主机 H4 发送一个数据帧，主机 H4 向主机 H2 立即发送一个确认帧，则除 H4 外，从物理层上能够收到该确认帧的主机还有（　）。

A. 仅 H2　　　B. 仅 H3　　　C. 仅 H1、H2　　　D. 仅 H2、H3

3.8.4　答案与解析

单项选择题

01. C
中继器和集线器都属于物理层设备，网桥和局域网交换机属于数据链路层设备。

02. D
交换机的优点是每个接口结点所占用的带宽不会因为接口结点数目的增加而减少，且整个交换机的总带宽会随着接口结点的增加而增加。另外，利用交换机可以实现虚拟局域网（VLAN），VLAN 不仅可以隔离冲突域，而且可以隔离广播域。因此 C 正确，D 错误。

03. D
交换机可以隔离信息，将网络划分成多个网段，隔离出安全网段，防止其他网段内的用户非法访问。因为网络分段，各网段相对独立，所以一个网段的故障不影响另一个网段的运行。因此 B、C 正确。根据交换机的特点可知 A 正确，D 错误。

04. A
冲突域是指共享同一信道的各个站点可能发生冲突的范围，又称冲突域。物理层设备集线器不能分割冲突域，数据链路层设备交换机和网桥可以分割冲突域，但不能分割广播域，而网络层设备路由器既可分割冲突域，又可分割广播域。

05. A
局域网交换机是数据链路层设备，能实现数据链路层和物理层的功能。

06．A

交换机能隔离冲突域，在全双工方式下支持多对结点同时通信，从而提高了网络的效率。

07．B

交换机是数据链路层的设备，数据链路层的设备可以隔离冲突域，但不能隔离广播域，因此本题选 B。另外，物理层设备（集线器等）既不能隔离冲突域，又不能隔离广播域；网络层设备（路由器）既可以隔离冲突域，又可以隔离广播域。

08．C

物理层设备（中继器和集线器）既不能分割冲突域，又不能分割广播域。

09．D

以太网交换机的各接口之间都是冲突域的终止点，但 LAN 交换机不隔离广播，所以冲突域的个数是 16，广播域的个数是 1。

10．C

对于普通的 10Mb/s 共享式以太网，若共有 N 个用户，则每个用户的平均带宽仅为总带宽的 $1/N$。当使用以太网交换机时，虽然从每个接口到主机的带宽还是 10Mb/s，但是因为一个用户在通信时是独占带宽的，而不是和其他用户共享传输介质的带宽的，所以每个用户仍可得到 10Mb/s 的带宽，这正是交换机的最大优点。

11．D、A

1）在采用交换机作为连接设备的局域网中，交换机能同时连通多对接口，使每对相互通信的计算机都能像独占该通信介质一样，进行无冲突的数据传输。对于 10Mb/s 的半双工接口，接口带宽为 10Mb/s；若接口速率保持不变，则全双工接口带宽为 20Mb/s。

2）若题中没有特别说明交换机的工作方式，则默认为全双工工作方式。本题注明是半双工交换机，因此拥有 N 对 10Mb/s 接口的半双工交换机的总容量为 $N×10$Mb/s，其中 $N = 24/2 = 12$，总容量为 120Mb/s（注意与前面的全双工交换机的区别）。

12．A

交换机能将网络分成较小的冲突域，而集线器连接的设备属于同一个冲突域。当一个局域网中 80% 的通信量在本局域网内进行时，若使用集线器，则会增加冲突和延迟，降低整个网络的效率，而若使用交换机将不同网段的通信隔开，则可以提高网络性能。

13．B

交换机可以隔离冲突域，因此它的每个接口所连接的网段都属于不同的冲突域，A 错误。交换机可在同一时段内支持多个接口之间的并行通信，而不会相互干扰，这是因为交换机内部有一条高带宽的背部总线和一个内部交换矩阵，可以根据帧的目的 MAC 地址快速地将帧转发到相应的接口。交换机不能隔离广播域，C 错误。LLC 是逻辑链路控制，它在 MAC 层上，用于向网络提供一个接口，以隐藏各种 802 网络之间的差异，交换机是按 MAC 地址转发的，D 错误。

14．A

以太网交换机的自学习功能是指记录帧的源 MAC 地址与该帧进入交换机的接口号，并将这些信息存储在交换机的交换表中，以便于后续的转发决策。

15．C

当以太网交换机的某个接口收到帧时，若在交换表中未找到目的 MAC 地址，则将该帧从除本接口外的所有接口发送出去，这种发送方法也称泛洪法。

16．C

当 A→B 时，交换表都为空，交换机 1 和交换机 2 都进行洪泛发送，因此除 A 外的全部主机都能收到 A 发送的帧。当 H→A 时，因为交换机 2 已登记 A 所在的接口为 3，所以只向接口 3 转发，交换机 1 收到帧后，因为交换机 1 已登记 A 所在的接口为 1，所以只向接口 1 转发，因此仅 A 能收到 H 发送的帧。当 E→X 时，集线器向除输入接口外的所有接口转发该帧，交换机 1 和交换机 2 也进行洪泛发送，因此除 E 外的全部主机都能收到 A 发送的帧。当 X→E 时，因为交换机 1 已登记 E 所在的接口为 2，所以仅登记 X 所在的接口，并丢弃该帧。

17．A

交换机实质上是一个多接口网桥，工作在数据链路层，数据链路层使用物理地址进行转发，而转发到目的地需要使用目的地址。因此 PDU 地址是目的物理地址。

18．B。

当直通交换在输入接口检测到一个数据帧时，检查帧首部，获取帧的目的地址，启动内部的动态查找表转换成相应的输出接口，在输入与输出交叉处接通，把数据帧直通到相应接口，实现交换功能。直通交换只检查帧的目的地址，共 6B，所以最短传输时延是 $6 \times 8\text{bit} \div 100\text{Mb/s} = 0.48\mu\text{s}$。

19．B

当 00-e1-d5-00-23-a1 向 00-e1-d5-00-23-c1 发送数据帧时，交换机转发表中没有 00-e1-d5-00-23-c1 这一项，所以向除接口 1 外的所有接口广播这个帧，即接口 2、3 会转发这个帧，同时交换机会把（目的地址 00-e1-d5-00-23-a1，接口 1）这一项加入转发表。而当 00-e1-d5-00-23-c1 向 00-e1-d5-00-23-a1 发送确认帧时，因为转发表中已有 00-e1-d5-00-23-a1 这一项，所以交换机只向接口 1 转发。

20．A

本质上说，交换机就是一个多接口的网桥（A 正确），工作在数据链路层（因此不能实现不同网络层协议的网络互连，D 错误），交换机能经济地将网络分成小的冲突域（B 错误）。广播域属于网络层概念，只有网络层设备（如路由器）才能分割广播域（C 错误）。

21．D

交换机（Switch）可以隔离冲突域。若 H2 向 H4 发送数据帧，则 H2 及其对应接口就写入交换表。当 H4 向 H2 发送确认帧时，交换机查找交换表后，将该确认帧从 H2 对应的接口转发出去。集线器（Hub）无法隔离冲突域，因此 Hub 会向所有接口（除输入接口外）广播该确认帧的数据信号。因此，从物理层上能够收到该确认帧的主机有 H2 和 H3。

3.9 本章小结及疑难点

1．说明用 n 比特进行编号时，若接收窗口的大小为 1，则仅在发送窗口的大小 $W_\text{T} \leqslant 2^n - 1$ 时，连续 ARQ 协议才能正确运行。

假设用 3 比特进行编号，可表示 8 个不同的序号，发送窗口的最大值似乎可以为 8。但是，实际上，发送窗口的大小设为 8 将使协议在某些情况下无法工作。下面来证明这一点。

设发送窗口为 8，发送方发送完 0～7 号共 8 个数据帧后，暂停发送。假定这 8 个数据帧均已正确到达接收方，且接收方对每个数据帧都发回了确认帧。下面考虑两种不同的情况。

第一种情况：所有确认帧都正确地到达发送方，因此发送方接着又发送 8 个新的数据帧，其编号应是 0～7。注意，序号是循环使用的。因此序号虽然相同，但 8 个帧都是新的帧。

第二种情况：所有确认帧都丢失。经过一段超时计时器控制的时间后，发送方重传这 8 个旧数据帧，其编号仍为 0～7。

于是，当接收方第二次收到编号为 0~7 的 8 个数据帧时，就无法判定这是 8 个新数据帧还是 8 个重传的旧数据帧。因此，将发送窗口设为 8 显然是不行的。

2. 为什么 PPP 协议不使用帧的编号和确认机制来实现可靠传输？

PPP 不使用序号和确认机制是出于以下考虑：

若使用能够实现可靠传输的数据链路层协议（如 HDLC），开销就会增大。当数据链路层出现差错的概率不大时，使用比较简单的 PPP 较为合理。

在因特网环境下，PPP 的信息字段放入的数据是 IP 数据报。假定我们采用了能实现可靠传输但十分复杂的数据链路层协议，当数据帧在路由器中从数据链路层上升到网络层时，仍有可能因网络拥塞而被丢弃。因此，数据链路层的可靠传输并不能保证网络层的传输也是可靠的。

PPP 在帧格式中有帧检验序列 FCS 字段。对于每个收到的帧，PPP 都要使用硬件进行 CRC 检验。若发现差错，则丢弃该帧（一定不能把有差错的帧交给上一层）。端到端的差错控制最后由高层协议负责。因此，PPP 可以保证无差错接收。

3. 在标准以太网中，为什么说若有冲突，则冲突一定发生在冲突窗口内？或者说一个帧若在冲突窗口内没有发生冲突，则该帧不会再发生冲突？

结点在发送数据之前，先监听信道是否有载波，若有，表示信道忙，则继续监听，直至检测到信道空闲为止。一个数据帧在从结点 A 向最远结点的传输过程中，若有其他结点也在发送数据，则会发生冲突，冲突后的信号经过冲突窗口时间后传回结点 A，结点 A 会检测到冲突，所以说若有冲突，则一定发生在冲突窗口内，若在冲突窗口内没有发生冲突，之后若其他结点再要发送数据，则会监听到信道忙，而不会发送数据，从而不会再发生冲突。

4. 一个以太网的速率从 10Mb/s 升级到 100Mb/s，满足 CSMA/CD 冲突条件。为使其正常工作，需做哪些调整？为什么？

100BaseT 以太网与 10Mb/s 以太网的帧格式相同，唯一不同的参数是帧间最小间隔时间，10Mb/s 以太网的帧间最小间隔时间是 9.6μs，100BaseT 以太网的帧间最小间隔时间是 0.96μs。此外，为了保持最短帧长不变，将一个网段的最大长度减小到 100m。所有这些调整的原因是速率提高到了原速度的 10 倍。

5. 关于物理层、数据链路层、网络层设备对于隔离冲突域和广播域的总结。

设 备 名 称	能否隔离冲突域	能否隔离广播域
集线器	不能	不能
中继器	不能	不能
交换机	能	不能
网桥	能	不能
路由器	能	能

04 第4章 网络层

【考纲内容】

（一）网络层的功能

　　异构网络互连；路由与转发；SDN 基本概念；拥塞控制

（二）路由算法

　　静态路由与动态路由；距离-向量路由算法；链路状态路由算法；层次路由

（三）IPv4

　　IPv4 分组；IPv4 地址与 NAT；子网划分与子网掩码、CIDR、路由聚合、ARP、DHCP
　　与 ICMP

（四）IPv6

　　IPv6 的主要特点；IPv6 地址

（五）路由协议

　　自治系统；域内路由与域间路由；RIP 路由协议；OSPF 路由协议；BGP 路由协议

（六）IP 多播

　　多播的概念；IP 多播地址

（七）移动 IP

　　移动 IP 的概念；移动 IP 通信过程

（八）网络层设备

　　路由器的组成和功能；路由表与路由转发

扫一扫

视频讲解

【复习提示】

　　本章是历年考查的重中之重，尤其是结合第 3 章、第 5 章、第 6 章出综合题的概率很大。其中 IPv4 和路由的相关知识点是核心，历年真题都有涉及，因此必须牢固掌握其原理，还要多做题，以便灵活应用。本章的其他知识点，如 IP 多播、移动 IP、IPv6 也要有所了解。

4.1 网络层的功能

　　网络层提供主机到主机的通信服务，主要任务是将分组从源主机经过多个网络和多段链路传输到目的主机。该任务可划分为分组转发和路由选择两种重要功能。

　　OSI 参考模型曾主张在网络层使用面向连接的虚电路服务，认为应由网络自身来保证通信的可靠性。而 TCP/IP 体系的网络层提供的是无连接的数据报服务，其核心思想是应由用户主机来保证通信的可靠性。虚电路和数据报服务已在 2.1 节中介绍。

在互联网采用的 TCP/IP 体系结构中，网络层向上只提供简单灵活的、无连接的、尽最大努力交付的数据报服务。也就是说，所传送的分组可能出错、丢失、重复、失序或超时，这就使得网络中的路由器可以做得比较简单，而且价格低廉。通信的可靠性可以由更高层的传输层来负责。采用这种设计思路的好处是：网络的造价大大降低，运行方式灵活，能够适应多种应用。互联网能够发展到今日的规模，充分证明了当初采用这种设计思想的正确性。

4.1.1 异构网络互连

互联网是由全球范围内数以百万计的异构网络互连起来的。这些网络的拓扑结构、寻址方案、差错处理方法、路由选择机制等都不尽相同。网络层所要完成的任务之一就是使这些异构的网络实现互连。网络互连是指将两个以上的计算机网络，通过一定的方法，用一些中继系统相互连接起来，以构成更大的网络系统。根据所在的层次，中继系统分为以下 4 种：

1）物理层中继系统：转发器，集线器。

2）数据链路层中继系统：网桥或交换机。

3）网络层中继系统：路由器。

4）网络层以上的中继系统：网关。

当使用物理层或数据链路层的中继系统时，只是把一个网络扩大了，而从网络层的角度看，它仍然是同一个网络，一般并不称为网络互连。因此，网络互连通常是指用路由器进行网络连接和路由选择。路由器是一台专用计算机，用于在互联网中进行路由选择。

> **注 意**
>
> 由于历史原因，许多有关 TCP/IP 的文献也将网络层的路由器称为网关。

TCP/IP 在网络互连上采用的做法是在网络层采用标准化协议，但相互连接的网络可以是异构的。图 4.1(a)表示用许多计算机网络通过一些路由器进行互连。因为参与互连的计算机网络都使用相同的 IP 协议，所以可把互连后的网络视为如图 4.1(b)所示的一个虚拟 IP 网络。

(a) 实际互连网络　　　　　(b) 虚拟 IP 网络

图 4.1　IP 网络的概念

虚拟互连网络也就是逻辑互连网络，意思是互连起来的各种物理网络的异构性本来是客观存在的，但是通过 IP 协议就可使这些性能各异的网络在网络层上看起来像是一个统一的网络。这种使用 IP 协议的虚拟互连网络可简称为 IP 网络。

使用 IP 网络的好处是：当 IP 网上的主机进行通信时，就好像在单个网络上通信一样，而看不见互连的各个网络的具体异构细节（如具体的编址方案、路由选择协议等）。

4.1.2 路由与转发

路由器主要完成两个功能：一是路由选择（确定哪一条路径），二是分组转发（当一个分组到达时所采取的动作）。前者根据路由选择协议构造并维护路由表。后者处理通过路由器的数据流，关键操作是转发表查询、转发及相关的队列管理和任务调度等。

1）路由选择。根据路由协议构造路由表，同时经常或定期地与相邻路由器交换信息，获取网络最新拓扑，动态更新维护路由表，以决定分组到达目的地结点的最优路径。

2）分组转发。指路由器根据转发表将分组从合适的端口转发出去。

路由表是根据路由选择算法得出的，而转发表是从路由表得出的。转发表的结构应当使查找过程最优化，路由表则需要最优化网络拓扑变化的计算。在讨论路由选择的原理时，往往不区分转发表和路由表，而笼统地使用路由表一词。

4.1.3 网络层提供的两种服务

分组交换网根据其通信子网向端点系统提供的服务，还可进一步分为面向连接的虚电路服务和无连接的数据报服务。这两种服务方式都是由网络层提供的。

1. 虚电路

命题追踪 ▶ 虚电路网络的特性（2020）

在虚电路方式中，当两台计算机进行通信时，应当先建立网络层的连接，也就是建立一条逻辑上的虚电路（Virtual Circuit，VC），连接一旦建立，就固定了虚电路对应的物理路径。与电路交换类似，整个通信过程分为三个阶段：虚电路建立、数据传输与虚电路释放。

每次建立虚电路时，将一个未用过的虚电路号（VCID）分配给该虚电路，以区别于本系统中的其他虚电路，然后双方就沿着已建立的虚电路传送分组。分组的首部仅在连接建立时使用完整的目的地址，之后每个分组的首部只需携带这条虚电路的编号即可。在虚电路网络中的每个结点上都维持一张虚电路表，表中每项记录一个打开的虚电路的信息，包括在接收链路和发送链路上的虚电路号、前一结点和下一结点的标识，它是在虚电路建立过程中确定的。

虚电路方式的工作原理如图 4.2 所示。

1）数据传输前，主机 A 与主机 B 先建立连接，主机 A 发出"呼叫请求"分组，该分组通过中间结点送往主机 B，若主机 B 同意连接，则发送"呼叫应答"分组予以确认。

2）虚电路建立后，主机 A 和主机 B 就可相互传送数据分组。

3）传送结束后，主机 A 通过发送"释放请求"分组来拆除虚电路，逐段断开整个连接。

通过上面的例子，可总结出虚电路服务具有如下特点：

1）虚电路通信链路的建立和拆除需要时间开销，对交互式应用和少量的短分组情况显得很浪费，但对长时间、频繁的数据交换效率较高。

2）虚电路的路由选择体现在连接建立阶段，连接建立后，就确定了传输路径。

3）虚电路提供了可靠的通信功能，能保证每个分组正确且有序到达。此外，还可对两个端点的流量进行控制，当接收方来不及接收数据时，可以通知发送方暂缓发送。

4）虚电路有一个致命的弱点，即当网络中的某个结点或某条链路出现故障而彻底失效时，所有经过该结点或该链路的虚电路将遭到破坏。

5）分组首部不包含目的地址，包含的是虚电路号，相对于数据报方式，其开销小。

图 4.2 虚电路方式的工作原理

虚电路之所以是虚，是因为这条电路不是专用的，每个结点到其他结点之间的链路可能同时有若干条虚电路通过，也可能同时在多个结点之间建立虚电路。

注意，图 4.2 所示的数据传输过程是有确认的传输（由高层实现），B 收到分组后要发回相应分组的确认。网络中的传输是否有确认与网络层提供的两种服务没有任何关系。

2. 数据报

网络在发送分组前不需要先建立连接。源主机的高层协议将报文拆成若干较小的数据段，并加上地址等控制信息后构成分组。中间结点存储分组很短一段时间，找到最佳的路由后，尽快转发每个分组。网络层不提供服务质量的承诺。因为网络不提供端到端的可靠传输服务，所以这就使得网络中的路由器比较简单，且造价低廉（与电话网络相比）。

下面用图 4.3 中的例子来说明数据报服务的原理。假定主机 A 向主机 B 发送分组。

1）主机 A 先将分组逐个发往与它直接相连的交换结点 A，交换结点 A 缓存收到的分组。

2）然后查找自己的转发表。因为不同时刻的网络状态不同，所以转发表的内容可能不完全相同，所以有的分组转发给交换结点 C，有的分组转发给交换结点 D。

3）网络中的其他结点收到分组后，类似地转发分组，直到分组最终到达主机 B。

当分组正在某一链路上传送时，分组并不占用网络其他部分的资源。因为采用存储转发技术，资源是共享的，所以主机 A 在发送分组时，主机 B 也可同时向其他主机发送分组。

通过上面的例子，我们可以总结出数据报服务具有如下特点：

1）发送分组前不需要建立连接。发送方可随时发送分组，网络中的结点可随时接收分组。

2）网络尽最大努力交付，传输不保证可靠性，所以分组可能出错或丢失；网络为每个分组独立地选择路由，转发的路径可能不同，因此分组不一定按序到达目的结点。

3）发送的分组中要包括发送方和接收方的完整地址，以便可以独立传输。

4）当分组在交换结点存储转发时，需要排队等候处理，这会带来一定的时延。当网络发生拥塞时，这种时延会大大增加，交换结点还可根据情况丢弃部分分组。

5）网络具有冗余路径，当某个交换结点或一条链路出现故障时，可相应地更新转发表，寻找另一条路径转发分组，对故障的适应能力强。

6）收发双方不独占某条链路，资源利用率较高。

图 4.3 数据报方式转发分组

采用这种设计思想的好处是：网络的造价大大降低、运行方式灵活、能够适应多种应用。互联网能够发展到今天的规模，充分证明了当初采用这种设计思想的正确性。

数据报服务和虚电路服务的比较见表 4.1。

表 4.1 数据报服务和虚电路服务的比较

	数据报服务	虚电路服务
连接的建立	不需要	必须有
目的地址	每个分组都有完整的目的地址	仅在建立连接阶段使用，之后每个分组使用长度较短的虚电路号
路由选择	每个分组独立地进行路由选择和转发	属于同一条虚电路的分组按照同一路由转发
分组顺序	不保证分组的有序到达	保证分组的有序到达
可靠性	不保证可靠通信，可靠性由用户主机来保证	可靠性由网络保证
对网络故障的适应性	出故障的结点丢失分组，其他分组路径选择发生变化时可以正常传输	所有经过故障结点的虚电路均不能正常工作
差错处理和流量控制	由用户主机进行流量控制，不保证数据报的可靠性	可由分组交换网负责，也可由用户主机负责

4.1.4 SDN 的基本概念

网络层的主要任务是转发和路由选择。可以将网络层抽象地划分为数据平面（也称转发层面）和控制平面，转发是数据平面实现的功能，而路由选择是控制平面实现的功能。

软件定义网络（Software Defined Network，SDN）是近年流行的一种创新网络架构，它采用集中式的控制平面和分布式的数据平面，两个平面相互分离，控制平面利用控制-数据接口对数据平面上的路由器进行集中式控制，方便软件来控制网络。传统网络中的路由器既有转发表又有路由选择软件，即既有数据平面又有控制平面。但是在图 4.4 所示的 SDN 结构中，路由器都变得简单了，它的路由选择软件都不需要了，因此路由器之间不再相互交换路由信息。在网络的控制平面有一个逻辑上的远程控制器（可由多个服务器组成）。远程控制器掌握各主机和整个网络的状态，为每个分组计算出最佳路由，通过 Openflow 协议（或其他途径）将转发表（在 SDN 中称为流表）下发给路由器。路由器的工作很单纯，即收到分组、查找转发表、转发分组。

图 4.4　远程控制器确定并分发转发表中的值

这样，网络又变成集中控制的，而本来互联网是分布式的。SDN 并非要把整个互联网都改造成如图 4.4 所示的集中控制模式，这是不现实的。然而，在某些具体条件下，特别是像一些大型的数据中心之间的广域网，使用 SDN 模式来建造，就可使网络的运行效率更高。

命题追踪 ▶▶ SDN 的南向接口的定义（2022）

SDN 的可编程性通过为开发者提供强大的编程接口，使得网络具有很好的编程性。对上层应用的开发者，SDN 提供的编程接口称为北向接口，北向接口提供了一系列丰富的 API，开发者可以在此基础上设计自己的应用，而不必关心底层的硬件细节。SDN 控制器和转发设备建立双向会话的接口称为南向接口，通过不同的南向接口协议（如 Openflow），SDN 控制器就可兼容不同的硬件设备，同时可在设备中实现上层应用的逻辑。SDN 控制器集群内部控制器之间的通信接口称为东西向接口，用于增强整个控制平面的可靠性和可拓展性。

SDN 的优点：①全局集中式控制和分布式高速转发，既利于控制平面的全局优化，又利于高性能的网络转发。②灵活可编程与性能的平衡，控制和转发功能分离后，使得网络可以由专有的自动化工具以编程方式配置。③降低成本，控制和数据平面分离后，尤其是在使用开放的接口协议后，就实现了网络设备的制造与功能软件的开发相分离，从而有效降低了成本。

SDN 的问题：①安全风险，集中管理容易受攻击，若崩溃，则整个网络会受到影响。②瓶颈问题，原本分布式的控制平面集中化后，随着网络规模扩大，控制器可能成为网络性能的瓶颈。

4.1.5　拥塞控制

因出现过量的分组而引起网络性能下降的现象称为拥塞。判断网络是否进入拥塞状态的方法是，观察网络的吞吐量与网络负载的关系：若随着网络负载的增加，网络的吞吐量明显小于正常的吞吐量，则网络就可能已进入轻度拥塞状态；若网络的吞吐量随着网络负载的增大而下降，则网络就可能已进入拥塞状态。拥塞控制主要解决的问题是如何获取网络中发生拥塞的信息，从而利用这些信息进行控制，以避免因拥塞而出现分组的丢失。

拥塞控制的作用是确保网络能够承载所达到的流量，这是一个全局性的过程，涉及网络中所有的主机、路由器及导致网络传输能力下降的所有因素。单一地增加资源并不能解决拥塞。

与流量控制的区别：流量控制往往是指在发送方和接收方之间的点对点通信量的控制。流量控制所要做的是抑制发送方发送数据的速率，以便使接收方来得及接收。

拥塞控制的方法有两种：

1）开环控制。在设计网络时事先将有关发生拥塞的因素考虑周到，力求网络在工作时不产生拥塞。这是一种静态的预防方法。一旦整个系统启动并运行，中途就不再需要修改。开环控制手段包括确定何时可接收新流量、何时可丢弃分组及丢弃哪些分组，确定何种调度策略等。所有这些手段的共性是，在做决定时不考虑当前网络的状态。

2）闭环控制。事先不考虑有关发生拥塞的各种因素，采用监测网络系统去监视，及时检测哪里发生了拥塞，然后将拥塞信息传到合适的地方，以便调整网络系统的运行，并解决出现的问题。闭环控制是基于反馈环路的概念，是一种动态的方法。

4.1.6 本节习题精选

单项选择题

01. 网络层的主要目的是（　）。

    A. 在邻接结点间进行数据报传输　　　　　B. 在邻接结点间进行数据报可靠传输

    C. 在任意结点间进行数据报传输　　　　　D. 在任意结点间进行数据报可靠传输

02. 路由器连接的异构网络是指（　）。

    A. 网络的拓扑结构不同　　　　　　　　　B. 网络中计算机操作系统不同

    C. 数据链路层和物理层均不同　　　　　　D. 数据链路层协议相同，物理层协议不同

03. 网络中发生了拥塞，根据是（　）。

    A. 随着通信子网负载的增加，吞吐量也增加

    B. 网络结点接收和发出的分组越来越少

    C. 网络结点接收和发出的分组越来越多

    D. 随着通信子网负载的增加，吞吐量反而降低

04. 在路由器互连的多个局域网的结构中，要求每个局域网（　）。

    A. 物理层协议可以不同，而数据链路层及其以上的高层协议必须相同

    B. 物理层、数据链路层协议可以不同，而数据链路层以上的高层协议必须相同

    C. 物理层、数据链路层、网络层协议可以不同，而网络层以上的高层协议必须相同

    D. 物理层、数据链路层、网络层及高层协议都可以不同

05. 下列设备中，能够分隔广播域的是（　）。

    A. 集线器　　　　　　B. 交换机　　　　　　C. 路由器　　　　　　D. 中继器

06. 在互联网中，一个路由器的路由表通常包含（　）。

    A. 目的网络和到达目的网络的完整路径

    B. 所有目的主机和到达该目的主机的完整路径

    C. 目的网络和到达该目的网络路径上的下一个路由器的 IP 地址

D. 目的网络和到达该目的网络路径上的下一个路由器的 MAC 地址

07. 路由器转发分组的根据是报文的（　　）。

　　A. 端口号　　　　　B. MAC 地址　　　　C. IP 地址　　　　D. 域名

08. 路由器在能够开始向输出链路传输分组的第一位之前，必须先接收到整个分组，这种机制称为（　　）。

　　A. 存储转发机制　　B. 直通交换机制　　C. 分组交换机制　　D. 分组检测机制

09. 在互联网中，IP 分组的传输需要经过源主机和中间路由器到达目的主机，通常（　　）。

　　A. 源主机和中间路由器都知道 IP 分组到达目的主机需要经过的完整路径

　　B. 源主机和中间路由器都不知道 IP 分组到达目的主机需要经过的完整路径

　　C. 源主机知道 IP 分组到达目的主机需要经过的完整路径，而中间路由器不知道

　　D. 源主机不知道 IP 分组到达目的主机需要经过的完整路径，而中间路由器知道

10. 下列协议中属于网络层协议的是（　　）。

　　I. IP　　　　　II. TCP　　　　　III. FTP　　　　　IV. ICMP

　　A. I 和 II　　　　B. II 和 III　　　　C. III 和 IV　　　　D. I 和 IV

11. 在下列数据交换方式中，数据经过网络的传输延迟长而且是不固定的，不能用于语音数据传输的是（　　）。

　　A. 电路交换　　　B. 报文交换　　　C. 数据报交换　　　D. 虚电路交换

12. 下列关于各种数据交换方式的叙述，错误的是（　　）。

　　A. 电路交换不提供差错控制功能

　　B. 分组交换的分组有最大长度的限制

　　C. 虚电路是面向连接的，它提供的是一种可靠的服务

　　D. 在出错率很高的传输系统中，选择虚电路方式更合适

13. 下列有关虚电路服务和数据报服务的叙述中，正确的是（　　）。

　　A. 虚电路服务和数据报服务都是无连接的服务

　　B. 数据报服务中，分组在网络中沿同一条路径传输，并且按发出顺序到达

　　C. 虚电路在建立连接后，分组中需携带虚电路标识

　　D. 虚电路中的分组到达顺序可能与发出顺序不同

14. 同一报文中的分组可以由不同的传输路径通过通信子网的方法是（　　）。

　　A. 分组交换　　　B. 电路交换　　　C. 虚电路　　　　D. 数据报

15. 下列有关数据报和虚电路的叙述中，错误的是（　　）。

　　A. 数据报方式中，某个结点若因故障而丢失分组，则其他分组仍可正常传输

　　B. 数据报方式中，每个分组独立地进行路由选择和转发，不同分组之间没有必然联系

　　C. 虚电路方式中，属于同一条虚电路的分组按照同一路由转发

　　D. 尽管虚电路方式是面向连接的，但它并不保证分组的有序到达

16. 下列关于虚电路和数据报的叙述中，正确的是（　　）。

　　A. 虚电路是一种分组交换技术，但不能按照存储转发的方式工作

　　B. 虚电路的连接是临时性连接，当会话结束时就释放这种连接

　　C. 数据报服务不提供可靠传输，但可以保证分组的有序到达

　　D. 数据报服务中，每个分组都必须携带源地址和目的地址

17. 下列关于虚电路的说法中，正确的是（　　）。

　　A. 虚电路依赖其他协议实现差错控制

B. 采用虚电路方式发送分组时，分组首部都必须包含目的地址

C. 虚电路结合了电路交换的思想，适合对实时性要求较高的长期通信

D. 多站点同时使用一段物理链路实行虚电路交换会产生冲突，无法正常通信

18. 下列关于虚电路的说法中，正确的是（　）。

A. 虚电路和电路交换一样，在数据传输前要建立物理连接

B. 虚电路中间结点发生故障后，可沿其他路径继续通信，无须重新建立连接

C. 虚电路只有建立连接的分组需要携带源地址和目的地址

D. 在虚电路上传送的同一个会话的数据分组可以走不同的路径

19. 下列 4 种传输方式中，由网络负责差错控制和流量控制，分组按顺序被递交的是（　）。

A. 电路交换　　　　　　　　　　B. 报文交换

C. 虚电路分组交换　　　　　　　D. 数据报分组交换

20. 下列描述中，（　）不是软件定义网络（SDN）的特点。

A. 控制与转发功能分离　　　　　B. 控制平面集中化

C. 接口开放可编程　　　　　　　D. Openflow 取代了路由协议

21. 下列关于 SDN 的描述中，错误的是（　）。

I. SDN 是近年来出现的一种新型物理网络结构

II. OpenFlow 交换机基于"流表"来转发分组

III. SDN 远程控制器位于 OpenFlow 交换机中

IV. OpenFlow 可视为 SDN 的控制层面与数据层面的通信接口

A. I 和 III　　　B. I 和 IV　　　C. II 和 IV　　　D. I、III 和 IV

22.【2020 统考真题】下列关于虚电路网络的叙述中，错误的是（　）。

A. 可以确保数据分组传输顺序

B. 需要为每条虚电路预分配带宽

C. 建立虚电路时需要进行路由选择

D. 依据虚电路号（VCID）进行数据分组转发

23.【2022 统考真题】在 SDN 网络体系结构中，SDN 控制器向数据平面的 SDN 交换机下发流表时所使用的接口是（　）。

A. 东向接口　　　B. 南向接口　　　C. 西向接口　　　D. 北向接口

4.1.7　答案与解析

单项选择题

01. C

选项 A、B 不是网络层的目的，IP 提供的是不可靠的服务，因此 D 错误。

02. C

网络的异构性是指传输介质、数据编码方式、链路控制协议及不同的数据单元格式和转发机制，这些特点分别在物理层和数据链路层协议中定义。

03. D

拥塞现象是指到达通信子网中某一部分的分组数量过多，使得该部分网络来不及处理，以致这部分乃至整个网络性能下降的现象，严重时甚至导致网络通信业务陷入停顿，即出现死锁现象。选项 A 的网络性能显然是提高的，选项 B、C 中网络结点接收和发出的分组多少与网络的吞吐量并不成正比，不能确定网络是否拥塞。

04．C

路由器是第三层设备，向传输层及以上层次隐藏下层的具体实现，所以物理层、数据链路层、网络层协议可以不同。而网络层之上的协议数据是路由器所不能处理的，因此网络层以上的高层协议必须相同。本题容易误选 B，主要原因是在目前的互联网中广泛使用的是 TCP/IP 协议族，在网络层用的多是 IPv4，所以误认为网络层协议必须相同。实际上，使用特定的路由器连接 IPv4 与 IPv6 网络，就是典型的网络层协议不同而实现互连的例子。

05．C

路由器工作在网络层，不转发广播包（目的地址为 255.255.255.255 的 IP 包），因此能够分隔广播域，抑制网络风暴。交换机工作在数据链路层，能够分隔冲突域，但不能分隔广播域。集线器和中继器是物理层设备，既不能分隔广播域，又不能分隔冲突域。

06．C

路由器是网络层设备，其任务是转发分组。每个路由器都维护一个路由表以决定分组的转发。为了提高路由器的查询效率并减少路由表维护的内容，路由表只保留到达目的地址的下一个路由器的地址，而不保留整个传输路径的信息。另外，采用目的网络可使每个路由表项包含很多目的主机 IP 地址，这样可减少路由表中的项目。因此，路由表通常包含目的网络和到达该目的网络路径上的下一个路由器的 IP 地址。

07．C

路由器是网络层设备，网络层通过 IP 地址标识主机，所以路由器根据 IP 地址转发分组。

08．A

路由器转发一个分组的过程如下：先接收整个分组，然后对分组进行错误检查，若出错，则丢弃错误的分组；否则存储该正确的分组。最后根据路由选择协议，将正确的分组转发到合适的端口，这种机制称为存储转发机制。

09．B

每个路由器都根据路由表来选择 IP 分组的下一跳地址，只有到了下一跳路由器，才知道再下一跳应当怎样走。主机仅知道到达本地网络的路径，到达其他网络的 IP 分组均转发到路由器。而源主机也只把 IP 分组发给网关，所以路由器和源主机都不知道 IP 分组要经过的完整路径。

10．D

TCP 属于传输层协议，FTP 属于应用层协议，只有 IP 和 ICMP 属于网络层协议。

11．B

在报文交换中，交换的数据单元是报文。因为报文大小不固定，在交换结点中需要较大的存储空间，另外报文经过中间结点的接收、存储和转发时间较长而且不固定，所以不能用于实时通信应用环境（如语音、视频等）。

12．D

电路交换不具备差错控制能力，A 正确。分组交换对每个分组的最大长度有规定，超过此长度的分组都被分割成几个长度较小的分组后再发送，B 正确。

分组交换又分为数据报和虚电路两种方式。数据报是无连接的，它提供的是不可靠的服务，分组有可能丢失、失序，也不保证到达的时间，但因每个分组独立选择传送路径，当某个结点发生故障时，后续的分组可另选路径，另外通过高层协议如 TCP 也可保证其传输的可靠性和有序性。虚电路是面向连接的，它提供的是可靠的服务，能保证数据的可靠性和有序性，但是一旦虚电路中的某个结点出现故障，就必须重新建立一条虚电路，对于出错率高的传输系统，易出现结点故障，这项任务就显得相当艰巨，因此采用数据报方式更合适。C 正确、D 错误。

13．C

虚电路服务是有连接的，属于同一条虚电路的分组，根据该分组的相同虚电路标识，按照同一路由转发，保证分组的有序到达。在数据报服务中，网络为每个分组独立地选择路由，传输既不保证可靠性，又不保证分组的按序到达。

14．D

分组交换有两种方式：虚电路和数据报。在虚电路服务中，属于同一条虚电路的分组按照同一路由转发；在数据报服务中，网络为每个分组独立地选择路由，传输既不保证可靠性，又不保证分组的按序到达。

15．D

关于虚电路和数据报的比较，请参考表 4.1。

16．D

虚电路是一种分组交换技术，它可以采用存储转发的方式工作，A 错误。虚电路不只是临时性的，它提供的服务包括永久性虚电路（PVC）和交换型虚电路（SVC），其中前者是一种提前定义好的、基本上不需要任何建立时间的端点之间的连接，而后者是端点之间的一种临时性连接，这些连接只持续所需的时间，且在会话结束时就取消这种连接，B 错误。数据报服务是无连接的，既然提供可靠性保障，也不保证分组的有序到达，C 错误。在数据报服务中，每个分组都必须携带源地址和目的地址；而虚电路服务中，建立连接后，分组只需携带虚电路标识。

17．C

虚电路提供的是可靠的通信服务，本身就可实现差错控制。分组仅在连接建立时才需要使用完整的目的地址，之后每个分组只需携带这条虚电路的编号即可。多站点同时使用一段物理链路实现虚电路交换不会产生冲突，因为每个分组都有一个虚电路号来标识所属的虚电路。

18．C

虚电路是一种分组交换技术，它在数据传输前要建立逻辑连接而非物理连接，A 错误。虚电路的中间结点发生故障后，会导致整条虚电路失效，需要重新建立连接，B 错误。虚电路只有建立连接的分组需要携带目的地址，以进行路由选择，之后传送的分组只需携带虚电路号即可。一个会话的虚电路是事先建立好的，因此它的数据分组所走的路径也是固定的，D 错误。

19．C

电路交换和报文交换不采用分组交换技术。数据报传输方式没有差错控制和流量控制机制，也不保证分组按序交付。虚电路方式提供面向连接的、可靠的、保证分组按序到达的网络服务。

20．D

选项 A、B 和 C 都是 SDN 的特点。Openflow 协议是控制平面和数据平面之间的接口。在 SDN 中，路由器之间不再相互交换路由信息，由远程控制器计算出最佳路由。

21．A

SDN 是一种新型网络体系结构，是一种设计、构建和管理网络的新方法，不是一种新型物理网络结构。在 SDN 中，完成"匹配+动作"的设备通常也称 OpenFlow 交换机。相应地，在 SDN 中取代传统路由器中转发表的是流表。SDN 远程控制器是一种控制平面的实现方式，它由一个远程的服务器来计算和分发流表给网络设备，SDN 远程控制器不在 OpenFlow 交换机中。

22．B

在建立虚电路的阶段，分组才需要携带完整的目的地址，以进行路由器选择。之后，每个分组只需携带短的虚电路号即可，属于同一条虚电路的分组按照同一路由进行转发，分组到达终点的顺序与发送顺序相同，可以保证有序传输。虚电路只是一条逻辑上的连接，并不是一条物理上的连接，因此不需要为每条虚电路预分配带宽。

23．B

SDN 对上层开发者提供的编程接口称为北向接口，而南向接口则负责控制平面和数据平面间的通信，所以 SDN 控制器向数据平面的 SDN 交换机下发流表时使用南向接口。

4.2 IPv4

4.2.1 IPv4 分组

IPv4（版本 4）即现在普遍使用的网际协议（Internet Protocol，IP）。IP 定义数据传送的基本单元——IP 分组及其确切的数据格式。IP 也包括一套规则，指明分组如何处理、错误怎样控制。特别是 IP 还包含非可靠投递的思想，以及与此关联的路由选择的思想。

1．IPv4 分组的格式

命题追踪 ▶▶ IP 首部的分析/各字段的含义（2011、2012）

一个 IP 分组（或称 IP 数据报）由首部和数据部分组成。首部前一部分的长度固定，共 20B，是所有 IP 分组必须具有的。在首部固定部分的后面是一些可选字段，其长度可变，用来提供错误检测及安全等机制。IP 数据报的格式如图 4.5 所示。

图 4.5 IP 数据报的格式

IPv4 首部的部分重要字段含义如下：

1）版本。占 4 位。指 IP 的版本，IPv4 数据报中该字段值是 4。

2）首部长度。占 4 位。以 4B 为单位，最大可表示的首部长度为 60B（15×4B）。最常用的首部长度是 20B（5×4B），该字段值是 5，此时不使用任何可选字段。

> **注 意**
>
> IP 首部前两个字节往往以 0x45 开头，解题时可用于定位 IP 数据报的开始位置。

3）总长度。占 16 位。指首部和数据之和的长度，单位为字节，因此数据报的最大长度为 $2^{16} - 1 = 65535B$。以太网帧的最大传送单元（MTU）为 1500B，因此当一个 IP 数据报封装成帧时，数据报的总长度（首部加数据）一定不能超过下面的数据链路层的 MTU 值。

4）标识。占 16 位。它是一个计数器，每产生一个数据报就加 1，并赋值给标识字段。但它并不是"序号"（因为 IP 是无连接服务）。当一个数据报的长度超过网络的 MTU 时，必须分片，此时每个数据报片都复制一次标识号，以便能正确地重装成原来的数据报。

5）标志（Flag）。占 3 位。标志字段的最低位为 MF，MF = 1 表示后面还有分片，MF = 0 表示最后一个分片。标志字段中间的一位是 DF，只有当 DF = 0 时才允许分片。

6）片偏移。占 13 位。它指出较长的数据报在分片后，某片在原数据报中的相对位置，片偏移以 8B 为偏移单位。除最后一个分片外，每个分片的长度一定是 8B 的整数倍。

命题追踪 ▶▶ TTL 字段的分析与计算（2014、2024）

7）生存时间（TTL）。占 8 位。数据报在网络中可通过的路由器数的最大值，标识数据报在网络中的寿命，以确保数据报不会永远在网络中循环。路由器在转发数据报前，先将 TTL 减 1。若 TTL 被减为 0，则该数据报必须丢弃。

8）协议。占 8 位。指出此数据报携带的数据使用何种协议，即数据报的数据部分应上交给哪个协议进行处理，如 TCP、UDP 等。其中值为 6 表示 TCP，值为 17 表示 UDP。

9）首部检验和。占 16 位。它只检验数据报的首部，但不包括数据部分。这是因为数据报每经过一个路由器，都要重新计算首部检验和（有些字段，如生存时间、总长度、标志、片偏移、源/目的地址都可能发生变化）。不检验数据部分可减少计算的工作量。

10）源地址字段。占 4B，标识发送方的 IP 地址。

11）目的地址字段。占 4B，标识接收方的 IP 地址。

> **注　意**
>
> ①在 IP 数据报首部中有三个关于长度的标记，即首部长度、总长度、片偏移，它们的基本单位分别为 4B、1B、8B（需要记住）。题中常出现这几个长度之间的加减运算。另外，读者要熟悉 IP 数据报首部中的各个字段的意义和功能，但不需要记忆 IP 数据报的首部，正常情况下若需要参考首部，则题目会直接给出。第 5 章学习的 TCP、UDP 的首部也是一样的。②在分析 IP 首部时，IP 地址通常是用十六进制表示的，要注意其与十进制之间的转换。

2．IP 数据报分片

一个链路层数据帧能承载的最大数据量称为最大传送单元（MTU）。因为 IP 数据报被封装在链路层的帧中，因此链路层的 MTU 严格地限制了 IP 数据报的长度，而且在 IP 数据报的源与目的地路径上的各段链路可能使用不同的链路层协议，有不同的 MTU。例如，以太网的 MTU 为 1500B，而许多广域网的 MTU 不超过 576B。当 IP 数据报的总长度大于链路 MTU 时，就需要将 IP 数据报中的数据分装在多个较小的 IP 数据报中，这些较小的数据报称为片。

命题追踪 ▶▶ 分片时会影响首部中的哪些字段（2011）

片在目的地的网络层被重新组装。目的主机使用 IP 首部中的标识、标志和片偏移字段来完成对片的重组。创建一个 IP 数据报时，源主机为该数据报加上一个标识号。当一个路由器需要将一个数据报分片时，形成的每个数据报（即片）都具有原始数据报的标识号。当目的主机收到来自同一发送主机的一批数据报时，它可通过检查数据报的标识号来确定哪些数据报属于同一个原始数据报的片。IP 首部中的标志位占 3 位，但只有后 2 位有意义，分别是 DF（Don't Fragment）位和 MF（More Fragment）位。只有当 DF = 0 时，该 IP 数据报才可被分片。MF 则用来告知目的主机该 IP 数据报是否为原始数据报的最后一个片。当 MF=1 时，表示相应的原始数据报还有后续的片；当 MF=0 时，表示该数据报是相应原始数据报的最后一个片。目的主机在对片进行重组时，使用片偏移字段来确定片应放在原始 IP 数据报的哪个位置。

命题追踪 ▶▶ IP 分片的原理及相关字段的分析（2021）

IP 分片涉及一定的计算。例如，一个长 4000B 的 IP 数据报（首部 20B，数据部分 3980B）到达一个路由器，需要转发到一条 MTU 为 1500B 的链路上。这意味着原始数据报中的 3980B 数据必须分配到 3 个独立的片中（每片也是一个 IP 数据报），每片的数据部分依次为 1480B、1480B 和 1020B。假定原始数据报的标识号为 777，则分成的 3 片如图 4.6 所示。可见，因为偏移值的单位是 8B，所以除最后一个片外，其他所有片中的数据部分都为 8B 的倍数。

图 4.6　IP 分片的例子

4.2.2　IPv4 地址与 NAT

1．IPv4 地址

IP 地址是给互联网上的每台主机（或路由器）的每个接口分配的一个在全球范围内唯一的 32 位标识符。IP 地址由互联网名字和数字分配机构 ICANN 进行分配。

互联网早期采用的是分类的 IP 地址，如图 4.7 所示。

图 4.7　分类的 IP 地址

无论哪类 IP 地址，都由网络号和主机号两部分组成。即 IP 地址::= {<网络号>, <主机号>}。其中网络号标志主机（或路由器）所连接到的网络。一个网络号在整个互联网范围内必须是唯一的。主机号标志该主机（或路由器）。一台主机号在它前面的网络号所指明的网络范围内必须是唯一的。由此可见，一个 IP 地址在整个互联网范围内是唯一的。

命题追踪 ▶▶ 特殊 IP 地址 0.0.0.0 的用途（2017）

在各类 IP 地址中，有些 IP 地址具有特殊用途，不用作主机的 IP 地址：

- 主机号全为 0 表示本网络本身，如 202.98.174.0。
- 主机号全为 1 表示本网络的广播地址，又称直接广播地址，如 202.98.174.255。
- 127.×.×.×保留为环回自检（Loopback Test）地址，此地址表示任意主机本身，目的地址为环回地址的 IP 数据报永远不会出现在任何网络上。
- 32 位全为 0，即 0.0.0.0 表示本网络上的本主机。
- 32 位全为 1，即 255.255.255.255 表示整个 TCP/IP 网络的广播地址，又称受限广播地址。实际使用时，因为路由器对广播域的隔离，255.255.255.255 等效为本网络的广播地址。

常用的三种类别 IP 地址的使用范围见表 4.2。

表 4.2　常用的三种类别 IP 地址的使用范围[①]

网络类别	最大可用网络数	第一个可用的网络号	最后一个可用的网络号	每个网络中的最大主机数
A	2^7-2	1	126	$2^{24}-2$
B	2^{14}	128.0	191.255	$2^{16}-2$
C	2^{21}	192.0.0	223.255.255	2^8-2

在表 4.2 中，A 类地址可用的网络数为 2^7-2，减 2 的原因是：第一，网络号字段全为 0 的 IP 地址是保留地址，意思是"本网络"；第二，网络号为 127 的 IP 地址是环回自检地址。

IP 地址有以下重要特点：

1）每个 IP 地址都由网络号和主机号两部分组成，因此 IP 地址是一种分等级的地址结构。分等级的好处是：①IP 地址管理机构在分配 IP 地址时只分配网络号，而主机号则由得到该网络的单位自行分配，方便了 IP 地址的管理；②路由器仅根据目的主机所连接的网络号来转发分组（而不考虑目标主机号），从而减小了路由表所占的存储空间。
2）IP 地址是标志一台主机（或路由器）和一条链路的接口。当一台主机同时连接到两个网络时，该主机就必须同时具有两个相应的 IP 地址，其网络号必须是不同的。因此路由器至少应具有两个或两个以上的 IP 地址，每个端口都有一个不同网络号的 IP 地址。
3）用转发器或桥接器（网桥等）连接的若干 LAN 仍然是同一个网络（同一个广播域），因此该 LAN 中所有主机的 IP 地址的网络号必须相同，但主机号必须不同。
4）在 IP 地址中，所有分配到网络号的网络（无论是 LAN 还是 WAN）都是平等的。
5）在同一个局域网上的主机或路由器接口的 IP 地址中的网络号必须是相同的。

近年来，因为广泛使用无分类 IP 地址进行路由选择，这种传统分类的 IP 地址已成为历史。

2．网络地址转换（NAT）

网络地址转换（Network Address Translation，NAT）是指通过将专用网络地址（如 Intranet）转换为公用地址（如 Internet），从而对外隐藏内部管理的 IP 地址。它使得整个专用网只需要一个全球 IP 地址就可与互联网连通，因为专用网本地 IP 地址是可重用的，所以 NAT 大大节省了 IP 地址的消耗。同时，它隐藏了内部网络结构，从而降低了内部网络受到攻击的风险。

命题追踪　▶ 私有 IP 地址访问 Internet 的处理（2011）

此外，为了网络安全，划出了部分 IP 地址为私有 IP 地址。私有 IP 地址只用于 LAN，不用于 WAN 连接（因此私有 IP 地址不能直接用于 Internet，必须通过网关利用 NAT 把私有 IP 地址转换为 Internet 中合法的全球 IP 地址后才能出现在 Internet 上），并且允许私有 IP 地址被 LAN 重复

---

① B 类网络号 128.0 和 C 类网络号 192.0.0 早期标准规定不能指派，但现在都能指派[RFC6890]。

使用。这有效地解决了 IP 地址不足的问题。私有 IP 地址网段如下：

A 类：1 个 A 类网段，即 **10.0.0.0**～**10.255.255.255**。

B 类：16 个 B 类网段，即 **172.16**.0.0～**172.31**.255.255。

C 类：256 个 C 类网段，即 **192.168.0**.0～**192.168.255**.255。

在互联网中的所有路由器，对目的地址是私有地址的数据报一律不进行转发。这种采用私有 IP 地址的互联网络称为专用互联网或本地互联网。私有 IP 地址也称可重用地址。

使用 NAT 时需要在专用网连接到互联网的路由器上安装 NAT 软件，NAT 路由器至少有一个有效的外部全球 IP 地址。当使用本地地址的主机和外界通信时，NAT 路由器使用 NAT 转换表进行本地 IP 地址和全球 IP 地址的转换。NAT 转换表中存放着{本地 IP 地址: 端口}到{全球 IP 地址: 端口}的映射。通过这种映射方式，可让多个私有 IP 地址映射到一个全球 IP 地址。

命题追踪 ▶▶ NAT 的原理和应用（2016、2019、2020、2023）

如图 4.8 所示，假设某家庭办理了 10Mb/s 的电信宽带，那么该家庭就获得一个全球 IP 地址（如 138.76.29.7），而家庭网络内 3 台主机使用私有地址（如 10.0.0.0 网段），家庭网关路由器应开启 NAT 功能。NAT 路由器的工作原理：①假设用户主机 10.0.0.1（随机端口 3345）向 Web 服务器 128.119.40.186（端口 80）发送请求。②NAT 路由器收到 IP 分组后，为该 IP 分组生成一个新端口号 5001，将 IP 分组的源地址改为 138.76.29.7（即 NAT 路由器的全球 IP 地址），将源端口号改为 5001。NAT 路由器在 NAT 转换表中增加一个表项。③Web 服务器并不知道刚抵达的 IP 分组已被 NAT 路由器改装，更不知道用户的专用地址，它响应的 IP 分组的目的地址是 NAT 路由器的全球 IP 地址 138.76.29.7，目的端口号是 5001。④响应分组到达 NAT 路由器后，通过 NAT 转换表将 IP 分组的目的 IP 地址改为 10.0.0.1，将目的端口号改为 3345。

图 4.8　NAT 路由器的工作原理

这样，只需要一个全球 IP 地址，就可让多台主机同时访问互联网。

注　意

普通路由器在转发 IP 分组时，其源 IP 地址和目的 IP 地址都不会改变。而 NAT 路由器在转发 IP 分组时，一定要更换其 IP 地址（转换源 IP 地址或目的 IP 地址）。普通路由器仅工作在网络层，而 NAT 路由器转发数据报时需要查看和转换传输层的端口号。

4.2.3 划分子网与路由聚合

1．划分子网

两级 IP 地址的缺点：IP 地址空间的利用率有时很低；给每个物理网络分配一个网络号会使路由表变得太大，进而使网络性能变坏；两级 IP 地址不够灵活。

从 1985 年起，在 IP 地址中又增加了一个"子网号字段"，使两级 IP 地址变成了<u>三级 IP 地址</u>。这种做法称为划分子网。划分子网已成为互联网的正式标准协议。

划分子网的基本思路如下：

- 划分子网纯属一个单位内部的事情。单位对外仍然表现为没有划分子网的一个网络。
- 划分子网的方法是从网络的主机号借用若干位作为子网号，当然主机号也相应减少了相同的位数。三级 IP 地址的结构：IP 地址::= {<网络号>,<子网号>,<主机号>}。
- 路由器转发分组根据的仍然是 IP 数据报的目的网络号，本单位的路由器收到 IP 数据报后，再按目的网络号和子网号找到目的子网。最后把 IP 数据报交付给目的主机。

例如，将一个 C 类网络 208.115.21.0 划分为 4 个子网，子网号占用 2 位，因此主机号就只有 6 位，各子网的网络地址分别为 208.115.21.0、208.115.21.64、208.115.21.128、208.115.21.192。每个子网可分配的 IP 地址数为 $2^6-2=62$。

> **注 意**
>
> ①划分子网只是把 IP 地址的主机号部分进行再划分，而不改变 IP 地址原来的网络号。因此，从一个 IP 地址本身无法判断该主机所连接的网络是否进行了子网划分。②子网中的主机号全 0 或全 1 的地址不能被指派，其中主机号全 0 的地址为子网的网络地址，主机号全 1 的地址为子网的广播地址。③划分子网增加了灵活性，但减少了能够连接在网络上的主机总数。

2．子网掩码和默认网关

子网掩码可用来指明分类 IP 地址的主机号部分被借用了多少位作为子网号。

命题追踪 ▶▶ 根据 IP 地址和子网掩码求网络地址（2022）

子网掩码是一个与 IP 地址相对应的、长 32 位的二进制串，它由一串 1 和跟随的一串 0 组成。其中，1 对应于 IP 地址中的网络号及子网号，而 0 对应于主机号。主机或路由器只需将 IP 地址和其对应的子网掩码逐位"与"（AND 运算），就可得出相应子网的网络地址。

命题追踪 ▶▶ 默认网关配置错误对访问局域网和跨网访问的影响（2015）

命题追踪 ▶▶ 默认网关和子网掩码的配置分析（2016、2019、2022）

默认网关是子网与外部网络连接的设备，也就是连接本机或子网的路由器接口的 IP 地址。当主机发送数据时，根据所发送数据的目的 IP 地址，通过子网掩码来判定目的主机是否在子网中，若目的主机在子网中，则直接发送。若目的主机不在子网中，则将该数据发送到默认网关，由网关（路由器）将其转发到其他网络，进一步寻找目的主机。

现在的互联网标准规定：所有网络都必须使用子网掩码。若一个网络未划分子网，则该网络的子网掩码就使用默认子网掩码。A、B、C 类地址的默认子网掩码分别为 255.0.0.0、255.255.0.0、255.255.255.0。例如，某主机的 IP 地址为 192.168.5.56，子网掩码为 255.255.255.0，进行逐位"与"运算后，得出该主机所在子网的网络号为 192.168.5.0。

子网掩码是一个网络的重要属性，路由器相互之间交换路由信息时，必须将自己所在网络的子网掩码告诉对方。分组转发时，路由器将分组的目标地址和某网络的子网掩码按位相与，若结果与该网络地址一致，则路由匹配成功，路由器将分组转发至该网络。

在使用子网掩码的情况下：

① 一台主机在设置 IP 地址信息的同时，必须设置子网掩码。

② 同属于一个子网的所有主机及路由器的相应端口，必须设置相同的子网掩码。

③ 路由器的路由表中所包含的信息主要内容有目的网络地址、子网掩码、下一跳地址。

3．无分类编址 CIDR

无分类域间路由选择（Classless Inter-Domain Routing，CIDR）是在变长子网掩码的基础上，提出的一种消除传统 A、B、C 类地址及划分子网的概念。例如，若一个单位需要 2000 个地址，则给它分配一个 2048 地址的块，而不分配一个完全的 B 类地址，因此可更有效地分配 IPv4 的地址空间。CIDR 使用网络前缀的概念代替网络的概念，与传统分类 IP 地址最大的区别就是，网络前缀的位数不是固定的，可以任意选取。CIDR 的记法是

IP 地址:: = {<网络前缀>，<主机号>}。

命题追踪 ▶▶ CIDR 地址块的分析（2011、2015、2016、2019、2023）

CIDR 还使用斜线记法（或称 CIDR 记法），即记为 "IP 地址/网络前缀所占的位数"。其中，网络前缀所占的位数对应网络号的部分，等效于子网掩码中连续 1 的部分。例如，对于 128.14.32.5/20 这个地址，它的掩码是 20 个连续的 1 和后续 12 个连续的 0，通过逐位 "与" 的方法可得该地址的网络前缀（或直接截取前 20 位）：

逐位与 $\left\{\begin{array}{l} \text{IP} = \underline{10000000.00001110.0010}0000.00000101 \\ \text{掩码} = 11111111.11111111.11110000.00000000 \end{array}\right.$

网络前缀 = $\underline{10000000.00001110.0010}0000.00000000$（128.14.32.0）

斜线记法不仅能表示其 IP 地址，而且能表示这个地址块的网络前缀有多少位。

命题追踪 ▶▶ 地址块的最小地址和最大地址分析（2023）

CIDR 将网络前缀都相同的连续 IP 地址组成一个 CIDR 地址块。只要知道 CIDR 地址块中的任何一个地址，就能知道这个地址块的最小地址和最大地址，以及地址块中的地址数。上例的地址 128.14.32.5/20 所在 CIDR 地址块中的最小地址和最大地址为

最小地址：$\underline{10000000.00001110.0010}0000.00000000$（128.14.32.0）

最大地址：$\underline{10000000.00001110.0010}1111.11111111$（128.14.47.255）

主机号全 0 或全 1 的地址一般不使用，通常只使用在这两个特殊地址之间的地址。

CIDR 虽然不使用子网，但仍然使用 "掩码" 一词。"CIDR 不使用子网" 是指 CIDR 并没有在 32 位地址中指明若干位作为子网字段。但分配到一个 CIDR 地址块的单位，仍可在本单位内根据需要划分出一些子网。例如，某单位分配到地址块/20，就可继续划分为 8 个子网（从主机号中借用 3 位来划分子网），这时每个子网的网络前缀就变成了 23 位。

命题追踪 ▶▶ 子网广播地址/网络地址的分析（2011、2012、2018、2019）

CIDR 地址块中的地址数一定是 2 的整数次幂，实际可指派的地址数通常为 2^N-2，N 表示主机号的位数，主机号全 0 代表网络号，主机号全 1 为广播地址。网络前缀越短，其地址块包含的地址数就越多。而在三级结构的 IP 地址中，划分子网使网络前缀变长。

4．路由聚合

因为一个 CIDR 地址块中有很多地址，所以在路由表中就可利用 CIDR 地址块来查找目的网络。这种地址的聚合称为路由聚合，也称构成超网，它使得路由表中的一个项目可以表示多个原来传统分类地址的路由，有利于减少路由器之间的信息交换，进而提高网络性能。

命题追踪 ▶▶ 路由聚合的分析（2009、2011、2013、2014、2018）

例如，在如图 4.9 所示的网络中，若不使用路由聚合，则 R1 的路由表中需要分别有到网络 1 和网络 2 的路由表项。不难发现，网络 1 和网络 2 的网络前缀在二进制表示的情况下，前 16 位都是相同的，第 17 位分别是 0 和 1，并且从 R1 到网络 1 和网络 2 的路由的下一跳皆为 R2。若使用路由聚合，则在 R1 看来，网络 1 和网络 2 可以构成一个更大的地址块 206.1.0.0/16，到网络 1 和网络 2 的两条路由就可聚合成一条到 206.1.0.0/16 的路由。

图 4.9　路由聚合的例子

命题追踪 ▶▶ 路由器分组转发的最长前缀匹配（2013、2015）

最长前缀匹配（又称最佳匹配）：使用 CIDR 时，路由表中的个项由"网络前缀"和"下一跳地址"组成。在查找路由表时可能会得到不止一个匹配结果。此时，应当从匹配结果中选择具有最长网络前缀的路由，因为网络前缀越长，其地址块就越小，因此路由就越具体。

CIDR 查找路由表的方法：为了更有效地查找最长前缀匹配，通常将无分类编址的路由表存放在一种层次式数据结构（通常采用二叉线索）中，然后自上而下地按层次进行查找。

CIDR 的优点在于网络前缀长度的灵活性。因为上层网络的前缀长度较短，所以相应的路由表的项目较少。而内部又可采用延长网络前缀的方法来灵活地划分子网。

5．子网划分的应用举例

通常有两类划分子网的方法：采用定长的子网掩码，采用变长的子网掩码。

（1）采用定长的子网掩码划分子网

当采用定长的子网掩码划分子网时，所划分的每个子网使用相同的子网掩码，并且每个子网所分配的 IP 地址数量也相同，因此容易造成地址资源的浪费。

命题追踪 ▶▶ 采用定长子网掩码划分子网的应用（2009、2010、2017、2018）

假设某单位拥有一个 CIDR 地址块为 208.115.21.0/24，该单位有三个部门，各部门的主机台数分别为 50、20、5，采用定长的子网掩码给各部门分配 IP 地址。

部门 1 需要 51 个 IP 地址（含一个路由器接口地址）；部门 2 需要 21 个 IP 地址；部门 3 需要 6 个 IP 地址。接下来，从给定地址块 208.115.21.0/24 的主机号部分借用 2 位作为子网号，这样可以划分为 $2^2=4$ 个子网，每个子网可分配的 IP 地址数为 $2^{8-2}-2=62$，可满足各部门的需求。各子网的划分如下（为书写方便，只把 IP 地址的后 8 位用二进制展开）：

208.115.21.<u>00</u>000000～208.115.21.<u>00</u>111111，地址块"208.115.21.0/26"，分配给部门 1。

208.115.21.<u>01</u>000000～208.115.21.<u>01</u>111111，地址块"208.115.21.64/26"，分配给部门 2。

208.115.21.<u>10</u>000000～208.115.21.<u>10</u>111111，地址块"208.115.21.128/26"，分配给部门 3。

208.115.21.11000000～208.115.21.11111111，地址块"208.115.21.192/26"，留作以后用。

子网掩码：255.255.255.11000000，即 255.255.255.192。

（2）采用变长的子网掩码划分子网

命题追踪 ▶▶ 采用变长子网掩码划分子网的应用（2019、2021）

采用变长的子网掩码划分子网时，所划分的每个子网可以使用不同的子网掩码，并且每个子网所分配的 IP 地址数量可以不同，这样就尽可能地减少了对地址资源的浪费。

假设各种条件与上一节的相同，下面采用变长的子网掩码给该单位分配 IP 地址。

部门 1 的主机号需 6 位，剩余 26（32 − 6 = 26）位作为网络前缀；部门 2 的主机号需 5 位，剩余 27（32 − 5 = 27）位作为网络前缀；部门 3 的主机号需 3 位，剩余 29（32 − 3 = 29）位作为网络前缀。接下来，从地址块 208.115.21.0/24 中划分出 3 个子网（1 个"/26"地址块，1 个"/27"地址块，1 个"/29"地址块），并按需分配给三个部门。每个子网的最小地址只能选取主机号全 0 的地址。划分方案不唯一，建议从大的子网开始划分。以下是一种划分方案：

208.115.21.00000000 ⎫
......   ⎬ 地址块 208.115.21.0/26，子网掩码 255.255.255.192
208.115.21.00111111 ⎭ 可分配地址 62 个，分配给部门 1。

208.115.21.01000000 ⎫
......   ⎬ 地址块 208.115.21.64/27，子网掩码 255.255.255.224
208.115.21.01011111 ⎭ 可分配地址 30 个，分配给部门 2。

208.115.21.01100000 ⎫
......   ⎬ 地址块 208.115.21.96/29，子网掩码 255.255.255.248
208.115.21.01100111 ⎭ 可分配地址 6 个，分配给部门 3。

208.115.21.01101000 ⎫
......   ⎬ 剩余 256 − 64 − 32 − 8 = 152 个地址，留作以后划分。
208.115.21.11111111 ⎭

再次提醒，子网主机号全 0 或全 1 的地址不能分配。对于一段连接两个路由器的链路，可以分配一个"/30"地址块，这样可分配地址为 2 个，恰好可分配给链路两端的路由器接口。

4.2.4 网络层转发分组的过程

分组转发都是基于目的主机所在网络的，这是因为互联网上的网络数远小于主机数，这样可以极大地压缩转发表的大小。当分组到达路由器后，路由器根据目的 IP 地址的网络前缀来查找转发表，确定下一跳应当到哪个路由器。因此，在转发表中，每条路由必须有下面两条信息：

（目的网络地址，下一跳地址）

这样，IP 数据报最终一定可以找到目的主机所在目的网络上的路由器（可能要通过多次间接交付），当到达最后一个路由器时，才试图向目的主机进行直接交付。

采用 CIDR 编址时，若一个分组在转发表中可以找到多个匹配的前缀，则应当使用最长前缀匹配。为了更快地查找转发表，可以按照前缀的长短，将前缀最长的排在第 1 行，按前缀长度的降序排列。这样，从第 1 行最长的开始查找，只要检索到匹配的，就不必再继续查找。

此外，在路由表中还可以增加两种特殊的路由：

命题追踪 ▶▶ 特定主机路由的应用（2009）

1）特定主机路由：对特定目的主机的 IP 地址专门指明一个路由，以方便网络管理员控制和测试网络。若特定主机的 IP 地址是 a.b.c.d，则转发表中对应项的目的网络是 a.b.c.d/32。/32 表示的子网掩码没有意义，但这个特殊的前缀可以用在转发表中。

命题追踪　▶▶　默认路由的应用（2009、2014）

2）默认路由：用特殊前缀 0.0.0.0/0 表示默认路由，全 0 掩码和任何目的地址进行按位与运算，结果必然为全 0，即必然和前缀 0.0.0.0/0 相匹配。只要目的网络是其他网络（不在转发表中），就一律选择默认路由。<u>默认路由通常用于路由器到互联网的路由，互联网包括无数的网络集合，不可能在路由表项中一一列出，因此只能采用默认路由的方式</u>。

综上所述，归纳出路由器执行的分组转发算法如下：

1）从收到的 IP 分组的首部提取目的主机的 IP 地址 D（即目的地址）。

2）若查找到特定主机路由（目的地址为 D），则按照这条路由的下一跳转发分组；否则从转发表中的下一条（即按前缀长度的顺序）开始检查，执行步骤 3）。

3）将这一行的子网掩码与目的地址 D 逐位"与"（AND 操作）。若运算结果与本行的前缀匹配，则查找结束，按照"下一跳"指出的进行处理（或者直接交付本网络上的目的主机，或通过指定接口发送到下一跳路由器）。否则，若转发表还有下一行，则对下一行进行检查，重新执行步骤 3）。否则，执行步骤 4）。

4）若转发表中有一个默认路由，则把分组传送给默认路由；否则，报告转发分组出错。

值得注意的是，转发表（或路由表）并没有给分组指明到某个网络的完整路径（即先经过哪个路由器，然后经过哪个路由器等）。转发表指出，到某个网络应当先到某个路由器（即下一跳路由器），到达下一跳路由器后，再继续查找其转发表，知道再下一步应当到哪个路由器。这样一步一步地查找下去，直到最后到达目的网络。

注　意

得到下一跳路由器的 IP 地址后，并不是直接将该地址填入待发送的数据报，而是将该 IP 地址转换成 MAC 地址（通过 ARP），将此 MAC 地址填入 MAC 帧首部，然后根据这个 MAC 地址找到下一跳路由器。在不同网络中传送时，MAC 帧的源地址和目的地址要发生变化。

4.2.5　地址解析协议（ARP）

1. IP 地址与硬件地址

IP 地址是网络层及网络层之上使用的地址，它是分层式的。硬件地址（MAC 地址）是数据链路层使用的地址，它是平面式的。IP 地址放在 IP 数据报的首部，而 MAC 地址放在 MAC 帧的首部。把 IP 数据报封装为 MAC 帧后，数据链路层看不见 IP 数据报中的 IP 地址。

因为路由器的隔离，IP 网络中无法通过广播 MAC 地址来完成跨网络的寻址，所以在网络层只使用 IP 地址来完成寻址。寻址时，每个路由器依据其路由表（依靠路由协议生成）选择到目标网络（即主机号全为 0 的网络地址）需要转发到的下一跳（路由器的物理端口号或下一网络地址），而 IP 数据报通过多次路由转发到达目标网络后，改为在目标局域网中通过数据链路层的 MAC 地址以广播方式寻址。这样可以提高路由选择的效率。

下列几个性质是计算机网络的精髓，有必要特别强调：

1）在 IP 层抽象的互联网上只能看到 IP 数据报。

2）虽然在 IP 数据报首部中有源 IP 地址，但路由器只根据目的 IP 地址进行转发。

3）在局域网的链路层，只能看见 MAC 帧。IP 数据报被封装在 MAC 帧中。通过路由器转发时，IP 数据报在每个网络中都被路由器解封装和重新封装，其 <u>MAC 帧首部中的源地址和目的地址会不断改变</u>。这也决定了无法使用 MAC 地址跨网络通信。

4）尽管互连在一起的网络的硬件地址体系各不相同，但 IP 层抽象的互联网却屏蔽了下层这些复杂的细节。只要我们在网络层上讨论问题，就能够使用统一的、抽象的 IP 地址研究主机与主机或路由器之间的通信。

> **注 意**
>
> 路由器因为互连多个网络，所以它不仅有多个 IP 地址，而且有多个硬件地址。

2．地址解析协议

`命题追踪` ▶▶ ARP 的功能和应用（2011、2012、2021）

无论网络层使用什么协议，在实际网络的链路上传送数据帧时，最终必须使用硬件地址。所以需要一种方法来完成 IP 地址到 MAC 地址的映射，这就是地址解析协议（Address Resolution Protocol，ARP）。每台主机都设有一个 ARP 高速缓存，用来存放本局域网上各主机和路由器的 IP 地址到 MAC 地址的映射表，称 ARP 表。使用 ARP 来动态维护 ARP 表。

`命题追踪` ▶▶ ARP 请求帧的目的 MAC 地址（2011、2015）

ARP 工作在网络层，其工作原理如下：主机 A 欲向本局域网上的某台主机 B 发送 IP 数据报时，先在其 ARP 高速缓存中查看有无主机 B 的 IP 地址。若<u>有</u>，则可以查出其对应的硬件地址，再将此硬件地址写入 MAC 帧，然后通过局域网将该 MAC 帧发往此硬件地址。若<u>没有</u>，则通过使用目的 MAC 地址为 FF-FF-FF-FF-FF-FF 的帧来封装并广播 ARP 请求分组（广播发送），使同一个局域网里的所有主机都收到此 ARP 请求。主机 B 收到该 ARP 请求后，向主机 A 发出 ARP 响应分组（单播发送），分组中包含主机 B 的 IP 地址与 MAC 地址的映射关系，主机 A 收到 ARP 响应分组后就将此映射写入 ARP 缓存，然后按查询到的硬件地址发送 MAC 帧。ARP 因为"看到了"IP 地址，所以它工作在网络层，而 NAT 路由器因为"看到了"端口，所以它工作在传输层。对于某个协议工作在哪个层次，读者应该能通过协议的工作原理进行推测。

> **注 意**
>
> ARP 用于解决同一局域网上的主机或路由器的 IP 地址和硬件地址的映射问题。若目的主机和源主机不在同一个局域网上，则要通过 ARP 找到本局域网上的某个路由器的硬件地址，然后把分组发送给这个路由器，让这个路由器把分组转发给下一个网络，剩下的工作就由下一个网络来做。尽管 ARP 请求分组是广播发送的，但 ARP 响应分组是普通的单播。

使用 ARP 的 4 种典型情况总结如下（见图 4.10）。

图 4.10 使用 ARP 的 4 种典型情况

1）发送方是主机（如 H₁），要把 IP 分组发送到本网络上的另一台主机（如 H₂）。这时 H₁ 在网 1 用 ARP 找到目的主机 H_2 的硬件地址。

2）发送方是主机（如 H_1），要把 IP 分组发送到其他网络上的一台主机（如 H_4）。这时 H_1 用 ARP 找到与网 1 连接的路由器 R_1 的硬件地址（默认网关），剩下的工作由 R_1 来完成。

命题追踪 ▶▶ 跨局域网的帧的目的 MAC 地址（2015）

> **注 意**
>
> 开始在 H_1 和 R_1 之间传送时，MAC 帧首部中的源地址是 H_1 的 MAC 地址，目的地址是 L_1 的硬件地址，路由器 R_1 收到此 MAC 帧后，在数据链路层，要丢弃原 MAC 的首部和尾部。这时首部中的源地址和目的地址分别为 L_2 和 L_3 的 MAC 地址。路由器 R_2 收到此帧后，再次更换 MAC 帧的首部和尾部，首部中的源地址和目的地址分别变为 L_4 和 H_4 的 MAC 地址。MAC 帧首部的这种变化，在上面的 IP 层中是看不见的。

3）发送方是路由器（如 R_1），要把 IP 分组转发到与 R_1 连接的网络（网 2）上的一台主机（如 H_3）。这时 R_1 在网 2 用 ARP 找到目的主机 H_3 的硬件地址。

4）发送方是路由器（如 R_1），要把 IP 分组转发到网 3 上的一台主机（如 H_4）。这时 R_1 在网 2 用 ARP 找到与网 2 连接的路由器 R_2 的硬件地址，剩下的工作由 R_2 来完成。

从 IP 地址到硬件地址的解析是自动进行的，主机的用户并不知道这种地址解析过程。只要主机或路由器和本网络上的另一个已知 IP 地址的主机或路由器进行通信，ARP 就自动地将这个 IP 地址解析为数据链路层所需的硬件地址。

4.2.6 动态主机配置协议（DHCP）

动态主机配置协议（Dynamic Host Configuration Protocol，DHCP）常用于给主机动态地分配 IP 地址，它提供了即插即用的联网机制，这种机制允许一台计算机加入新的网络和自动获取 IP 地址而不用手工参与。DHCP 是应用层协议，它是基于 UDP 的。

命题追踪 ▶▶ DHCP 发现报文的作用（2022）

DHCP 的工作原理如下：使用客户/服务器模型。需要 IP 地址的主机在启动时就向 DHCP 服务器广播发送发现报文，这时该主机就成为 DHCP 客户。本地网络上的所有主机都能收到这个广播报文，但只有 DHCP 服务器才能回答此广播报文。DHCP 服务器先在其数据库中查找该计算机的配置信息。若找到，则返回找到的信息；若找不到，则从服务器的 IP 地址池中取一个地址分配给该计算机。DHCP 服务器的回答报文称为提供报文。

命题追踪 ▶▶ DHCP 发现报文的源地址和目的地址（2015、2022）

DHCP 服务器和 DHCP 客户的交换过程如下：

1）DHCP 客户广播 "DHCP 发现" 消息，试图找到网络中的 DHCP 服务器，以便从 DHCP 服务器获得一个 IP 地址。源地址为 0.0.0.0，目的地址为 255.255.255.255。

2）DHCP 服务器收到 "DHCP 发现" 消息后，广播 "DHCP 提供" 消息，其中包括提供给 DHCP 客户机的 IP 地址。源地址为 DHCP 服务器地址，目的地址为 255.255.255.255。

3）DHCP 客户收到 "DHCP 提供" 消息，若接受该 IP 地址，则广播 "DHCP 请求" 消息向 DHCP 服务器请求提供 IP 地址。源地址为 0.0.0.0，目的地址为 255.255.255.255。

4）DHCP 服务器广播 "DHCP 确认" 消息，将 IP 地址分配给 DHCP 客户。源地址为 DHCP 服务器地址，目的地址为 255.255.255.255。

DHCP 允许网络上配置多台 DHCP 服务器，当 DHCP 客户发出"DHCP 发现"消息时，有可能收到多个应答消息。这时，DHCP 客户只会挑选其中的一个，通常挑选最先到达的。

DHCP 服务器分配给 DHCP 客户的 IP 地址是临时的，因此 DHCP 客户只能在一段有限的时间内使用这个分配到的 IP 地址。DHCP 称这段时间为租用期。租用期的数值应由 DHCP 服务器自己决定，DHCP 客户也可在自己发送的报文中提出对租用期的要求。

DHCP 客户和服务器端需要通过广播方式来进行交互，原因是在 DHCP 执行初期，客户机不知道服务器端的 IP 地址，而在执行中间，客户机并未被分配 IP 地址，从而导致两者之间的通信必须采用广播的方式。采用 UDP 而不采用 TCP 的原因也很明显：TCP 需要建立连接，若连对方的 IP 地址都不知道，则更不可能通过双方的套接字建立连接。

DHCP 是应用层协议，因为它是通过客户/服务器模式工作的，DHCP 客户向 DHCP 服务器请求服务，而其他层次的协议是没有这两种工作方式的。

4.2.7　网际控制报文协议（ICMP）

命题追踪 ▶▶ 直接为 ICMP 提供服务的协议（2012）

为了有效地转发 IP 数据报和提高交付成功的机会，在网络层使用了网际控制报文协议（Internet Control Message Protocol，ICMP），让主机或路由器报告差错和异常情况。ICMP 报文被封装在 IP 数据报中发送，但 ICMP 不是高层协议，而是网络层的协议。

ICMP 报文有两种，即 ICMP 差错报告报文和 ICMP 询问报文。

命题追踪 ▶▶ ICMP 差错报文的类型及含义（2022）

ICMP 差错报告报文用于目标主机或到目标主机路径上的路由器，向源主机报告差错和异常情况。共有以下 5 种常用的类型：

1）终点不可达。当路由器或主机不能交付数据报时，就向源点发送终点不可达报文。
2）源点抑制[②]。当路由器或主机因为拥塞而丢弃数据报时，就向源点发送源点抑制报文，使源点知道应当把数据报的发送速率放慢。
3）时间超过。当路由器收到生存时间（TTL）为零的数据报时，除丢弃该数据报外，还要向源点发送时间超过报文。当终点在预先规定的时间内不能收到一个数据报的全部数据片时，就把已收到的数据报片都丢弃，并向源点发送时间超过报文。
4）参数问题。当路由器或目的主机收到的数据报的首部中有的字段的值不正确时，就丢弃该数据报，并向源点发送参数问题报文。
5）改变路由（重定向）。路由器把改变路由报文发送给主机，让主机知道下次应将数据报发送给另外的路由器（可通过更好的路由）。

对于以下几种情况，不应发送 ICMP 差错报告报文：

1）对 ICMP 差错报告报文，不再发送 ICMP 差错报告报文。
2）对第一个分片的数据报片的所有后续数据报片，都不发送 ICMP 差错报告报文。
3）对具有多播地址的数据报，都不发送 ICMP 差错报告报文。
4）对具有特殊地址（如 127.0.0.0 或 0.0.0.0）的数据报，不发送 ICMP 差错报告报文。

ICMP 询问报文有 4 种类型：回送请求和回答报文、时间戳请求和回答报文、地址掩码请求和回答报文、路由器询问和通告报文，最常用的是前两类。

---

② ICMP 标准在不断更新，最新的 ICMP 标准[RFC6633]已不再使用"源点抑制报文"。

ICMP 的两个常见应用是分组网间探测 PING（用来测试两台主机之间的连通性）和 Traceroute（UNIX 中的名字，在 Windows 中是 Tracert，可以用来跟踪分组经过的路由）。其中 PING 使用了 ICMP 回送请求和回答报文，Traceroute（Tracert）使用了 ICMP 时间超过报文。

> **注 意**
>
> PING 工作在应用层，它直接使用网络层的 ICMP；Traceroute/Tracert 工作在网络层。

4.2.8 本节习题精选

一、单项选择题

01. Internet 的网络层含有 4 个重要的协议，分别为（　　）。
A. IP，ICMP，ARP，UDP
B. TCP，ICMP，UDP，ARP
C. IP，ICMP，ARP，RARP
D. UDP，IP，ICMP，RARP

02. 以下关于 IP 分组结构的描述中，错误的是（　　）。
A. IPv4 分组头的长度是可变的
B. 协议字段表示 IP 的版本，值为 4 表示 IPv4
C. 分组头长度字段以 4B 为单位，总长度字段以字节为单位
D. 生存时间字段值表示一个分组可以经过的最多的跳数

03. IPv4 分组首部中有两个有关长度的字段：首部长度和总长度，其中（　　）。
A. 首部长度字段和总长度字段都以 8 比特为计数单位
B. 首部长度字段以 8 比特为计数单位，总长度字段以 32 比特为计数单位
C. 首部长度字段以 32 比特为计数单位，总长度字段以 8 比特为计数单位
D. 首部长度字段和总长度字段都以 32 比特为计数单位

04. 下列关于 IP 分组的首部检验和字段的说法中，正确的是（　　）。
A. 检验和字段检查的范围是整个 IP 分组
B. 计算检验和的方法是对首部的每个 16 比特按反码运算求和再取反码
C. 若网络层发现检验和错误，则丢弃该 IP 分组并发送 ICMP 差错报文
D. IP 分组的检验和的计算需要加入一个伪首部

05. 当数据报到达目的网络后，要传送到目的主机，需要知道 IP 地址对应的（　　）。
A. 逻辑地址
B. 动态地址
C. 域名
D. 物理地址

06. 若 IPv4 的分组太大，会在传输中被分片，则在（　　）将对分片后的数据报重组。
A. 中间路由器
B. 下一跳路由器
C. 核心路由器
D. 目的主机

07. 在 IP 首部的字段中，与分片和重组无关的字段是（　　）。
A. 总长度
B. 标识
C. 标志
D. 片偏移

08. 以下关于 IP 分组的分片与组装的描述中，错误的是（　　）。
A. IP 分组头中与分片和组装相关的字段是：标识、标志与片偏移
B. IP 分组规定的最大长度为 65535B
C. 以太网的 MTU 为 1500B
D. 片偏移的单位是 4B

09. 若一个 IP 分组的片偏移字段的值为 100，则意味着（　　）。
A. 该 IP 分组没有分片
B. 该 IP 分组的长度为 100B

    C.　该 IP 分组的第一个字节是分片前的第 100 个字节

    D.　该 IP 分组的第一个字节是分片前的第 800 个字节

10. 以下关于 IP 分组分片基本方法的描述中，错误的是（　　）。

    A.　IP 分组长度大于 MTU 时，就必须对其进行分片

    B.　DF＝1，分组的长度又超过 MTU 时，则丢弃该分组，不需要向源主机报告

    C.　分片的 MF 值为 1 表示接收到的分片不是最后一个分片

    D.　属于同一原始 IP 分组的分片具有相同的标识

11. 某 IP 分组的片偏移字段值为 100，首部长度字段值为 5，总长度字段值为 100，则该 IP 分组的数据部分的第一个字节的编号与最后一个字节的编号是（　　）。

    A.　100, 200   B.　100, 500   C.　800, 879   D.　800, 900

12. 路由器 R0 的路由表见下表。若进入路由器 R0 的分组的目的地址为 132.19.237.5，则该分组应该被转发到（　　）下一跳路由器。

    A.　R1   B.　R2   C.　R3   D.　R4

目的网络	下一跳
132.0.0.0/8	R1
132.0.0.0/11	R2
132.19.232.0/22	R3
0.0.0.0/0	R4

13. IP 规定每个 C 类网络最多可以有（　　）台主机或路由器。

    A.　254   B.　256   C.　32   D.　1024

14. 下列地址中，属于子网 86.32.0.0/12 的地址是（　　）。

    A.　86.33.224.123 B.　86.79.65.126 C.　86.79.65.216   D.　86.68.206.154

15. 下列地址中，属于单播地址的是（　　）。

    A.　172.31.128.255/18   B.　10.255.255.255

    C.　192.168.24.59/30   D.　224.105.5.211

16. 下列地址中，属于本地回路地址的是（　　）。

    A.　10.10.10.1   B.　255.255.255.0 C.　192.0.0.1   D.　127.0.0.1

17. 访问互联网的每台主机都需要分配 IP 地址（假定采用默认子网掩码），下列可以分配给主机的 IP 地址是（　　）。

    A.　192.46.10.0   B.　110.47.10.0 C.　127.10.10.17   D.　211.60.256.21

18. 为了提供更多的子网，为一个 B 类地址指定了子网掩码 255.255.240.0，则每个子网最多可以有的主机数是（　　）。

    A.　16   B.　256   C.　4094   D.　4096

19. 不考虑 NAT，在 Internet 中，IP 数据报从源结点到目的结点可能需要经过多个网络和路由器。在整个传输过程中，IP 数据报首部中的（　　）。

    A.　源地址和目的地址都不会发生变化

    B.　源地址有可能发生变化而目的地址不会发生变化

    C.　源地址不会发生变化而目的地址有可能发生变化

    D.　源地址和目的地址都有可能发生变化

20. 把 IP 网络划分成子网，这样做的好处是（　　）。

    A.　增加冲突域的大小   B.　增加主机的数量

    C.　减少广播域的大小   D.　增加网络的数量

21. 一个网段的网络号为 198.90.10.0/27，最多可以分成（　）个子网，每个子网最多具有（　）个有效的 IP 地址。

  A. 8，30　　　　　　B. 4，62　　　　　　C. 16，14　　　　　D. 32，6

22. 一台主机有两个 IP 地址，一个地址是 192.168.11.25，另一个地址可能是（　）。

  A. 192.168.11.0　　B. 192.168.11.26　　C. 192.168.13.25　　D. 192.168.11.24

23. CIDR 技术的作用是（　）。

  A. 有效分配 IP 地址空间，并减少路由表的数目

  B. 把大的网络划分成小的子网

  C. 彻底解决 IP 地址资源不足的问题

  D. 由多台主机共享同一个网络地址

24. 某个 CIDR 表示的 IPv4 地址为 126.166.66.99/22，则下面的描述中错误的是（　）。

  A. 网络前缀占用 22 比特　　　　　　　B. 主机编号占用 10 比特

  C. 所在地址块包含的地址数为 2^{10}　　D. 126.166.66.99 是所在地址块的第一个地址

25. 某网络的一台主机的 IP 地址是 200.15.10.6/29，其配置的默认网关地址是 200.15.10.7，这样配置后发现主机无法 PING 通任何远程设备，原因是（　）。

  A. 默认网关的地址不属于这个子网

  B. 默认网关的地址是子网中的广播地址

  C. 路由器接口的地址是子网的广播地址

  D. 路由器接口的地址是多播地址

26. CIDR 地址块 192.168.10.0/20 所包含的 IP 地址范围是（①）。与地址 192.16.0.19/28 同属于一个子网的主机地址是（②）。

  ① A. 192.168.0.0～192.168.12.255　　B. 192.168.10.0～192.168.13.255

   C. 192.168.10.0～192.168.14.255　　D. 192.168.0.0～192.168.15.255

  ② A. 192.16.0.17　　B. 192.16.0.31　　C. 192.16.0.15　　D. 192.16.0.14

27. 路由表错误和软件故障都可能使得网络中的数据形成传输环路而无限转发环路的分组，IPv4 协议解决该问题的方法是（　）。

  A. 报文分片　　　B. 设定生命期　　　C. 增加检验和　　D. 增加选项字段

28. 为了解决 IP 地址耗尽的问题，可以采用以下一些措施，其中治本的是（　）。

  A. 划分子网　　　　　　　　　　B. 采用无类比编址 CIDR

  C. 采用网络地址转换 NAT　　　　D. 采用 IPv6

29. 下列对 IP 分组的分片和重组的描述中，正确的是（　）。

  A. IP 分组可以被源主机分片，并在中间路由器进行重组

  B. IP 分组可以被路径中的路由器分片，并在目的主机进行重组

  C. IP 分组可以被路径中的路由器分片，并在中间路由器上进行重组

  D. IP 分组可以被路径中的路由器分片，并在最后一跳的路由器上进行重组

30. 一个网络中有几个子网，其中一个已分配了子网号 74.178.247.96/29，则下列网络前缀中不能再分配给其他子网的是（　）。

  A. 74.178.247.120/29　　　　　　B. 74.178.247.64/29

  C. 74.178.247.96/28　　　　　　　D. 74.178.247.104/29

31. 主机 A 和主机 B 的 IP 地址分别为 216.12.31.20 和 216.13.32.21，要想让 A 和 B 工作在同一个 IP 子网内，应该给它们分配的子网掩码是（　）。

  A. 255.255.255.0　　B. 255.255.0.0　　C. 255.255.255.255　　D. 255.0.0.0

32. 某单位分配了 1 个 B 类地址，计划将内部网络划分成 35 个子网，将来可能增加 16 个子网，每个子网的主机数目接近 800 台，则可行的掩码方案是（　　）。

    A. 255.255.248.0   B. 255.255.252.0

    C. 255.255.254.0   D. 255.255.255.0

33. 设有 4 条路由 172.18.129.0/24、172.18.130.0/24、172.18.132.0/24 和 172.18.133.0/ 24，若进行路由聚合，则能覆盖这 4 条路由的地址是（　　）。

    A. 172.18.128.0/21   B. 172.18.128.0/22

    C. 172.18.130.0/22   D. 172.18.132.0/23

34. 下列四个地址块中，与地址块 172.16.166.192/26 不重叠，且与 172.16.166.192/26 聚合后的地址块不会引入多余地址的是（　　）。

    A. 172.16.166.192/27   B. 172.16.166.128/26

    C. 172.16.166.0/26   D. 172.16.166.0/25

35. 在一条点对点链路上，为了减少 IP 地址的浪费，子网掩码应指定为（　　）。

    A. 255.255.255.252   B. 255.255.255.248

    C. 255.255.255.240   D. 255.255.255.196

36. 某子网的子网掩码为 255.255.255.224，一共给 4 台主机分配了 IP 地址，其中一台因 IP 地址分配不当而存在通信故障。这一台主机的 IP 地址是（　　）。

    A. 202.3.1.33   B. 202.3.1.65   C. 202.3.1.44   D. 202.3.1.55

37. 某主机的 IP 地址是 166.66.66.66，子网掩码为 255.255.192.0，若该主机向其所在子网发送广播分组，则目的 IP 地址应该是（　　）。

    A. 166.66.66.255   B. 166.66.255.255   C. 166.255.255.255   D. 166.66.127.255

38. 现将一个 IP 网络划分成 4 个子网，若其中一个子网是 172.16.1.128/26，则下列网络中，不可能是另外三个子网之一的是（　　）。

    A. 172.16.1.0/25   B. 172.16.1.64/26   C. 172.16.1.96/27   D. 172.16.1.224/27

39. 位于不同子网中的主机之间相互通信时，下列说法中正确的是（　　）。

    A. 路由器在转发 IP 数据报时，重新封装源硬件地址和目的硬件地址

    B. 路由器在转发 IP 数据报时，重新封装源 IP 地址和目的 IP 地址

    C. 路由器在转发 IP 数据报时，重新封装目的硬件地址和目的 IP 地址

    D. 源站点可以直接进行 ARP 广播得到目的站点的硬件地址

40. 路由器收到目的 IP 地址为 255.255.255.255 的分组，则路由器的操作是（　　）。

    A. 丢弃该 IP 分组

    B. 从所有其他接口转发该 IP 分组

    C. 通过路由表中的默认路由转发该 IP 分组

    D. 通过路由表中的特定主机路由转发该 IP 分组

41. 根据 NAT 协议，下列 IP 地址中（　　）不允许出现在互联网上。

    A. 192.172.56.23   B. 172.15.34.128   C. 192.168.32.17   D. 172.128.45.34

42. 下列情况需要启动 ARP 请求的是（　　）。

    A. 主机需要接收信息，但 ARP 表中没有源 IP 地址与 MAC 地址的映射关系

    B. 主机需要接收信息，但 ARP 表中已有源 IP 地址与 MAC 地址的映射关系

    C. 主机需要发送信息，但 ARP 表中没有目的 IP 地址与 MAC 地址的映射关系

    D. 主机需要发送信息，但 ARP 表中已有目的 IP 地址与 MAC 地址的映射关系

43. ARP 的工作过程中，ARP 请求是（ ）发送，ARP 响应是（ ）发送。

    A. 单播   B. 多播   C. 广播

44. 主机发送 IP 数据报给主机 B，途中经过了 5 个路由器。请问在此过程中总共使用了（ ）次 ARP 请求。

    A. 5   B. 6   C. 10   D. 11

45. 某以太网中，甲的 IP 地址为 211.71.136.23，子网掩码为 255.255.240.0，已知网关地址为 211.71.136.1。若甲向乙（IP 地址为 211.71.130.25）发送一个 IP 分组，则（ ）。

    A. 该分组封装成帧后直接发送给乙，帧中目的 MAC 地址为网关的 MAC 地址

    B. 该分组封装成帧后直接发送给乙，帧中目的 MAC 地址为乙的 MAC 地址

    C. 该分组封装成帧后交由网关转发，帧中目的 MAC 地址为网关的 MAC 地址

    D. 该分组封装成帧后交由网关转发，帧中目的 MAC 地址为乙的 MAC 地址

46. 可以动态为主机配置 IP 地址的协议是（ ）。

    A. ARP   B. RARP   C. DHCP   D. NAT

47. 若某路由器收到一个 TTL 值为 1 的 IP 数据报，则路由器的操作是（ ）。

    A. 转发该 IP 数据报

    B. 仅仅丢弃该 IP 数据报

    C. 丢弃该 IP 数据报并向源主机发送类型为终点不可达的 ICMP 差错报告报文

    D. 丢弃该 IP 数据报并向源主机发送类型为时间超过的 ICMP 差错报告报文

48. 下列关于 ICMP 报文的说法中，错误的是（ ）。

    A. ICMP 报文封装在数据链路层帧中发送

    B. ICMP 报文可以用于报告 IP 数据报发送错误

    C. ICMP 报文封装在 IP 数据报中发送

    D. 对于已经携带 ICMP 差错报文的分组，不再产生 ICMP 差错报文

49. 下列关于 ICMP 差错报文的描述中，错误的是（ ）。

    A. ICMP 报文分为差错报告报文和询问报文两类

    B. 对于已经分片的分组，只对第一个分片产生 ICMP 差错报文

    C. PING 使用了 ICMP 差错报文

    D. 对于多播的分组，不产生 ICMP 差错报文

50. 【2010 统考真题】某网络的 IP 地址空间为 192.168.5.0/24，采用定长子网划分，子网掩码为 255.255.255.248，则该网络中的最大子网个数、每个子网内的最大可分配地址个数分别是（ ）。

    A. 32，8   B. 32，6   C. 8，32   D. 8，30

51. 【2010 统考真题】若路由器 R 因为拥塞丢弃 IP 分组，则此时 R 可向发出该 IP 分组的源主机发送的 ICMP 报文类型是（ ）。

    A. 路由重定向   B. 目的不可达   C. 源点抑制   D. 超时

52. 【2011 统考真题】在子网 192.168.4.0/30 中，能接收目的地址为 192.168.4.3 的 IP 分组的最大主机数是（ ）。

    A. 0   B. 1   C. 2   D. 4

53. 【2011 统考真题】某网络拓扑如下图所示，路由器 R1 只有到达子网 192.168.1.0/24 的路由。为使 R1 可以将 IP 分组正确地路由到图中的所有子网，在 R1 中需要增加的一条路由（目的网络，子网掩码，下一跳）是（ ）。

A. 192.168.2.0　　　255.255.255.128　　　192.168.1.1
B. 192.168.2.0　　　255.255.255.0　　　192.168.1.1
C. 192.168.2.0　　　255.255.255.128　　　192.168.1.2
D. 192.168.2.0　　　255.255.255.0　　　192.168.1.2

54. 【2012 统考真题】某主机的 IP 地址为 180.80.77.55，子网掩码为 255.255.252.0。若该主机向其所在子网发送广播分组，则目的地址可以是（　　）。

    A. 180.80.76.0　　B. 180.80.76.255　　C. 180.80.77.255　　D. 180.80.79.255

55. 【2012 统考真题】ARP 的功能是（　　）。

    A. 根据 IP 地址查询 MAC 地址　　　　B. 根据 MAC 地址查询 IP 地址
    C. 根据域名查询 IP 地址　　　　　　　D. 根据 IP 地址查询域名

56. 【2012 统考真题】在 TCP/IP 体系结构中，直接为 ICMP 提供服务的协议是（　　）。

    A. PPP　　　　　B. IP　　　　　C. UDP　　　　　D. TCP

57. 【2015 统考真题】某路由器的路由表如下所示：

目 的 网 络	下 一 跳	接　　口
169.96.40.0/23	176.1.1.1	S1
169.96.40.0/25	176.2.2.2	S2
169.96.40.0/27	176.3.3.3	S3
0.0.0.0/0	176.4.4.4	S4

若路由器收到一个目的地址为 169.96.40.5 的 IP 分组，则转发该 IP 分组的接口是（　　）。

    A. S1　　　　　B. S2　　　　　C. S3　　　　　D. S4

58. 【2016 统考真题】如下图所示，假设 H1 与 H2 的默认网关和子网掩码均分别配置为 192.168.3.1 和 255.255.255.128，H3 和 H4 的默认网关和子网掩码均分别配置为 192.168.3.254 和 255.255.255.128，则下列现象中可能发生的是（　　）。

A. H1 不能与 H2 进行正常 IP 通信　　　B. H2 与 H4 均不能访问 Internet

C. H1 不能与 H3 进行正常 IP 通信　　D. H3 不能与 H4 进行正常 IP 通信

59. 【2016 统考真题】在上题的图中，假设连接 R1、R2 和 R3 之间的点对点链路使用地址 201.1.3.x/30，当 H3 访问 Web 服务器 S 时，R2 转发出去的封装 HTTP 请求报文的 IP 分组是源 IP 地址和目的 IP 地址，它们分别是（　　）。

A. 192.168.3.251，130.18.10.1　　　　B. 192.168.3.251，201.1.3.9
C. 201.1.3.8，130.18.10.1　　　　　　D. 201.1.3.10，130.18.10.1

60. 【2017 统考真题】若将网络 21.3.0.0/16 划分为 128 个规模相同的子网，则每个子网可分配的最大 IP 地址个数是（　　）。

A. 254　　　　B. 256　　　　C. 510　　　　D. 512

61. 【2017 统考真题】下列 IP 地址中，只能作为 IP 分组的源 IP 地址但不能作为目的 IP 地址的是（　　）。

A. 0.0.0.0　　　　B. 127.0.0.1　　　　C. 200.10.10.3　　　　D. 255.255.255.255

62. 【2018 统考真题】某路由表中有转发接口相同的 4 条路由表项，其目的网络地址分别为 35.230.32.0/21、35.230.40.0/21、35.230.48.0/21 和 35.230.56.0/21，将该 4 条路由聚合后的目的网络地址为（　　）。

A. 35.230.0.0/19　　B. 35.230.0.0/20　　C. 35.230.32.0/19　　D. 35.230.32.0/20

63. 【2018 统考真题】路由器 R 通过以太网交换机 S1 和 S2 连接两个网络，R 的接口、主机 H1 和 H2 的 IP 地址与 MAC 地址如下图所示。若 H1 向 H2 发送一个 IP 分组 P，则 H1 发出的封装 P 的以太网帧的目的 MAC 地址、H2 收到的封装 P 的以太网帧的源 MAC 地址分别是（　　）。

A. 00-a1-b2-c3-d4-62，00-1a-2b-3c-4d-52　　B. 00-a1-b2-c3-d4-62，00-a1-b2-c3-d4-61
C. 00-1a-2b-3c-4d-51，00-1a-2b-3c-4d-52　　D. 00-1a-2b-3c-4d-51，00-a1-b2-c3-d4-61

64. 【2019 统考真题】若将 101.200.16.0/20 划分为 5 个子网，则可能的最小子网的可分配 IP 地址数是（　　）。

A. 126　　　　B. 254　　　　C. 510　　　　D. 1022

65. 【2021 统考真题】现将一个 IP 网络划分为 3 个子网，若其中一个子网是 192.168.9.128/26，则下列网络中不可能是另外两个子网之一的是（　　）。

A. 192.168.9.0/25　　　　　　　　B. 192.168.9.0/26
C. 192.168.9.192/26　　　　　　　D. 192.168.9.192/27

66. 【2021 统考真题】若路由器向 MTU=800B 的链路转发一个总长度为 1580B 的 IP 数据报（首部长度为 20B）时进行了分片，且每个分片尽可能大，则第 2 个分片的总长度字段和 MF 标志位的值分别是（　　）。

A. 796，0　　　　B. 796，1　　　　C. 800，0　　　　D. 800，1

67. 【2022 统考真题】若某主机的 IP 地址是 183.80.72.48，子网掩码是 255.255.192.0，则该主机所在网络的网络地址是（　　）。

　　A.　183.80.0.0　　　　B.　183.80.64.0　　　　C.　183.80.72.0　　　　D.　183.80.192.0

68.【2022 统考真题】下图所示网络中的主机 H 的子网掩码与默认网关分别是（　）。

　　A.　255.255.255.192,192.168.1.1　　　　　　B.　255.255.255.192,192.168.1.62
　　C.　255.255.255.224,192.168.1.1　　　　　　D.　255.255.255.224,192.168.1.62

69.【2023 统考真题】某网络拓扑如下图所示，其中路由器 R2 实现 NAT 功能。若主机 H 向
　　Internet 发送 1 个 IP 分组，则经过 R2 转发后，该 IP 分组的源 IP 地址是（　）。

　　A.　195.123.0.33　　　B.　195.123.0.35　　　C.　192.168.0.1　　　　D.　192.168.0.3

70.【2023 统考真题】主机 168.16.84.24/20 所在子网的最小可分配 IP 地址和最大可分配 IP
　　地址分别是（　）。
　　A.　168.16.80.1，168.16.84.254　　　　　　B.　168.16.80.1，168.16.95.254
　　C.　168.16.84.1，168.16.84.254　　　　　　D.　168.16.84.1，168.16.95.254

二、综合应用题

01. 一个 IP 分组报头中的首部长度字段值为 101（二进制），而总长度字段值为 101000（二
　　进制）。请问该分组携带了多少字节的数据？

02. 一个数据报长度为 4000B（固定首部长度）。现在经过一个网络传送，但此网络能够传
　　送的最大数据长度是 1500B。试问应当划分为几个短一些的数据报片？各数据片段的数
　　据字段长度、片段偏移字段和 MF 标志应为何值？

03. 某网络的一台主机产生了一个 IP 数据报，首部长度为 20B，数据部分长度为 2000B。该
　　数据报需要经过两个网络到达目的主机，这两个网络所允许的数据链路层的最大传输单
　　位（MTU）分别为 1500B 和 576B。问原 IP 数据报到达目的主机时分成了几个 IP 小报
　　文？每个报文的数据部分长度分别是多少？

04. 若到达的分组的片偏移值为 100，分组首部中的首部长度字段值为 5，总长度字段值为
　　100，则数据部分第一个字节的编号是多少？能确定数据部分最后一个字节的编号吗？

05. 设目的地址为 201.230.34.56，子网掩码为 255.255.240.0，试求子网地址。

06. 在 4 个 "/24" 地址块中进行最大可能的聚合：212.56.132.0/24、212.56.133.0/24、212.56.134.0/24、
　　212.56.135.0/24。

07. 现有一公司需要创建内部网络，该公司包括工程技术部、市场部、售后部、财务部和办
　　公室 5 个部门，每个部门有 20～30 台计算机。试问：
　　1）若要将几个部门从网络上分开，且分配给该公司使用的地址为一个 C 类地址，网络
　　　地址为 192.168.161.0，则如何划分网络？可以将几个部门分开？
　　2）确定各部门的网络地址和子网掩码，并写出分配给每个部门网络中的主机 IP 地址范围。

08. 某路由器具有右表所示的路由表项。

1）假设路由器收到两个分组：分组 A 的目的地址为 131.128.55.33，分组 B 的目的地址为 131.128.55.38。确定路由器为这两个分组选择的下一跳，并加以说明。

2）在路由表中增加一个路由表项，它使以 131.128.55.33 为目的地址的 IP 分组选择 "A" 作为下一跳，而不影响其他目的地址的 IP 分组的转发。

网络前缀	下一跳
131.128.56.0/24	A
131.128.55.32/28	B
131.128.55.32/30	C
131.128.0.0/16	D

3）在路由表中增加一个路由表项，使所有目的地址与该路由表中任何路由表项都不匹配的 IP 分组被转发到下一跳 "E"。

4）将 131.128.56.0/24 划分为 4 个规模尽可能大的等长子网，给出子网掩码及每个子网的可分配地址范围。

09. 下表是使用无类别域间路由选择（CIDR）的路由选择表，地址字段是用十六进制表示的，试指出具有下列目标地址的 IP 分组将被投递到哪个下一站？

网络/掩码长度	下一站地		C4.68.0.0/14	D
C4.50.0.0/12	A		80.0.0.0/1	E
C4.5E.10.0/20	B		40.0.0.0/2	F
C4.60.0.0/12	C		00.0.0.0/2	G

1）C4.5E.13.87　　2）C4.5E.22.09　　3）C3.41.80.02　　4）5E.43.91.12

10. 一个自治系统有 5 个局域网，如下图所示，LAN2 至 LAN5 上的主机数分别为 91、150、3 和 15，该自治系统分配到的 IP 地址块为 30.138.118.0/23，试给出每个局域网的地址块（包括前缀）。

11. 某个网络地址块 192.168.75.0 中有 5 台主机 A、B、C、D 和 E，主机 A 的 IP 地址为 192.168.75.18，主机 B 的 IP 地址为 192.168.75.146，主机 C 的 IP 地址为 192.168.75.158，主机 D 的 IP 地址为 192.168.75.161，主机 E 的 IP 地址为 192.168.75.173，共同的子网掩码是 255.255.255.240。请回答：

1）5 台主机 A、B、C、D、E 分属几个网段？哪些主机位于同一网段？主机 D 的网络地址为多少？

2）若要加入第 6 台主机 F，使它能与主机 A 属于同一网段，则其 IP 地址范围是多少？

3）若在网络中另加入一台主机，其 IP 地址为 192.168.75.164，则它的广播地址是多少？哪些主机能够收到？

12. 一个 IPv4 分组到达一个结点时，其首部信息（以十六进制表示）为：0x45 00 00 54 00 03 58 50 20 06 FF F0 7C 4E 03 02 B4 0E 0F 02。IP 分组的首部格式见图 4.5。请回答：

1）分组的源 IP 地址和目的 IP 地址各是什么（点分十进制表示法）？

2）该分组数据部分的长度是多少？

3）该分组是否已经分片？若有分片，则偏移量是多少？

13. 主机 A 的 IP 地址为 218.207.61.211，MAC 地址为 00:1d:72:98:1d:fc。A 收到一个帧，该帧的前 64 个字节的十六进制形式和 ASCII 形式如下图所示。

```
0000  00 1d 72 98 1d fc 00 00  5e 00 01 01 88 64 11 00   ..r.....^....d..
0010  75 89 01 92 00 21 45 00  01 90 f9 bf 40 00 33 06   u....!E.....@.3.
0020  f3 15 da c7 66 28 da cf  3d d3 00 50 c4 8f dc a6   ...f(.. =..P....
0030  a2 96 23 4c 44 69 50 18  00 0f 76 3d 00 00 90 b5   ..#LDiP...v=....
```

IP 分组的首部格式见图 4.5，以太网帧的格式参见 3.6.2 节。问：

1）主机 A 所在网络的网关路由器的相应端口的 MAC 地址是多少？

2）该 IP 分组所携带的数据量为多少字节？

3）若该分组需要被路由器转发到一条 MTU 为 380B 的链路上，则路由器将做何种操作？

14. 某网络拓扑如下图所示，R1 和 R2 为路由器，Switch 为交换机，Hub 为集线器，Web 服务器 S、主机 H1～H6 和路由器各接口的 IP 地址如图中所示。请回答：

1）R1 的 E2 接口的 IP 地址是什么？H1 和 H4 配置的默认网关地址分别应是什么？

2）为了让 R2 能正确转发送往 H1～H6 的 IP 分组，给 R2 添加一条路由表项，该路由表项中的目的网络地址、地址掩码、下一跳地址分别是什么？

3）假设 H1 和 R1 的 ARP 缓存初始均为空，交换机的交换表也为空，H1 向 H6 发送一个 IP 分组 P，H6 收到 P 后向 H1 发送一个响应 IP 分组 A，则能收到封装 P 的以太网帧的主机，以及能收到封装 A 的以太网帧的主机分别有哪些？

4）为了让 H1 能够正常访问互联网的 Web 服务器 S，需要 R2 开启什么服务？H1 发出的封装有 HTTP 请求报文的 IP 分组 H，首部中的源 IP 地址和目的 IP 地址分别是什么？当 H 从 R2 转发出去时，首部中的源 IP 地址和目的 IP 地址分别是什么？

15.【2009 统考真题】某网络拓扑图如下图所示，路由器 R1 通过接口 E1、E2 分别连接局域网 1、局域网 2，通过接口 L0 连接路由器 R2，并通过路由器 R2 连接域名服务器与互联网。R1 的 L0 接口的 IP 地址是 202.118.2.1；R2 的 L0 接口的 IP 地址是 202.118.2.2，L1 接口的 IP 地址是 130.11.120.1，E0 接口的 IP 地址是 202.118.3.1；域名服务器的 IP 地址是 202.118.3.2。

R1 和 R2 的路由表结构如下：

目的网络 IP 地址	子网掩码	下一跳 IP 地址	接口

1）将 IP 地址空间 202.118.1.0/24 划分为两个子网，分别分配给局域网 1 和局域网 2，每个局域网需分配的 IP 地址数不少于 120 个。请给出子网划分结果，说明理由或给出必要的计算过程。

2）请给出 R1 的路由表，使其明确包括到局域网 1 的路由、局域网 2 的路由、域名服务器的主机路由和互联网的路由。

3）请采用路由聚合技术，给出 R2 到局域网 1 和局域网 2 的路由。

16.【2015 统考真题】某网络拓扑如下图所示，其中路由器内网接口、DHCP 服务器、WWW 服务器与主机 1 均采用静态 IP 地址配置，相关地址信息见图中标注；主机 2 ～ 主机 N 通过 DHCP 服务器动态获取 IP 地址等配置信息。

回答下列问题：

1）DHCP 服务器可为主机 2 ～ N 动态分配 IP 地址的最大范围是什么？主机 2 使用 DHCP 获取 IP 地址的过程中，发送的封装 DHCP Discover 报文的 IP 分组的源 IP 地址和目的 IP 地址分别是多少？

2）若主机 2 的 ARP 表为空，则该主机访问 Internet 时，发出的第一个以太网帧的目的 MAC 地址是什么？封装主机 2 发往 Internet 的 IP 分组的以太网帧的目的 MAC 地址是什么？

3）若主机 1 的子网掩码和默认网关分别配置为 255.255.255.0 和 111.123.15.2，则该主机是否能访问 WWW 服务器？是否能访问 Internet？请说明理由。

17.【2018 统考真题】某公司的网络如下图所示。IP 地址空间 192.168.1.0/24 均分给销售部和技术部两个子网，并已分别为部分主机和路由器接口分配了 IP 地址，销售部子网的 MTU = 1500B，技术部子网的 MTU = 800B。

回答下列问题：

1）销售部子网的广播地址是什么？技术部子网的子网地址是什么？若每台主机仅分配一个 IP 地址，则技术部子网还可以连接多少台主机？

2）假设主机 192.168.1.1 向主机 192.168.1.208 发送一个总长度为 1500B 的 IP 分组，IP 分

组的首部长度为 20B，路由器在通过接口 F1 转发该 IP 分组时进行了分片。若分片时
尽可能分为最大片，则一个最大 IP 分片封装数据的字节数是多少？至少需要分为几
个分片？每个分片的片偏移量是多少？

18.【2020 统考真题】某校园网有两个局域网，通过路由器 R1、R2 和 R3 互连后接入 Internet，
S1 和 S2 为以太网交换机。局域网采用静态 IP 地址配置，路由器部分接口以及各主机的
IP 地址如下图所示。

假设 NAT 转换表结构为

外网		内网	
IP 地址	端口号	IP 地址	端口号

请回答下列问题：

1）为使 H2 和 H3 能够访问 Web 服务器（使用默认端口号），需要进行什么配置？

2）若 H2 主动访问 Web 服务器时，将 HTTP 请求报文封装到 IP 数据报 P 中发送，则 H2
发送的 P 的源 IP 地址和目的 IP 地址分别是什么？经过 R3 转发后，P 的源 IP 地址和
目的 IP 地址分别是什么？经过 R2 转发后，P 的源 IP 地址和目的 IP 地址分别是什么？

19.【2022 统考真题】某网络拓扑如下图所示，R 为路由器，S 为以太网交换机，AP 是 802.11
接入点，路由器的 E0 接口和 DHCP 服务器的 IP 地址配置如图中所示；H1 与 H2 属于同
一个广播域，但不属于同一个冲突域；H2 和 H3 属于同一个冲突域；H4 和 H5 已经接入
网络，并通过 DHCP 动态获取了 IP 地址。现有路由器、100BaseT 以太网交换机和 100BaseT
集线器（Hub）三类设备各若干。

请回答下列问题。

1）设备 1 和设备 2 应该分别选择哪类设备？

2）若信号传播速度为 2×10^8m/s，以太网最小帧长为 64B，信号通过设备 2 时会产生额外的 1.51μs 的时延，则 H2 与 H3 之间可以相距的最远距离是多少？

3）在 H4 通过 DHCP 动态获取 IP 地址过程中，H4 首先发送了 DHCP 报文 M，M 是哪种 DHCP 报文？路由器 E0 接口能否收到封装 M 的以太网帧？S 向 DHCP 服务器转发的封装 M 的以太网帧的目的 MAC 地址是什么？

4）若 H4 向 H5 发送一个 IP 分组 P，则 H5 收到的封装 P 的 802.11 帧的地址 1、地址 2 和地址 3 分别是什么？

4.2.9 答案与解析

一、单项选择题

01. C

TCP 和 UDP 是传输层协议，IP、ICMP、ARP、RARP（逆地址解析协议）是网络层协议。

02. B

协议字段表示使用 IP 的上层协议，如值为 6 表示 TCP，值为 17 表示 UDP。版本字段表示 IP 的版本，值为 4 表示 IPv4，值为 6 表示 IPv6。

03. C

在首部中有三个关于长度的标记：首部长度、总长度和片偏移，基本单位分别为 4B、1B 和 8B。IP 分组的首部长度必须是 4B 的整数倍，取值范围是 5～15（默认值是 5）。因为 IP 分组的首部长度是可变的，所以首部长度字段必不可少。总长度字段给出 IP 分组的总长度，单位是字节，包括分组首部和数据部分的长度。数据部分的长度可以从总长度减去分组首部长度计算。

04. B

检验和字段只检查数据报的首部，不包括数据部分。计算检验和的方法是：先把数据报的首部划分为许多 16 比特的序列，用反码算术运算把所有 16 比特相加后，将得到的和的反码写入检验和字段。接收方的网络层发现检验和出错后，就丢弃收到的数据报，但不会发送差错报文。数据报的检验和的计算不需要加入伪首部，伪首部用于计算 UDP 或 TCP 检验和。

05. D

在数据链路层，MAC 地址用来标识主机或路由器，数据报到达具体的目的网络后，需要知道目的主机的 MAC 地址才能成功送达，因此需要将 IP 地址转换成对应的 MAC 地址，即物理地址。

06. D

数据报被分片后，每个分片都将独立地传输到目的地，其间有可能会经过不同的路径，而最后在目的端主机分组才能被重组。

07. A

在 IP 首部中，标识字段的用途是让目标机器确认一个新到达的分片是否属于同一个数据报，用于重组分片后的 IP 数据报。标志字段中的 DF 表示是否允许分片，MF 表示后面是否还有分片。片偏移则指出分组在分片后某片在原分组中的相对位置。

08. D

片偏移标识该分片所携带数据在原始分组所携带数据中的相对位置，以 8B 为单位。

09. D

片偏移以 8B 为偏移单位，它指出数据报在分片后，某片在原数据报中的相对位置。若片偏移值为 0，则表示该数据报片是原数据报的第 1 片，或者该数据报没有分片。若片偏移值为 100，则表示该数据报片的第 1 个字节是原数据报的第 800 个字节。

10．B

若分组长度超过 MTU，则当 DF＝1 时，丢弃该分组，并且要用 ICMP（终点不可达报文）向源主机报告差错；当 DF＝0 时，进行分片，MF＝1 表示后面还有分片。

11．C

片偏移、首部长度、总长度的单位分别为 8B、4B、1B。片偏移值为 100，表示该分片的数据部分的第 1 个字节的编号是 800。分组的总长度为 100B，首部长度为 4B×5＝20B，所以数据部分的长度为 80B。因此，该分片的数据部分的最后一个字节的编号是 879。

12．B

对于 A 选项，132.19.237.5 的前 8 位与 132.0.0.0/8 匹配。而 B 选项中，132.19.237.5 的前 11 位与 132.0.0.0/11 匹配。C 选项中，132.19.237.5 的前 22 位与 132.19.232.0/22 不匹配。根据"最长前缀匹配原则"，该分组应该被转发到 R2。D 选项为默认路由，只有当前面的所有目的网络都不能和分组的目的 IP 地址匹配时才使用。

13．A

在分类的 IP 网络中，C 类地址的前 24 位为网络位，后 8 位为主机位，主机位全"0"表示网络号，主机位全"1"表示广播地址，因此最多可以有 $2^8-2=254$ 台主机或路由器。

14．A

CIDR 地址块 86.32.0.0/12 的网络前缀为 12 位，说明第 2 个字节的前 4 位在前缀中，第 2 个字节 32 的二进制形式为 00100000。给出的 4 个地址的前 8 位均相同，而第 2 个字节的前 4 位分别是 0010，0100，0100，0100，所以本题答案为 A。

15．A

10.255.255.255 为 A 类地址，主机号全 1，代表网络广播，为广播地址。192.168.24.59/30 为 CIDR 地址，只有后面 2 位为主机号，而 59 用二进制表示为 00111011，可知主机号全 1，代表网络广播，为广播地址。224.105.5.211 为 D 类多播地址。

16．D

所有形如 127.xx.yy.zz 的 IP 地址，都作为保留地址，用于回路测试。

17．B

A 是 C 类地址，掩码为 255.255.255.0，由此得知 A 地址的主机号为全 0（未使用 CIDR），因此不能作为主机地址。C 是为回环测试保留的地址。D 是语法错误的地址，不允许有 256。B 为 A 类地址，其网络号是 110，主机号是 47.10.0。

18．C

因为 $240_{10}=11110000_2$，所以共有 12 比特位用于主机地址，且主机位全 0 和全 1 不能使用，所以最多可以有的主机数为 $2^{12}-2=4094$。

19．A

在 Internet 中，IP 数据报从源结点到目的结点可能需要经过多个网络和路由器。当一个路由器接收到一个 IP 数据报时，路由器根据 IP 数据报首部的目的 IP 地址进行路由选择，并不改变源 IP 地址的取值。即使 IP 数据报被分片时，原 IP 数据报的源 IP 地址和目的 IP 地址也将复制到每个分片的首部，因此在整个传输过程中，IP 数据报首部的源 IP 地址和目的 IP 地址都不发生变化。

20．C

划分子网可以增加子网的数量（即把一个大的网络划分成许多小的网络，这是子网划分的结果，并不是目的），子网之间的数据传输需要通过路由器进行，因此减少了广播域的大小，提高网络的效率和安全性。划分子网后，因为各子网中主机号全 0 和全 1 的地址不能使用，所以会减少总的主机数量，但划分子网提高了 IP 地址的利用率。

21．A

由题可知，主机号有 5 位，若主机号只占 1 位，则没有有效的 IP 地址可供分配（除去 0 和 1），因此最少 2 位表示主机号，还剩 3 位表示子网号，所以最多可以分成 8 个子网。而当 5 位都表示主机数，即只有 1 个子网时，每个子网最多具有 30 个有效的 IP 地址（除去全 0 和全 1）。

22．C

在网络中，允许一台主机有两个或两个以上的 IP 地址，若一台主机有两个或两个以上 IP 地址，则说明这台主机属于两个或两个以上的网络。IP 地址 192.168.11.25 属于 C 类 IP 地址，所以与 A、B 和 D 属于同一个网络；只有 C 的网络号不同，表明它属于不同的网络。

23．A

CIDR 可以更合理地分配 IP 地址空间，缓解 IP 地址消耗的速度，但无法彻底解决 IP 地址耗尽的问题。CIDR 通过路由聚合可减少路由表数目，从而减少路由器之间的信息交换，提高了网络性能。把大的网络划分成小的子网，这是 CIDR 划分子网的结果，并不是作用。

24．D

CIDR 表示法是一种用斜线 "/" 后面加上网络前缀所占的位数来表示 IP 地址的方法。网络前缀所占的位数是网络号部分，剩下的位数是主机号部分。所在地址块包含的地址数是 $2^{10} = 1024$。令主机号全为 0，所以 126.166.66.99/22 所在地址块的第一个地址是 126.166.64.0。

25．B

200.15.10.7 的最后一个字节展开成二进制为 0000 0111，该地址是 200.15.10.6/29 所在地址块的广播地址，不能使用。若将默认网关设置为广播地址，则导致无法识别网关，而被当作一个广播目标，导致分组无法正确地转发给其他网络，而被分发给本网络上的所有主机。

26．D、A

CIDR 地址由网络前缀和主机号两部分组成，CIDR 将网络前缀都相同的连续 IP 地址组成 "CIDR 地址块"。网络前缀的长度为 20 位，主机号为 12 位，因此 192.168.0.0/20 地址块中的地址数为 2^{12} 个。其中，当主机号为全 0 时，取最小地址 192.168.0.0。当主机号全为 1 时，取最大地址 192.168.15.255。注意，这里并不是指可分配的主机地址。

对于 192.16.0.19/28，表示子网掩码为 255.255.255.240。IP 地址 192.16.0.19 与 IP 地址 192.16.0.17 所对应的前 28 位数相同，都是 11000000 00010000 00000000 0001，所以 IP 地址 192.16.0.17 是子网 192.16.0.19/28 的一台主机地址。注意，主机号全 0 和全 1 的地址不使用。

27．B

为每个 IP 分组设定生存时间（TTL），每经过一个路由器，TTL 减 1，TTL 为 0 时，路由器就不再转发该分组。因此可以避免分组在网络中无限循环下去。

28．D

最初设计的分类 IP 地址，因为每类地址所能连接的主机数大大超过一般单位的需求量，所以造成了 IP 地址的浪费。划分子网通过从网络的主机号借用若干比特作为子网号，从而使原来较大规模的网络细分为几个规模较小的网络，提高了 IP 地址的利用率。

CIDR 是比划分子网更为灵活的一种手段，它消除了 A、B、C 类地址及划分子网的概念。使用各种长度的网络前缀来代替分类地址中的网络号和子网号，将网络前缀都相同的 IP 地址组成

"CIDR 地址块"。网络前缀越短，地址块越大。互联网服务提供者再根据客户的具体情况，分配合适大小的 CIDR 地址块，从而更加有效地利用 IPv4 的地址空间。

采用网络地址转换（NAT），可以使一些使用本地地址的专用网连接到互联网上，进而使得一些机构的内部主机可以使用专用地址，只需给该机构分配一个 IP 地址即可，并且这些专用地址是可重用的——其他机构也可使用，所以大大节省了 IP 地址的消耗。

尽管以上三种方法可以在一定阶段内有效缓解 IP 地址耗尽的危机，但无论是从计算机本身发展来看还是从互联网的规模和传输速率来看，现在的 IPv4 地址已很不适用，所以治本的方法还是使用 128 比特编址的 IPv6 地址。

29．B

当路由器准备将 IP 分组发送到网络上，而该网络又无法将整个分组一次发送时，路由器必须将该分组分片，使其长度能满足这一网络对分组长度的限制。IP 分片可以独立地通过各个路径发送，而且在传输过程中仍然存在分片的可能（不同网络的 MTU 可能不同），因此不能由中间路由器进行重组。分片后的 IP 分组直至到达目的主机后才能汇集在一起，并且甚至不一定以原先的次序到达。这样，进行接收的主机都要求支持重组能力。

30．C

"/29"表明前 29 位是网络号，4 个选项的前 3 个字节均相同。A 中第 4 个字节 120 为 01111000，前 5 位为 01111；B 中第 4 个字节 64 为 01000000，前 5 位为 01000；C 中第 4 个字节 96 为 01100000，前 4 位为 0110；D 中第 4 个字节 104 为 01101000，前 5 位为 01101。因为已经分配的子网 74.178.247.96/29 的第 4 个字节的前 5 位为 01100，这与 C 中第 4 个字节的前 4 位重叠，所以 C 中的网络前缀不能再分配给其他子网。

31．D

本题实际上就是要求找一个子网掩码，使得 A 和 B 的 IP 地址与该子网掩码逐位"与"之后得到相同的结果。D 选项与 A、B 相"与"的结果均为 216.0.0.0。

32．B

未进行子网划分时，B 类地址有 16 位作为主机位。因为共需要划分 51 个子网，$2^5 < 51 < 2^6$，所以需要从主机位划出 6 位作为子网号，剩下的 10 位可容纳的主机数为 1022（即 $2^{10}-2$）台主机，满足题目要求。因此子网掩码为 255.255.252.0。

33．A

4 条路由的前 24 位（3 个字节）为网络前缀，前 2 个字节都一样，因此只需要比较第 3 个字节即可，129 = 10000001，130 = 10000010，132 = 10000100，133 = 10000101。前 5 位是完全相同的，因此聚合后的网络的掩码中，1 的数量应该是 8 + 8 + 5 = 21，聚合后的网络的第 3 个字节应该是 10000000 = 128，因此答案为 172.18.128.0/21。

34．B

四个选项中，选项 A 的地址块在 172.16.166.192/26 内，也就是有重叠；选项 B 的地址块与 172.16.166.192/26 不重叠，聚合后的地址块为 172.16.166.128/25，聚合后的地址块没有引入多余地址；选项 C 的地址块与 172.16.166.192/26 不重叠，聚合后的地址块为 172.16.166.0/24，聚合后的地址块会引入多余地址；选项 D 的地址块与 172.16.166.192/26 不重叠，聚合后的地址块为 172.16.166.0/24，聚合后的地址块会引入多余地址。

35．A

在一条点对点链路中，只需要两个主机 IP 地址、一个网络地址和一个广播地址的 4 种组合，主机号只需 2 位，因此子网掩码应指定为 255.255.255.252 或用 CIDR 表示为"/30"。

36．B

本题中，某主机不能正常通信意味着它与其他三台主机不在同一个子网，只需判断哪个选项和其他选项不在同一个子网即可。子网掩码为 255.255.255.224 表示前 27 位是网络号，可以看出选项 B 属于子网 202.3.1.64/27，其他三项属于子网 202.3.1.32/27。或者，后 5 位是主机号，前 3 个子网的地址范围为 202.3.1.1～30, 33～62, 65～94（排除全 0 或全 1），据此也能选出答案。

37．D

由子网掩码 255.255.192.0，可知网络号占 18 位，主机号占 14 位，所以该子网的广播地址为置 166.66.66.66 的后 14 位主机号为全 1，所以目的 IP 地址为 166.66.127.255。

38．C

类似于哈夫曼编码的思想，可以用高度为 32 的满二叉树来表示整个 IP 地址空间，因此每个分支结点都可表示成一个地址块，该分支结点下的所有叶结点的编码都是属于该地址块的 IP 地址。下图是以地址块"/24"为根结点的二叉树表示，为了简洁，图中省略了共同前缀 172.16.2。

本题要求找出 3 个子网与题中的子网构成一个更大的网络，对应到二叉树中，需满足两个条件：①4 个子网的地址空间互不重叠，即 4 个分支结点不存在任何祖先或双亲关系；②4 个子网刚好能构成一个新的地址空间，即存在一个结点刚好能覆盖这 4 个结点下的所有子孙。现结合选项分析：选项 A、D 和 110/27 可与题中子网聚合成/24 网络；选项 B、00/26、11/26 可与题中子网聚合成/24 网络；选项 C 若要与题中子网聚合成一个更大的网络，则至少还需要 00/26、010/27、11/26，共 5 个子网，与题意不符。注意，上述对子网号的分析都是用的二进制表示。

39．A

IP 数据报的首部既有源 IP 地址，又有目的 IP 地址，但在通信中路由器只会根据目的 IP 地址进行路由选择。IP 数据报在通信过程中，首部的源 IP 地址和目的 IP 地址在经过路由器时不会发生改变。ARP 广播只在子网中传播，因为相互通信的主机不在同一个子网内，所以不可以直接通过 ARP 广播得到目的站的硬件地址。硬件地址只具有本地意义，因此每当路由器将 IP 数据报转发到一个具体的网络中时，都需要重新封装源硬件地址和目的硬件地址。

> **注 意**
>
> 路由器接收到分组后，剥离该分组的数据链路层协议头，然后在分组被转发之前，给分组加上一个新的链路层协议头。

40．A

255.255.255.255 是受限的广播地址，仅用于主机配置过程中 IP 分组的目的地址。在任何情况下，路由器都不转发目的地址为受限广播地址的 IP 分组，这种 IP 分组仅出现在本地网络中。

41．C

NAT 协议保留了 3 段 IP 地址供内部使用，这 3 段地址如下：

A 类：1 个 A 类网段，即 **10**.0.0.0～**10**.255.255.255，主机数 16777216。

B 类：16 个 B 类网段，即 **172.16**.0.0～**172.31**.255.255，主机数 1048576。

C 类：256 个 C 类网段，即 **192.168.0**.0～**192.168.255**.255，主机数 65536。

所以只有 C 选项是内部地址，不允许出现在互联网（即公网）上。

42．C

当源主机向本地局域网上的某主机发送 IP 数据报时，先在其 ARP 高速缓存中查看有无目的 IP 地址与 MAC 地址的映射。若有，就把这个硬件地址写入 MAC 帧，然后通过局域网把该 MAC 帧发往此硬件地址；若没有，则先通过广播 ARP 请求分组，在获得目的主机的 ARP 响应分组后，将目的主机的 IP 地址与硬件地址的映射写入 ARP 高速缓存。若目的主机不在本局域网上，则将 IP 分组发送给本局域网上的路由器，当然要先通过同样的方法获得路由器的 IP 地址和硬件地址的映射关系。

43．C、A

因为不知道目标设备在哪里，所以 ARP 请求必须使用广播方式。但是 ARP 请求包中包含有发送方的 MAC 地址，因此应答时应该使用单播方式。

44．B

主机先使用 ARP 来查询本网络路由器的地址，然后每个路由器使用 ARP 来寻找下一跳路由的地址，所以主机 A 和中间的 5 个路由器都发起了一次 ARP 请求，共发起 6 次 ARP 请求。

45．B

先判断乙和甲是否在同一子网内，用 IP 地址和子网掩码进行按位 AND 运算，然后检查它们的网络前缀是否相同。若乙和甲在同一子网内，则直接交付，无须经过网关，因此将乙的 MAC 地址作为帧的目的 MAC 地址。若乙和甲不在同一子网内，则要通过网关转发，因此将网关的 MAC 地址作为帧的目的 MAC 地址。经计算，甲的网络前缀为 211.71.128.0/20，乙的网络前缀为 211.71.128.0/20，乙和甲在同一子网内，因此帧的目的 MAC 地址为乙的 MAC 地址。

46．C

DHCP 提供了一种机制，使得使用 DHCP 可自动获得 IP 的配置信息而无须手工干预。

47．D

若路由器收到一个 TTL 值为 1 的 IP 数据报，则它会先将 TTL 值减 1，然后判断是否为 0。若为 0，则丢弃该 IP 数据报并向源主机发送类型为时间超过的 ICMP 差错报告报文。

48．A

ICMP 属于网络层协议，ICMP 报文被封装在 IP 数据报中发送，但 ICMP 不是高层协议。

49．C

PING 命令使用了 ICMP 的询问报文中的回送请求和回答报文。

50．B

因为该网络的 IP 地址为 192.168.5.0/24，所以网络号为前 24 位，后 8 位为子网号＋主机号。子网掩码为 255.255.255.248，第 4 个字节 248 转换成二进制为 11111000，因此后 8 位中，前 5 位用于子网号，在 CIDR 中可以表示 $2^5=32$ 个子网；后 3 位用于主机号，除去全 0 和全 1 的情况，可以表示 $2^3-2=6$ 台主机地址。

51．C

ICMP 差错报告报文有 5 种：终点不可达、源点抑制、时间超过、参数问题、改变路由。其中源点抑制是指当路由器或主机因拥塞而丢弃数据报时，向源点发送源点抑制报文，使源点知道应当把数据报的发送速率放慢。注意，最新的 ICMP 标准已不再使用源点抑制报文。

52．C

首先分析 192.168.4.0/30 这个网络，主机号占 2 位，地址范围为 192.168.4.0～192.168.4.3，主机号全 1 时是广播地址、全 0 时是本网络地址，因此可容纳 4−2＝2 台主机。

53．D

要使 R1 能正确地将分组路由到所有子网，R1 中需要有到 192.168.2.0/25 和 192.168.2.128/25 的路由，分别转换成二进制如下：

192.168.2.0：<u>11000000 10101000 00000010</u> 00000000

192.168.2.128：<u>11000000 10101000 00000010</u> 10000000

前 24 位都相同，于是可以聚合成超网 192.168.2.0/24，子网掩码为前 24 位，即 255.255.255.0。下一跳是与 R1 直接相连的 R2 的地址，因此是 192.168.1.2。

54．D

子网掩码的第 3 个字节为 11111100，可知前 22 位为子网号、后 10 位为主机号。IP 地址的第 3 个字节为 <u>010011</u>01（下画线为子网号的一部分），将主机号（即后 10 位）全置为 1，可以得到广播地址 180.80.79.255。

55．A

在实际网络的数据链路层上传送数据时，最终必须使用硬件地址，ARP 将网络层的 IP 地址解析为数据链路层的 MAC 地址。

56．B

ICMP 报文作为数据字段封装在 IP 分组中，因此 IP 直接为 ICMP 提供服务。UDP 和 TCP 都是传输层协议，为应用层提供服务。PPP 是数据链路层协议，为网络层提供服务。

57．C

根据"最长前缀匹配原则"，169.96.40.5 与 169.96.40.0 的前 27 位匹配最长，因此选 C。选项 D 为默认路由，只有当前面的所有目的网络都不能和分组的目的 IP 地址匹配时才使用。

58．C

从子网掩码可知 H1 和 H2 处于同一网络，H3 和 H4 处于同一网络，因此 H1 和 H2、H3 和 H4 分别可以进行正常的 IP 通信。因为 H1 和 H2、H3 和 H4 处于不同的网络，所以需要通过路由器才能进行正常的 IP 通信，而 H1 和 H2 的默认网关为 192.168.3.1，但 R2 的 E1 接口的 IP 地址为 192.168.3.254，因此 H1 不能与 H3 进行正常的 IP 通信。H1、H2、H3、H4 要实现正常的跨网络通信，就必须通过路由器，于是配置的默认网关应是 R2 的 E1 接口的 IP 地址 192.168.3.254，由 R2 来实现跨网络的分组的转发，而 H2 的默认网关为 192.168.3.1，所以 H2 不能访问 Internet；H4 的默认网关为 192.168.3.254，所以 H4 可以正常访问 Internet。

59．D

当内网用户向公网发送 IP 分组时，NAT 路由器会更改 IP 分组的源地址，因此下一步就是求 R1 的公网 IP 地址。连接 R1、R2 和 R3 之间的点对点链路使用 201.1.3.x/30 地址，可知该地址块的 IP 地址的后两位为主机号，而主机号全 0 和全 1 的 IP 地址不能分配，因此若已知路由器之间的点对点链路中的一个路由器接口的 IP 地址，就可求出另一路由器接口的 IP 地址。在 R1 和 R2 相连的链路中，已知 R1 端接口的 IP 地址为 201.1.3.9/30，将其后 8 位展开成二进制为 <u>0000 1001</u>，所以可分配给 R2 的 L0 接口的 IP 地址为 201.1.3.10。同理，也可求出 R2 的 L1 接口的 IP 地址为 201.1.3.2。访问 Web 服务器，只能通过 R1 的接口 L0 或 L1 转发，所以经过 R1 转发后，IP 分组的源地址可能为 201.1.3.10 或 201.1.3.2，目的地址为 Web 服务器的 IP 地址 130.18.10.1。

60．C

这个网络有 16 位的主机号，平均分成 128 个规模相同的子网，每个子网有 7 位的子网号，9 位的主机号。除去一个网络地址和广播地址，可分配的最大 IP 地址个数是 $2^9-2=512-2=510$。

61．A

0.0.0.0/32 可以作为本主机在本网络上的源地址。127.0.0.1 是回送地址，以它为目的 IP 地址的数据将被立即返回本机。200.10.10.3 是 C 类 IP 地址。255.255.255.255 是广播地址。

62．C

对于此类题目，先分析需要聚合的 IP 地址。观察发现，题中的 4 个路由地址，前 16 位完全相同，不同之处在于第 3 段的 8 位中，将这 8 位展开写成二进制，分别如下：

	7	6	5	4	3	2	1	0
32	0	0	1	0	0	0	0	0
40	0	0	1	0	1	0	0	0
48	0	0	1	1	0	0	0	0
56	0	0	1	1	1	0	0	0

观察发现，在 4 个地址的第 3 段中，从前向后最多有 3 位相同，因此这 3 位是能聚合的最大位数。将这些相同的位都保留，将第 3 段第 3 位后的所有位都置 0，就得到了聚合后的 IP 地址：35.230.32.0，其网络前缀为 16+3，即前 19 位，因此聚合后的网络地址为 35.230.32.0/19。

63．D

在网络的数据传送中，会经常用到两个地址：MAC 地址和 IP 地址。其中，MAC 地址会随着数据被发往不同的网络而改变，但 IP 地址当且仅当数据在私有网络与外部网络之间传递时才会改变。分组 P 在如题图所示的网络中传递时，首先由主机 H1 将分组发往路由器 R，这时源 MAC 地址为 H1 主机本身的 MAC 地址，即 00-1a-2b-3c-4d-52，目的 MAC 地址为路由器 R 的 MAC 地址，即 00-1a-2b-3c-4d-51。路由器 R 收到分组 P 后，根据分组 P 的目的 IP 地址，得知应将分组从另一个端口转发出去，于是会给分组 P 更换新的 MAC 地址，此时因为从另外的端口转发出去，所以 P 的新源 MAC 地址变为负责转发的端口 MAC 地址，即 00-a1-b2-c3-d4-61，目的 MAC 地址应为主机 H2 的 MAC 地址，即 00-a1-b2-c3-d4-62。根据分析过程，题目所问的 MAC 地址应为路由器 R 两个端口的 MAC 地址，因此选 D。

64．B

网络前缀为 20 位，将 101.200.16.0/20 划分为 5 个子网，为了保证有子网的可分配 IP 地址数尽可能小，即要让其他子网的可分配 IP 地址数尽可能大，不能采用平均划分的方法，而要采用变长的子网划分方法，也就是最大子网用 1 位子网号，第二大子网用 2 位子网号，以此类推。

子网 1：101.200.00010000.00000001～101.200.00010111.11111110；地址范围为 101.200.16.1/21～101.200.23.254/21；可分配的 IP 地址数为 2046 个。

子网 2：101.200.00011000.00000001～101.200.00011011.11111110；地址范围为 101.200.24.1/22～101.200.27.254/22；可分配的 IP 地址数为 1022 个。

子网 3：101.200.00011100.00000001～101.200.00011101.11111110；地址范围为 101.200.28.1/23～101.200.29.254/23；可分配的 IP 地址数为 510 个。

子网 4：101.200.00011110.00000001～101.200.00011110.11111110；地址范围为 101.200.30.1/24～101.200.30.254/24；可分配的 IP 地址数为 254 个。

子网 5：101.200.00011111.00000001～101.200.00011111.11111110；地址范围为 101.200.31.1/24～101.200.31.254/24；可分配的 IP 地址数为 254 个。

综上所述，可能的最小子网的可分配 IP 地址数是 254 个。

65．B

划分子网的原则是要求划分出来的子网的 IP 地址空间互不重叠，且原来的 IP 地址空间不遗漏，求解本题最好的方法是代入选项，观察是否可将原 IP 地址空间分割为 3 个互不重叠的子网。根据题意，将 IP 网络划分为 3 个子网。其中一个是 192.168.9.128/26。可简写成 10/26（省略前面相同的 24 位前缀，其中 10 是 128 的二进制 1000 0000 的前两位，因为 26 − 24 = 2）。同理，选项 A 可简写成 0/25；选项 B 可简写成 00/26；选项 C 可简写成 11/26；选项 D 可以简写成 110/27。采用二叉树形式画出这些子网的地址空间如下图所示。

对于 A 和 C，可以组成 0/25、10/26、11/26 这 3 个互不重叠的子网。对于 D，可以组成 10/26、110/27、111/27 这 3 个互不重叠的子网。但对于 B，要想将一个 IP 网络划分为几个互不重叠的子网，3 个是不够的，至少需要划分为 4 个子网：00/26、01/26、10/26、11/26。

66．B

链路层 MTU = 800B。IP 分组首部长 20B。片偏移以 8 个字节为偏移单位，因此除了最后一个分片，其他每个分片的数据部分长度都是 8B 的整数倍。所以，最大 IP 分片的数据部分长度为 776B。在总长度为 1580B 的 IP 数据报中，数据部分占 1560B，1560B/776B = 2.01…，需要分成 3 片。所以第 2 个分片的总长度字段为 796，MF 为 1（表示还有后续的分片）。

67．B

主机所在网络的网络地址可以通过主机的 IP 地址和子网掩码逐位"与"得到。子网掩码 255.255.192.0 的二进制前 18 位为 1、后 14 位为 0，把主机 IP 地址的后 14 位变为 0，得到的结果为 183.80.64.0，即为主机所在网络的网络地址。

68．D

默认网关可以理解为到当前主机最近的路由器的端口地址，所以是 192.168.1.62，而该主机的子网掩码和网关的子网掩码也相同，/27 即为 255.255.255.224。

69．A

H 向 Internet 发送 IP 分组，初始的源 IP 地址为 192.168.0.3，经过 NAT 路由器的转发后，将源 IP 地址从私有 IP 地址改成全球 IP 地址（R2 外部接口的 IP 地址），因为 R2 外部接口和 195.123.0.34/30 处于同一子网，该子网可分配的 IP 地址范围是 195.123.0.33 ～ 195.123.0.34，所以 R2 外部接口的 IP 地址是 195.123.0.33，也就是经过 R2 转发后的源 IP 地址。

70．B

网络号位数为 20 = 8×2 + 4，子网掩码为 11111111 11111111 11110000 00000000，将它与主机地址 168.16.84.24 进行逐位"与"，得到网络地址为 168.16.80.0/20，该网段共有 2^{12} − 2 个可供分配的 IP 地址，地址范围是 168.16.80.1 ～ 168.16.95.254。

二、综合应用题

01．【解答】

要求出分组所携带数据的长度，就需要分别知道首部的长度和分组的总长度。解题的关键在于弄清首部长度的字段和总长度字段的单位。因为首部长度字段的单位是 4B，101 的十进制为 5，所以首部长度 = 5×4 = 20B。而总长度字段的单位是字节，101000 的十进制为 40，所以总长度为 40B，因此分组携带的数据长度为 40 – 20 = 20B。

02.【解答】

数据报长度为 4000B，有效载荷为 4000 – 20 = 3980B。网络能传送的最大有效载荷为 1500 – 20 = 1480B，因此应分为 3 个短些的片，各片的数据字段长度分别为 1480、1480 和 1020B。片段偏移字段的单位是 8B，1480/8 = 185，(1480×2)/8 = 370，因此片段偏移字段的值分别为 0、185、370。MF = 1 时，代表后面还有分片；MF = 0 时，代表后面没有分片，因此 MF 字段的值分别为 1、1 和 0（注意，MF = 0 不能确定是独立的数据报，还是分片得的，只有当 MF = 0 且片段偏移字段 > 0 时，才能确定是分片的最后一个分片）。

03.【解答】

在 IP 层下面的每种数据链路层都有自己的帧格式，其中包括帧格式中的数据字段的最大长度，这称为最大传输单位（MTU）。1500 – 20 = 1480，2000 – 1480 = 520，所以原 IP 数据报经过第一个网络后分成了两个 IP 小报文，第一个报文的数据部分长度是 1480B，第二个报文的数据部分长度是 520B。

（除最后一个报片外的）所有报片的有效载荷都是 8B 的倍数。576 – 20 = 556，但 556 不能被 8 整除，所以分片时的数据部分最大只能取 552。第一个报文经过第 2 个网络后，1480 – 552×2 = 376 < 576，变成数据长度分别为 552B、552B、376B 的 3 个 IP 小报文；第 2 个报文 520 < 552，因此不用分片。因此到达目的主机时，原 2000B 的数据被分成数据长度分别为 552B、552B、376B、520B 的 4 个小报文。

04.【解答】

分片的片偏移值表示其数据部分首字节在原始分组的数据部分中的相对位置，单位为 8B。首部长度字段以 4B 为单位，总长度字段以字节为单位。题目中，分组的片偏移值为 100，因此其数据部分第一个字节的编号是 800。因为分组的总长度为 100B，首部长度为 4×5 = 20B，所以数据部分长度为 80B。因此该分组的数据部分的最后一个字节的编号是 879。

05.【解答】

通过将目的地址和子网掩码换算成二进制，并进行逐位"与"就可得到子网地址。但是通常在目的地址中，子网掩码为 255 所对应的部分在子网地址中不变，子网掩码为 0 所对应的部分在子网地址中为 0，其他部分按二进制逐位"与"求得（也可直接截取）。本题中，子网掩码的前两部分为 255.255，因此子网地址的前两部分为 201.230；子网掩码最后一部分为 0，因此子网地址的最后一部分为 0；子网地址的第三部分为 240，进行换算有 240 = (11110000)$_2$，34 = (00100010)$_2$，逐位"与"得(00100000)$_2$ = 32。因此子网地址为 201.230.32.0。

06.【解答】

因为一个 CIDR 地址块中可以包含很多地址，所以路由表中就利用 CIDR 地址块来查找目的网络，这种地址的聚合常称为路由聚合。

本题已知有 212.56.132.0/24、212.56.133.0/24、212.56.134.0/24、212.56.135.0/24 地址块，可知第 3 个字节前 6 位相同，因此共同前缀为 8 + 8 + 6 = 22 位，因为这 4 个地址块的第 1、2 个字节相同，考虑它们的第 3 个字节：132 = (10000100)$_2$，133 = (10000101)$_2$，134 = (10000110)$_2$，135 = (1000 0111)$_2$，所以共同的前缀有 22 位，即 11010100 00011100 0100001，聚合的 CIDR 地址块是 212.56.132.0/22。

07.【解答】

1）可以采用划分子网的方法对该公司的网络进行划分。因为该公司包括 5 个部门，所以共需要划分为 5 个子网。

2）已知网络地址 192.168.161.0 是一个 C 类地址，所需的子网数为 5，每个子网的主机数为 20～30。子网号的比特数为 3，即最多有 $2^3 = 8$ 个可分配的子网，主机号的比特数为 5，因为主机号不能为全 0 或全 1，所以每个子网最多有 $2^5 - 2 = 30$ 个可分配的 IP 地址。

5 个部门子网的子网掩码均为 255.255.255.224，各部门的网络地址与部门主机的 IP 地址范围可分配如下：

部　　门	部门网络地址	主机 IP 地址范围
工程技术部	192.168.161.0	192.168.161.1～192.168.161.30
市场部	192.168.161.32	192.168.161.33～192.168.161.62
客服部	192.168.161.64	192.168.161.65～192.168.161.94
财务部	192.168.161.96	192.168.161.97～192.168.161.126
办公室	192.168.161.128	192.168.161.129～192.168.161.158

08.【解答】

1）使用 CIDR 时，可能会导致有多个匹配结果，应当从当前匹配结果中选择具有最长网络前缀的路由。下面来——分析分组 A 与表中这四项的匹配性：

① 131.128.56.0/24 与 31.128.55.33 不匹配，因为前 24 位不同。

② 131.128.55.32/28 与 131.128.55.33 的前 24 位匹配，只需看后面 4 位是否匹配，32 转换为二进制为 **0010** 0000，33 转换为二进制为 **0010** 0001，匹配，且匹配了 28 位。

③ 131.128.55.32/30 与 131.128.55.33 的前 24 位匹配，只需要看后面 6 位是否匹配，32 转换为二进制为 **0010 00**00，33 转换为二进制为 **0010 00**01，匹配，且匹配了 30 位。

④ 131.128.0.0/16 与 131.128.55.33 匹配，且匹配了 16 位。

综上，对于分组 A，第 2、3、4 项都能与之匹配，但根据最长网络前缀匹配原则，应该选择网络前缀为 131.128.55.32/30 的表项进行转发，下一跳路由器为 C。

同理，对于分组 B，路由表中第 2 和 4 项都能与之匹配，但是根据最长网络前缀匹配原则，应该选择第 2 个路由表项转发，下一跳路由器为 B。

2）即增加 1 条特定主机路由：网络前缀 131.128.55.33/32；下一跳 A。

3）即增加 1 条默认路由：网络前缀 0.0.0.0/0；下一跳 E。

4）要划分成 4 个规模尽可能大的子网，需要从主机位中划出 2 位作为子网位（$2^2 = 4$，CIDR 广泛使用之后允许子网位可以全 0 和全 1）。子网掩码均为 11111111 11111111 11111111 11000000，即 255.255.255.192。而地址范围中不能包含主机位全 0 或全 1 的地址。

子　　网	子网掩码	地　址　范　围
131.128.56.0/26	255.255.255.192	131.128.56.1～131.128.56.62
131.128.56.64/26	255.255.255.192	131.128.56.65～131.128.56.126
131.128.56.128/26	255.255.255.192	131.128.56.129～131.128.56.190
131.128.56.192/26	255.255.255.192	131.128.56.193～131.128.56.254

09.【解答】

1）网络号 C4.5E.10.0/20（下一站地是 B）的第 3 个字节可以用二进制表示成 0001 0000。目标地址 C4.5E.13.87 的第 3 个字节可以用二进制表示成 0001 0011，显然取 20 位掩码与网络号 C4.5E.10.0/20 相匹配，所以具有该目标地址的 IP 分组将被投递到下一站地 B。

2）网络号 C4.50.0.0/12（下一站地是 A）的第 2 个字节可以用二进制表示成 0101 0000。目标地址 C4.5E.22.09 的第 2 个字节可以用二进制表示成 0101 1110，显然取 12 位掩码与网络号 C4.50.0.0/12 相匹配，所以具有该目的地址的 IP 分组将被投递到下一站地 A。

3）网络号 80.0.0.0/1（下一站地是 E）的第 1 个字节可以用二进制表示成 1000 0000。目标地址 C3.41.80.02 的第 1 个字节可以用二进制表示成 1100 0011，显然取 1 位掩码与网络号 80.0.0.0/1 相匹配，所以具有该目标地址的 IP 分组将被投递到下一站地 E。

4）网络号 40.0.0.0/2（下一站地是 F）的第 1 个字节可以用二进制表示成 0100 0000。目标地址 5E.43.91.12 的第 1 个字节可以用二进制表示成 0101 1110，显然取 2 位掩码与网络号 40.0.0.0/2 相匹配，所以具有该目标地址的 IP 分组将被投递到下一站地 F。

10.【解答】

分配网络前缀应先分配地址数较多的前缀。已知该自治系统分配到的 IP 地址块为 30.138.118/23（注意：①一个路由器端口也需要占用一个 IP 地址；②子网划分的答案不唯一）。

LAN3：主机数 150，因为$(2^7-2)<150+1<(2^8-2)$，所以主机号为 8 比特，网络前缀为 24。取第 24 位为 0，分配地址块 30.138.118.0/24。

LAN2：主机数 91，因为$(2^6-2)<91+1<(2^7-2)$，所以主机号为 7 比特，网络前缀为 25。取第 24、25 位为 10，分配地址块 30.138.119.0/25。

LAN5：主机数为 15，因为$(2^4-2)<15+1<(2^5-2)$，所以主机号为 5 比特，网络前缀 27。取第 24、25、26、27 位为 1110，分配地址块 30.138.119.192/27。

LAN1：共有 3 个路由器，再加上一个网关地址，至少需要 4 个 IP 地址。因为$(2^2-2)<3+1<(2^3-2)$，所以主机号为 3 比特，网络前缀为 29。取第 24、25、26、27、28、29 位为 111101，分配地址块 30.138.119.232/29。

LAN4：主机数为 3，因为$(2^2-2)<3+1<(2^3-2)$，所以主机号为 3 比特，网络前缀 29。取第 24、25、26、27、28、29 位为 111110，分配地址块 30.138.119.240/29。

11.【解答】

1）共同的子网掩码为 255.255.255.240，表示前 28 位为网络号，同一网段内的 IP 地址具有相同的网络号。主机 A 的网络号为 192.168.75.16；主机 B 的网络号为 192.168.75.144；主机 C 的网络号为 192.168.75.144；主机 D 的网络号为 192.168.75.160；主机 E 的网络号为 192.168.75.160。因此 5 台主机 A、B、C、D、E 分属 3 个网段，主机 B 和 C 在一个网段，主机 D 和 E 在一个网段，A 主机在一个网段。主机 D 的网络号为 192.168.75.160。

2）主机 F 与主机 A 同在一个网段，所以主机 F 所在的网段为 192.168.75.16，第 4 个字节 16 的二进制表示为 0001 0000，最后边的 4 位为主机位，去掉全 0 和全 1。则其 IP 地址范围为 192.168.75.17～192.168.75.30，并且不能为 192.168.75.18。

3）因为 164 的二进制为 1010 0100，将最右边的 4 位全置 1，即 1010 1111，则广播地址为 192.168.75.175。主机 D 和主机 E 可以收到。

12.【解答】

IPv4 的首部格式如下，然后根据首部格式来解析首部各个字段的含义。

1）由上图可知，源 IP 地址为 IP 首部的第 13、14、15、16 个字节，即 7C 4E 03 02，转换为点分十进制表示可得源 IP 地址为 124.78.3.2。目的 IP 地址为 IP 首部的第 17、18、19、20 个字节，即 B4 0E 0F 02，转换为点分十进制表示可得目的 IP 地址为 180.14.15.2。

2）分组总长度是 IP 首部的第 3、4 个字节，即 00 54，转换为十进制得该分组总长度为 84，单位为字节。而首部长度是 IP 首部的第 5～8 位，值为 5，单位为 4B，因此首部长度为 4B×5 = 20B。数据部分长度 = 总长度 − 首部长度 = 84 − 20 = 64B。

3）该分组首部的片偏移字段为第 7、8 个字节（除去第 7 个字节的前 3 位），不等于 0，而是二进制值 1 1000 0101 0000，即十进制数 6224，单位是 8B。

另外，分组的标志字段为第 7 个字节的前 3 位，即 010，中间位 DF = 1 表示不可分片，最后位 MF = 0 表示后面没有分片。

13.【解答】

1）根据收到的帧，找出源 IP 地址为 da c7 66 28，表示成十进制为 218.199.102.40，是一个 C 类 IP 地址，与 A 的 IP 地址 218.207.61.211 不在同一个网络中，所以需经过路由器转发。MAC 地址只具有本地意义（ARP 也只能工作在同一局域网中）。该帧为 A 收到的帧，因此目的 MAC 地址为 A 的 MAC 地址，源 MAC 地址为网关路由器端口的 MAC 地址（若为 A 发出的帧，则目的 MAC 地址为默认网关的 MAC 地址）。首先找到目的 MAC 地址 00:1d:72:98:1d:fc 的位置（在下图中的位置 1 标出），根据以太网帧的结构，目的 MAC 地址后面紧邻的是源 MAC 地址，因此源 MAC 地址为 00:00:5e:00:01:01。

```
0000 1 00 1d 72 98 1d fc 00 00  5e 00 01 01 88 64 11 00   ..r..... ^....d..
0010  75 89 01 92 00 21 45 00  01 90 f9 bf 40 00 33 06    u....!E. ....@.3.
0020  f3 15 da c7 66 28 da cf  3d d3 00 50 c4 8f dc a6    ....f(.. =..P....
0030  a2 96 23 4c 44 69 2 50 18  00 0f 76 3d 00 00 90 b5   ..#LDiP. ..v=....
```

2）要求得 IP 分组所携带的数据量，需要知道首部长度和总长度。218.207.61.211 表示成十六进制是 da.cf.3d.d3，并且作为分组中的目的 IP 地址。在图中确定目的 IP 地址的位置（位置 2），再根据 IP 首部的结构，分别从目的 IP 的位置向前数 14 和 16 个字节，即可找到总长度和首部长度字段的位置。但首部长度字段所在的字节值为 0x45，首部长度字段只有 4 位，前 4 位是版本号。因此首部字段的值为 5，单位为 4B，所以首部长度为 20B。总长度字段值为 0x0190，十进制为 400B。因此分组携带的数据长度为 380B。

3）因为整个 IP 分组的长度是 400B，大于输出链路 MTU（380B）。这时需要考虑分片，但是否能够分片还得看 IP 首部中的标志位。IP 首部中的标志字段占 3 位，从前到后依次为保留位、DF 位、MF 位。根据 IP 首部结构找到标志字段所在的字节，其值为 0x40，二进制表示为 01000000，于是 DF = 1，不能对该 IP 分组进行分片。此时，路由器应进行的操作是丢弃该分组，并用 ICMP 差错报文向源主机报告。

14.【解答】

1）网络前缀/30，主机号不能全 0 或全 1，可求出 R1 接口 E2 的 IP 地址为 172.16.16.18/30。H1 配置的默认网关地址应是 R1 接口 E0 的 IP 地址 192.168.0.126。H4 配置的默认网关地址应是 R1 的接口 E1 的 IP 地址 192.168.0.254。

2）对 R1 接口 E0 的直连网络与接口 E1 的直连网络进行路由聚合，方法是"找共同前缀"，共同的网络前缀为 192.168.0.0/24。因此给 R2 添加的一条路由表项为

目的网络地址	子网掩码	下一跳地址
192.168.0.0	255.255.255.0	172.16.16.18

3）在 H1→R1→H6 传送 IP 分组的过程中，分别使用了两次 ARP，交换机进行了相关的自学

习，还需考虑 Hub 的广播特性。H1 给 H6 发送一个 IP 分组 P，能收到封装 P 的以太网帧的主机有 H4、H5、H6，其中 H4 和 H5 发现帧的目的 MAC 地址与自身的不同且不是广播地址，于是丢弃该帧，而 H6 发现帧的目的 MAC 地址与自身的相同，于是接收该帧。H6 给 H1 发送一个 IP 分组 A，能收到封装 A 的以太网帧的主机有 H4、H5、H1，其中 H4 和 H5 发现帧的目的 MAC 地址与自身的不同且不是广播地址，于是丢弃该帧，而 H1 发现帧的目的 MAC 地址与自身的相同，于是接收该帧。

4）需要在 R2 上开启网络地址转换 NAT 服务。当 H1 发出 H 时，其首部中的源 IP 地址为 H1 的 IP 地址 192.168.0.11，目的 IP 地址为 Web 服务器 S 的 IP 地址 218.75.230.30。H 从 R2 转发出去时，其首部中的源 IP 地址为 R2 接口 E1 的 IP 地址 211.67.222.16，目的 IP 地址为 Web 服务器 S 的 IP 地址 218.75.230.30。

15.【解答】

1）子网号可以全 0 或全 1，但主机号不能全 0 或全 1。

因此若将 IP 地址空间 202.118.1.0/24 划分为 2 个子网，且每个局域网需分配的 IP 地址个数不少于 120 个，则子网号至少要占用 1 位。

由 $2^6-2<120<2^7-2$ 可知，主机号至少要占用 7 位。

因为源 IP 地址空间的网络前缀为 24 位，所以主机号位数 + 子网号位数 = 8。

综上可得主机号位数为 7，子网号位数为 1。

因此子网的划分结果为子网 1：子网地址为 202.118.1.0，子网掩码为 255.255.255.128（或子网 1：202.118.1.0/25）；子网 2：子网地址为 202.118.1.128，子网掩码为 255.255.255.128（或子网 2：202.118.1.128/25）。

地址分配方案：子网 1 分配给局域网 1，子网 2 分配给局域网 2；或者子网 1 分配给局域网 2，子网 2 分配给局域网 1。

2）因为局域网 1 和局域网 2 分别与路由器 R1 的 E1、E2 接口直接相连，所以在 R1 的路由表中，目的网络为局域网 1 的转发路径是直接通过接口 E1 转发的，目的网络为局域网 2 的转发路径是直接通过接口 E2 转发的。因为局域网 1、2 的网络前缀均为 25 位，所以它们的子网掩码均为 255.255.255.128。

域名服务器是一台特定的主机，它指明了其 IP 地址，因此设定 1 条特定主机路由，该表项的子网掩码为 255.255.255.255（只有和全 1 的子网掩码相与时，才能保证和目的 IP 地址一样，从而选择该特定路由）。对应的下一跳地址是 202.118.2.2，转发接口为 L0。

R1 到互联网的路由实质上相当于一个默认路由（即当某一目的 IP 地址与路由表中其他任何表项都不匹配时，则匹配该默认路由。互联网包括了无数的网络集合，不可能在路由表项中一一列出，因此只能采用默认路由的方式），默认路由一般写为 0/0，即目的地址为 0.0.0.0，子网掩码为 0.0.0.0。对应的下一跳地址是 202.118.2.2，转发接口是 L0。

综上可得到路由器 R1 的路由表如下：

（若子网 1 分配给局域网 1，子网 2 分配给局域网 2）

目的网络 IP 地址	子网掩码	下一跳 IP 地址	接口
202.118.1.0	255.255.255.128	—	E1
202.118.1.128	255.255.255.128	—	E2
202.118.3.2	255.255.255.255	202.118.2.2	L0
0.0.0.0	0.0.0.0	202.118.2.2	L0

（若子网 1 分配给局域网 2，子网 2 分配给局域网 1）

目的网络 IP 地址	子网掩码	下一跳 IP 地址	接口
202.118.1.128	255.255.255.128	—	E1
202.118.1.0	255.255.255.128	—	E2
202.118.3.2	255.255.255.255	202.118.2.2	L0
0.0.0.0	0.0.0.0	202.118.2.2	L0

3）局域网 1 和局域网 2 的地址可以聚合为 202.118.1.0/24，而对于路由器 R2 来说，通往局域网 1 和局域网 2 的转发路径都是从 L0 接口转发的，因此采用路由聚合技术后，路由器 R2 到局域网 1 和局域网 2 的路由如下：

目的网络 IP 地址	子网掩码	下一跳 IP 地址	接口
202.118.1.0	255.255.255.0	202.118.2.1	L0

16.【解答】

1）DHCP 服务器可为主机 2~N 动态分配 IP 地址的最大范围是 111.123.15.5~111.123.15.254；主机 2 发送的封装 DHCP Discover 报文的 IP 分组的源 IP 地址和目的 IP 地址分别是 0.0.0.0 和 255.255.255.255。

2）主机 2 发出的第一个以太网帧的目的 MAC 地址是 ff-ff-ff-ff-ff-ff；封装主机 2 发往 Internet 的 IP 分组的以太网帧的目的 MAC 地址是 00-a1-a1-a1-a1-a1。

3）主机 1 能访问 WWW 服务器，但不能访问 Internet。因为主机 1 的子网掩码配置正确而默认网关 IP 地址被错误地配置为 111.123.15.2（正确 IP 地址是 111.123.15.1），所以主机 1 可以访问在同一个子网内的 WWW 服务器，但当主机 1 访问 Internet 时，主机 1 发出的 IP 分组会被路由到错误的默认网关（111.123.15.2），从而无法到达目的主机。

17.【解答】

1）广播地址是网络地址中主机号全 1 的地址（主机号全 0 的地址代表网络本身）。销售部和技术部均被分配了 192.168.1.0/24 的 IP 地址空间，IP 地址的前 24 位为网络号。于是在后 8 位中划分部门的子网，选择前 1 位作为部门子网的网络号。根据已分配的 IP 地址，销售部子网的网络号为 0，技术部子网的网络号为 1，则技术部的子网地址为 192.168.1.128；销售部的子网地址为 192.168.1.0，广播地址为 192.168.1.127。

每台主机仅分配一个 IP 地址，计算目前还可以分配的主机数，用技术部可以分配的主机数减去已分配的主机数，技术部总共可以分配的计算机主机数为 $2^7 - 2 = 126$（减去全 0 和全 1 的主机号）。已经分配了 $208 - 129 + 1 = 80$ 台，此外还有 1 个 IP 地址（192.168.1.254）分配给了路由器的端口，因此还可以分配 $126 - 80 - 1 = 45$ 台。

2）判断分片的大小，需要考虑各个网段的 MTU，而且注意分片的数据长度必须是 8B 的整数倍。由题可知，在技术部子网内，MTU = 800B，IP 分组首部长 20B，最大 IP 分片封装数据的字节数为 $\lfloor (800 - 20)/8 \rfloor \times 8 = 776$。至少需要的分片数为 $\lceil (1500 - 20)/776 \rceil = 2$。第 1 个分片的偏移量为 0；第 2 个分片的偏移量为 $776/8 = 97$。

18.【解答】

1）H2 和 H3 与 Web 服务器处于不同的局域网，路由器 R2、R3 具有 NAT 功能。当 R2 从 WAN 口收到来自 H2 或 H3 发来的 HTTP 请求时，根据 NAT 表发送给 Web 服务器的对应端口。为使外部主机能正常访问 Web 服务器，应在 R2 的 NAT 表中增加一项，外网的 IP 地址配置为路由器的外端 IP 地址，内网的 IP 地址配置为 Web 服务器的 IP 地址，HTTP 的服务器端的默认端口号为 80，因此外网和内网的端口号都需配置为 80。只需在 R2 中配置 Web 服务器的 NAT 表项，而不用在 R3 中配置 H2 和 H3 的 NAT 表项，原因在于我们只知道 Web 服务器的端口号 80，而客户端的端口号是随机分配的，无法做静态配置，只能通过自动动态配置实现。R2 的 NAT 表配置如下：

外　　网		内　　网	
IP 地址	端口号	IP 地址	端口号
203.10.2.2	80	192.168.1.2	80

2）因为启用了 NAT 服务，H2 发送的 P 的源 IP 地址应该是 H2 的内网地址，目的地址应该是 R2 的外网 IP 地址，源 IP 地址是 192.168.1.2，目的 IP 地址是 203.10.2.2。R3 转发后，将 P 的源 IP 地址改为 R3 的外网 IP 地址，目的 IP 地址仍然不变，源 IP 地址是 203.10.2.6，目的 IP 地址是 203.10.2.2。R2 转发后，将 P 的目的 IP 地址改为 Web 服务器的内网地址，源地址仍然不变，源 IP 地址是 203.10.2.6，目的 IP 地址是 192.168.1.2。

19.【解答】

1）设备 1 选择 100BaseT 以太网交换机，设备 2 选择 100BaseT 集线器。因为物理层设备既不能隔离冲突域，又不能隔离广播域，链路层设备可以隔离冲突域但不能隔离广播域。

2）本题与 2016 年真题第 36 题几乎相同，仅修改了几个数字。有关最短帧长的题要抓住两个公式来分析：①发送帧的时间≥争用期的时间；②最短帧长 = 数据传输速率×争用期时间。要使公式①恒成立，就要考虑在最短帧长的情况下公式①仍成立。发送最短帧的时间为 $64B \div 100Mb/s = 5.12\mu s$，根据公式①可知，该时间即为争用期时间（往返时延）的最大值。本题的特点在于往返时延由两部分组成，即传播时延和 Hub 产生的转发时延。单程总时延为 $2.56\mu s$，Hub 产生的转发时延为 $1.51\mu s$，所以传播时延为 $2.56 - 1.51 = 1.05\mu s$，从而 H3 与 H4 之间理论上可以相距的最大距离为 $200m/\mu s \times 1.05\mu s = 210m$。

3）M 是 DHCP 发现报文（DISCOVER 报文）。路由器 E0 接口能收到封装 M 的以太网帧，因为 H4 发送的 DHCP 发现报文是广播的形式，所以同一个广播域内的所有设备和接口都可以收到该以太网帧。因为是广播帧，所以目的 MAC 地址是全 1，S 向 DHCP 服务器转发的封装 M 的以太网帧的目的 MAC 地址是 FF-FF-FF-FF-FF-FF。

4）在 H5 收到的帧中，地址 1、地址 2 和地址 3 分别是 00-11-11-11-11-E1、00-11-11-11-11-C1 和 00-11-11-11-11-D1。该帧来自 AP，地址 1 是接收方 H5 的 MAC 地址，地址 2 是 AP 的 MAC 地址，地址 3 是发送方 H4 的 MAC 地址。

4.3　IPv6

4.3.1　IPv6 的特点

目前广泛使用的 IPv4 是在 20 世纪 70 年代设计的，互联网经过几十年的飞速发展，到 2011 年 2 月，IPv4 地址已经耗尽，为了解决"IP 地址耗尽"问题，有以下三种措施：

1）采用无类别编址 CIDR，使 IP 地址的分配更加合理。

2）采用网络地址转换（NAT）方法以节省全球 IP 地址。

3）采用具有更大地址空间的新版本的 IPv6。

前两种方法只是延长了 IPv4 使用寿命，只有第三种方法能从根本上解决 IP 地址耗尽问题。

命题追踪 ▶▶ IPv6 的特点（2023）

IPv6 的主要特点如下：

1）更大的地址空间。这是最重要的。IPv6 将地址从 IPv4 的 32 位增大到 128 位，IPv6 的地址空间是 IPv4 的 $2^{128-32}=2^{96}$ 倍，从长远来看，这些地址是绝对够用的。

2）扩展的地址层次结构。IPv6 因为地址空间很大，所以可以划分为更多的层次。

3）灵活的首部格式。IPv6 定义了许多可选的扩展首部，不仅可提供比 IPv4 更多的功能，而且能提高路由器的处理效率，这是因为路由器对扩展首部不进行处理。

4）改进的选项。IPv6 首部长度是固定的，其选项放在有效载荷中，选项是灵活可变的。而 IPv4 所规定的选项是固定不变的，其选项放在首部的可变部分。

5）允许协议继续扩充。IPv6 允许不断扩充功能，而 IPv4 的功能是固定不变的。

6）支持即插即用（即自动配置）。因此 IPv6 不需要使用 DHCP。

7）支持资源的预分配。IPv6 支持实时音/视频等要求保证一定带宽和时延的应用。

8）IPv6 只有源主机才能分片，是端到端的，不允许类似 IPv4 传输路径中的路由分片。

9）IPv6 首部长度是固定的 40B，而 IPv4 首部长度是可变的（必须是 4B 的整数倍）。

10）增大了安全性。身份鉴别和保密功能是 IPv6 的扩展首部。

虽然 IPv6 与 IPv4 不兼容，但总体而言它与所有其他的互联网协议兼容，包括 TCP、UDP、ICMP、IGMP 和 DNS 等，只是在少数地方做了必要的修改（大部分是为了处理长地址）。

4.3.2 IPv6 数据报的基本首部

IPv6 数据报由两部分组成：基本首部和有效载荷（也称净负荷）。有效载荷由零个或多个扩展首部（扩展首部不属于 IPv6 数据报的首部）及其后面的数据部分构成，如图 4.11 所示。

图 4.11　具有多个可选扩展首部的 IPv6 数据报的一般形式

因为取消了首部中不必要的功能，IPv6 基本首部的字段数减少到只有 8 个，但由于 IPv6 地址长度为 128 位，所以 IPv6 基本首部的长度反而增大到 40B，如图 4.12 所示。

图 4.12　IPv6 数据报的基本首部的格式

命题追踪 ▶▶ IPv6 基本首部字段的意义（2023）

下面简单介绍 IPv6 基本首部中各字段的含义：

1）版本。占 4 位，指明协议的版本，对于 IPv6 该字段的值是 6。

2）通信量类。占 8 位，用来区分不同的 IPv6 数据报的类别或优先级。

3）流标号。占 20 位，IPv6 提出流的抽象概念。流是指互联网上从特定源点到特定终点（单播或多播）的一系列数据报（如实时音/视频传输），而在这个"流"所经过的路径上的路由器都保证指明的服务质量。所有属于同一个流的数据报都具有相同的流标号。

4）有效载荷长度。占 16 位，指明 IPv6 数据报除基本首部以外的字节数（所有扩展首部都算在有效载荷之内）。这个字段的最大值是 65535（单位为字节）。

5）下一个首部。占 8 位，该字段相当于 IPv4 首部中的协议字段或可选字段。当 IPv6 没有扩展首部时，其作用与 IPv4 的协议字段一样，它指明 IPv6 数据报所运载的数据是何种协议数据单元；当 IPv6 带有扩展首部时，它就标识后面第一个扩展首部的类型。

6）跳数限制。占 8 位，类似于 IPv4 首部的 TTL 字段。源点在每个数据报发出时即设定某个限制值（最大为 255）。路由器每次转发时将其值减 1，减为零时就将该数据报丢弃。

7）源地址和目的地址。占 128 位，是数据报的发送端/接收端的 IP 地址。

4.3.3　IPv6 地址

IPv6 数据报的目的地址有以下三种基本类型：

1）单播。就是传统的点对点通信。

2）多播。一点对多点的通信，数据报发送到一组计算机中的每一台。

3）任播。这是 IPv6 增加的一种类型。任播的终点是一组计算机，但数据报只交付其中的一台计算机，通常是距离最近的一台计算机。

IPv4 地址通常使用点分十进制表示法。若 IPv6 也使用这种表示法，则地址书写起来将相当长。IPv6 标准使用冒号十六进制记法，即把地址中的每 4 位用一个十六进制数表示，并用冒号分隔每 16 位，如 4BF5:AA12:0216:FEBC:BA5F:039A:BE9A:2170。

当 16 位域的开头有一些 0 时，可以采用一种缩写表示法，但在域中必须至少有一个数字。例如，可以把地址 4BF5:0000:0000:0000:BA5F:039A:000A:2176 缩写为 4BF5:0:0:0:BA5F:39A:A:2176。

当有相继的 0 值域时，还可以进一步缩写。这些域可用双冒号缩写（::）。当然，双冒号表示法在一个地址中仅能出现一次，因为 0 值域的个数没有编码，需要从指定的总的域的个数来推算。这样一来，前述地址可被更紧凑地书写成 4BF5::BA5F:39A:A:2176。

IPv6 地址的分类如表 4.3 所示。

表 4.3　IPv6 地址的分类

地 址 类 型	二进制前缀
未指明地址	00…0(128 位)，可记为::/128
环回地址	00…01 (128 位)，可记为::1/128
多播地址	11111111(8 位)，可记为 FF00::/8
本地链路单播地址	1111111010 (10 位)，可记为 FE80::/10
全球单播地址	除上述四种外的其他所有 IPv6 地址

对表 4.3 给出的五类地址简单解释如下：

1）未指明地址：该地址不能用作目的地址，只能用于还未配置 IPv6 地址的主机作为源地址。

2）环回地址：该地址的作用与 IPv4 的环回地址相同，但 IPv6 的环回地址仅此一个。

3）多播地址：该地址的作用和 IPv4 的一样。这类地址占 IPv6 地址空间的 1/256。

4）本地链路单播地址：该地址的作用类似于 IPv4 的私有 IP 地址。

5）全球单播地址：用得最多的地址。IPv6 全球单播地址采用下图所示的三级结构：第一级为全球路由选择前缀，占 48 位，用于互联网中的路由选择，相当于 IPv4 分类地址中的网络号；第二级为子网标识符，占 16 位，用于各机构构建自己的子网；第三级为接口标识符，用于指明主机或路由器的单个网络接口，相当于 IPv4 分类地址中的主机号。

与 IPv4 不同，IPv6 地址的接口标识符有 64 位之多，足以对各种接口的硬件地址直接进行编码。这样，IPv6 就可直接从 128 位地址的最后 64 位中直接提取出相应的硬件地址，而不需要使用地址解析协议（ARP）进行地址解析。

4.3.4　从 IPv4 向 IPv6 过渡

从 IPv4 向 IPv6 过渡只能采用逐步演进的办法，同时还必须使新安装的 IPv6 系统能够向后兼容。IPv6 系统必须能够接收和转发 IPv4 分组，并且能够为 IPv4 分组选择路由。

命题追踪 ▶▶ IPv4 向 IPv6 过渡的策略（2023）

从 IPv4 向 IPv6 过渡可以采用下列两种策略：

1）双协议栈，是指在一台设备上同时装有 IPv4 和 IPv6 两个协议栈，分别配置了一个 IPv4 地址和一个 IPv6 地址，因此这台设备既能和 IPv4 网络通信，又能和 IPv6 网络通信。双协议栈主机在与 IPv6 主机通信时采用 IPv6 地址，而在与 IPv4 主机通信时采用 IPv4 地址，双协议栈主机使用应用层的域名系统（DNS）获知目的主机采用的是哪种地址。若 DNS 返回的是 IPv4 地址，则双协议的源主机就使用 IPv4 地址。若 DNS 返回的是 IPv6 地址，则双协议栈的源主机就使用 IPv6 地址。

2）隧道技术，是指在 IPv6 数据报要进入 IPv4 网络时，把整个 IPv6 数据报封装成 IPv4 数据报的数据部分，使原来的 IPv6 数据报就好像在 IPv4 网络的隧道中传输。当 IPv4 数据报离开 IPv4 网络时，再将其数据部分交给主机的 IPv6 协议。

4.3.5　本节习题精选

单项选择题

01. 下一代互联网核心协议 IPv6 的地址长度是（　　）。

　　A. 32 比特　　　　B. 48 比特　　　　C. 64 比特　　　　D. 128 比特

02. 与 IPv4 相比，IPv6（　　）。

　　A. 采用 32 位 IP 地址　　　　　　　　B. 增加了首部字段数目

　　C. 不提供 QoS 保障　　　　　　　　　D. 没有提供检验和字段

03. 以下关于 IPv6 地址 1A22:120D:0000:0000:72A2:0000:0000:00C0 的表示中，错误的是（　　）。

　　A. 1A22:120D::72A2:0000:0000:00C0　　B. 1A22:120D::72A2:0:0:C0

　　C. 1A22::120D::72A2::00C0　　　　　　D. 1A22:120D:0:0:72A2::C0

04. 一个 IPv6 地址的简化写法为 8::D0:123:CDEF:89A，则其完整地址应该是（　　）。

　　A. 8000:0000:0000:0000:00D0:1230:CDEF:89A0

　　B. 0008:0000:0000:0000:00D0:0123:CDEF:89A

  C.　8000:0000:0000:0000:D000:1230:CDEF:89A0

  D.　0008:0000:0000:0000:00D0:0123:CDEF:089A

05.　下列关于 IPv6 的描述中，错误的是（　）。

  A.　IPv6 的首部长度是不可变的

  B.　IPv6 不允许分片

  C.　IPv6 采用了 16B 的地址，在可预见的将来不会用完

  D.　IPv6 使用了首部检验和来保证传输的正确性

06.　若一个路由器收到的 IPv6 数据报因太大而不能转发到链路上，则路由器将把该数据报（　）。

  A.　丢弃   B.　暂存

  C.　分片   D.　转发至能支持该数据报的链路上

07.　【2023 统考真题】下列关于 IPv4 和 IPv6 的叙述中，正确的是（　）。

  I.　IPv6 地址空间是 IPv4 地址空间的 96 倍

  II.　IPv4 首部和 IPv6 基本首部的长度均可变

  III.　IPv4 向 IPv6 过渡可以采用双协议栈和隧道技术

  IV.　IPv6 首部的 Hop Limit 字段等价于 IPv4 首部的 TTL 字段

  A.　仅 I、II   B.　仅 I、IV   C.　仅 II、III   D.　仅 III、IV

4.3.6　答案与解析

单项选择题

01. D

IPv6 的地址用 16B（即 128 比特）表示，比 IPv4 长得多，地址空间是 IPv4 的 2^{96} 倍。

02. D

IPv6 采用 128 位地址。IPv6 减少了首部字段数目，仅包含 8 个字段。IPv6 支持 QoS（指在有限的带宽资源下，为业务提供端到端的服务质量保证），以满足实时、多媒体通信的需要。因为目前网络传输介质的可靠性较高，所以出现比特错误的可能性很低，且数据链路层和传输层有自己的检验，为了效率，IPv6 没有检验和字段。

03. C

使用零压缩法时，双冒号"::"（表示零压缩）在一个地址中只能出现一次。也就是说，当有多处不相邻的 0 时，只能用"::"代表其中的一处。

04. D

冒号十六进制记法表示 IPv6 地址的规则：①多个连续区域为 0，可进行零压缩，但一个地址仅可出现一次零压缩。②每个区域开头的 0 可省略，结尾的 0 不可省略。按照规则先将题中零压缩的部分展开，得到 8:0000:0000:0000:D0:123:CDEF:89A；每个区域应该有 4 位十六进制数，不足 4 位则表示开头的 0 被省略，补充后得到 0008:0000:0000:0000:00D0:0123:CDEF:089A。

05. D

IPv6 的首部长度是固定的，因此不需要首部长度字段。IPv6 取消了检验和字段，这样就加快了路由器处理数据报的速度。我们知道，数据链路层会丢弃检测出差错的帧，传输层也有相应的差错处理机制，因此网络层的差错检测可以精简掉。

06. A

IPv6 中不允许分片。因此，若路由器发现到来的数据报太大而不能转发到链路上，则丢弃该

数据报，并向发送方发送一个指示分组太大的 ICMP 报文。

07. D

IPv4 地址占 32 位，地址空间为 2^{32}；IPv6 地址占 128 位，地址空间为 2^{128}，IPv6 地址空间是 IPv4 地址空间的 2^{96} 倍，I 错误。IPv4 首部长度是 4B 的倍数，长度可变；IPv6 基本首部长度是 40B，不可变，II 错误。IPv4 向 IPv6 过渡可以采用双协议栈（设备同时支持 IPv4 和 IPv6）和隧道技术（IPv6 数据报封装 IPv4 的数据部分），III 正确。IPv6 首部的 Hop Limit 字段和 IPv4 首部的 TTL 字段都用于限制数据报在网络中经过的路由器数量，IV 正确。

4.4 路由算法与路由协议

4.4.1 路由算法

路由选择协议的核心是路由算法，即需要何种算法来获得路由表中的各个项目。路由算法的目的很简单：给定一组路由器及连接路由器的链路，路由算法要找到一条从源路由器到目的路由器的"最佳"路径。通常，"最佳"路径是指具有最低费用的路径。

1. 静态路由与动态路由

路由器转发分组是通过路由表转发的，而路由表是通过各种算法得到的。从能否随网络的通信量或拓扑自适应地进行调整变化来划分，路由算法可以分为如下两大类。

1）静态路由算法。指由网络管理员手工配置每一条路由。

2）动态路由算法。根据网络流量负载和拓扑结构的变化来动态调整自身的路由表。

静态路由算法的特点是简单和开销较小，但不能及时适应网络状态的变化，适用于简单的小型网络。动态路由算法能较好地适应网络状态的变化，但实现复杂，开销也大，适用于较复杂的大网络。常用的动态路由算法可分为两类：距离-向量路由算法和链路状态路由算法。

2. 距离-向量路由算法

距离-向量算法的基础是 Bellman-Ford 算法，它用于计算单源最短路径。每个结点以自身为源点执行 Bellman-Ford 算法，所以从全局上可以解决任意结点对之间的最短路径问题。

下面讨论 Bellman-Ford 算法的基本思想。

假设 $d_x(y)$ 表示从结点 x 到结点 y 的带权最短路径的费用，则有

$$d_x(y) = \min\{c(x, v) + d_v(y)\}, \qquad v \text{ 是 } x \text{ 的所有邻居}$$

式中，$c(x, v)$ 是从 x 到其邻居 v 的费用。已知 x 的所有邻居到 y 的最短路径费用后，从 x 到 y 的最短路径费用是对所有邻居 v 的 $c(x, v) + d_v(y)$ 的最小值，如图 4.13 所示。所有最短路径算法都依赖于一个性质："两点之间的最短路径也包含了路径上其他顶点间的最短路径。"

图 4.13 Bellman-Ford 算法的基本思想

对于距离-向量算法，每个结点 x 维护下列路由信息：

1）从 x 到每个直接相连邻居 v 的链路费用 $c(x, v)$。

2）结点 x 的距离向量，即 x 到网络中其他结点的费用。这是一组距离，因此称为距离向量。

3）它收到的每个邻居的距离向量，即 x 的每个邻居到网络中其他结点的费用。

在距离-向量算法中，每个结点定期地向它的每个邻居发送它的距离向量副本。当结点 x 从它的任何一个邻居 v 接收到一个新距离向量时，它首先保存 v 的距离向量，然后使用 Bellman-Ford 公式 $d_x(y) = \min\{c(x, v) + d_v(y)\}$ 更新自己的距离向量。若结点 x 的距离向量因这个更新步骤而改变，则结点 x 接下来继续向它的每个邻居发送其更新后的距离向量。

下面以图 4.14 顶部三个结点的简单网络为例，说明距离-向量算法的实现。

命题追踪 ▶▶ 距离向量路由算法的具体实现（2021）

图 4.14(a)中的各列依次是三个结点的<u>初始化距离向量</u>，此时各结点之间尚未交换过任何路由信息，因此各结点的初始化距离向量就等于它到每个直接相连邻居 v 的费用。

图 4.14　距离向量算法实现的举例

初始化后，每个结点第一次向它的所有邻居发送其距离向量，在接收到该更新报文后，每个结点重新计算自己的距离向量。例如，结点 x 计算的过程为：$d_x(x) = 0$；$d_x(y) = \min\{c(x, y) + d_y(y), c(x, z) + d_z(y)\} = \min\{2 + 0, 7 + 1\} = 2$；$d_x(z) = \min\{c(x, y) + d_y(z), c(x, z) + d_z(z)\} = \min\{2 + 1, 7 + 0\} = \underline{3}$。注意到结点 x 到结点 z 的最低费用从 7 变成了 3，结点 z 到结点 x 的最低费用也从 7 变成了 3，如图 4.14(b)所示。结点的距离向量变化后，再次向它们的邻居发送它们更新的距离向量，而没有变化的结点 y 不用发送更新报文。接收到邻居的更新报文后，结点又重新计算它们的距离向量，此次没有结点更新，因此也无更新报文发送，算法进入静止状态，如图 4.14(c)所示。

显然，更新报文的大小与网络中的结点数目成正比，大型网络将导致很大的更新报文。

最常见的距离-向量路由算法是 RIP 算法，它采用"跳数"作为距离的度量。

3．链路状态路由算法

链路状态是指本路由器和哪些路由器相邻，以及相应链路的代价。链路状态算法要求每个结点都具有全网拓扑结构图（这个拓扑结构图在全网范围内是一致的），它们执行下列两项任务：第一，主动测试所有相邻结点的状态；第二，定期地将链路状态传播给所有其他结点。因此每个结点都知道全网共有多少个结点、哪些结点是相连的、其代价是多少等，于是每个结点都可使用 Dijkstra 最短路径算法计算出到达其他结点的最短路径。

在链路状态算法中，结点每收到一个链路状态报文，便用其更新自己的网络状态"视野图"，一旦链路状态发生变化，就使用 Dijkstra 算法重新计算到达所有其他结点的最短路径。

因为一个结点的链路状态只涉及相邻结点的连通状态，而与整个互联网的规模并无直接关系，所以链路状态算法适用于大型的或路由信息变化聚敛的互联网环境。

链路状态算法的主要优点是，每个结点都使用同样的链路状态数据独立地计算路径，而不依赖中间结点的计算；链路状态报文不加改变地传播，因此采用该算法易于查找故障。当一个结点从所有其他结点接收到报文时，它就在本地立即计算出正确的路径，保证一步汇聚。最后，因为链路状态报文仅运载来自单个结点关于直接链路的信息，其大小与网络中的结点数目无关，所以链路状态算法比距离-向量算法有更好的规模可伸展性。

两种路由算法的比较：在距离-向量算法中，每个结点仅与它的直接邻居交谈，向它的邻居发送自己的路由表，其大小取决于网络中的结点数目，代价较大。在链路状态算法中，每个结点通过广播的方式与所有其他结点交谈，但它只告诉它们与它直接相连的链路的费用。

典型的链路状态路由算法是 OSPF 算法。

4.4.2　分层次的路由选择协议

互联网采用的是自适应的、分布式路由选择协议。因为互联网的规模非常大，许多联网单位不愿让外界了解自己单位网络的布局细节，所以互联网采用分层次的路由选择协议。

为此，可以把整个互联网划分为许多较小的自治系统（Autonomous System，AS）。自治系统是在单一技术管理下的一组路由器，这些路由器使用一种 AS 内部的路由选择协议和共同的度量。一个 AS 对其他 AS 表现出的是一个单一的和一致的路由选择策略。

这样，互联网就把路由选择协议划分为两大类。

1．内部网关协议（Interior Gateway Protocol，IGP）

内部网关协议即在一个自治系统内部使用的路由选择协议，它与在互联网中的其他自治系统选用什么路由选择协议无关。目前这类路由选择协议使用得最多，如 RIP 和 OSPF。

2．外部网关协议（External Gateway Protocol，EGP）

若源主机和目的主机处在不同的自治系统中（两个自治系统可能使用不同的 IGP），则当数据报传到一个自治系统的边界时，就需要使用一种协议将路由选择信息传递到另一个自治系统中。这样的协议就是外部网关协议。目前使用最多的外部网关协议是 BGP-4。

自治系统之间的路由选择也称域间路由选择，自治系统内部的路由选择也称域内路由选择。

图 4.15 是两个自治系统互连的示意图。每个自治系统自己决定在本自治系统内部运行哪个内部网关协议（例如，可以是 RIP 或 OSPF）。但每个自治系统都有一个或多个路由器（图中的路由器 R1 和 R2）除运行本系统的内部网关协议外，还要运行外部网关协议（如 BGP-4）。

图 4.15　自治系统和内部网关协议、外部网关协议

4.4.3　路由信息协议（RIP）

路由信息协议（Routing Information Protocol，RIP）是内部网关协议 IGP 中最先得到广泛应

用的协议。RIP 是一种分布式的基于距离向量的路由选择协议。

1．RIP 的规定

1）网络中的每个路由器都要维护从它自身到其他每个目的网络的距离记录，即距离向量。

2）RIP 使用跳数（Hop Count）（或称距离）来衡量到达目的网络的距离。规定从一路由器到直接连接的网络的距离定义为 1；而每经过一个路由器，距离就加 1。

3）RIP 认为好的路由就是它通过的路由器数目少，即距离短或跳数少。

命题追踪 ▶▶ RIP 中跳数为 16 的含义（2010）

4）RIP 允许一条路径最多只能包含 15 个路由器。因此距离等于 16 时表示网络不可达。可见 RIP 只适用于小型互联网。距离向量路由可能会出现环路的情况，规定路径上的最高跳数的目的是为了防止分组不断在环路上循环，减少网络拥塞的可能性。

5）每个路由表项都有三个关键字段：<目的网络 N，距离 d，下一跳路由器地址 X>。

2．RIP 的特点

RIP 的每个路由器都要不断与其他路由器交换信息，下面三个特点非常重要。

1）和谁交换信息：仅和直接相邻的路由器交换信息。

2）交换什么信息：交换的信息是本路由器所知道的全部信息，即自己的路由表。

3）何时交换信息：按固定的时间间隔（如 30 秒）交换路由信息。当网络拓扑发生变化时，路由器也及时向相邻路由器通告拓扑变化后的路由信息。

路由器刚开始工作时，只知道自己到直接相连的几个网络的距离为 1。每个路由器仅和相邻路由器周期性地交换并更新路由信息。经过若干次交换和更新后，所有的路由器最终都会知道到达本自治系统内任何网络的最短距离和下一跳路由器的地址，称为收敛。

命题追踪 ▶▶ 封装 RIP 报文所采用的协议（2017）

RIP 是应用层协议，它使用 UDP 传送数据（端口 520）。RIP 选择的路径不一定是时间最短的，但一定是具有最少的路由跳数，因为它是根据最少跳数进行路径选择的。

3．RIP 的距离向量算法

对每个相邻路由器发送来的 RIP 报文，执行如下步骤：

1）对地址为 X 的相邻路由器发来的 RIP 报文，先修改此报文中的所有项目：把"下一跳"字段中的地址都改为 X，并把所有"距离"字段的值加 1。

2）对修改后的 RIP 报文中的每个项目，执行如下步骤：

    IF (若原来的路由表中没有目的网络 N)

        则把该项目添加到路由表中（表明这是新的目的网络）。

    ELSE IF (若原来的路由表中有目的网络 N，且下一跳路由器的地址是 X)

        用收到的项目替换原路由表中的项目（因为要以更新的消息为准）。

    ELSE IF (若原来的路由表中有目的网络 N，且下一跳路由器的地址不是 X)

        若收到的项目中的距离 d 小于路由表中的距离，则进行更新。

    ELSE 什么也不做。

3）若 180 秒（RIP 默认超时时间）还没有收到相邻路由器的更新路由表，则把此相邻路由器记为不可达的路由器，即把距离设置为 16（距离为 16 表示不可达）。

4）返回。

下面举例说明 RIP 路由条目的更新过程。已知路由器 R6 和 R4 互为相邻路由器，表 4.4(a)所示为 R6 的路由表，现在收到相邻路由器 R4 发来的路由更新信息，如表 4.4(b)所示。

表 4.4(a)　R6 的路由表

目的网络	距离	下一跳路由器
Net2	3	R4
Net3	4	R5
...	...	...

表 4.4(b)　R4 发来的路由表

目的网络	距离	下一跳路由器
Net1	3	R1
Net2	4	R2
Net3	1	直接交付

现在试更新 R6 的路由表。先把 R4 发来的路由表［表 4.4(b)］中各项的距离都加 1，并把下一跳路由器都改为 R4，得到表 4.5(a)。将这个表的每行与 R6 的路由表［表 4.4(a)］进行比较。

第一行的 Net1 在表 4.4(a)中没有，因此要把这一行添加到表 4.4(a)中。

第二行的 Net2 在表 4.4(a)中有，且下一跳路由器也是 R4，因此要更新（距离增大了）。

第三行的 Net3 在表 4.4(a)中有，但下一跳路由器不同。于是需要比较距离。新的路由信息的距离是 2，小于原表中的 4，因此要更新。这样，得出更新后的 R6 的路由表如表 4.5(b)所示。

表 4.5(a)　修改 R4 发来的路由表

目的网络	距离	下一跳路由器
Net1	4	R4
Net2	5	R4
Net3	2	R4

表 4.5(b)　R6 更新后的路由表

目的网络	距离	下一跳路由器
Net1	4	R4
Net2	5	R4
Net3	2	R4
...	...	...

4．RIP 的优缺点

RIP 的优点：

1）实现简单、开销小、收敛过程较快。

2）若一个路由器发现了更短的路由，则这种更新信息就传播得很快，在较短时间内便可被传至所有路由器，俗称"好消息传播得快"。

RIP 的缺点：

1）RIP 限制了网络的规模，它能使用的最大距离为 15（16 表示不可达）。

2）路由器之间交换的是路由器中的完整路由表，因此网络规模越大，开销也越大。

3）当网络出现故障时，路由器之间需反复多次交换信息才能完成收敛，要经过较长时间才能将故障消息传送到所有路由器（即慢收敛现象），俗称"坏消息传播得慢"。

命题追踪 ▶▶ RIP 协议的收敛过程（2024）

下面举例说明 RIP "好消息传播得快，坏消息传播得慢"的特点。假设图 4.16 中的路由器都采用 RIP 交换路由信息，初始时 R1 到网络 N 的距离为 4，且 R1 和 R2 均已收敛。

(a) 发现更短的路由　　　　　　　　(b) 链路出现故障

图 4.16　RIP 举例：链路开销改变

在图 4.16(a)中，某时刻 R1 的某个端口检测到"到 N 更短的链路"（距离由 4 变为 1），R1 计算其到 N 的最新距离 = min{1, 1 + R2 到 N 的距离} = min{1, 1 + 5} = 1，并通知邻居；R2 收到后，更新其到 N 的距离为 2，并通知邻居；R1 收到后，R1 到 N 的最短距离未变，不再发送通知，算法进入静止状态。可见，R2 到 N 的距离减少的好消息通过 RIP 得到了迅速传播。

命题追踪　▶▶ RIP "坏消息传播得慢"的分析（2016）

在图 4.16(b) 中，某时刻 R1 的某个端口检测到 "N 不可达"（即距离变为 16），R1 计算其到 N 的最新距离 = min{16, 1 + R2 到 N 的距离} = min{16, 1 + 5} = 6。从网络全局的视角可以看出，经过 R2 的这个新距离显然是错误的。R1 算出到 N 的最新距离后，通知邻居；R2 收到后，更新其到 N 的距离为 7，通知邻居；R1 收到后，计算其到 N 的距离 = min{16, 1 + R2 到 N 的距离} = min{16, 1 + 7} = 8，继续通知邻居……如此循环，直到 R2 最终算出它经由 R1 到达 N 的距离为 16 为止。可见，RIP 关于链路故障或距离增加的坏消息传播得很慢。

4.4.4　开放最短路径优先（OSPF）协议

1．OSPF 协议的基本特点

命题追踪　▶▶ OSPF 协议和 RIP 协议的比较（2024）

开放最短路径优先（OSPF）协议是使用分布式链路状态路由算法的典型代表，也是内部网关协议（IGP）的一种。OSPF 与 RIP 相比有以下 4 点主要区别：

1）OSPF 向本自治系统中所有路由器发送信息。这里使用的方法是洪泛法。而 RIP 仅仅向自己相邻的几个路由器发送信息。

2）发送的信息是与本路由器相邻的所有路由器的链路状态，但这只是路由器所知道的部分信息。而在 RIP 中，发送的信息是本路由器所知道的全部信息，即整个路由表。

3）只有当链路状态发生变化时，路由器才用洪泛法向所有路由器发送此信息，并且更新过程收敛得快，不会出现 RIP "坏消息传得慢"的问题。而在 RIP 中，不管网络拓扑是否发生变化，路由器之间都要定期交换路由表的信息。

命题追踪　▶▶ 封装 OSPF 报文所采用的协议（2017）

4）OSPF 是网络层协议，它不用 UDP 或 TCP，而直接用 IP 数据报传送（其 IP 数据报首部的协议字段为 89）。而 RIP 是应用层协议，它在传输层使用 UDP。

> **注 意**
>
> 　用 UDP 传送是指将该信息作为 UDP 报文的数据部分，而直接使用 IP 数据报传送是指将该信息直接作为 IP 数据报的数据部分。RIP 报文是作为 UDP 数据报的数据部分。

除以上区别外，OSPF 还有以下特点：

1）OSPF 允许对每条路由设置成不同的代价，对于不同类型的业务可计算出不同的路由。

2）若到同一个目的网络有多条相同代价的路径，则可将通信量分配给这几条路径。

3）OSPF 分组具有鉴别功能，从而保证仅在可信赖的路由器之间交换链路状态信息。

4）OSPF 支持可变长度的子网划分和无分类编址 CIDR。

5）每个链路状态都带上一个 32 位的序号，序号越大，状态就越新。

2．OSPF 的基本工作原理

因为各路由器之间频繁地交换链路状态信息，所以所有路由器最终都能建立一个链路状态数据库，即全网的拓扑结构图。然后，每个路由器利用链路状态数据库中的数据，使用 Dijkstra 算法计算自己到达各目的网络的最优路径，构造出自己的路由表。此后，当链路状态发生变化时，每个路由器重新计算到达各目的网络的最优路径，构造出新的路由表。

> **注 意**
>
> 虽然使用 Dijkstra 算法能计算出完整的最优路径,但路由表中不会存储完整路径,而只存储"下一跳"(只有到了下一跳路由器,才能知道再下一跳应当怎样走)。

为了使 OSPF 能够用于规模很大的网络,OSPF 将一个自治系统再划分为若干更小的范围,称为区域。划分区域的好处是,将利用洪泛法交换链路状态信息的范围局限在每个区域而非整个自治系统,从而减少了整个网络上的通信量。

3. OSPF 的五种分组类型

OSPF 共有以下五种分组类型:

1)问候分组,用来发现和维持邻站的可达性。
2)数据库描述分组,向邻站给出自己的链路状态数据库中的所有链路状态项目的摘要信息。
3)链路状态请求分组,向对方请求发送某些链路状态项目的详细信息。
4)链路状态更新分组,用洪泛法对全网更新链路状态,它是 OSPF 最核心的部分。
5)链路状态确认分组,对链路更新分组的确认。

在网络中通常传送的 OSPF 分组大多是问候分组。两个相邻路由器通常每隔 10 秒要交换一次问候分组,以便知道哪些站可达。若有 40 秒没有收到某个相邻路由器发来的问候分组,则认为该相邻路由器不可达,应立即修改链路状态数据库,并重新计算路由表。

在路由器刚开始工作时,OSPF 让每个路由器使用数据库描述分组和相邻路由器交换本数据库中已有的链路状态摘要信息。然后,路由器使用链路状态请求分组,向对方请求发送自己所缺少的某些链路状态项目的详细信息。经过一系列的这种分组交换,就建立了全网同步的链路数据库。图 4.17 给出了 OSPF 的基本操作,说明了两个路由器需要交换的各种类型的分组。

图 4.17 OSPF 的基本操作

在网络运行的过程中,只要一个路由器的链路状态发生变化,该路由器就要使用链路状态更新分组,用洪泛法向全网更新链路状态。其他路由器在收到更新分组后要发送确认。

为了确保链路状态数据库与全网的状态保持一致,OSPF 还规定每隔一段时间(如 30 分钟)要刷新一次数据库中的链路状态。因为一个路由器的链路状态只涉及与相邻路由器的连通状态,与整个网络的规模并无直接关系,所以当互联网规模很大时,OSPF 要比 RIP 好得多。

4.4.5 边界网关协议(BGP)

命题追踪 ▶▶ BGP 的作用(2013)

边界网关协议(Border Gateway Protocol,BGP)是不同自治系统 AS 的路由器之间交换路由信息的协议，是一种外部网关协议。边界网关协议 BGP 常用于互联网的网关之间。

内部网关协议主要是设法使数据报在一个 AS 中尽可能有效地从源站传送到目的站。在一个 AS 内部也不需要考虑其他方面的策略。然而 BGP 使用的环境却不同，主要原因如下：

1）互联网的规模太大，使得 AS 之间路由选择非常困难，每个主干网路由器表中的项目数都非常庞大。对于 AS 之间的路由选择，要寻找最佳路由是很不现实的。

2）AS 之间的路由选择必须考虑政治、安全或经济等有关因素。

BGP 只能是力求寻找一条能够到达目的网络且比较好的路由（不能兜圈子），而并非要寻找一条最佳路由。BGP 采用的是路径向量路由选择协议，它与距离向量协议（如 RIP）和链路状态协议（如 OSPF）都有很大的区别。BGP 是应用层协议，它是基于 TCP 的。

BGP 的工作原理如下：

1）配置 BGP 时，每个 AS 的管理员要选择至少一个路由器，作为该 AS 的"BGP 发言人"，BGP 发言人往往就是 BGP 边界路由器。

命题追踪　▶▶ 封装 BGP 报文所采用的协议（2013、2017）

2）一个 BGP 发言人与其他 AS 中的 BGP 发言人要交换路由信息，就要先建立 TCP 连接，然后在此连接上交换 BGP 报文以建立 BGP 会话，再利用 BGP 会话交换路由信息。使用 TCP 连接交换路由信息的两个 BGP 发言人，彼此成为对方的邻站或对等站。每个 BGP 发言人除了必须运行 BGP 外，还必须运行该 AS 所用的内部网关协议，如 OSPF 或 RIP。图 4.18 所示为 BGP 发言人和自治系统 AS 的关系示意图。

图 4.18　BGP 发言人和自治系统 AS 的关系示意图

3）BGP 所交换的网络可达性的信息，就是要到达某个网络所要经过的一系列自治系统。当 BGP 发言人互相交换网络可达性的信息后，各 BGP 发言人就根据所用的策略，从收到的路由信息中找出到达各自治系统的较好路由。

图 4.19 给出了一个 BGP 发言人交换路径向量的例子。

图 4.19　主干网与自治系统间路径向量的交换

BGP 的特点如下：

1）BGP 交换路由信息的结点数量级是 AS 个数的数量级，这要比这些 AS 中的网络数少很多。

2）寻找一条较好的路径，取决于找准正确的 BGP 发言人，而每个 AS 中 BGP 发言人（或边界路由器）的数目是很少的。这样就使得 AS 之间的路由选择不致过分复杂。

3）BGP 支持 CIDR，因此 BGP 的路由表也就应当包括目的网络前缀、下一跳路由器，以及到达该目的网络所要经过的各个自治系统序列。

4）当 BGP 刚运行时，BGP 的邻站交换整个 BGP 路由表。但以后只需要在发生变化时更新有变化的部分。这样做对节省网络带宽和减少路由器的处理开销方面都有好处。

命题追踪 ▶▶ BGP 协议的报文类型（2024）

BGP-4 共使用 4 种报文：

1）打开（Open）报文。用来与相邻的另一个 BGP 发言人建立关系，使通信初始化。

2）更新（Update）报文。用来通知某一路由的信息，以及列出要撤销的多条路由。

3）保活（Keepalive）报文。用来周期性地证实邻站的连通性。

4）通知（Notification）报文。用来发送检测到的差错。

若一个 BGP 发言人想与另一个 AS 的 BGP 发言人建立邻站关系，则要向对方发送 Open 报文，若对方接受这种邻站关系，则用 Keepalive 报文响应。邻站关系一旦建立，就要继续维持这种关系。为此，这两个 BGP 发言人彼此要周期性地交换 Keepalive 报文（一般每隔 30 秒）。Keepalive 报文只有 19B，因此不会造成网络上太大的开销。Update 报文是 BGP 的核心内容，BGP 发言人可以用 Update 报文撤销它曾经通知过的路由，也可以宣布增加新的路由。

RIP、OSPF 与 BGP 的比较如表 4.6 所示。

表 4.6　三种路由协议的比较

协　议	RIP	OSPF	BGP	
类型	内部	内部	外部	
路由算法	距离-向量	链路状态	路径向量	
传递协议	UDP	IP	TCP	
路径选择	跳数最少	代价最低	较好，非最佳	
交换结点	和本结点相邻的路由器	网络中的所有路由器	和本结点相邻的路由器	
交换内容	当前本路由器知道的全部信息，即自己的路由表	与本路由器相邻的所有路由器的链路状态	首次	整个路由表
			非首次	有变化的部分

4.4.6　本节习题精选

一、单项选择题

01. 动态路由选择和静态路由选择的主要区别是（　　）。

　　A. 动态路由选择需要维护整个网络的拓扑结构信息，而静态路由选择只需要维护部分拓扑结构信息

　　B. 动态路由选择可随网络的通信量或拓扑变化而自适应地调整，而静态路由选择则需要手工去调整相关的路由信息

　　C. 动态路由选择简单且开销小，静态路由选择复杂且开销大

　　D. 动态路由选择使用路由表，静态路由选择不使用路由表

02. 下列关于路由算法的描述中，（　　）是错误的。

　　A. 静态路由有时也被称为非自适应的算法

　　B. 静态路由所使用的路由选择一旦启动就不能修改

　　C.　动态路由也称自适应算法，会根据网络的拓扑变化和流量变化改变路由决策

　　D.　动态路由算法需要实时获得网络的状态

03.　关于链路状态协议的描述，（　）是错误的。

　　A.　仅相邻路由器需要交换各自的路由表

　　B.　全网路由器的拓扑数据库是一致的

　　C.　采用洪泛技术更新链路变化信息

　　D.　具有快速收敛的优点

04.　在链路状态路由算法中，每个路由器都得到网络的完整拓扑结构后，使用（　）算法来找出它到其他路由器的路径长度。

　　A.　Prim 最小生成树算法　　　　　　　B.　Dijkstra 最短路径算法

　　C.　Kruskal 最小生成树算法　　　　　　D.　拓扑排序

05.　下列关于分层路由的描述中，（　）是错误的。

　　A.　采用分层路由后，路由器被划分成区域

　　B.　每个路由器不仅知道如何将分组路由到自己区域的目标地址，而且知道如何路由到其他区域

　　C.　采用分层路由后，可以将不同的网络连接起来

　　D.　对于大型网络，可能需要多级的分层路由来管理

06.　以下关于自治系统的描述中，不正确的是（　）。

　　A.　自治系统划分区域的好处，将利用洪泛法交换链路状态信息的范围局限在每个区域内，而不是整个自治系统

　　B.　采用分层划分区域的方法使交换信息的种类增多，同时也使 OSPF 协议更加简单

　　C.　OSPF 协议将一个自治系统再划分为若干更小的范围，称为区域

　　D.　在一个区域内部的路由器只知道本区域的网络拓扑，而不知道其他区域的网络拓扑的情况

07.　在计算机网络中，路由选择协议的功能不包括（　）。

　　A.　交换网络状态或通路信息　　　　　　B.　选择到达目的地的最佳路径

　　C.　更新路由表　　　　　　　　　　　　D.　发现下一跳的物理地址

08.　用于域间路由的协议是（　）。

　　A.　RIP　　　　　　B.　BGP　　　　　　C.　OSPF　　　　　　D.　ARP

09.　在 RIP 协议中，到某个网络的距离值为 16，其意义是（　）。

　　A.　该网络不可达　　　　　　　　　　　B.　存在循环路由

　　C.　该网络为直接连接网络　　　　　　　D.　到达该网络要经过 15 次转发

10.　在 RIP 协议中，假设路由器 X 和路由器 K 是两个相邻的路由器，X 向 K 说："我到目的网络 Y 的距离为 N"，则收到此信息的 K 就知道："若将到网络 Y 的下一个路由器选为 X，则我到网络 Y 的距离为（　）。"（假设 N 小于 15）

　　A.　N　　　　　　B.　$N-1$　　　　　　C.　1　　　　　　D.　$N+1$

11.　以下关于 RIP 的描述中，错误的是（　）。

　　A.　RIP 是基于距离-向量路由选择算法的

　　B.　RIP 要求内部路由器将它关于整个 AS 的路由信息发布出去

　　C.　RIP 要求内部路由器向整个 AS 的路由器发布路由信息

　　D.　RIP 要求内部路由器按照一定的时间间隔发布路由信息

12.　在 RIP 协议中，当路由器收到相邻路由器发来的路由更新信息时，若发现有更优的路由，则（　）。

    A. 直接更新自己的路由表

    B. 向相邻路由器发送确认信息后再更新自己的路由表

    C. 向所有相邻路由器发送确认信息后再更新自己的路由表

    D. 不更新自己的路由表

13. 对路由选择协议的一个要求是必须能够快速收敛，所谓"路由收敛"是指（　）。

    A. 路由器能把分组发送到预定的目标

    B. 路由器处理分组的速度足够快

    C. 网络设备的路由表与网络拓扑结构保持一致

    D. 能把多个子网聚合成一个超网

14. 下列关于 RIP 和 OSPF 协议的叙述中，错误的是（　）。

    A. RIP 和 OSPF 协议都是网络层协议

    B. 在进行路由信息交换时，RIP 中的路由器仅向自己相邻的路由器发送信息，OSPF 协议中的路由器向本自治系统中的所有路由器发送信息

    C. 在进行路由信息交换时，RIP 中的路由器发送的信息是整个路由表，OSPF 协议中的路由器发送的信息只是路由表的一部分

    D. RIP 的路由器不知道全网的拓扑结构，OSPF 协议的任何一个路由器都知道自己所在区域的拓扑结构

15. OSPF 协议使用（　）分组来保持与其邻居的连接。

    A. Hello   B. Keepalive

    C. SPF（最短路径优先）   D. LSU（链路状态更新）

16. 以下关于 OSPF 协议的描述中，最准确的是（　）。

    A. OSPF 协议根据链路状态法计算最佳路由

    B. OSPF 协议是用于自治系统之间的外部网关协议

    C. OSPF 协议不能根据网络通信情况动态地改变路由

    D. OSPF 协议只适用于小型网络

17. 在 OSPF 协议中，划分区域的最主要目的是（　）。

    A. 减少路由表的大小   B. 减少洪泛法交换的通信量

    C. 增加路由选择的灵活性   D. 增加网络的安全性

18. 以下关于 OSPF 协议特征的描述中，错误的是（　）。

    A. OSPF 协议将一个自治域划分成若干域，有一种特殊的域称为主干区域

    B. 域之间通过区域边界路由器互连

    C. 在自治系统中有 4 类路由器：区域内部路由器、主干路由器、区域边界路由器和自治域边界路由器

    D. 主干路由器不能兼作区域边界路由器

19. BGP 交换的网络可达性信息是（　）。

    A. 到达某个网络所经过的路径   B. 到达某个网络的下一跳路由器

    C. 到达某个网络的链路状态摘要信息   D. 到达某个网络的最短距离及下一跳路由器

20. RIP、OSPF 协议、BGP 的路由选择过程分别使用（　）。

    A. 路径向量协议、链路状态协议、距离向量协议

    B. 距离向量协议、路径向量协议、链路状态协议

    C. 路径向量协议、距离向量协议、链路状态协议

    D. 距离向量协议、链路状态协议、路径向量协议

21. 从数据封装的角度看，下列（　　）协议属于 TCP/IP 参考模型的应用层。

I. OSPF　　　　II. RIP　　　　III. BGP　　　　IV. ICMP

A. I、II　　　　B. II、III　　　　C. I、IV　　　　D. I、II、III、IV

22. 考虑如下图所示的子网，该子网使用了距离向量算法，下面的向量刚刚到达路由器 C：来自 B 的向量为 (5, 0, 8, 12, 6, 2)；来自 D 的向量为 (16, 12, 6, 0, 9, 10)；来自 E 的向量为 (7, 6, 3, 9, 0, 4)。经过测量，C 到 B、D 和 E 的延迟分别为 6、3 和 5，则 C 到达所有结点的最短路径是（　　）。

A. (5, 6, 0, 9, 6, 2)　　B. (11, 6, 0, 3, 5, 8)　　C. (5, 11, 0, 12, 8, 9)　　D. (11, 8, 0, 7, 4, 9)

23. 某分组交换网络的拓扑如下图所示，各路由器使用 OSPF 协议且均已收敛，各链路的度量已在图中标注。假设各段链路的带宽均为 100Mb/s，分组长度为 1000B，其中分组的首部长度为 20B。若主机 A 向主机 B 发送一个大小为 980000B 的文件，忽略分组的传播时延和封装/解封时间，从 A 发送开始到 B 接收完毕为止，需要的时间是（　　）。

A. 80.08ms　　　　B. 80.16ms　　　　C. 80.32ms　　　　D. 80.64ms

24. 【2010 统考真题】某自治系统内采用 RIP，若该自治系统内的路由器 R1 收到其邻居路由器 R2 的距离向量，距离向量中包含信息 <net1, 16>，则能得出的结论是（　　）。

A. R2 可以经过 R1 到达 net1，跳数为 17

B. R2 可以到达 net1，跳数为 16

C. R1 可以经过 R2 到达 net1，跳数为 17

D. R1 不能经过 R2 到达 net1

25. 【2016 统考真题】假设下图中的 R1、R2、R3 采用 RIP 交换路由信息，且均已收敛。若 R3 检测到网络 201.1.2.0/25 不可达，并向 R2 通告一次新的距离向量，则 R2 更新后，其到达该网络的距离是（　　）。

A. 2　　　　　　B. 3　　　　　　C. 16　　　　　　D. 17

26.【2017 统考真题】直接封装 RIP、OSPF、BGP 报文的协议分别是 （ ）。
    A．TCP、UDP、IP   B．TCP、IP、UDP
    C．UDP、TCP、IP   D．UDP、IP、TCP

27.【2021 统考真题】某网络中的所有路由器均采用距离向量路由算法计算路由。若路由器 E 与邻居路由器 A、B、C 和 D 之间的直接链路距离分别是 8、10、12 和 6，且 E 收到邻居路由器的距离向量如下表所示，则路由器 E 更新后的到达目的网络 Net1～Net4 的距离分别是 （ ）。

目的网络	A 的距离向量	B 的距离向量	C 的距离向量	D 的距离向量
Net1	1	23	20	22
Net2	12	35	30	28
Net3	24	18	16	36
Net4	36	30	8	24

    A．9，10，12，6   B．9，10，28，20   C．9，20，12，20   D．9，20，28，20

二、综合应用题

01. RIP 使用 UDP，OSPF 使用 IP，而 BGP 使用 TCP。这样做有何优点？为什么 RIP 周期性地和邻站交换路由信息而 BGP 却不这样做？

02. 在某个使用 RIP 的网络中，B 和 C 互为相邻路由器，其中表 1 为 B 的原路由表，表 2 为 C 广播的距离向量报文<目的网络，距离>。

表 1

目的网络	距　离	下 一 跳
N1	7	A
N2	2	C
N6	8	F
N8	4	E
N9	4	D

表 2

目的网络	距　离
N2	15
N3	2
N4	8
N8	2
N7	4

  1）试求路由器 B 更新后的路由表并说明主要步骤。

  2）当路由器 B 收到发往网络 N2 的 IP 分组时，应该做何处理？

03. 互联网中的一个自治系统的内部结构如下图所示。路由选择协议采用 OSPF 协议时，计算 R6 的关于网络 N1、N2、N3、N4 的路由表。

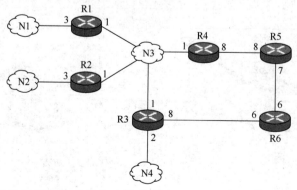

注：端口处的数字指该路由器向该链路转发分组的代价。

04.【2013 统考真题】假设 Internet 的两个自治系统构成的网络如下图所示，自治系统 AS1

由路由器 R1 连接两个子网构成；自治系统 AS2 由路由器 R2、R3 互连并连接 3 个子网构成。各子网地址、R2 的接口名、R1 与 R3 的部分接口 IP 地址如下图所示。

请回答下列问题：

1）假设路由表结构如下表所示。利用路由聚合技术，给出 R2 的路由表，要求包括到达图中所有子网的路由，且路由表中的路由项尽可能少。

目的网络	下一跳	接口

2）若 R2 收到一个目的 IP 地址为 194.17.20.200 的 IP 分组，R2 会通过哪个接口转发该 IP 分组？

3）R1 与 R2 之间利用哪个路由协议交换路由信息？该路由协议的报文被封装到哪个协议的分组中进行传输？

05.【2014 统考真题】某网络中的路由器运行 OSPF 路由协议，下表是路由器 R1 维护的主要链路状态信息（LSI），下图是根据该表及 R1 的接口名构造的网络拓扑。

		R1 的 LSI	R2 的 LSI	R3 的 LSI	R4 的 LSI	备 注
Router ID		10.1.1.1	10.1.1.2	10.1.1.5	10.1.1.6	标识路由器的 IP 地址
Link1	ID	10.1.1.2	10.1.1.1	10.1.1.6	10.1.1.5	所连路由器的 Router ID
	IP	10.1.1.1	10.1.1.2	10.1.1.5	10.1.1.6	Link1 的本地 IP 地址
	Metric	3	3	6	6	Link1 的费用
Link2	ID	10.1.1.5	10.1.1.6	10.1.1.1	10.1.1.2	所连路由器的 Router ID
	IP	10.1.1.9	10.1.1.13	10.1.1.10	10.1.1.14	Link2 的本地 IP 地址
	Metric	2	4	2	4	Link2 的费用
Net1	Prefix	192.1.1.0/24	192.1.6.0/24	192.1.5.0/24	192.1.7.0/24	直连网络 Net1 的网络前缀
	Metric	1	1	1	1	到达直连网络 Net1 的费用

请回答下列问题：

1）假设路由表结构如下表所示，给出图中 R1 的路由表，要求包括到达图中子网 192.1.x.x

的路由，且路由表中的路由项尽可能少。

目的网络	下一跳	接口

2）当主机 192.1.1.130 向主机 192.1.7.211 发送一个 TTL=64 的 IP 分组时，R1 通过哪个接口转发该 IP 分组？主机 192.1.7.211 收到的 IP 分组的 TTL 是多少？

3）若 R1 增加一条 Metric 为 10 的链路连接 Internet，则表中 R1 的 LSI 需要增加哪些信息？

4.4.7 答案与解析

一、单项选择题

01．B

静态路由选择使用手动配置的路由信息，实现简单且开销小，需要维护整个网络的拓扑结构信息，但不能及时适应网络状态的变化。动态路由选择通过路由选择协议，自动发现并维护路由信息，能及时适应网络状态的变化，实现复杂且开销大。动态路由选择和静态路由选择都使用路由表。

02．B

静态路由又称非自适应算法，它不会估计流量和结构来调整其路由决策。但这并不说明路由选择是不能改变的，事实上用户可以随时配置路由表。而动态路由也称自适应算法，需要实时获取网络的状态，并根据网络的状态适时地改变路由决策。

03．A

在链路状态算法中，每个路由器在自己的链路状态变化时，将链路状态信息用洪泛法发送给网络中的其他路由器。发送的链路状态信息包括该路由器的相邻路由器及所有相邻链路的状态。链路状态算法具有快速收敛的优点，它能在网络拓扑发生变化时，立即进行路由的重新计算，并及时向其他路由器发送最新的链路状态信息，使得各路由器的链路状态表能够尽量保持一致。

04．B

在链路状态算法中，路由器通过交换每个结点到邻居结点的代价来构建一个完整的网络拓扑结构。然后，路由器使用 Dijkstra 最短路径算法来计算到所有结点的最短路径。

05．B

采用分层路由后，路由器被划分为区域，每个路由器知道如何将分组路由到自己所在区域内的目标地址，但对于其他区域内的结构毫不知情。当不同的网络相互连接时，可将每个网络当作一个独立的区域，这样做的好处是一个网络中的路由器不必知道其他网络的拓扑结构。

06．B

划分区域的好处是，将利用洪泛法交换链路状态信息的范围局限在每个区域内，而不是整个自治系统。因此，在一个区域内部的路由器只知道本区域的网络拓扑，而不知道其他区域的网络拓扑情况。采用分层次划分区域的方法虽然使交换信息的种类增多了，同时也使 OSPF 协议更加复杂了，但这样做却能使每个区域内部交换路由信息的通信量大大减少，进而使 OSPF 协议能够用于规模很大的自治系统中。

07．D

路由选择协议的功能通常包括：获取网络拓扑信息、构建路由表、在网络中更新路由信息、选择到达每个目的网络的最优路径、识别一个网络的无环通路等。发现下一跳的物理地址一般是通过其他方式（如 ARP）来实现的，不属于路由选择协议的功能。

08．B

BGP（边界网关协议）是域间路由协议。RIP 和 OSPF 是域内路由协议，ARP 不是路由协议。

09．A

RIP 规定的最大跳数为 15，16 表示网络不可达。

10．D

RIP 规定，每经过一个路由器，距离（跳数）加 1。

11．C

RIP 规定一个路由器只向相邻路由器发布路由信息，而不像 OSPF 那样向整个域洪泛。

12．A

在 RIP 协议中，当路由器收到相邻路由器发来的路由更新信息时，若发现有更优的路由（即跳数更小的路由），则直接更新自己的路由表，并向其他相邻路由器广播自己的新路由。

13．C

所谓收敛，是指当路由环境发生变化后，各路由器调整自己的路由表以适应网络拓扑结构的变化，最终达到稳定状态（路由表与网络拓扑状态保持一致）。收敛越快，路由器就能越快适应网络拓扑结构的变化。

14．A

RIP 是应用层协议，它使用 UDP 传送数据，OSPF 才是网络层协议。A 错误。

15．A

此题属于记忆性题目，OSPF 协议使用 Hello 分组来保持与其邻居的连接。

16．A

OSPF 协议是一种用于自治系统内的路由协议，B 错误。它是一种基于链路状态路由选择算法的协议，能适用大型全局 IP 网络的扩展，支持可变长子网掩码，所以 OSPF 协议可用于管理一个受限地址域的中大型网络，D 错误。OSPF 协议维护一张它所连接的所有链路状态信息的邻居表和拓扑数据库，使用多播链路状态更新报文实现路由更新，并且只有当网络发生变化时才传送链路状态更新报文，C 错误。OSPF 协议不传送整个路由表，而传送受影响的路由更新报文。

17．B

链路状态算法让每个路由器都知道整个自治系统的完整拓扑，从而计算出最短路径。若不划分区域，则会导致链路状态数据包的数量和大小非常大，占用大量的网络带宽资源，影响网络效率和稳定性。划分区域后，每个路由器只需要知道自己所在区域内的完整拓扑，把交换链路状态信息的范围局限在每个区域，这样就大大减少了链路状态数据包的数量和大小。

18．D

主干区域中，用于连接主干区域和其他下层区域的路由器称为区域边界路由器。只要是在主干区域中的路由器，就都称为主干路由器，因此主干路由器可以兼作区域边界路由器。

19．A

因为 BGP 仅力求寻找一条能够到达目的网络且较好的路由（不能兜圈子），而并非寻找一条最佳路由，所以 D 选项错误。BGP 交换的路由信息是到达某个目的网络所要经过的各个自治系统序列而不仅仅是下一跳，因此选项 A 正确。

20．D

RIP 是一种分布式的基于距离向量的路由选择协议，它使用跳数来度量距离。RIP 选择的路径不一定是时间最短的，但一定是具有最小距离（最少跳数）的路径。

OSPF 协议使用分布式的链路状态协议，通过与相邻路由器频繁交流链路状态信息，来建立全网的拓扑结构图，然后使用 Dijkstra 算法计算从自己到各目的网络的最优路径。

因为 BGP 仅力求寻找一条能够到达目的网络且较好的路由（不能兜圈子），而并非寻找一条最佳路由，所以它采用的是路径向量路由选择协议。在 BGP 中，每个自治系统选出一个 BGP 发言人，这些发言人通过相互交换自己的路径向量（即网络可达性信息）后，就可找出到达各自治系统的较好路由。

21．B

RIP 和 BGP 协议属于应用层，OSPF 和 ICMP 协议属于网络层。

22．B

距离-向量路由算法要求每个路由器维护一张路由表，该表给出了到达每个目的地址的已知最佳距离（最小代价）和下一步的转发地址。算法要求每个路由器定期与所有相邻路由器交换整个路由表，并更新自己的路由表项。注意从邻接结点接收到路由表不能直接进行比较，而要加上相邻结点传输消耗后再进行计算。C 到 B 的距离是 6，于是从 C 开始通过 B 到达各结点的最短距离向量是(11, 6, 14, 18, 12, 8)。同理，通过 D 和 E 的最短距离向量分别是(19, 15, 9, 3, 12, 13)和(12, 11, 8, 14, 5, 9)。于是，C 到所有结点的最短路径应该是(11, 6, 0, 3, 5, 8)。

23．C

根据 OSPF 算法，从 A 到 B 转发经过的链路代价依次为 2、3、1、1、2，一共经过 4 个路由器。分组长度为 1000B，首部长度为 20B，数据长度为 980B，所以共有 980000/980 = 1000 个分组，每次存储转发时延为 $1000B \div 100Mb/s = 0.08ms$，第一个分组从 A 到 B 的时间为 $0.08 \times 5 = 0.4ms$，剩下的 999 个分组每经过 0.08ms 就到达一个，所以总时间为 $0.4 + 0.08 \times 999 = 80.32ms$。

24．D

R1 在收到信息并更新路由表后，若需要经过 R2 到达 net1，则其跳数为 17，因为距离为 16 表示不可达，所以 R1 不能经过 R2 到达 net1，R2 也不可能到达 net1。选项 B、C 错误，选项 D 正确。而题目中并未给出 R1 向 R2 发送的信息，因此选项 A 也不正确。

25．B

初始收敛时，R3 到网络（201.1.2.0/25）的距离为 1，R2 到网络的距离为 2，R1 到网络的距离为 2。当 R3 检测到网络不可达时，因为 R3 存有其他邻居到网络的路由信息，所以它利用所有邻居的距离向量，用 Bellman-Ford 公式更新自己的距离向量（易错警告：误以为 R3 检测到网络不可达时，就把其到网络的距离设置为 16），R3 重新计算到网络的距离 = min{16，R1 到网络的距离 + 1，R2 到网络的距离 + 1} = {16, 2 + 1, 2 + 1} = 3。然后，R3 向其所有邻居发送更新报文，"告诉它到网络的距离为 3"。R2（及 R1）收到 R3 发来的更新报文后，会利用它保存的所有邻居的距离向量，重新计算自己到网络的距离 = min{R1 到网络的距离 + 1，R3 到网络的距离 + 1} = {2 + 1, 3 + 1} = 3，因此答案为 3。与此同时，R1 也重新计算自己到网络的距离 = min{R2 到网络的距离 + 1，R3 到网络的距离 + 1} = {2 + 1, 3 + 1} = 3。如此反复，直至重新收敛。因为 RIP 的特点"坏消息传得慢"，所以一旦网络出现故障，就要经过较长时间才能将故障消息传送到所有路由器。

26．D

RIP 是一种分布式的基于距离向量的路由选择协议，它通过广播 UDP 报文来交换路由信息。OSPF 是一个内部网关协议，要交换的信息量较大，应使报文的长度尽量短，所以不使用传输层协议（如 UDP 或 TCP），而直接采用 IP。BGP 是一个外部网关协议，在不同的自治系统之间交换路由信息，因为网络环境复杂，需要保证可靠传输，所以采用 TCP。因此，答案为选项 D。

27．D

根据距离向量路由算法，E 收到相邻路由器的距离向量后，更新它的路由表：
① 当原路由表中没有目的网络时，把该项目添加到路由表中。

② 发来的路由信息中有一条到达某个目的网络的路由，该路由与当前使用的路由相比，有较短的距离，就用经过发送路由信息的结点的新路由替换。

分析题意可知，E 与邻居路由器 A、B、C 和 D 之间的直接链路距离分别是 8, 10, 12 和 6。到达 Net1～Net4 没有直接链路，需要通过邻居路由器。从上述算法可知，E 到达目的网络一定是经过 A、B、C 和 D 中距离最小的。根据题中所给的距离信息，计算 E 经邻居路由器到达目的网络 Net1～Net4 的距离，如下表所示，选择到达每个目的网络距离的最短值。

目的网络	经过 A 需要的距离	经过 B 需要的距离	经过 C 需要的距离	经过 D 需要的距离
Net1	**9**	33	32	28
Net2	**20**	45	42	34
Net3	32	**28**	**28**	42
Net4	44	40	**20**	30

所以距离分别是 9, 20, 28, 20。

二、综合应用题

01.【解答】

RIP 处于 UDP 的上层，RIP 所接收的路由信息都封装在 UDP 的数据报中；OSPF 的位置位于网络层，因为要交换的信息量较大，所以应使报文的长度尽量短，因此采用 IP；BGP 要在不同的自治系统之间交换路由信息，因为网络环境复杂，需要保证可靠的传输，所以选择 TCP。

内部网关协议主要设法使数据报在一个自治系统中尽可能有效地从源站传送到目的站，在一个自治系统内部并不需要考虑其他方面的策略，然而 BGP 使用的环境却不同。主要有以下三个原因：第一，互联网规模太大，使得自治系统之间的路由选择非常困难；第二，对于自治系统之间的路由选择，要寻找最佳路由是不现实的；第三，自治系统之间的路由选择必须考虑有关策略。因为上述情况，BGP 只能力求寻找一条能够到达目的网络且较好的路由，而并非寻找一条最佳路由，所以 BGP 不需要像 RIP 那样周期性地和邻站交换路由信息。

02.【解答】

1）根据 RIP 算法，首先将从 C 收到的路由信息的下一跳改为 C，并且将每个距离都加 1，得到右表。

将题中表 2 与原路由表项进行比较，根据更新路由表项的规则：①若目的网络相同，且下一跳路由器相同，则直接更新；②若是新的目的网络地址，则增加表项；③若目的网络相同，且下一跳路由器不同，而距离更短，则更新；④否则，无操作。更新后的路由表见下表。

目的网络	距离	下一跳
N2	16	C
N3	3	C
N4	9	C
N8	3	C
N7	5	C

目的网络	距离	下一跳路由器	目的网络	距离	下一跳路由器
N1	7	A	N6	8	F
N2	16	C	N7	5	C
N3	3	C	N8	3	C
N4	9	C	N9	4	D

2）在更新后的路由表中，路由器 B 到 N2 的距离为 16（网络拓扑结构变化导致），这意味着 N2 网络不可达，这时路由器 B 应该丢弃该 IP 分组并向源主机报告目的不可达。

03.【解答】

首先，要明白路由器端口旁的数字的含义——路由器向该链路转发分组的代价，即便是同一段链路的两个不同端点的路由器，转发分组的代价也可能不同。其次，要明白一个网络所连接的几个路由器之间转发分组并不需要经过任何其他中间路由器。例如，R6 到网络 N1 经过的路径和代价计算如下：R6 到 R3 经过的代价是 6，R3 到 R1 经过的代价是 1，R1 到网络 N1 经过的代价是 3，所以 R6 到网络 N1 经过的代价是 10。根据 Dijkstra 最短路径算法，加入结点的次序之一为（R6, R5, R3, N3, R4, R1, R2, N4, N1, N2），可以得到 R6 的路由表如下表所示。

目 的 网 络	距 离	下一跳路由器	目 的 网 络	距 离	下一跳路由器
N1	10	R3	N3	7	R3
N2	10	R3	N4	8	R3

04.【解答】

1）要求 R2 的路由表能到达图中的所有子网，且路由项尽可能少，则应对每个路由接口的子网进行聚合。在 AS1 中，子网 153.14.5.0/25 和子网 153.14.5.128/25 可聚合为子网 153.14.5.0/24；在 AS2 中，子网 194.17.20.0/25 和子网 194.17.21.0/24 可聚合为子网 194.17.20.0/23；子网 194.17.20.128/25 单独连接到 R2 的接口 E0。

于是可以得到 R2 的路由表如下：

目 的 网 络	下 一 跳	接 口
153.14.5.0/24	153.14.3.2	S0
194.17.20.0/23	194.17.24.2	S1
194.17.20.128/25	—	E0

2）该 IP 分组的目的 IP 地址 194.17.20.200 与路由表中 194.17.20.0/23 和 194.17.20.128/25 两个路由表项均匹配，根据最长匹配原则，R2 将通过 E0 接口转发该 IP 分组。

3）R1 和 R2 属于不同的自治系统，因此应使用边界网关协议（BGP 或 BGP4）交换路由信息；BGP 是应用层协议，它的报文被封装到 TCP 段中进行传输。

05.【解答】

1）因为题目要求路由表中的路由项尽可能少，所以对从同一接口转发的目的网络进行路由聚合，可以求出子网 192.1.6.0/24 和 192.1.7.0/24 都是通过接口 L0 转发，因此可将这两个子网聚合为子网 192.1.6.0/23，其他子网照常，可得到路由表如下：

目 的 网 络	下 一 跳	接 口
192.1.1.0/24	—	E0
192.1.6.0/23	10.1.1.2	L0
192.1.5.0/24	10.1.1.10	L1

2）通过查路由表可知：R1 通过 L0 接口转发该 IP 分组。因为该分组要经过 3 个路由器（R1、R2、R4），所以主机 192.1.7.211 收到的 IP 分组的 TTL 是 $64 - 3 = 61$。

3）互联网（Internet）包括无数的网络集合，不可能在路由表项中一一列出，因此 R1 到互联网的路由只能采用默认路由的方式，默认路由的网络前缀为 0.0.0.0/0。因此，R1 的 LSI 需要增加一条特殊的直连网络，网络前缀 Prefix 为 "0.0.0.0/0"，Metric 为 10。

4.5　IP 多播

4.5.1　多播的概念

多播是让源主机一次发送的单个分组可以抵达用一个组地址标识的若干目的主机，即一对多的通信。在互联网上进行的多播，称为 IP 多播。

与单播相比，在一对多的通信中，多播可大大节约网络资源。假设视频服务器向 90 台主机传送同样的视频节目，单播与多播的比较如图 4.20 所示。多播时仅发送一份数据，并且只需发送一次，只有在传送路径出现分岔时才将分组复制后继续转发，因此大大减轻了发送者的负担和网络的负载。多播需要路由器的支持才能实现，能够运行多播协议的路由器称为多播路由器。

图 4.20　单播与多播的比较

4.5.2　IP 多播地址

多播数据报的源地址是源主机的 IP 地址，目的地址是 IP 多播地址。IP 多播地址就是 IPv4 中的 D 类地址。D 类地址的前四位是 1110，因此 D 类地址范围是 224.0.0.0～239.255.255.255。每个 D 类 IP 地址标志一个多播组，一台主机可以随时加入或离开一个多播组。

多播数据报和一般的 IP 数据报的区别是，前者使用 D 类 IP 地址作为目的地址，并且首部中的协议字段值是 2，表明使用 IGMP 协议。需要注意的是：

1）多播数据报也是"尽最大努力交付"，不提供可靠交付。

2）多播地址只能用于目的地址，而不能用于源地址。

3）对多播数据报不产生 ICMP 差错报文。

IP 多播可以分为两种：①只在本局域网上进行硬件多播；②在互联网的范围内进行多播。目前大部分主机都是通过局域网接入互联网的。因此，在互联网上进行多播的最后阶段，还是要把多播数据报在局域网上用硬件多播交付给多播组的所有成员［见图 4.20(b)］。

多播机制仅应用于 UDP，它能将报文同时发送给多个接收者。而 TCP 是一个面向连接的协议，它意味着分别运行在两台主机的进程之间存在一条连接，因此会一对一地发送。

4.5.3　在局域网上进行硬件多播

因为局域网支持硬件多播，所以只要把 IP 多播地址映射成多播 MAC 地址，即可将 IP 多播数据报封装在局域网的 MAC 帧中，而 MAC 帧首部的目的 MAC 地址字段就设置为由 IP 多播地址映射成的多播 MAC 地址。这样，就很方便地利用硬件多播实现了局域网内的 IP 多播。

IANA 拥有的以太网多播地址的范围是从 01-00-5E-00-00-00 到 01-00-5E-7F-FF-FF。在这些地址中，只有 23 位可用作多播。这只能和 D 类 IP 地址中的 23 位有一一对应关系。D 类 IP 地址可供分配的有 28 位，可见在这 28 位中前 5 位无法映射到多播 MAC 地址，如图 4.21 所示。

例如，IP 多播地址 224.128.64.32（即 E0-80-40-20）和另一个 IP 多播地址 224.0.64.32（即 E0-00-40-20）转换成以太网的硬件多播地址都是 01-00-5E-00-40-20。因为多播 IP 地址与以太网 MAC 地址的映射关系不是唯一的，所以收到多播数据报的主机，还要在 IP 层利用软件进行过滤，把不是本主机要接收的数据报丢弃。

图 4.21　D 类 IP 地址与以太网多播地址的映射关系

4.5.4　IGMP 与多播路由协议

路由器要获得多播组的成员信息，需要利用网际组管理协议（Internet Group Management Protocol，IGMP）。连接到局域网上的多播路由器还必须和互联网上的其他多播路由器协同工作，以便把多播数据报用最小代价传送给所有组成员，这就需要使用多播路由选择协议。

IGMP 是让连接到本地局域网上的多播路由器，知道本局域网上是否有主机参加或退出了某个多播组。IGMP 并不是在互联网范围内对所有多播组成员进行管理的协议。IGMP 不知道 IP 多播组包含的成员数，也不知道这些成员分布在哪些网络上。

IGMP 报文被封装在 IP 数据报中传送，但它也向 IP 提供服务。因此不把 IGMP 视为一个单独的协议，而视为整个网际协议 IP 的一个组成部分。IGMP 的工作可分为两个阶段。

第一阶段：当某台主机加入新的多播组时，该主机应向多播组的多播地址发送一个 IGMP 报文，声明自己要成为该组的成员。本地的多播路由器收到 IGMP 报文后，还要利用多播路由选择协议，把这种组成员关系转发给互联网上的其他多播路由器。

第二阶段：组成员关系是动态的。本地多播路由器要周期性地探询本地局域网上的主机，以便知道这些主机是否仍继续是组的成员。只要对某个组有一台主机响应，多播路由器就认为这个组是活跃的。但一个组在经过几次探询后仍然没有一台主机响应，多播路由器就认为本网络上的主机都已离开了这个组，因此就不再把这个组的成员关系转发给其他的多播路由器。

多播路由选择实际上就是要找出以源主机为根结点的多播转发树，其中每个分组在每条链路上只传送一次（即在多播转发树上的路由器不会收到重复的多播数据报）。不同的多播组对应于不同的多播转发树；同一个多播组，对不同的源点也会有不同的多播转发树。

4.5.5　本节习题精选

一、单项选择题

01. 以下关于多播概念的描述中，错误的是（　　）。

A. 在单播路由选择中，路由器只能从它的一个接口转发收到的分组

B. 在多播路由选择中，路由器可以从它的多个接口转发收到的分组

C. 用多个单播仿真一个多播时需要更多的带宽

D. 用多个单播仿真一个多播时时延基本上是相同的

02. 在设计多播路由时，为了避免路由环路，（　）。

A. 采用了水平分割技术　　　　　　B. 构造多播转发树

C. 采用了 IGMP　　　　　　　　　D. 通过生存时间（TTL）字段

03. 以太网多播 IP 地址 224.215.145.230 应该映射到的多播 MAC 地址是（　）。

A. 01-00-5E-57-91-E6　　　　　　B. 01-00-5E-D7-91-E6

C. 01-00-5E-5B-91-E6　　　　　　D. 01-00-5E-55-91-E6

04. 下列地址中，（　）是多播地址。

A. 10.255.255.255　　　　　　　　B. 228.47.32.45

C. 192.32.44.59　　　　　　　　　D. 172.16.255.255

二、综合应用题

01. 互联网的多播是怎样实现的？为什么互联网上的多播比以太网上的多播复杂得多？

4.5.6　答案与解析

一、单项选择题

01. D

多个单播可以仿真多播，但是一个多播所需的带宽要小于多个单播带宽之和；用多个单播仿真一个多播时，路由器的时延将很大，而处理一个多播分组的时延是很小的。

02. B

因为树具有不存在环路的特性，所以构造一个多播转发树，通过该转发树既能将多播分组传送到组内的每台主机，又能避免环路［见图 4.20(b)］。水平分割用于避免距离-向量路由算法中的无穷计数问题。TTL 字段用于防止 IP 分组因为环路而在网络中无限循环。

03. A

以太网多播地址块的范围是 01-00-5E-00-00-00～01-00-5E-7F-FF-FF，而且在每个地址中，只有后 23 位可用多播。这样，只能和 D 类 IP 地址中的后 23 位有一一对应关系。D 类 IP 地址可供分配的有 28 位，可见这 28 位中的前 5 位不能用来构成以太网硬件地址。215 的二进制为 11010111，其中，在映射过程中最高位为 0，因此 215.145.230 映射的二进制为 01010111.10010001.11100110，对应的十六进制数是 57-91-E6。

04. B

多播地址使用点分十进制表示的范围是 224.0.0.0～239.255.255.255，这 4 个选项中，只有选项 B 在这个区间内。

二、综合应用题

01.【解答】

互联网的多播是靠路由器来实现的，这些路由器必须增加一些能够识别多播的软件。能够运行多播协议的路由器可以是一个单独的路由器，也可以是运行多播软件的普通路由器。互联网上的多播比以太网上的多播复杂得多，因为以太网本身支持广播和多播，而互联网上当前的路由器和许多物理网络都不支持广播和多播。

4.6 移动 IP

4.6.1 移动 IP 的概念

移动 IP 技术是指移动站以固定的 IP 地址实现跨越不同网络的漫游功能,并保证基于 IP 的网络权限在漫游过程中不发生任何改变。移动 IP 的目标是把分组自动地投递给移动站。一个移动站是把其连接点从一个网络或子网改变到另一个网络或子网的主机。

移动 IP 定义了三种功能实体:移动结点、本地代理(也称归属代理)和外地代理。

1)移动结点。具有永久 IP 地址的移动主机。

2)本地代理。通常就是连接在归属网络(原始连接到的网络)上的路由器。

3)外地代理。通常就是连接在被访网络(移动到另一地点所接入的网络)上的路由器。

值得注意的是,某用户将笔记本关机后从家里带到办公室重新上网,在办公室能很方便地通过 DHCP 自动获取新的 IP 地址。虽然笔记本移动了,更换了地点及所接入的网络,但这并不是移动 IP。但是,若我们需要在移动中进行 TCP 传输,则在移动站漫游时,应一直保持这个 TCP 连接,否则移动站的 TCP 连接就会断断续续。可见,若要使移动站在移动中的 TCP 连接不中断,就必须使笔记本的 IP 地址在移动中保持不变。这就是移动 IP 要研究的问题。

4.6.2 移动 IP 通信过程

用一个通俗的例子来描述移动 IP 的通信原理。例如,在以前科技不那么发达的年代,本科毕业时都将走向各自的工作岗位。因为事先并不知道自己未来的准确通讯地址,所以怎样继续和同学们保持联系呢?实际上也很简单。彼此留下各自的家庭地址(即永久地址)。毕业后若要和某同学联系,只要写信寄到该同学的永久地址,再请其家长把信件转交即可。

在移动 IP 中,每个移动站都有一个原始地址,即永久地址(或归属地址),移动站原始连接的网络称为归属网络。永久地址和归属网络的关联是不变的。在图 4.22 中,移动站 A 的永久地址是 131.8.6.7/16,而其归属网络是 131.8.0.0/16。归属代理通常是连接到归属网络上的路由器,然而它实现的代理功能是在应用层完成的。当移动站移动到另一地点,所接入的外地网络也称被访网络。在图 4.22 中,移动站 A 被移动到被访网络 15.0.0.0/8。被访网络中使用的代理称为外地代理,它通常是连接在被访网络上的路由器。外地代理有**两个重要功能**:①要为移动站创建一个临时地址,称为转交地址。在图 4.22 中,移动站 A 的转交地址是 15.5.6.7/8。转交地址的网络号显然和被访网络一致。②及时把移动站的转交地址告诉其归属代理。

图 4.22 移动 IP 的基本通信过程

请注意两点：转交地址是供移动站、归属代理及外地代理使用的，各种应用程序都不会使用。外地代理要向连接在被访网络上的移动站发送 IP 分组时，直接使用移动站的 MAC 地址。

在图 4.22 中，通信者 B 要和移动站 A 进行通信。B 并不知道 A 在什么地方，但 B 使用 A 的永久地址作为发送的 IP 分组中的目的地址，移动 IP 的基本通信流程如下：

1）移动站 A 在归属网络时，按传统的 TCP/IP 方式进行通信。

2）移动站 A 漫游到被访网络时，向外地代理进行登记，以获得一个临时的转交地址。外地代理要向 A 的归属代理登记 A 的转交地址。

3）归属代理知道移动站 A 的转交地址后，会构建一条通向转交地址的隧道，将截获的发送给 A 的 IP 分组进行再封装，并通过隧道发送给被访网络的外地代理。

4）外地代理把收到的封装的 IP 分组进行拆封，恢复成原始的 IP 分组，然后发送给移动站 A，这样 A 在被访网络就能收到这些发送给它的 IP 分组。

5）移动站 A 在被访网络对外发送 IP 分组时，仍然使用自己的永久地址作为 IP 分组的源地址，此时显然无须通过 A 的归属代理来转发，而是直接通过被访网络的外部代理。

6）移动站 A 移动到另一被访网络时，在新外地代理登记后，然后新外地代理将 A 的新转交地址告诉其归属代理。无论如何移动，A 收到的 IP 分组都是由归属代理转发的。

7）移动站 A 回到归属网络时，A 向归属代理注销转交地址。

为了支持移动性，在网络层中还应增加一些新功能：①移动站到外地代理的登记协议；②外地代理到归属代理的登记协议；③归属代理数据报封装协议；④外地代理拆封协议。

4.6.3　本节习题精选

单项选择题

01. 以下关于移动 IP 基本工作原理的描述中，错误的是（　　）。

　　A. 移动 IP 的基本工作过程可以分为代理发现、注册、分组路由与注销 4 个阶段

　　B. 结点在使用移动 IP 进行通信时，归属代理和外部代理之间需要建立一条隧道

　　C. 移动结点到达新的网络后，通过注册过程把自己新的可达信息通知外部代理

　　D. 移动 IP 的分组路由可以分为单播、广播与多播

02. 一台主机移动到了另一个 LAN 中，若一个分组到达了它原来所在的 LAN 中，则分组会被转发给（　　）。

　　A. 移动 IP 的本地代理　　　　　　　　B. 移动 IP 的外部代理

　　C. 主机　　　　　　　　　　　　　　　D. 丢弃

03. 移动 IP 为移动主机设置了两个 IP 地址：主地址和辅地址，（　　）。

　　A. 这两个地址都是固定的　　　　　　　B. 这两个地址随主机的移动而动态改变

　　C. 主地址固定，辅地址动态改变　　　　D. 主地址动态改变，辅地址固定

04. 若一台主机的 IP 地址为 160.80.40.20/16，则当它移动到另一个不属于 160.80/16 子网的网络时，它将（　　）。（能否通过被访网络的路由器直接发送/接收数据报）

　　A. 可以直接接收和直接发送数据报，没有任何影响

　　B. 既不可以直接接收数据报，也不可以直接发送数据报

　　C. 不可以直接发送数据报，但可以直接接收数据报

　　D. 可以直接发送数据报，但不可以直接接收数据报

4.6.4　答案与解析

单项选择题

01．C

选项 C 把移动结点新的可达信息（转交地址）通知归属代理。这样，归属代理就可将发往移动结点的分组通过隧道转到转交地址（外部代理），再由外部代理交付给移动结点。

02．A

当一个分组到达用户的本地 LAN 时，它被转发给某一台与本地 LAN 相连的路由器。该路由器寻找目的主机，这时本地代理响应该请求，将这些分组封装到一些新 IP 分组的载荷，并将新分组发送给外部代理，外部代理将原分组解出来后，移交给移动后的主机。

03．C

移动主机在原始本地网时，获得的是主地址，当它移动到一个外地网络中时，需获得一个新的临时辅地址，主地址保持不变；当它移动到另一个外地网络或返回本地网络时，辅地址改变或撤销，而主地址仍然保持不变。选项 C 正确。

04．D

当其他主机向该主机发送数据报时，使用永久地址 160.80.40.20/16 作为数据报的目的地址，因此会发往该主机的归属代理，归属代理知道该主机的转交地址，然后通过隧道技术将数据报发送到该主机的外地代理，由外地代理转发给该主机。当该主机向其他主机发送数据报时，使用永久地址 160.80.40.20/16 作为数据报的源地址，使用其他主机的 IP 地址作为数据报的目的地址，这个数据报显然没必然再通过该主机的归属代理进行转发，而直接通过外地代理转发。

4.7　网络层设备

4.7.1　冲突域和广播域

命题追踪 ▶▶ 各种中继设备对冲突域/广播域的划分（2010、2020）

这里的"域"表示冲突或广播在其中发生并传播的区域。

1．冲突域

冲突域是指连接到同一物理介质上的所有结点的集合，这些结点之间存在介质争用的现象。在 OSI 参考模型中，冲突域被视为第 1 层的概念，像集线器、中继器等简单无脑复制转发信号的第 1 层设备所连接的结点都属于同一个冲突域，也就是说它们不能划分冲突域。而第 2 层（网桥、交换机）、第 3 层（路由器）设备都可以划分冲突域。

2．广播域

广播域是指接收同样广播消息的结点集合。也就是说，在该集合中的任何一个结点发送一个广播帧，其他能收到这个帧的结点都被认为是该广播域的一部分。在 OSI 参考模型中，广播域被视为第 2 层的概念，像第 1 层（集线器等）、第 2 层（交换机等）设备所连接的结点都属于同一个广播域。而路由器，作为第 3 层设备，则可以划分广播域，即可以连接不同的广播域。

通常所说的局域网（LAN）特指使用路由器分割的网络，也就是广播域。

4.7.2 路由器的组成和功能

命题追踪 ▶▶ 路由器的功能（2010）

路由器是一种具有多个输入/输出端口的专用计算机，其任务是连接不同的网络（连接异构网络）并完成分组转发。在多个逻辑网络（即多个广播域）互连时必须使用路由器。

当源主机向目标主机发送数据报时，路由器先检查源主机与目标主机是否连接在同一个网络上。若源主机和目标主机在同一个网络上，则直接交付而无须通过路由器。若源主机和目标主机不在同一个网络上，则路由器按照转发表（由路由表得出）指出的路由将分组转发给下一个路由器，这称为间接交付。可见，在同一个网络中传递数据无须路由器的参与，而跨网络通信必须通过路由器进行转发。例如，路由器可以连接不同的 LAN，连接不同的 VLAN，连接不同的 WAN，或者把 LAN 和 WAN 互连起来。路由器隔离了广播域。

从结构上看，路由器由路由选择和分组转发两部分构成，如图 4.23 所示。而从模型的角度看，路由器是网络层设备，它实现了网络模型的下三层，即物理层、数据链路层和网络层。

> **注　意**
>
> 若一个存储转发设备实现了某个层次的功能，则它可以互连两个在该层次上使用不同协议的网段（网络）。若网桥实现了物理层和数据链路层，则网桥可以互连两个物理层和数据链路层不同的网段；但中继器实现了物理层后，却不能互连两个物理层不同的网段，这是因为中继器不是存储转发设备，它属于直通式设备。

图 4.23　路由器体系结构

路由选择部分也称控制部分，核心构件是路由选择处理机，其任务是根据所选定的路由选择协议构造出路由表，同时经常或定期地和相邻路由器交换路由信息而不断更新和维护路由表。

分组转发部分由三部分组成：交换结构、一组输入端口和一组输出端口。

交换结构也称交换组织，其作用是根据转发表对分组进行处理，将某个输入端口进入的分组从一个合适的输出端口转发出去。交换结构本身就是一个"在路由器中的网络"。

路由器的端口中都有物理层、数据链路层和网络层的处理模块。输入端口在物理层接收比特流，在数据链路层提取出帧，剥去帧的首部和尾部后，分组就被送入网络层的处理模块。输出端口执行相反的操作。端口在网络层的处理模块中都设有一个缓冲队列，用来暂存等待处理或已处理完毕待发送的分组，还可用来进行必要的差错检测。若分组处理的速率赶不上分组进入队列的速率，就会使后面进入队列的分组因缓冲区满而只能被丢弃。需要说明的是，路由器的端口一般都具有输入和输出的功能，图 4.23 中分别给出输入和输出端口是为了使读者更容易理解。

4.7.3 路由表与分组转发

命题追踪 ▶▶ 根据网络拓扑并利用路由聚合构造出路由表（2009、2013）

路由表是根据路由选择算法得出的，主要用途是路由选择。从历年统考真题可以看出，标准的路由表有 4 个项目：目的网络 IP 地址、子网掩码、下一跳 IP 地址、接口。在图 4.24 所示的网络拓扑中，R1 的路由表见表 4.7，该路由表包含到互联网的默认路由。

图 4.24 一个简单的网络拓扑

命题追踪 ▶▶ 路由表转发分组的分析（2014）

表 4.7 R1 的路由表

目的网络 IP 地址	子 网 掩 码	下一跳 IP 地址	接 口
202.114.1.0	255.255.255.0	Direct	E1
202.114.2.0	255.255.255.0	Direct	L0
202.114.3.0	255.255.255.0	202.114.2.2	L0
0.0.0.0	0.0.0.0	202.114.2.2	L0

转发表是从路由表得出的，其表项和路由表项有直接的对应关系。但转发表的格式和路由表的格式不同，其结构应使查找过程最优化（而路由表则需对网络拓扑变化的计算最优化）。转发表中含有一个分组将要发往的目的地址，以及分组的下一跳（即下一步接收者的目的地址，实际为 MAC 地址）。为了减少转发表的重复项目，可以使用一个默认路由代替所有具有相同"下一跳"的项目，并将默认路由设置得比其他项目的优先级低，如图 4.25 所示。路由表总是用软件来实现的；转发表可以用软件来实现，甚至也可以用特殊的硬件来实现。

目的站	下一跳
1	直接
2	3
3	2
4	3

(a) 未使用默认路由

目的站	下一跳
1	直接
3	2
默认	3

(b) 使用了默认路由

图 4.25 未使用默认路由的转发表和使用了默认路由的转发表的对比

注意转发和路由选择的区别："转发"是路由器根据转发表把收到的 IP 数据报从合适的端口转发出去，它仅涉及一个路由器。而"路由选择"则涉及很多路由器，路由表是许多路由器协同工作的结果。这些路由器按照复杂的路由算法，根据从各相邻路由器得到的关于网络拓扑的变化情况，动态地改变所选择的路由，并由此构造出整个路由表。

路由表不等于转发表，分组的实际转发是靠直接查找转发表，而不是查找路由表。

4.7.4　本节习题精选

一、单项选择题

01. 要控制网络上的广播风暴，可以采用的方法是（　　）。

    A. 用网桥将网络分段　　　　　　　　B. 用路由器将网络分段

    C. 将网络转接成 10Base-T　　　　　　D. 用网络分析仪跟踪正在发送广播信息的计算机

02. 下列关于冲突域的叙述中，正确的是（　　）。

    A. 能接收到同一广播帧的所有设备的集合

    B. 能发送同一广播帧的所有设备的集合

    C. 能产生冲突的所有设备的集合

    D. 能隔离冲突的所有设备的集合

03. 一个局域网与在远处的另一个局域网互连，则需要用到（　　）。

    A. 物理通信介质和集线器　　　　　　B. 网间连接器和集线器

    C. 路由器和广域网技术　　　　　　　D. 广域网技术

04. 路由器主要实现（　　）的功能。

    A. 数据链路层、网络层与应用层　　　B. 网络层与传输层

    C. 物理层、数据链路层与网络层　　　D. 物理层与网络层

05. 关于路由器的下列说法中，正确的是（　　）。

    A. 路由器处理的信息量比交换机少，因而转发速度比交换机快

    B. 对于同一目标，路由器只提供延迟最小的最佳路由

    C. 通常的路由器可以支持多种网络层协议，并提供不同协议之间的分组转发

    D. 路由器不但能够根据 IP 地址进行转发，而且可以根据物理地址进行转发

06. 下列关于路由器交付的说法中，错误的是（　　）。

    I. 路由选择分直接交付和间接交付

    II. 直接交付时，两台机器可以不在同一个物理网段内

    III. 间接交付时，不涉及直接交付

    IV. 直接交付时，不涉及路由器

    A. I 和 II　　　　B. II 和 III　　　　C. III 和 IV　　　　D. I 和 IV

07. （未使用 CIDR）当一个 IP 分组进行直接交付时，要求发送方和目的站具有相同的（　　）。

    A. IP 地址　　　B. 主机号　　　　C. 端口号　　　　D. 子网地址

08. 一个路由器的路由表通常包含（　　）。

    A. 需要包含到达所有主机的完整路径信息

    B. 需要包含所有到达目的网络的完整路径信息

    C. 需要包含到达目的网络的下一跳路径信息

    D. 需要包含到达所有主机的下一跳路径信息

09. 决定路由器转发表中的值的算法是（　　）。

    A. 指数回退算法　　B. 分组调度算法　　C. 路由算法　　　　D. 拥塞控制算法

10. 路由器中计算路由信息的是（　　）。

    A. 输入队列　　　B. 输出队列　　　　C. 交换结构　　　　D. 路由选择处理机

11. 路由表的分组转发部分由（　　）组成。

    A. 交换结构　　　B. 输入端口　　　　C. 输出端口　　　　D. 以上都是

12. 路由器转发分组时，需要进行（　　）。

A. 网络层处理和数据链路层处理

B. 网络层处理和物理层处理

C. 数据链路层处理和物理层处理

D. 网络层处理、数据链路层处理和物理层处理

13. 路由器的路由选择部分包括 (　　)。

  A. 路由选择处理机　　　　　　　B. 路由选择协议

  C. 路由表　　　　　　　　　　　D. 以上都是

14. 在下列网络设备中，传输延迟时间最大的是 (　　)。

  A. 局域网交换机　B. 网桥　　　　C. 路由器　　　　D. 集线器

15. 在路由表中设置一条默认路由，则其目的地址和子网掩码应分别置为 (　　)。

  A. 192.168.1.1、255.255.255.0　　B. 127.0.0.0、255.0.0.0

  C. 0.0.0.0、0.0.0.0　　　　　　　D. 0.0.0.0、255.255.255.255

16. 路由器转发分组（在路由表中已找到匹配的条目）时，会根据路由表中的 (　　) 字段来确定输出端口。

  A. 目的网络地址　B. 下一跳地址　　C. 距离度量值　　D. 接口标识符

17. 路由器能够分割广播域的原因是 (　　)。

  A. 路由器工作在网络层，不转发广播帧

  B. 路由器工作在数据链路层，不转发广播帧

  C. 路由器工作在物理层，不转发广播帧

  D. 路由器工作在传输层，不转发广播帧

18. 不同网络设备传输数据的延迟时间是不同的。下面设备中，传输时延最大的是 (　　)。

  A. 局域网交换机　B. 网桥　　　　C. 路由器　　　　D. 集线器

19. 【2010 统考真题】下列网络设备中，能够抑制广播风暴的是 (　　)。

  I 中继器　II 集线器　III 网桥　IV 路由器

  A. 仅 I 和 II　　B. 仅 III　　　　C. 仅 III 和 IV　　D. 仅 IV

20. 【2012 统考真题】下列关于 IP 路由器功能的描述中，正确的是 (　　)。

  I. 运行路由协议，设置路由表

  II. 监测到拥塞时，合理丢弃 IP 分组

  III. 对收到的 IP 分组头进行差错检验，确保传输的 IP 分组不丢失

  IV. 根据收到的 IP 分组的目的 IP 地址，将其转发到合适的输出线路上

  A. 仅 III、IV　　B. 仅 I、II、III　　C. 仅 I、II、IV　　D. I、II、III、IV

21. 【2020 统考真题】下图所示的网络中，冲突域和广播域的个数分别是 (　　)。

A. 2，2   B. 2，4   C. 4，2   D. 4，4

二、综合应用题

01. 某个单位的网点由 4 个子网组成，结构如下图所示，其中主机 H1、H2、H3 和 H4 的 IP 地址和子网掩码见下表。

主　机	IP 地址	子 网 掩 码
H1	202.99.98.18	255.255.255.240
H2	202.99.98.35	255.255.255.240
H3	202.99.98.51	255.255.255.240
H4	202.99.98.66	255.255.255.240

1）请写出路由器 R1 到 4 个子网的路由表。

2）试描述主机 H1 发送一个 IP 数据报到主机 H2 的过程（包括物理地址解析过程）。

02. 试简述路由器的路由功能和转发功能。

03. 【2019 统考真题】某网络拓扑如下图所示，其中 R 为路由器，主机 H1～H4 的 IP 地址配置以及 R 的各接口 IP 地址配置如图中所示。现有若干以太网交换机（无 VLAN 功能）和路由器两类网络互连设备可供选择。

请回答下列问题：

1）设备 1、设备 2 和设备 3 分别应选择什么类型的网络设备？

2）设备 1、设备 2 和设备 3 中，哪几个设备的接口需要配置 IP 地址？为对应的接口配置正确的 IP 地址。

3）为确保主机 H1 ~ H4 能够访问 Internet，R 需要提供什么服务？

4）若主机 H3 发送一个目的地址为 192.168.1.127 的 IP 数据报，网络中哪几个主机会接收该数据报？

4.7.5 答案与解析

一、单项选择题

01．B

网桥和交换机是第二层设备，能够分割冲突域，但不能分割广播域。路由器是第三层设备，不转发全网广播（目的地 255.255.255.255），因此可以分割广播域。

02．C

冲突域是指能产生冲突的所有设备的集合，也就是说，若这些设备同时发送数据，则会发生信号干扰和冲突。冲突域的大小取决于网络拓扑和设备类型。

03．C

局域网的互连需要路由器作为连接设备，同时是远程的局域网，因此要用到广域网技术。

04．C

路由器是网络层设备，所以它也必须要处理网络层以下的功能，即物理层和数据链路层。而传输层和应用层是网络层之上的，它们使用网络层的接口，路由器不实现它们的功能。

05．C

路由器是第三层设备，要处理的内容比第二层设备交换机更多，因而转发速度比交换机慢，选项 A 错误。虽然一些路由协议也将延迟等作为参数进行路由选择，但路由协议使用得最多的参数是传输距离，此外还有一些其他参数，选项 B 错误。路由器只能根据 IP 地址进行转发，选项 D 错误。

06．B

路由选择分为直接交付和间接交付，当发送站与目的站在同一网段内时，就使用直接交付，反之使用间接交付，因此 I 正确、II 错误。间接交付的最后一个路由器肯定直接交付，III 错误。直接交付在同一网段内，因此不涉及路由器，IV 正确。

07．D

判断一个 IP 分组的交付方式是直接交付还是间接交付，路由器需要根据分组的目的 IP 地址和该路由器接收端口的 IP 地址是否属于同一个子网来进行判断。具体来说，将该分组的源 IP 地址和目的 IP 地址分别与子网掩码进行"与"操作，若得到的子网地址相同，则该分组就采用直接交付方式，否则采用间接交付方式。

08．C

路由表中包含到目的网络的下一跳路径信息。由路由表表项的组成也不难得出正确答案为选项 C。路由表也不可能包含到达所有主机的下一跳信息，否则路由转发将是不可想象的。

09．C

因为转发表是根据路由表生成的，而路由表又是由路由算法得到的，所以路由算法决定了转发表中的值。

10．D

路由选择处理机的任务是根据所选定的路由选择协议构造路由表，同时经常或定期地与相邻路由器交换路由信息而不断地更新和维护路由表。

11．D

分组转发部分包括 3 部分：①交换结构，根据转发表对分组进行处理，将某个输入端口进入的分组从一个合适的输出端口转发出去。②输入端口，包括物理层、数据链路层和网络层的处理模块。③输出端口，负责从交换结构接收分组，再将其发送到路由器外面的线路上。

12．D

路由器的端口中有物理层、数据链路层和网络层的处理模块。输入端口在物理层接收比特流，在数据链路层提取出帧，剥去帧的首部和尾部后，分组就被送入网络层的处理模块；输出端口执行相反的操作。网络层处理模块根据分组的目的地址，查找转发表，决定输出端口。

13．D

路由器的路由选择部分包括 3 部分：①路由选择处理机，它根据所选定的路由选择协议构造路由表，同时和相邻路由器交换路由信息。②路由选择协议，用来更新路由表的算法。③路由表，它是根据路由算法得出的，一般包括从目的网络到下一跳的映射。

14．C

因为路由器是网络层设备，在路由器上实现了物理层、数据链路层和网络层的功能，所以路由器的传输延迟时间最长。

15．C

路由表中默认路由的目的地址和子网掩码都是 0.0.0.0。

16．D

输出端口就是路由器的接口，每个接口都有一个标识符，如 G0/0 等。路由表中的每个条目都会指定一个接口标识符，路由器转发分组时，根据路由表中的接口标识符来确定输出端口。

17．A

交换机会转发广播帧，所以同一台交换机下的所有设备都在一个广播域中。路由器不会转发广播帧，因为路由器工作在网络层，它只关心 IP 地址，而不关心 MAC 地址。

18．C

路由器具有较大的传输时延，因为它需要根据所接收的每个分组报头中的 IP 地址决定是否转发分组。这种处理分组报头的任务一般由软件完成，将带来较长的处理时间，也会增加每个分组的传输时延。因为局域网交换机和网桥通常都由硬件进行帧的转发，而且不关心数据链路层以上的数据，所以都具有比路由器要小得多的传输时延。从数量级上看，若局域网交换机的传输时延为几十微秒，则网桥的传输时延为几百微秒，而路由器的传输时延为几千微秒。集线器的每个接口都具有收发功能，当某个接口收到信号时，立即向所有其他接口转发，因此其传输时延最小。

19．D

中继器和集线器工作在物理层，既不隔离冲突域也不隔离广播域。为了解决冲突域的问题，人们利用网桥和交换机来分隔各个网段中的通信量，建立多个分离的冲突域，但当网桥和交换机接收到一个未知转发信息的数据帧时，为了保证该帧能被目的结点正确接收，将该帧从所有的端口广播出去，可以看出网桥和交换机的冲突域等于端口个数，广播域为 1。路由器可以隔离广播域和冲突域，要屏蔽数据链路层的广播帧，当然应该是网络层设备路由器。在此题的选项中，路由器是其中最高层的网络设备，其他设备能隔离的，路由器一定能隔离。

20．C

I 和 IV 显然是路由器的功能。对于 II，当路由器监测到拥塞时，可合理丢弃 IP 分组，并向发出该 IP 分组的源主机发送一个源点抑制的 ICMP 报文（最新标准已不再使用）。对于 III，路由器对收到的 IP 分组首部进行差错检验，丢弃有差错首部的报文，但不保证 IP 分组不丢失。

21. C

网络层设备路由器可以隔离广播域和冲突域；数据链路层设备交换机只能隔离冲突域；物理层设备集线器、中继器既不隔离冲突域也不隔离广播域。因此共有 2 个广播域，4 个冲突域。

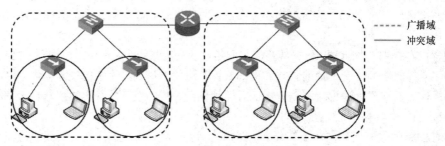

------- 广播域
———— 冲突域

二、综合应用题

01.【解答】

1）将 H1、H2、H3、H4 的 IP 地址分别与它们的子网掩码进行"与"操作，可得到 4 个子网的网络地址，分别为 202.99.98.16、202.99.98.32、202.99.98.48、202.99.98.64，因此路由器 R1 到 4 个子网的路由表见下表。

目 的 网 络	子 网 掩 码	下 一 跳
202.99.98.16	255.255.255.240	直接
202.99.98.32	255.255.255.240	直接
202.99.98.48	255.255.255.240	202.99.98.33
202.99.98.64	255.255.255.240	202.99.98.33

2）主机 H1 向主机 H2 发送一个 IP 数据报的过程如下：

① 主机 H1 首先构造一个源 IP 地址为 202.99.98.18、目的 IP 地址为 202.99.98.35 的 IP 数据报，主机 H1 先把本子网的子网掩码与 H2 的 IP 地址逐位"与"，所得结果不等于 H1 的网络地址，因此 H1 与 H2 不在同一子网，无法直接交付，然后将该数据报传送给数据链路层。

② 主机 H1 通过 ARP 获得路由器 R1（202.99.98.17）对应的 MAC 地址，并将其作为目的 MAC 地址，将 H1 的 MAC 地址作为源 MAC 地址填入封装有 IP 数据报的帧，然后将该帧发送出去。

③ 路由器 R1 收到该帧后，去掉帧头与帧尾，得到 IP 数据报，然后根据 IP 数据报中的目的 IP 地址（202.99.98.35）去查找路由表，得到下一跳地址为直接相连。

④ 路由器 R1 通过 ARP 得到主机 H2 的 MAC 地址，并将其作为目的 MAC 地址，将 R1 的 MAC 地址作为源 MAC 地址填入封装有 IP 数据报的帧，然后将该帧发送到子网 Net2 上。

⑤ 主机 H2 将收到的帧，去除帧头与帧尾，并最终得到从主机 H1 发来的 IP 数据报。

> **注 意**
>
> 在②中（发出的帧），帧的目的地 MAC 地址为默认网关的 MAC 地址；在④中（接收的帧），帧的源 MAC 地址为默认网关的 MAC 地址。

02.【解答】

转发即当一个分组到达时所采取的动作。在路由器中，每个分组到达时对它进行处理，它在路由表中查找分组所对应的输出线路。通过查得的结果，将分组发送到正确的线路上。

路由算法是网络层软件的一部分，它负责确定一个进来的分组应该被传送到哪条输出线路上。路由算法负责填充和更新路由表，转发功能则根据路由表的内容来确定当每个分组到来时应该采取什么动作（如从哪个端口转发出去）。

03.【解答】

1）以太网交换机（无 VLAN 功能）连接的若干 LAN 仍然是一个网络（同一个广播域），路由器可以连接不同的 LAN、不同的 WAN 或把 WAN 和 LAN 互连起来，隔离了广播域。IP 地址 192.168.1.2/26 与 192.168.1.3/26 的网络前缀均为 192.168.1.0，视为 LAN1。IP 地址 192.168.1.66/26 与 192.168.1.67/26 的网络前缀均为 192.168.1.64，视为 LAN2。所以设备 1 为路由器，设备 2、3 为以太网交换机。

2）设备 1 为路由器，其接口应配置 IP 地址。IF1 接口与路由器 R 相连，其相连接口的 IP 地址为 192.168.1.253/30，253 的二进制表示形式为 <u>11111101</u>，因此 IF1 接口的网络前缀也应为 192.168.1.<u>111111</u>，已分配 192.168.1.253，去除全 0 全 1，IF1 接口的 IP 地址应为 192.168.1.254。LAN1 的默认网关为 192.168.1.1，LAN2 的默认网关为 192.168.1.65，网关的 IP 地址是具有路由功能的设备的 IP 地址，通常默认网关地址就是路由器中的 LAN 端口地址，设备 1 的 IF2、IF3 接口的 IP 地址分别设置为 192.168.1.1 和 192.168.1.65。

3）私有地址段：C 类 192.168.0.0～192.168.255.255，即 H1～H4 均为私有 IP 地址，若要能够访问 Internet，R 需要提供 NAT 服务，即网络地址转换服务。

4）主机 H3 发送一个目的地址为 192.168.1.127 的 IP 数据报，主机号全为 1，为本网络的广播地址，因为路由器可以隔离广播域，所以只有主机 H4 会接收到数据报。

4.8　本章小结及疑难点

1. "尽最大努力交付"有哪些含义？
1）不保证源主机发送的 IP 数据报一定无差错地交付到目的主机。
2）不保证源主机发送的 IP 数据报都在某一规定的时间内交付到目的主机。
3）不保证源主机发送的 IP 数据报一定按发送时的顺序交付到目的主机。
4）不保证源主机发送的 IP 数据报不会重复交付给目的主机。
5）不故意丢弃 IP 数据报。丢弃 IP 数据报的情况是：路由器检测出首部检验和有错误；或者因为网络中通信量过大，路由器或目的主机中的缓存已无空闲空间。

但要注意，IP 数据报的首部中有一个"首部检验和"字段。当它检验出 IP 数据报的首部出现了差错时，就丢弃该数据报。因此，凡交付给目的主机的 IP 数据报都是 IP 首部没有差错的或没有检测出差错的。也就是说，在传输过程中，出现差错的 IP 数据报都被丢弃了。

现在互联网上绝大多数的通信量都属于"尽最大努力交付"。若数据必须可靠地交付给目的地，则使用 IP 的高层软件必须负责解决这一问题。

2. 假定在一个局域网中，计算机 A 广播一个 ARP 请求分组，希望找出计算机 B 的硬件地址。试问这时由哪个计算机发送 ARP 响应分组？将谁的硬件地址告诉计算机 A？

这要区分两种情况。第一，若计算机 B 和计算机 A 都连接在同一个局域网上，则计算机 B

发送 ARP 响应分组，给出计算机 B 的硬件地址。第二，若计算机 B 和计算机 A 不连接在同一个局域网上，则必须由一个连接计算机 A 所在局域网的路由器来响应，这时该路由器向计算机 A 发送 ARP 响应分组，给出该路由器的硬件地址。

3. 在数据报的首部中只有源 IP 地址和目的 IP 地址，而没有中间经过的路由器的 IP 地址，更没有指明下一跳路由器的 IP 地址，那么待转发的数据报怎样才能找到下一跳路由器呢？

当路由器收到一个待转发的数据报时，由路由表得出下一跳路由器的 IP 地址后，不是把这个地址填入数据报，而是送交数据链路层的网络接口软件。网络接口软件负责把下一跳路由器的 IP 地转换成硬件地址（使用 ARP），并将此硬件地址写入 MAC 帧的首部，然后根据此硬件地址找到下一跳路由器。可见，当发送一连串的数据报时，上述的查找路由表、用 ARP 得到硬件地址、把硬件地址写入 MAC 帧的首部等过程，将不断地重复进行，造成了一定的开销。

那么，能不能在路由表中不使用 IP 地址而直接使用硬件地址呢？不行。我们要清楚，使用抽象的 IP 地址，本来就是为了隐蔽各种底层网络的复杂性而便于分析和研究问题，这样就不可避免地要付出一些代价，例如在选择路由时多了一些开销。反过来，若在路由表中直接使用硬件地址，则因为硬件地址是平面的，将导致路由表极为庞大，从而带来更多的麻烦。

4. 路由器实现了物理层、数据链路层、网络层，这句话的含义是什么？

第 1 章中提到了网络中的两个通信结点利用协议栈进行通信的过程。发送方一层一层地把数据"包装"，接收方一层一层地把"包装"拆开，最后上交给用户。路由器实现了物理层，数据链路层和网络层的含义是指路由器有能力对这三层协议的控制信息进行识别、分析以及转换，直观的理解是路由器有能力对数据"包装"这三层协议或者"拆开"这三层协议。自然，路由器就有能力互连这三层协议不同的两个网络。

扫一扫

视频讲解

05 第5章 传输层

【考纲内容】
（一）传输层提供的服务

　　传输层的功能；传输层寻址与端口；无连接服务和面向连接服务

（二）UDP

　　UDP 数据报；UDP 检验

（三）TCP

　　TCP 段；TCP 连接管理；TCP 可靠传输；TCP 流量控制与拥塞控制

【复习提示】
　　传输层是整个网络体系结构中的关键层次。要求掌握传输层在计算机网络中的功能、工作方式及原理等，掌握 UDP 及 TCP（如首部格式、可靠传输、流量控制、拥塞控制、连接管理等）。其中，TCP 报文分析、连接管理、流量控制与拥塞控制机制，出选择题、综合题的概率均较大，因此要将其工作原理透彻掌握，以便能在具体的题目中灵活运用。

5.1 传输层提供的服务

5.1.1 传输层的功能

　　数据链路层提供链路上相邻结点之间的逻辑通信，网络层提供主机之间的逻辑通信。传输层位于网络层之上、应用层之下，它为运行在不同主机上的进程之间提供逻辑通信[①]。传输层属于面向通信部分的最高层，同时也是用户功能中的最低层。显然，即使网络层协议不可靠（网络层协议使分组丢失、混乱或重复），传输层同样能为应用程序提供可靠的服务。

　　从图 5.1 可看出，网络的边缘部分的两台主机使用网络的核心部分的功能进行端到端的通信时，只有主机的协议栈才有传输层，而路由器在转发分组时都只用到下三层的功能（即在通信子网中没有传输层，传输层只存在于通信子网以外的主机中）。传输层的功能如下。

1. 应用进程之间的逻辑通信

　　从网络层来说，通信的双方是两台主机，IP 数据报的首部给出了这两台主机的 IP 地址。但"两台主机之间的通信"实际上是两台主机中的应用进程之间的通信。应用进程之间的通信又称端到端的逻辑通信。IP 协议虽然能把分组送到目的主机，但这个分组还停留在主机的网络层，而没有交付给主机中的进程。从传输层来看，通信的真正端点不是主机而是主机中的进程。

[①] 逻辑通信是指对等层之间的通信好像是沿水平方向传送的，但两个对等层之间并没有一条水平方向的物理连接。

2．复用和分用

复用是指发送方不同的应用进程都可以使用同一个传输层协议传送数据。分用是指接收方的传输层在剥去报文的首部后能够把这些数据正确交付到目的应用进程。

> **注 意**
>
> 网络层也有复用和分用的功能，但网络层的复用是指发送方不同协议的数据都可被封装成 IP 数据报发送出去，分用是指接收方的网络层在剥去首部后把数据交付给相应的协议。

图 5.1　传输层为相互通信的进程提供逻辑通信

3．检错检测

传输层要对收到的报文（首部和数据部分）进行差错检测。对于 TCP 协议，若接收方发现报文段出错，则要求发送方重发该报文段。对于 UDP 协议，若接收方发现数据报出错，则直接丢弃。在网络层，IP 数据报首部中的检验和字段只检验首部是否出错，而不检查数据部分。

4．提供面向连接和无连接的传输协议

传输层向高层用户屏蔽了低层网络核心的细节（如网络拓扑、路由协议等），它使应用进程看见的是在两个传输层实体之间好像有一条端到端的逻辑通信信道，这条逻辑通信信道对上层的表现却因传输层协议不同而有很大的差别。当传输层采用面向连接的 TCP 协议时，尽管下面的网络是不可靠的（只提供尽最大努力的服务），但这种逻辑通信信道就相当于一条全双工的可靠信道。但当传输层采用无连接的 UDP 协议时，这种逻辑通信信道仍然是一条不可靠信道。

而网络层无法同时实现两种协议（即在网络层要么只提供面向连接的服务，如虚电路；要么只提供无连接服务，如数据报，而不可能在网络层同时存在这两种方式）。

5.1.2　传输层的寻址与端口

1．端口的作用

端口能让应用层的各种进程将其数据通过端口向下交付给传输层，以及让传输层知道应当将其报文段中的数据向上通过端口交付给应用层相应的进程。端口在传输层的作用类似于 IP 地址在网络层的作用，只不过 IP 地址标识的是主机，而端口标识的是主机中的应用进程。

数据链路层的服务访问点为帧的"类型"字段，网络层的服务访问点为 IP 数据报的"协议"字段，传输层的服务访问点为"端口号"字段，应用层的服务访问点为"用户界面"。

在协议栈层间的抽象的协议端口是软件端口，它与路由器或交换机上的硬件端口是完全不同的概念。硬件端口是不同硬件设备进行交互的接口，而软件端口是应用层的各种协议进程与传输实体进行层间交互的一种地址。传输层使用的是软件端口。

2．端口号

应用进程通过端口号进行标识，端口号长度为 16 比特，能够表示 65536（2^{16}）个不同的端口号。端口号只具有本地意义，即端口号只标识本计算机应用层中的各进程，在因特网中不同计算机的相同端口号是没有联系的。根据端口号范围可将端口分为两类：

1）服务器端使用的端口号。它又分为两类，最重要的一类是熟知端口号，数值为 0～1023，IANA（互联网地址指派机构）把这些端口号指派给了 TCP/IP 最重要的一些应用程序，让所有的用户都知道。另一类称为登记端口号，数值为 1024～49151，它是供没有熟知端口号的应用程序使用的，使用这类端口号必须在 IANA 登记，以防止重复。

一些常用的熟知端口号如下：

应用程序	FTP	TELNET	SMTP	DNS	TFTP	HTTP	SNMP
熟知端口号	21	23	25	53	69	80	161

2）客户端使用的端口号，数值为 49152～65535。因为这类端口号仅在客户进程运行时才动态地选择，所以又称短暂端口号。当服务器进程收到客户进程的报文时，就知道了客户进程所使用的端口号，因而可以把数据发送给客户进程。通信结束后，刚用过的客户端口号就不复存在，这个端口号就可以供其他客户进程使用。

3．套接字

在网络中通过 IP 地址来标识和区别不同的主机，通过端口号来标识和区分一台主机中的不同应用进程，端口号拼接到 IP 地址即构成套接字（Socket）。在网络中采用发送方和接收方的套接字来识别端点。套接字，实际上是一个通信端点，即

$$套接字（Socket）=(IP 地址: 端口号)$$

它唯一地标识网络中的一台主机上的一个应用进程。

在网络通信中，主机 A 发给主机 B 的报文包含目的端口号和源端口号，源端口号是"返回地址"的一部分，即当主机 B 需要发回一个报文给主机 A 时，主机 B 到主机 A 的报文中的目的端口号便是主机 A 到主机 B 的报文中的源端口号（完全的返回地址是主机 A 的 IP 地址和源端口号）。

5.1.3　无连接服务与面向连接服务

TCP/IP 协议族在 IP 层之上使用了两个传输协议：一个是面向连接的传输控制协议（TCP），采用 TCP 时，传输层向上提供的是一条全双工的可靠逻辑信道；另一个是无连接的用户数据报协议（UDP），采用 UDP 时，传输层向上提供的是一条不可靠的逻辑信道。

TCP 提供面向连接的可靠服务，通信双方在传送数据之前必须先建立连接，然后基于此连接进行可靠数据传输，数据传输结束后要释放连接。TCP 不提供广播或多播服务。TCP 为了实现可靠数据传输，就必须增加许多措施，如确认、流量控制、计时器及连接管理等。这不仅使协议数据单元的首部增大很多，还要占用许多的处理机资源。因此 TCP 主要适用于可靠性更重要的场合，如文件传输协议（FTP）、超文本传输协议（HTTP）、远程登录（TELNET）等。

UDP 提供无连接的不可靠服务，通信双方在传送数据之前不需要建立连接，接收方的传输层

在收到 UDP 用户数据报后,无须给发送方发回任何确认。UDP 在 IP 层之上仅提供两个附加服务:多路复用和对数据的错误检查。IP 层知道怎样把分组投递给一台主机,但不知道怎样把它们投递给主机上的具体应用。UDP 在传送数据之前不需要先建立连接,远程主机的传输层收到 UDP 报文后,不需要给出任何确认。因为 UDP 比较简单,所以执行速度比较快、实时性好。使用 UDP 的应用主要包括小文件传送协议(TFTP)、DNS、SNMP 和实时传输协议(RTP)。

表 5.1 所示为一些典型互联网应用所用的 TCP/IP 应用层协议和传输层协议。

表 5.1 一些典型互联网应用所用的 TCP/IP 应用层协议和传输层协议

互联网应用	TCP/IP 应用层协议	TCP/IP 传输层协议
域名解析	域名系统(DNS)	UDP
文件传送	简单文件传送协议(TFTP)	UDP
路由选择	路由信息协议(RIP)	UDP
网络参数配置	动态主机配置协议(DHCP)	UDP
网络管理	简单网络管理协议(SNMP)	UDP
IP 多播	网际组管理协议(IGMP)	UDP
电子邮件	简单邮件传送协议(SMTP)	TCP
远程终端接入	电传机网络(TELNET)	TCP
万维网	超文本传送协议(HTTP)	TCP
文件传送	文件传送协议(FTP)	TCP

> **注 意**
>
> 1)IP 数据报和 UDP 数据报的区别:IP 数据报在网络层要经过路由器的存储转发;而 UDP 数据报在传输层的端到端的逻辑信道中传输,封装成 IP 数据报在网络层传输时,UDP 数据报的信息对路由器是不可见的。
>
> 2)TCP 和网络层虚电路的区别:TCP 报文段在传输层抽象的逻辑信道中传输,对路由器不可见;虚电路所经过的交换结点都必须保存虚电路状态信息。在网络层若采用虚电路方式,则无法提供无连接服务;而传输层采用 TCP 不影响网络层提供无连接服务。

5.1.4 本节习题精选

单项选择题

01. 下列不属于通信子网的是( )。

    A. 物理层　　　　B. 数据链路层　　　C. 网络层　　　　D. 传输层

02. OSI 参考模型中,提供端到端的透明数据传输服务、差错控制和流量控制的层是( )。

    A. 物理层　　　　B. 网络层　　　　　C. 传输层　　　　D. 会话层

03. 传输层为( )之间提供逻辑通信。

    A. 主机　　　　　B. 进程　　　　　　C. 路由器　　　　D. 操作系统

04. 关于传输层的面向连接服务的特性是( )。

    A. 不保证可靠和顺序交付　　　　　　B. 不保证可靠但保证顺序交付

    C. 保证可靠但不保证顺序交付　　　　D. 保证可靠和顺序交付

05. 在 TCP/IP 参考模型中,传输层的主要作用是在互联网的源主机和目的主机对等实体之间建立用于会话的( )。

    A. 操作连接　　　B. 点到点连接　　　C. 控制连接　　　D. 端到端连接

06. 可靠传输协议中的"可靠"指的是( )。

    A. 使用面向连接的会话   B. 使用尽力而为的传输

    C. 使用滑动窗口来维持可靠性   D. 使用确认机制来确保传输的数据不丢失

07. 以下（ ）能够唯一确定一个在互联网上通信的进程。

    A. 主机名   B. IP 地址及 MAC 地址

    C. MAC 地址及端口号   D. IP 地址及端口号

08. 在（ ）范围内的端口号被称为"熟知端口号"并限制使用。这就意味着这些端口号是为常用的应用层协议如 FTP、HTTP 等保留的。

    A. 0～127   B. 0～255   C. 0～511   D. 0～1023

09. 以下哪个 TCP 熟知端口号是错误的？（ ）

    A. TELNET:23   B. SMTP:25   C. HTTP:80   D. FTP:24

10. 关于 TCP 和 UDP 端口的下列说法中，正确的是（ ）。

    A. TCP 和 UDP 分别拥有自己的端口号，它们互不干扰，可以共存于同一台主机

    B. TCP 和 UDP 分别拥有自己的端口号，但它们不能共存于同一台主机

    C. TCP 和 UDP 的端口没有本质区别，但它们不能共存于同一台主机

    D. 当一个 TCP 连接建立时，它们互不干扰，不能共存于同一台主机

11. 以下说法错误的是（ ）。

    A. 传输层是 OSI 参考模型的第四层

    B. 传输层提供的是主机间的点到点数据传输

    C. TCP 是面向连接的，UDP 是无连接的

    D. TCP 进行流量控制和拥塞控制，而 UDP 既不进行流量控制，又不进行拥塞控制

12. 某应用程序每秒产生一个 60B 的数据块，每个数据块被封装在一个 TCP 报文中，然后封装在一个 IP 数据报中，则最后每个数据报所包含的应用数据所占的百分比是（ ）。（注意：TCP 报文和 IP 数据报文的首部没有附加字段。）

    A. 20%   B. 40%   C. 60%   D. 80%

13. 在 TCP/IP 参考模型中，若用户程序使用 UDP 进行数据传输，则（ ）层协议必须承担可靠性方面的全部工作。

    A. 数据链路层   B. 网际层   C. 传输层   D. 应用层

5.1.5 答案与解析

单项选择题

01. D

通信子网包括物理层、数据链路层和网络层，主要负责数据通信。资源子网是 OSI 参考模型的上三层，传输层的主要任务是向高层用户屏蔽下面通信子网的细节（如网络拓扑、路由协议等）。

02. C

端到端即是进程到进程，物理层只提供在两个结点之间透明地传输比特流，网络层提供主机到主机的通信服务，主要功能是路由选择。此题的条件若换成"TCP/IP 参考模型"，答案依然是 C。

03. B

传输层提供的是端到端服务，为进程之间提供逻辑通信。

04. D

面向连接服务是指通信双方在进行通信之前，要先建立一个完整的连接，在通信过程中，整

个连接一直可以被实时地监控和管理。通信完毕后释放连接。面向连接的服务可以保证数据的可靠和顺序交付。

05．D

TCP/IP 参考模型中，网络层及其以下各层所构成的通信子网负责主机到主机或点到点的通信，而传输层的主要作用是在源主机进程和目的主机进程之间提供端到端的数据传输。一般来说，端到端通信是由一段段的点到点信道构成的，端到端协议建立在点到点协议之上（正如 TCP 建立在 IP 之上），提供应用进程之间的通信手段。所以答案为选项 D。

06．D

若一个协议使用确认机制对传输的数据进行确认，则可以认为它是一个可靠的协议；若一个协议采用"尽力而为"的传输方式，则是不可靠的。例如，TCP 对传输的报文段提供确认，因此是可靠的传输协议；而 UDP 不提供确认，因此是不可靠的传输协议。

07．D

要在互联网上唯一地确定一个进程，就要使用 IP 地址和端口号的组合，通常称为**套接字**（Socket），IP 地址确定某主机，端口号确定该主机上的某进程。

08．D

熟知端口号的数值为 0～1023，登记端口号的数值是 1024～49151，客户端使用的端口号的数值是 49152～65535。

09．D

FTP 控制连接的端口是 21，数据连接的端口是 20。

10．A

端口号只具有本地意义，即端口号只标识本计算机应用层中的各个进程，且同一台计算机中 TCP 和 UDP 分别拥有自己的端口号，它们互不干扰。

11．B

传输层是 OSI 参考模型中的第 4 层，TCP 是面向连接的，它提供流量控制和拥塞控制，保证服务可靠；UDP 是无连接的，不提供流量控制和拥塞控制，只能做出尽最大努力的交付。传输层提供的是进程到进程间的传输服务，也称端到端服务。

12．C

此题中，一个 TCP 报文的首部长度是 20B，一个 IP 数据报的首部长度也是 20B，再加上 60B 的数据，一个 IP 数据报的总长度为 100B，可知数据占 60%。

13．D

传输层协议需要具有的主要功能包括：创建进程到进程的通信；提供流量控制机制。UDP 在一个低的水平上完成以上功能，使用端口号完成进程到进程的通信，但在传送数据时没有流量控制机制，也没有确认，而且只提供有限的差错控制。因此 UDP 是一个无连接、不可靠的传输层协议。若用户应用程序使用 UDP 进行数据传输，则必须在传输层的上层即应用层提供可靠性方面的全部工作。

5.2　UDP 协议

5.2.1　UDP 数据报

1．UDP 概述

UDP 仅在 IP 层的数据报服务之上增加了两个最基本的功能：复用和分用，以及差错检测。

若应用开发者选择 UDP 而非 TCP，则应用程序几乎直接与 IP 打交道。为什么应用开发者宁愿在 UDP 之上构建应用，也不选择 TCP？既然 TCP 提供可靠的服务，而 UDP 不提供，则 TCP 总是首选吗？答案是否定的，因为有很多应用更适合用 UDP，主要因为 UDP 具有如下优点：

命题追踪 ▶ UDP 协议的特点（2014）

1）UDP 无须建立连接。因此 UDP 不会引入建立连接的时延。试想若 DNS 运行在 TCP 而非 UDP 上，则 DNS 的速度会慢很多。HTTP 使用 TCP 而非 UDP，是因为对于基于文本数据的 Web 网页来说，可靠性是至关重要的。

2）无连接状态。TCP 需要在端系统中维护连接状态。此连接状态包括接收和发送缓存、拥塞控制参数和序号与确认号的参数。而 UDP 既不维护连接状态，也不跟踪这些参数。因此，当某些专用服务器使用 UDP 时，一般都能支持更多的活动客户机。

3）UDP 的首部开销小。TCP 有 20B 的首部开销，而 UDP 仅有 8B 的开销。

4）UDP 没有拥塞控制，因此网络中的拥塞不会影响源主机的发送速率。某些实时应用要求源主机以稳定的速率发送数据，能容忍一些数据的丢失，但不允许有太大的时延。

5）UDP 支持一对一、一对多、多对一和多对多的交互通信。

UDP 常用于一次性传输较少数据的网络应用，如 DNS、SNMP 等，因为对于这些应用，若采用 TCP，则将为连接创建、维护和拆除带来不小的开销。UDP 也常用于多媒体应用（如 IP 电话、实时视频会议、流媒体等），显然，可靠数据传输对这些应用来说并不是最重要的，但 TCP 的拥塞控制会导致数据出现较大的延迟，这是它们不可容忍的。

UDP 不保证可靠交付，但这并不意味着应用对数据的要求是不可靠的，所有维护可靠性的工作可由用户在应用层来完成。应用开发者可根据应用的需求来灵活设计自己的可靠性机制。

UDP 是面向报文的。发送方 UDP 对应用层交下来的报文，在添加首部后就向下交付给 IP 层，一次发送一个报文，既不合并，也不拆分，而是保留这些报文的边界；接收方 UDP 对 IP 层交上来 UDP 数据报，在去除首部后就原封不动地交付给上层应用进程，一次交付一个完整的报文。因此报文不可分割，是 UDP 数据报处理的最小单位。因此，应用程序必须选择合适大小的报文，若报文太长，UDP 把它交给 IP 层后，可能会导致分片；若报文太短，UDP 把它交给 IP 层后，会使 IP 数据报的首部的相对长度太大，两者都会降低 IP 层的效率。

2．UDP 的首部格式

UDP 数据报包含两部分：首部字段和用户数据字段。UDP 首部有 8B，由 4 个字段组成，每个字段的长度都是 2B，如图 5.2 所示。各字段意义如下：

命题追踪 ▶ UDP 首部格式及各字段意义（2018）

1）源端口。源端口号。在需要对方回信时选用，不需要时可用全 0。

2）目的端口。目的端口号。这在终点交付报文时必须使用到。

命题追踪 ▶ UDP 首部的长度（2021）

3）长度。UDP 数据报的长度（包括首部和数据），其最小值是 8（仅有首部）。

4）检验和。检测 UDP 数据报在传输中是否有错。有错就丢弃。该字段是可选的，当源主机不想计算检验和时，则直接令该字段为全 0。

当传输层从 IP 层收到 UDP 数据报时，就根据首部中的目的端口，把 UDP 数据报通过相应的端口，上交最后的终点——应用进程，如图 5.3 所示。

图 5.2　UDP 数据报格式　　　　　　图 5.3　UDP 基于端口的分用

若接收方 UDP 发现收到的报文中的目的端口号不正确（即不存在对应于端口号的应用进程），则就丢弃该报文，并由 ICMP 发送"端口不可达"差错报文给发送方。

5.2.2　UDP 检验

在计算检验和时，要在 UDP 数据报之前增加 12B 的伪首部，伪首部并不是 UDP 的真正首部。只是在计算检验和时，临时添加在 UDP 数据报的前面，得到一个临时的 UDP 数据报。检验和就是按照这个临时的 UDP 数据报来计算的。伪首部既不向下传送又不向上递交，而只是为了计算检验和。图 5.4 给出了 UDP 数据报的伪首部各字段的内容。

图 5.4　UDP 数据报的首部和伪首部

UDP 计算检验和的方法和计算 IP 数据报首部检验和的方法相似。不同的是：IP 数据报的检验和只检验 IP 数据报的首部，但 UDP 的检验和要将首部和数据部分一起检验。

命题追踪 ▶▶ UDP 检验和的计算（2024）

UDP 计算检验和的方法：发送方首先把全 0 放入检验和字段并添加伪首部，然后把 UDP 数据报视为许多 16 位的字串接起来。若 UDP 数据报的数据部分不是偶数个字节，则要在末尾填入一个全 0 字节（但此字节不发送）。然后按二进制反码计算出这些 16 位字的和，将此和的二进制反码写入检验和字段，并发送。接收方把收到的 UDP 数据报加上伪首部（若不为偶数个字节，则还需要补上全 0 字节）后，按二进制反码求这些 16 位字的和。当无差错时其结果应为全 1，否则就表明有差错出现，接收方就应该丢弃这个 UDP 数据报。

图 5.5 给出了一个计算 UDP 检验和的例子。本例中，UDP 数据报的长度是 15B（不含伪首部），因此需要添加一个全 0 字节。

图 5.5 计算 UDP 检验和的例子

> **注 意**
>
> 1）检验时，若 UDP 数据报部分的长度不是偶数个字节，则需填入一个全 0 字节，如图 5.5 所示。但是此字节和伪首部一样，是不发送的。
>
> 2）若 UDP 检验和检验出 UDP 数据报是错误的，则可以丢弃，也可以交付给上层，但是需要附上错误报告，即告诉上层这是错误的数据报。
>
> 3）通过伪首部，不仅可以检查源端口号、目的端口号和 UDP 用户数据报的数据部分，还可以检查 IP 数据报的源 IP 地址和目的地址。

这种简单的差错检验方法的校错能力并不强，但它的好处是简单、处理速度快。

5.2.3 本节习题精选

一、单项选择题

01. 使用 UDP 的网络应用，其数据传输的可靠性由（　）负责。

    A. 传输层　　　　　B. 应用层　　　　　C. 数据链路层　　　D. 网络层

02. 以下关于 UDP 协议的主要特点的描述中，错误的是（　）。

    A. UDP 报头主要包括端口号、长度、检验和等字段

    B. UDP 长度字段是 UDP 数据报的长度，包括伪首部的长度

    C. UDP 检验和对伪首部、UDP 报文头及应用层数据进行检验

    D. 伪首部包括 IP 分组报头的一部分

03. UDP 数据报首部不包含（　）。

    A. UDP 源端口号　　　　　　　　　　B. UDP 检验和

    C. UDP 目的端口号　　　　　　　　　D. UDP 数据报首部长度

04. UDP 数据报中的长度字段（　）。

    A. 不记录数据的长度　　　　　　　　B. 只记录首部的长度

    C. 只记录数据部分的长度　　　　　　D. 包括首部和数据部分的长度

05. UDP 数据报比 IP 数据报多提供了（　）服务。

    A. 流量控制　　　　B. 拥塞控制　　　　C. 端口功能　　　　D. 路由转发

06. 下列关于 UDP 的描述，正确的是（ ）。

A. 给出数据的按序投递   B. 不允许多路复用

C. 拥有流量控制机制   D. 是无连接的

07. 接收端收到有差错的 UDP 用户数据时的处理方式是（ ）。

A. 丢弃   B. 请求重传   C. 差错校正   D. 忽略差错

08. 以下关于 UDP 检验和的说法中，错误的是（ ）。

A. 计算检验和时需按 2 字节对齐，若数据部分不足，则需用一个全 0 字节填充

B. 若 UDP 检验和计算结果为 0，则在检验和字段填充 0

C. UDP 检验和字段的计算包括一个伪首部、UDP 首部和携带的用户数据

D. UDP 检验和的计算方法是二进制反码运算求和再取反

09. 下列关于 UDP 检验的描述中，（ ）是错误的。

A. UDP 检验和段的使用是可选的，若源主机不想计算检验和，则该检验和段应为全 0

B. 在计算检验和的过程中，需要生成一个伪首部，源主机需要把该伪首部发送给目的主机

C. 检验出 UDP 数据报出错时，可以丢弃或交付给上层

D. UDP 检验和还能检验 IP 数据报的源 IP 地址和目的 IP 地址

10. 下列网络应用中，（ ）不适合使用 UDP 协议。

A. 客户机/服务器领域   B. 远程调用

C. 实时多媒体应用   D. 远程登录

11. 一个 UDP 数据报的数据字段长度为 9192B，如在数据链路层要采用以太网来传送，则应当将其划分为 IP 数据报片的片数是（ ）。

A. 6   B. 7   C. 8   D. 9

12. 某应用层数据大小为 200B，传输层使用 UDP，网际层使用 IP（采用最大首部长度），使用以太网进行传输（不考虑前导码和 VLAN），则该应用层数据的传输效率是（ ）。

A. 82.6%   B. 77.5%   C. 69.9%   D. 67.1%

13. 【2014 统考真题】下列关于 UDP 协议的叙述中，正确的是（ ）。

I. 提供无连接服务

II. 提供复用/分用服务

III. 通过差错检验，保障可靠数据传输

A. 仅 I   B. 仅 I、II   C. 仅 II、III   D. I、II、III

14. 【2018 统考真题】UDP 协议实现分用时所依据的首部字段是（ ）。

A. 源端口号   B. 目的端口号   C. 长度   D. 检验和

二、综合应用题

01. 为什么要使用 UDP？让用户进程直接发送原始的 IP 分组不就足够了吗？

02. 使用 TCP 对实时语音数据的传输是否有问题？使用 UDP 传送数据文件时有什么问题？

03. 一个应用程序用 UDP，到了 IP 层将数据报再划分为 4 个数据报片发送出去。结果前两个数据报片丢失，后两个到达目的站。过了一段时间应用程序重传 UDP，而 IP 层仍然划分为 4 个数据报片来传送。结果这次前两个到达目的站而后两个丢失。试问：在目的站能否将这两次传输的 4 个数据报片组装成为完整的数据报？假定目的站第一次收到的后两个数据片仍然保存在目的站的缓存中。

04. 一个 UDP 首部的信息（十六进制表示）为 0xF7 21 00 45 00 2C E8 27。UDP 数据报的格式如下图所示。试问：

0	15 16	31
16位源端口号	16位目的端口号	
16位UDP长度	16位UDP检验和	8B
数据(如果有)		

1）源端口、目的端口、数据报总长度、数据部分长度分别是什么？

2）该 UDP 数据报是从客户发送给服务器还是从服务器发送给客户？使用该 UDP 服务的程序使用的是哪个应用层协议？

05. 一个 UDP 用户数据报的数据字段为 8192B，要使用以太网来传送。假定 IP 数据报无选项。试问应当划分为几个 IP 数据报片？说明每个 IP 数据报片的数据字段长度和片段偏移字段的值。

5.2.4 答案与解析

一、单项选择题

01. B

UDP 本身是无法保证传输的可靠性的，并且 UDP 是基于网络层的 IP 的，IP 的特点是尽最大努力交付，因此无法在网络层及数据链路层提供可靠传输。因此，只能通过应用层协议来实现可靠传输。

02. B

伪首部只是在计算检验和时临时添加的，不计入 UDP 的长度。对于选项 D，伪首部包括源 IP 和目的 IP，这是 IP 分组报头的一部分。

03. D

UDP 数据报的格式包括 UDP 源端口号、UDP 目的端口号、UDP 报文长度和检验和，但不包括 UDP 数据报首部长度。因为 UDP 数据报首部长度是固定的 8B，所以没有必要再设置首部长度字段。

04. D

长度字段记录 UDP 数据报的长度（包括首部和数据部分），以字节为单位。

05. C

虽然 UDP 协议和 IP 协议都是数据报协议，但是它们之间还是存在差别。其中，最大的差别是 IP 数据报只能找到目的主机而无法找到目的进程，UDP 提供端口功能及复用和分用功能，可以将数据报投递给对应的进程。

06. D

UDP 是不可靠的，所以没有数据的按序投递，排除选项 A；UDP 只在 IP 层的数据报服务上增加了很少的一点功能，即复用和分用功能及差错检测功能，排除选项 B；显然 UDP 没有流量控制，排除选项 C；UDP 是传输层的无连接协议，答案为 D。

07. A

接收端通过检验发现数据有差错，就直接丢弃该数据报，仅此而已。

08. B

UDP 检验和不是必需的，若不使用检验和，则将检验和字段设置为 0。而若检验和的计算结果恰好为 0，则将检验和字段置为全 1（这个结论了解即可）。

09. B

UDP 数据报的伪首部包含了 IP 地址信息，目的是通过数据检验保证 UDP 数据报正确到达目的主机。伪首部是临时添加的，只是为了计算检验和，既不向下传送又不向上递交。若检验出 UDP 数据报出错，则可以丢弃，也可以交付给上层，但是需要告诉上层这是错误的数据报。

10．D

UDP 的特点是开销小，时间性能好且易于实现。在客户/服务器模型中，它们之间的请求报文都很短，使用 UDP 不仅编码简单，而且只需要很少的消息。远程调用使用 UDP 的理由和客户/服务器模型的类似。对于实时多媒体应用，需要保证数据及时传送，而比例不大的错误是可以容忍的，所以使用 UDP 也是合适的，而且使用 UDP 可以实现多播，给多个客户端服务。而远程登录需要依靠一个客户端到服务器的可靠连接，必须保证数据传输的安全性，使用 UDP 是不合适的。

11．B

UDP 数据字段长度 9192B，加上 UDP 首部长度 8B，共 9200B。每个 IP 数据报片的最大长度为 1500B，减去 IP 首部 20B，剩下 1480B 用来存放 UDP 数据报。因此需要将 UDP 数据报划分为 $\lceil 9200/1480 \rceil = 7$ 个 IP 数据报片。每个 IP 数据报片的数据字段长度为 1480B，除了最后一个为 1040B。每个 IP 数据报片的偏移字段的值依次为 0, 185, 370, 555, 740, 925, 1110。

12．C

以太网 MAC 帧首部和尾部为 18B，网际层 IP 首部为 60B（采用最大首部长度），传输层 UDP 首部为 8B；所以该应用层数据的传输效率为 200÷(200 + 18 + 60 + 8) = 69.9%。

13．B

UDP 提供的是无连接服务，I 正确；同时 UDP 也提供复用/分用服务，II 正确；UDP 虽然有差错检验机制，但 UDP 的差错检验只是检查数据在传输的过程中有没有出错，出错则直接丢弃，没有重传等机制，不保证可靠传输。使用 UDP 时，可靠传输必须由应用层实现，III 错误。

14．B

传输层分用的定义是，接收方的传输层剥去报文首部后，能把这些数据正确交付到目的进程。C 和 D 显然不符。端口号用来标识主机中的应用进程。对于 A 和 B，源端口号在需要对方回信时选用，不需要时可用全 0。目的端口号在终点交付报文时使用，符合题意。

二、综合应用题

01．【解答】

仅仅使用 IP 分组还不够。IP 分组包含 IP 地址，该地址指定一个目的机器。一旦这样的分组到达目的机器，网络控制程序如何知道把它交给哪个进程呢？UDP 分组包含一个目的端口，这一信息是必需的，因为有了它，分组才能被投递给正确的进程。此外，UDP 可以对数据报做包括数据段在内的差错检测，而 IP 只对其首部做差错检测。

02．【解答】

TCP 需要建立连接和维护状态，提供了确认、重传、拥塞控制等机制，虽然保证了传输的可靠性，但也增加了网络延迟和开销，还会导致报文的乱序、重复等现象，影响实时语音数据的实时性、连贯性和清晰度。实时音频/视频传输，不宜重传，可容忍少量数据的丢失或出错，但不允许有太大的时延，因此适合使用 UDP。UDP 不需要建立连接，没有重传机制，不保证可靠交付，因此不适合可靠性要求高的应用，在传送数据文件时可能会丢失数据。对于可靠性要求高但实时性要求低的应用，如文件传输、电子邮件等，适合使用 TCP。

03．【解答】

不行。重传时，IP 数据报的标识字段会有另一个标识符。仅当标识符相同的 IP 数据报片才能组装成一个 IP 数据报。前两个 IP 数据报片的标识符与后两个 IP 数据报片的标识符不同，因此不能组装成一个 IP 数据报。

04.【解答】

1）第 1、2 个字节为源端口，即 F7 21，转换成十进制数为 63265。第 3、4 个字节为目的端口，即 00 45，转换成十进制数为 69。第 5、6 个字节为 UDP 长度（包含首部和数据部分），即 00 2C，转换成十进制数为 44，数据报总长度为 44B，数据部分长度为 44－8＝36B。

2）由 1）可知，该 UDP 数据报的源端口号为 63265，目的端口号为 69，前一个为客户端使用的端口号，后一个为熟知的 TFTP 协议的端口，可知该数据报是客户发给服务器的。

05.【解答】

以太网帧的数据段的最大长度是 1500B，UDP 用户数据报的首部是 8B。假定 IP 数据报无选项，首部长度都是 20B。IP 数据报的片段偏移指出一个片段在原 IP 分组中的相对位置，偏移的单位是 8B。UDP 用户数据报的数据字段为 8192B，加上 8B 的首部，总长度是 8200B。应当划分为 6 个 IP 报片。各 IP 报片总长度、数据长度和片偏移如下表所示。

	1	2	3	4	5	6
IP 报片总长度	1500B	1500B	1500B	1500B	1500B	820B
数据长度	1480B	1480B	1480B	1480B	1480B	800B
片偏移	0	185	370	555	740	925

5.3　TCP 协议

5.3.1　TCP 协议的特点

TCP 是在不可靠的 IP 层之上实现的可靠的数据传输协议，它主要解决传输的可靠、有序、无丢失和不重复问题。TCP 是 TCP/IP 体系中非常复杂的一个协议，主要特点如下：

1）TCP 是面向连接的传输层协议，TCP 连接是一条逻辑连接。

2）每一条 TCP 连接只能有两个端点，每一条 TCP 连接只能是一对一的。

3）TCP 提供可靠交付的服务，保证传送的数据无差错、不丢失、不重复且有序。

4）TCP 提供全双工通信，允许通信双方的应用进程在任何时候都能发送数据，为此 TCP 连接的两端都设有发送缓存和接收缓存，用来临时存放双向通信的数据。
　　发送缓存用来暂时存放以下数据：①发送应用程序传送给发送方 TCP 准备发送的数据；②TCP 已发送但尚未收到确认的数据。接收缓存用来暂时存放以下数据：①按序到达但尚未被接收应用程序读取的数据；②不按序到达的数据。

5）TCP 是面向字节流的，虽然应用程序和 TCP 的交互是一次一个数据块（大小不等），但 TCP 把应用程序交下来的数据仅视为一连串的无结构的字节流。

TCP 和 UDP 在发送报文时所采用的方式完全不同。UDP 报文的长度由发送应用进程决定，而 TCP 报文的长度则根据接收方给出的窗口值和当前网络拥塞程度来决定。若应用进程传送到 TCP 缓存的数据块太长，则 TCP 就把它划分得短一些再传送；若太短，则 TCP 也可等到积累足够多的字节后再构成报文段发送出去。关于 TCP 报文的长度问题，后面会详细讨论。

5.3.2　TCP 报文段

TCP 传送的数据单元称为报文段。TCP 报文段既可以用来运载数据，又可以用来建立连接、释放连接和应答。一个 TCP 报文段分为首部和数据两部分，整个 TCP 报文段作为 IP 数据报的数据部分封装在 IP 数据报中，如图 5.6 所示。其首部的前 20B 是固定的。TCP 首部最短为 20B，后面有 4N 字节是根据需要而增加的选项，长度为 4B 的整数倍。

图 5.6　TCP 报文段

TCP 的全部功能体现在其首部的各个字段中，各字段意义如下：

命题追踪 ▶▶ TCP 报文段首部中各字段的分析（2012）

1）源端口和目的端口。各占 2B。分别表示发送方和接收方使用的端口号。

命题追踪 ▶▶ TCP 首部中序号、确认号的含义（2009、2016）

2）序号。占 4B，范围为 $0 \sim 2^{32}-1$，共 2^{32} 个序号。TCP 连接中传送的字节流中的每个字节都要按顺序编号，序号字段值指的是本报文段所发送的数据的第一个字节的序号。

例如，一报文段的序号字段值是 301，而携带的数据共有 100B，表明本报文段的数据的最后一个字节的序号是 400，因此下一个报文段的数据序号应从 401 开始。

3）确认号。占 4B，是期望收到对方下一个报文段的第一个数据字节的序号。若确认号为 N，则表明到序号 $N-1$ 为止的所有数据都已正确收到。

例如，B 正确收到了 A 发送过来的一个报文段，其序号字段是 501，而数据长度是 200B（序号 501～700），这表明 B 正确收到了 A 发送的到序号 700 为止的数据。因此 B 期望收到 A 的下一个数据序号是 701，于是 B 在发送给 A 的确认报文段中把确认号置为 701。

命题追踪 ▶▶ TCP 首部的最小长度（2021）

4）数据偏移（即首部长度）。占 4 位，这里不是 IP 数据报分片的那个数据偏移，而是表示首部长度（首部中还有长度不确定的选项字段），它指出 TCP 报文段的数据起始处距离 TCP 报文段的起始处有多远。"数据偏移"的单位是 32 位（以 4B 为计算单位）。因为 4 位二进制数能表示的最大值为 15，所以 TCP 首部的最大长度为 60B。

5）保留。占 6 位，保留为今后使用，但目前应置为 0。

6）紧急位 URG。当 URG＝1 时，表明紧急指针字段有效。它告诉系统此报文段中有紧急数据，应尽快传送（相当于高优先级的数据）。紧急数据被插入到报文段数据的最前面，而在紧急数据后面的数据仍是普通数据，因此要与首部中的紧急指针字段配合使用。

7）确认位 ACK。仅当 ACK＝1 时确认号字段才有效。当 ACK＝0 时，确认号无效。
TCP 规定，在连接建立后所有传送的报文段都必须把 ACK 置 1。

8）推送位 PSH（Push）。两个应用进程进行交互式通信时，都希望在键入一个命令后立即就
能收到对方的响应，此时发送方 TCP 把 PSH 置 1，接收方 TCP 收到 PSH＝1 的报文段后，
就尽快交付给接收应用进程，而不再等到整个缓存都填满了后再向上交付。

9）复位位 RST（Reset）。当 RST＝1 时，表示 TCP 连接中出现严重差错（如主机崩溃等），
必须释放连接，然后重新建立传输连接。此外，它还可用于拒绝一个非法的报文段。

10）同步位 SYN。当 SYN＝1 时表示这是一个连接请求或连接接受报文。
当 SYN＝1，ACK＝0 时，表明这是一个连接请求报文，若对方同意建立连接，则应在响
应报文中使用 SYN＝1，ACK＝1。关于连接的建立和释放，下一节会详细讨论。

11）终止位 FIN（Finish）。用来释放一个连接。当 FIN＝1 时，表明此报文段的发送方的数据
已发送完毕，并要求释放传输连接。

12）窗口。占 2B，范围为 $0 \sim 2^{16}-1$。窗口值告诉对方，从本报文段首部中的确认号算起，
接收方目前允许对方发送的数据量（以字节为单位）。接收方的数据缓存空间是有限的，
因此窗口值作为接收方让发送方设置其发送窗口的依据。
例如，设确认号是 701，窗口字段是 1000。这表明，从 701 号算起，发送此报文段的一
方还有接收 1000 字节数据（字节序号为 701～1700）的接收缓存空间。

13）检验和。占 2B。检验和字段检验的范围包括首部和数据两部分。在计算检验和时，和
UDP 一样，要在 TCP 报文段的前面加上 12B 的伪首部（只需将 UDP 伪首部的协议字段
的 17 改成 6，UDP 长度字段改成 TCP 长度，其他的和 UDP 一样）。

14）紧急指针。占 2B。紧急指针仅在 URG＝1 时才有意义，它指出本报文段中的紧急数据
的字节数（紧急数据在报文段数据的最前面）。也就是说，使窗口为零也可以发送紧急
数据。

15）选项。长度可变，最长可达 40B。当不使用选项时，TCP 首部长度是 20B。TCP 最初只规
定了一种选项，即最大报文段长度（Maximum Segment Size, MSS）。MSS 是 TCP 报文段
中的数据字段的最大长度（注意仅仅是数据字段）。

16）填充。这是为了使整个首部长度是 4B 的整数倍。

5.3.3　TCP 连接管理

TCP 是面向连接的协议，因此每个 TCP 连接都有三个阶段：连接建立、数据传送和连接释
放。TCP 连接的管理就是使运输连接的建立和释放都能正常进行。

在 TCP 连接建立的过程中，要解决以下三个问题：

1）要使每一方能够确知对方的存在。

2）要允许双方协商一些参数（如最大窗口值、是否使用窗口扩大选项、时间戳选项等）。

3）能够对运输实体资源（如缓存大小、连接表中的项目等）进行分配。

TCP 把连接作为最基本的抽象，每条 TCP 连接有两个端点，TCP 连接的端点不是主机，不
是主机的 IP 地址，不是应用进程，也不是传输层的协议端口。TCP 连接的端口即为套接字（Socket），
每一条 TCP 连接唯一地被通信的两个端点（即两个套接字）所确定。还应注意：同一个 IP 地址
可以有多个不同的 TCP 连接，而同一个端口号也可以出现在多个不同的 TCP 连接中。

TCP 连接的建立采用客户/服务器模式。主动发起连接建立的应用进程称为客户（Client），而

被动等待连接建立的应用进程称为服务器（Server）。

1．TCP 连接的建立

连接的建立经历以下 3 个步骤，通常称为"三次握手"，如图 5.7 所示。

图 5.7　用"三次握手"建立 TCP 连接

连接建立前，服务器处于 LISTEN（收听）状态，等待客户的连接请求。

命题追踪 ▶▶ TCP 连接建立的报文段中各字段的分析（2011、2012、2016、2019）

第一步：客户机的 TCP 首先向服务器的 TCP 发送连接请求报文段。这个报文段的首部中的同步位 SYN = 1，同时选择一个初始序号 seq = x。TCP 规定，SYN 报文段不能携带数据，但要<u>消耗掉一个序号</u>。这时，客户机进入 SYN-SENT（同步已发送）状态。

第二步：服务器的 TCP 收到连接请求报文段后，如同意建立连接，则向客户机发回确认，并为该 TCP 连接分配缓存和变量。在确认报文段中，把 SYN 位和 ACK 位都置 1，确认号是 ack = x + 1，同时也为自己选择一个初始序号 seq = y。注意，确认报文段不能携带数据，但也要<u>消耗掉一个序号</u>。这时，服务器进入 SYN-RCVD（同步收到）状态。

第三步：当客户机收到确认报文段后，还要向服务器给出确认，并为该 TCP 连接分配缓存和变量。确认报文段的 ACK 位置 1，确认号 ack = y + 1，序号 seq = x + 1。该报文段可以携带数据，若不携带数据则不消耗序号。这时，客户机进入 ESTABLISHED（已建立连接）状态。

当服务器收到来自客户机的确认后，也进入 ESTABLISHED 状态。

成功进行以上三步后，就建立了 TCP 连接，接下来就可以传送应用层数据。TCP 提供的是全双工通信，因此通信双方的应用进程在任何时候都能发送数据。

2．TCP 连接的释放

天下没有不散的筵席，TCP 同样如此。参与 TCP 连接的两个进程中的任何一个都能终止该连接。TCP 连接释放的过程通常称为"四次挥手"，如图 5.8 所示。

命题追踪 ▶▶ TCP 连接建立、数据传送、连接释放的报文段中序号字段的分析（2020、2023）

第一步：客户机打算关闭连接时，向其 TCP 发送连接释放报文段，并停止发送数据，主动关闭 TCP 连接，该报文段的终止位 FIN 置 1，序号 seq＝u，它等于前面已传送过的数据的最后一个字节的序号加 1，FIN 报文段即使不携带数据，也要消耗掉一个序号。这时，客户机进入 FIN- WAIT-1（终止等待 1）状态。TCP 是全双工的，即可以想象为一条 TCP 连接上有两条数据通路，发送 FIN 的一端不能再发送数据，即关闭了其中一条数据通路，但对方还可以发送数据。

图 5.8　用"四次挥手"释放 TCP 连接

第二步：服务器收到连接释放报文段后即发出确认，确认号 ack＝u+1，序号 seq＝v，等于它前面已传送过的数据的最后一个字节的序号加 1。然后服务器进入 CLOSE-WAIT（关闭等待）状态。此时，从客户机到服务器这个方向的连接就释放了，TCP 连接处于半关闭状态。但服务器若发送数据，客户机仍要接收，即从服务器到客户机这个方向的连接并未关闭。客户机收到来自服务器的确认后，进入 FIN-WAIT-2（终止等待 2）状态，等待服务器发出的连接释放报文段。

命题追踪　▶▶ TCP 连接释放过程中状态的变化（2021）

第三步：若服务器已经没有要向客户机发送的数据，就通知 TCP 释放连接，此时，其发出 FIN＝1 的连接释放报文段。设该报文段的序号为 w（处于半关闭状态的服务器可能又发送了一些数据），还必须重复发送上次已发送的确认号 ack＝u+1。这时服务器进入 LAST-ACK（最后确认）状态。

命题追踪　▶▶ TCP 连接释放的过程及状态变化的时间分析（2016、2022、2024）

第四步：客户机收到连接释放报文段后，必须发出确认，之后进入 TIME-WAIT（时间等待）状态。该报文段的确认位 ACK 置 1，确认号 ack＝w+1，序号 seq＝u+1。服务器收到该确认报文段后就进入 CLOSED（连接关闭）状态。客户机进入 TIME-WAIT 状态后，还要经过时间等待计时器设置的时间 2MSL（Maximum Segment Lifetime，最长报文段寿命）后，才进入 CLOSED 状态。若服务器收到连接释放请求后不再发送数据，则从客户机发出 FIN 报文段时刻算起，客户机释放连接的最短时间为 1RTT＋2MSL，服务器释放连接的最短时间为 1.5RTT。

除时间等待计时器外，TCP 还设有一个保活计时器。设想 TCP 双方已建立连接，但后来客户主机突然出现故障。显然，服务器以后就不能再收到客户发来的数据。因此，应当有措施使服务器不要再白白等待下去，这个问题就可以使用保活计时器来解决。

对上述 TCP 连接建立和释放的总结如下：

1）建立连接。分为 3 步：

　① SYN = 1，seq = x。

　② SYN = 1，ACK = 1，seq = y，ack = $x + 1$。

　③ ACK = 1，seq = $x + 1$，ack = $y + 1$。

2）释放连接。分为 4 步：

　① FIN = 1，seq = u。

　② ACK = 1，seq = v，ack = $u + 1$。

　③ FIN = 1，ACK = 1，seq = w，ack = $u + 1$。

　④ ACK = 1，seq = $u + 1$，ack = $w + 1$。

选择题喜欢考查（关于连接建立和释放的题目，ACK、SYN、FIN 都等于 1），请牢记。

5.3.4　TCP 可靠传输

TCP 在不可靠的 IP 层之上建立一种可靠数据传输服务。TCP 提供的可靠数据传输服务保证接收方从缓存区读出的字节流与发送方发出的字节流完全一样。TCP 使用了检验、序号、确认和重传等机制来达到这一目的。其中，TCP 的检验机制与 UDP 一样，这里不再赘述。

命题追踪　▶▶　TCP 的确认机制，序号和确认号的含义（2011、2012、2013）

1．序号

TCP 首部的序号字段用来保证数据能有序提交给应用层，TCP 把数据视为一个无结构但有序的字节流，序号建立在传送的字节流之上，而不建立在报文段之上。

TCP 连接传送的数据流中的每个字节都编上一个序号。序号字段的值是指本报文段所发送的数据的第一个字节的序号。如图 5.9 所示，假设 A 和 B 之间建立了一条 TCP 连接，A 的发送缓存区中共有 10B，序号从 0 开始标号，第一个报文段包含第 0～2 个字节，则该 TCP 报文段的序号是 0，第二个报文段的序号是 3。

图 5.9　A 的发送缓存区中的数据划分成 TCP 段

2．确认

TCP 首部的确认号是期望收到对方的下一个报文段的数据的第一个字节的序号。在图 5.9 中，若接收方 B 已收到第一个报文段的数据，此时 B 希望收到的下一个报文段的数据是从第 3 个字节开始的，则 B 发送给 A 的报文段中的确认号字段应为 3。发送方缓存区会继续存储那些已发送但未收到确认的报文段，以便在需要时重传。

TCP 默认使用累积确认，即 TCP 只确认数据流中至第一个丢失字节为止的字节。例如，在图 5.9 中，接收方 B 收到了 A 发送的包含字节 0～2 及字节 6～7 的报文段。由于某种原因，B 还未收到字节 3～5 的报文段，此时 B 仍在等待字节 3（和其后面的字节），因此 B 到 A 的下一个报文段将确认号字段置为 3。

3．重传

有两种事件会导致 TCP 对报文段进行重传：超时和冗余 ACK。

（1）超时

TCP 每发送一个报文段，就对这个报文段设置一个超时计时器。计时器设置的重传时间到期但还未收到确认时，就要重传这一报文段。

因为 TCP 的下层是互联网环境，IP 数据报所选择的路由变化很大，所以传输层的往返时延的方差也很大。为了计算超时计时器的重传时间，TCP 采用一种自适应算法，它记录一个报文段发出的时间，以及收到相应确认的时间，这两个时间之差称为报文段的往返时间（Round-Trip Time，RTT）。TCP 维护了 RTT 的一个加权平均往返时间 RTTS，它会随新测量 RTT 样本值的变化而变化。显然，超时计时器设置的超时重传时间（Retransmission Time-Out，RTO）应略大于RTTS，但也不能大太多，否则当报文段丢失时，TCP 不能很快重传，导致数据传输时延大。

（2）冗余 ACK（冗余确认）

超时触发重传存在的一个问题是超时周期往往太长。所幸的是，发送方通常可在超时事件发生之前通过注意所谓的冗余 ACK 来较好地检测丢包情况。冗余 ACK 就是再次确认某个报文段的ACK，而发送方先前已经收到过该报文段的确认。例如，发送方 A 发送了序号为 1、2、3、4、5的 TCP 报文段，其中 2 号报文段在链路中丢失，它无法到达接收方 B。因此 3、4、5 号报文段对于B 来说就成了失序报文段。TCP 规定每当比期望序号大的失序报文段到达时，就发送一个冗余 ACK，指明下一个期待字节的序号。在本例中，3、4、5 号报文段到达 B，但它们不是 B 所期望收到的下一个报文段，于是 B 就发送 3 个对 1 号报文段的冗余 ACK，表示自己期望接收 2 号报文段。TCP规定当发送方收到对同一个报文段的 3 个冗余 ACK 时，就可以认为跟在这个被确认报文段之后的报文段已经丢失。就前面的例子而言，当 A 收到对于 1 号报文段的 3 个冗余 ACK 时，它可以认为2 号报文段已经丢失，这时发送方 A 可以立即对 2 号报文段执行重传，这种技术通常称为快速重传。当然，冗余 ACK 还被用在拥塞控制中，这将在后面的内容中讨论。

5.3.5　TCP 流量控制

流量控制的功能就是让发送方的发送速率不要太快，以便让接收方来得及接收，因此可以说流量控制是一个速度匹配服务（匹配发送方的发送速率与接收方的读取速率）。

TCP 利用滑动窗口机制来实现流量控制，滑动窗口的基本原理已在第 3 章中介绍过，这里要介绍的是 TCP 如何使用窗口机制来实现流量控制。TCP 要求发送方维持一个接收窗口（rwnd），接收方根据当前接收缓存的大小，动态地调整接收窗口的大小，其大小反映了接收方的容量。接收方将其放在 TCP 报文段首部中的"窗口"字段，以通知发送方。发送方的发送窗口不能超过接收方给出的接收窗口值，以限制发送方向网络注入报文的速率。

命题追踪 ▶▶ 利用接收窗口实现流量控制的过程（2016、2021）

图 5.10 说明了如何利用滑动窗口机制进行流量控制。假设数据只从 A 发往 B，而 B 仅向 A发送确认报文段，则 B 可通过设置确认报文段首部中的窗口字段来将 rwnd 通知给 A。rwnd 即接收方允许连续接收的能力，单位是字节。发送方 A 总是根据最新收到的 rwnd 值来限制自己发送窗口的大小，从而将未确认的数据量控制在 rwnd 大小之内，保证 A 不会使 B 的接收缓存溢出。设 A 向 B 发送数据，在连接建立时，B 告诉 A："我的接收窗口 rwnd = 400"。接收方 B 进行了三次流量控制，这三个报文段都设置了 ACK = 1，只有在 ACK = 1 时确认号字段才有意义。第一次把窗口减到 rwnd = 300，第二次又减到 rwnd = 100，最后减到 rwnd = 0，即不允许发送方再发送数据。这使得发送方暂停发送的状态将持续到 B 重新发出一个新的窗口值为止。

图 5.10　利用可变窗口进行流量控制举例

TCP 为每个连接设有一个持续计时器，只要发送方收到对方的零窗口通知，就启动持续计时器。若计时器超时，就发送一个零窗口探测报文段，而对方就在确认这个探测报文段时给出现在的窗口值。若窗口仍然为零，则发送方收到确认报文段后就重新设置持续计时器。

传输层和数据链路层的流量控制的区别是：传输层实现的是端到端，即两个进程之间的流量控制；数据链路层实现的是两个中间的相邻结点之间的流量控制。此外，数据链路层的滑动窗口协议的窗口大小不能动态变化，传输层的窗口大小则可以动态变化。

5.3.6　TCP 拥塞控制

拥塞控制是指防止过多的数据注入网络，保证网络中的路由器或链路不致过载。出现拥塞时，端点并不了解拥塞发生的细节，对通信的端点来说，拥塞往往表现为通信时延的增加。

拥塞控制与流量控制的区别：拥塞控制是让网络能够承受现有的网络负荷，是一个全局性的过程，涉及所有的主机、所有的路由器，以及与降低网络传输性能有关的所有因素。相反，流量控制往往是指点对点的通信量的控制，是个端到端的问题（接收端控制发送端），它所要做的是抑制发送端发送数据的速率，以便使接收端来得及接收。当然，拥塞控制和流量控制也有相似的地方，即它们都通过控制发送方发送数据的速率来达到控制效果。

例如，某个链路的传输速率为 10Gb/s，某大型机向一台 PC 以 1Gb/s 的速率传送文件，显然网络的带宽是足够大的，因而不存在拥塞问题，但如此高的发送速率将导致 PC 可能来不及接收，因此必须进行流量控制。但若有 100 万台 PC 在此链路上以 1Mb/s 的速率传送文件，则现在的问题就变为网络的负载是否超过了现有网络所能承受的范围。

TCP 进行拥塞控制的算法有四种：慢开始、拥塞避免、快重传和快恢复。

发送方在确定发送报文段的速率时，既要考虑接收方的接收能力，又要从全局考虑不要使网络发生拥塞。因此，除了上节介绍的接收窗口，TCP 还要求发送方维持一个拥塞窗口（cwnd），其大小取决于网络的拥塞程度，并且动态地变化。发送方控制拥塞窗口的原则：只要网络未出现拥塞，拥塞窗口就再增大一些，以便把更多的分组发送出去，以提高网络的利用率。但只要网络出现拥塞，拥塞窗口就减小一些，以减少注入到网络的分组数，以缓解网络出现的拥塞。

命题追踪 ▶ 发送窗口、接收窗口和拥塞窗口的关系（2010、2014、2015、2016）

发送窗口的上限值应取接收窗口 rwnd 和拥塞窗口 cwnd 中较小的一个，即

$$发送窗口的上限值 = min[rwnd, cwnd]$$

接收窗口的大小可根据 TCP 报文首部的窗口字段通知发送方，而发送方如何维护拥塞窗口呢？这就是下面讲解的慢开始和拥塞避免算法。这里假设：数据为单方向传送，对方只传送确认报文；接收方总是有足够大的缓存空间，因而发送窗口的大小由网络的拥塞程度决定。

为了便于理解，下面采用最大报文段长度 MSS 作为拥塞窗口大小的单位。

1. 慢开始和拥塞避免

（1）慢开始算法

慢开始算法的思路是当发送方刚开始发送数据时，因为并不清楚网络的负荷情况，若立即把大量数据注入网络，则有可能引发网络拥塞。<u>具体方法是</u>：先发送少量数据探测一下，若没有发生拥塞，则适当增大拥塞窗口，即由小到大逐渐增大拥塞窗口（即发送窗口）。

`命题追踪` ▶ 慢开始算法的实现过程（2014、2015）

例如，A 向 B 发送数据，发送方先令 cwnd = 1，即一个 MSS。A 发送第一个报文段，A 收到 B 对第一个报文段的确认后，把 cwnd 从 1 增大到 2。于是 A 接着发送两个报文段，A 收到 B 对这两个报文段的确认后，把 cwnd 从 2 增大到 4，下次就可一次发送 4 个报文段。

慢开始的"慢"并不是指拥塞窗口 cwnd 的增长速率慢，而是指在 TCP 开始发送报文段时先设置 cwnd = 1，使得发送方一开始向网络注入的报文段少（目的是试探一下网络的拥塞情况），然后逐渐增大 cwnd，这对防止网络出现拥塞是一个非常有力的措施。使用慢开始算法后，每经过一个传输轮次（即往返时延 RTT），cwnd 就会加倍，即 cwnd 的值随传输轮次<u>指数增长</u>。为了防止 cwnd 增长过大而引起网络拥塞，还需要设置一个慢开始门限 ssthresh（阈值）。这样，当慢开始一直把 cwnd 增大到一个规定的 ssthresh 时，然后改用拥塞避免算法。

（2）拥塞避免算法

`命题追踪` ▶ 慢开始和拥塞避免算法的实现过程/慢开始门限的作用（2017、2020、2023）

拥塞避免算法的思路是让拥塞窗口 cwnd 缓慢增大，<u>具体做法是</u>：每经过一个往返时延 RTT 就把发送方的拥塞窗口 cwnd 加 1，而不是加倍，使拥塞窗口 cwnd 按线性规律缓慢增长（即<u>加法增大</u>），这比慢开始算法的拥塞窗口增长速率要缓慢得多。

根据 cwnd 的大小执行不同的算法，可归纳如下：

- 当 cwnd < ssthresh 时，使用慢开始算法。
- 当 cwnd > ssthresh 时，停止使用慢开始算法而改用拥塞避免算法。
- 当 cwnd = ssthresh 时，既可使用慢开始算法，又可使用拥塞避免算法（通常做法）。

（3）网络拥塞的处理

无论在慢开始阶段还是在拥塞避免阶段，只要发送方判断网络出现拥塞（未按时收到确认），就要首先把慢开始门限 ssthresh 设置为出现拥塞时的发送方的 cwnd 值的一半（但不能小于 2），然后把拥塞窗口 cwnd 重新设置为 1，执行慢开始算法。这样做的目的是迅速减少主机发送到网络中的分组数，使得发生拥塞的路由器有足够时间把队列中积压的分组处理完。

`命题追踪` ▶ 慢开始和拥塞避免阶段的平均传输速率分析（2016、2023）

慢开始和拥塞避免算法的实现过程举例如图 5.11 所示。

- 初始时，拥塞窗口置为 1，即 cwnd = 1，慢开始门限置为 16，即 ssthresh = 16。

图 5.11　慢开始和拥塞避免算法的实现过程

命题追踪 ▶▶ 慢开始/拥塞避免阶段拥塞窗口的变化分析（2016、2023）

- 慢开始阶段，发送方每收到一个对新报文段的确认 ACK，就把拥塞窗口 cwnd 值加 1，也即经过每个传输轮次（RTT），cwnd 呈指数规律增长。当 cwnd 增长到慢开始门限 ssthresh 时（即当 cwnd = 16 时），就改用拥塞避免算法，cwnd 按线性规律增长。

命题追踪 ▶▶ 当网络超时时，慢开始和拥塞避免算法的实现过程（2009、2022）

- 当 cwnd = 24 时，网络出现超时，调整 ssthresh 值为 12（即为超时时 cwnd 值的一半），同时 cwnd 置为 1，并执行慢开始算法，当 cwnd = 12 时，改为执行拥塞避免算法。

> **注 意**
>
> 在慢开始阶段，若 2cwnd > ssthresh，则下一个 RTT 后的 cwnd 等于 ssthresh，而不等于 2cwnd。第 16 个轮次时 cwnd = 8、ssthresh = 12，则第 17 个轮次时 cwnd = 12，而不等于 16。

在慢开始和拥塞避免算法中使用了"乘法减小"和"加法增大"方法。"乘法减小"是指不论是在慢开始阶段还是在拥塞避免阶段，只要出现超时（即很可能出现了网络拥塞），就把慢开始门限值 ssthresh 设置为当前拥塞窗口的一半（并执行慢开始算法）。当网络频繁出现拥塞时，ssthresh 值就下降得很快，以大大减少注入网络的分组数。而"加法增大"是指执行拥塞避免算法后，在收到对所有报文段的确认后（即经过一个 RTT），就把拥塞窗口 cwnd 增加一个 MSS 大小，使拥塞窗口缓慢增大，以防止网络过早出现拥塞。

拥塞避免并不能完全避免拥塞。利用以上措施要完全避免网络拥塞是不可能的。拥塞避免是指在拥塞避免阶段把拥塞窗口控制为按线性规律增长，使网络比较不容易出现拥塞。

2．快重传和快恢复

有时个别报文段会在网络中丢失，但实际上网络并未发生拥塞。若发送方迟迟收不到确认，就会产生超时，并误认为网络发生了拥塞，这就导致发送方错误地启动慢开始算法，从而降低传输效率。采用快重传算法可以让发送方尽早知道发生了个别报文段的丢失。

（1）快重传

命题追踪 ▶▶ 快重传算法的原理、重传的时机（2019）

快重传算法是使发送方尽快（尽早）进行重传，而不等超时计时器超时再重传。这就要求接收方不要等待自己发送数据时才进行捎带确认，而要立即发送确认，即使收到了失序的报文段也要立即发出对已收到报文段的重复确认。发送方一旦连续收到 3 个冗余 ACK（即重复确认），就立即重传相应的报文段，而不等该报文段的超时计时器超时再重传。

（2）快恢复

快恢复算法的原理如下：当发送方连续收到 3 个冗余 ACK（重复确认）时，执行"乘法减小"方法，把慢开始门限 ssthresh 调整为当前 cwnd 的一半。这是为了预防网络发生拥塞。但发送方现在认为网络很可能没有发生（严重）拥塞，否则就不会有几个报文段连续到达接收方，也不会连续收到重复确认。因此与慢开始算法的不同之处是，它把 cwnd 值也调整为当前 cwnd 的一半（即等于 ssthresh 值），然后开始执行拥塞避免算法（"加法增大"），使拥塞窗口缓慢地线性增大。

因为跳过了拥塞窗口 cwnd 从 1 起始的慢开始过程，所以被称为快恢复。快恢复算法的实现过程如图 5.12 所示，作为对比，虚线为慢开始的处理过程。

图 5.12　快恢复算法的实现过程

实际上，这四种算法同时应用在 TCP 拥塞控制机制中，它们使用的总结：在 TCP 连接建立和网络出现超时时，采用慢开始和拥塞避免算法（ssthresh = cwnd/2，cwnd = 1）；当发送方收到 3 个冗余 ACK 时，采用快重传和快恢复算法（ssthresh = cwnd/2，cwnd = ssthresh）。

在流量控制中，发送方发送数据的量由接收方决定；而在拥塞控制中，则由发送方自己通过检测网络状况来决定。再次提醒读者：接收方的缓存空间总是有限的。因此，发送方发送窗口的大小由流量控制和拥塞控制共同决定。当题目中同时出现接收窗口（rwnd）和拥塞窗口（cwnd）时，发送方发送窗口的实际大小是由 rwnd 和 cwnd 中较小的那一个确定的。

5.3.7　本节习题精选

一、单项选择题

01. 下列关于传输层协议中面向连接的描述，（　）是错误的。

　　A. 面向连接的服务需要经历 3 个阶段：连接建立、数据传输及连接释放

　　B. 当链路不发生错误时，面向连接的服务可以保证数据到达的顺序是正确的

　　C. 面向连接的服务有很高的效率和时间性能

　　D. 面向连接的服务提供了一个可靠的数据流

02. TCP 协议规定 HTTP（　）进程的端口号为 80。

　　A. 客户机　　　　　B. 解析　　　　　C. 服务器　　　　　D. 主机

03. 下列关于 TCP 的端口的叙述中，错误的是（　）。

　　A. 客户端使用的端口号是动态规定的　　　B. 端口号长度为 16 位

　　C. 端口号用于在通信中识别进程　　　　　D. 局域网内的计算机不能使用相同端口号

04. 下列（　）不是 TCP 服务的特点。

　　A. 字节流　　　　　B. 全双工　　　　　C. 可靠　　　　　D. 支持广播

05. 下列哪个属性不是 TCP 协议的特性（　　）。

    A. 比 UDP 开销大　　　　　　　　　B. 强制重传错误分组

    C. 在 TCP 首部中有目标主机 IP 地址　　D. 把消息分成段并在目标主机中进行重组

06. （　　）字段包含在 TCP 首部中，而不包含在 UDP 首部中。

    A. 目的端口号　　B. 序列号（序号）　　C. 检验和　　　　D. 目的 IP 地址

07. 以下关于 TCP 报头格式的描述中，错误的是（　　）。

    A. 报头长度为 20~60B，其中固定部分为 20B

    B. 端口号字段依次表示源端口号与目的端口号

    C. 报头长度总是 4 的倍数个字节

    D. TCP 检验和伪首部中 IP 分组头的协议字段为 17

08. 当 TCP 报文段的标志字段中（　　）为 1，表示出现严重错误，必须释放连接。

    A. URG　　　　　B. RST　　　　　C. ACK　　　　　D. FIN

09. TCP 报文段首部中窗口字段的值（　　）。

    A. 指明自己的拥塞窗口的尺寸　　　　B. 指明对方的发送窗口的尺寸

    C. 指明自己的接收窗口的尺寸　　　　D. 指明对方的拥塞窗口的尺寸

10. 在采用 TCP 连接的数据传输阶段，若发送端的发送窗口值由 1000 变为 2000，则发送端在收到一个确认之前可以发送（　　）。

    A. 2000 个 TCP 报文段　　　　　　　B. 2000B

    C. 1000B　　　　　　　　　　　　　D. 1000 个 TCP 报文段

11. A 和 B 建立了 TCP 连接，当 A 收到确认号为 100 的确认报文段时，表示（　　）。

    A. 报文段 99 已收到

    B. 报文段 100 已收到

    C. 末字节序号为 99 的报文段已收到

    D. 末字节序号为 100 的报文段已收到

12. 为保证数据传输的可靠性，TCP 采用了对（　　）确认的机制。

    A. 报文段　　　　B. 分组　　　　C. 字节　　　　D. 比特

13. 在 TCP 协议中，发送方的窗口大小取决于（　　）。

    A. 仅接收方允许的窗口

    B. 接收方允许的窗口和发送方允许的窗口

    C. 接收方允许的窗口和拥塞窗口

    D. 发送方允许的窗口和拥塞窗口

14. TCP 协议中滑动窗口的作用是（　　）。

    A. 流量控制　　　B. 拥塞控制　　　C. 路由控制　　　D. 差错控制

15. 以下关于 TCP 工作原理与过程的描述中，错误的是（　　）。

    A. TCP 连接建立过程需要经过"三次握手"的过程

    B. TCP 传输连接建立后，客户端与服务器端的应用进程进行全双工的字节流传输

    C. TCP 传输连接的释放过程很复杂，只有客户端可以主动提出释放连接的请求

    D. TCP 连接的释放需要经过"四次挥手"的过程

16. TCP 的滑动窗口协议中，规定重传分组的数量最多可以（　　）。

    A. 是任意的　　　　　　　　　　　B. 1 个

    C. 大于滑动窗口的大小　　　　　　D. 等于滑动窗口的大小

17. TCP 中滑动窗口的值设置太大，对主机的影响是（　　）。

   A. 由于传送的数据过多而使路由器变得拥挤，主机可能丢失分组

   B. 产生过多的 ACK

   C. 由于接收的数据多，而使主机的工作速度加快

   D. 由于接收的数据多，而使主机的工作速度变慢

18. 以下关于 TCP 窗口与拥塞控制概念的描述中，错误的是（　　）。

   A. 接收窗口（rwnd）通过 TCP 首部中的窗口字段通知数据的发送方

   B. 发送窗口确定的依据是：发送窗口 =min[接收端窗口，拥塞窗口]

   C. 拥塞窗口是接收端根据网络拥塞情况确定的窗口值

   D. 拥塞窗口大小在开始时可以按指数规律增长

19. TCP 使用三次握手协议来建立连接，设 A、B 双方发送报文的初始序列号分别为 X 和 Y，A 发送（①）的报文给 B，B 接收到报文后发送（②）的报文给 A，然后 A 发送一个确认报文给 B 便建立了连接（注意，ACK 的下标为捎带的序号）。

   ① A. SYN=1，序号 $=X$ 　　　　　　　　B. SYN=1，序号 $=X+1$，$ACK_X=1$

   　 C. SYN=1，序号 $=Y$ 　　　　　　　　D. SYN=1，序号 $=Y$，$ACK_{Y+1}=1$

   ② A. SYN=1，序号 $=X+1$ 　　　　　　 B. SYN=1，序号 $=X+1$，$ACK_X=1$

   　 C. SYN=1，序号 $=Y$，$ACK_{X+1}=1$ 　D. SYN=1，序号 $=Y$，$ACK_{Y+1}=1$

20. TCP "三次握手" 过程中，第二次 "握手" 时，发送的报文段中（　　）标志位被置为 1。

   A. SYN 　　　　　　　　　　　　　　　B. ACK

   C. ACK 和 RST 　　　　　　　　　　　D. SYN 和 ACK

21. TCP 采用三报文握手建立连接，其中第三个报文是（　　）。

   A. TCP 连接请求 　　　　　　　　　　B. 对 TCP 连接请求的确认

   C. 对 TCP 连接请求确认的确认 　　　　D. TCP 普通数据

22. A 和 B 之间建立了 TCP 连接，A 向 B 发送了一个报文段，其中序号字段 seq=200，确认号字段 ack=201，数据部分有 2 个字节，则在 B 对该报文的确认报文段中（　　）。

   A. seq=202，ack=200 　　　　　　　　B. seq=201，ack=201

   C. seq=201，ack=202 　　　　　　　　D. seq=202，ack=201

23. TCP 的通信双方，有一方发送了带有 FIN 标志的数据段后，表示（　　）。

   A. 将断开通信双方的 TCP 连接

   B. 单方面释放连接，表示本方已经无数据发送，但可以接收对方的数据

   C. 中止数据发送，双方都不能发送数据

   D. 连接被重新建立

24. 假设 TCP 客户与 TCP 服务器的通信已结束，端到端的往返时间为 RTT。t 时刻 TCP 客户请求断开连接，则从 t 时刻起 TCP 服务器释放该连接的最短时间是（　　）。

   A. 0.5RTT 　　　　B. 1RTT 　　　　　C. 1.5RTT 　　　　D. 2RTT

25. 甲发起与乙的 TCP 连接，甲选择的初始序号为 200，若甲和乙建立连接过程中最后一个报文段不携带数据，则 TCP 连接建立后，甲给乙发送的数据报文段的序号为（　　）。

   A. 203 　　　　　B. 202 　　　　　　C. 201 　　　　　D. 200

26. A 发起与 B 的 TCP 连接，A 选择的初始序号为 1666，连接建立过程中未发送任何数据，TCP 连接建立后，A 给 B 发送了 1000B 数据，B 正确接收后发送给 A 的确认序号是（　　）。

   A. 1667 　　　　　B. 2666 　　　　　C. 2667 　　　　　D. 2668

27. 一个 TCP 连接的数据传输阶段, 若发送端的发送窗口值由 2000 变为 3000, 则意味着发送端可以 ( )。

    A. 在收到一个确认之前可以发送 3000 个 TCP 报文段

    B. 在收到一个确认之前可以发送 1000B

    C. 在收到一个确认之前可以发送 3000B

    D. 在收到一个确认之前可以发送 2000 个 TCP 报文段

28. 甲和乙建立了 TCP 连接, 甲向乙发送了 3 个连续的 TCP 段, 分别包含 200 字节、300 字节、400 字节的有效载荷, 第 3 个段的序号为 1000。若乙仅正确接收到第 1 个和第 3 个段, 则乙发送给甲的确认号是 ( )。

    A. 500   B. 600   C. 700   D. 800

29. 在一个 TCP 连接中, MSS 为 1KB, 当拥塞窗口为 34KB 时发生了超时事件。若在接下来的 4 个 RTT 内报文段传输都是成功的, 则当这些报文段均得到确认后, 拥塞窗口的大小是 ( )。

    A. 8KB   B. 9KB   C. 16KB   D. 17KB

30. 若甲向乙发起了一条 TCP 连接, 最大段长为 1KB, 乙每收到一个数据段都会发出一个接收窗口为 10KB 的确认段, 若甲在 t 时刻发生超时, 此时拥塞窗口为 16KB。则从 t 时刻起, 在不再发生超时的情况下, 经过 10 个 RTT 后, 甲的发送窗口是 ( )。

    A. 10KB   B. 12KB   C. 14KB   D. 15KB

31. 设 TCP 的拥塞窗口的慢开始门限值初始为 8 (单位为报文段), 当拥塞窗口上升到 12 时发生超时, TCP 开始慢开始和拥塞避免, 则第 13 次传输时拥塞窗口的大小为 ( )。

    A. 4   B. 6   C. 7   D. 8

32. 甲和乙刚建立 TCP 连接, 并约定最大段长为 2KB, 假设乙总是及时清空缓存, 保证接收窗口始终为 20KB, ssthresh 为 16KB, 若双向传输时间为 10ms, 发送时延忽略不计, 且没有发生拥塞的情况, 则经过 ( ) 甲的发送窗口第一次达到 20KB。

    A. 40ms   B. 50ms   C. 60ms   D. 70ms

33. 假设一个 TCP 连接的传输过程在慢开始阶段, 在 tRTT 时刻到 $(t+1)$RTT 时刻之间发送了 k 个数据段, 假设仍然保持在慢开始阶段, 预期在 $(t+1)$RTT 时刻到 $(t+2)$RTT 时刻之间将发送 ( ) 个数据段 (假设接收方有足够的缓存)。

    A. k B. $k+1$ C. 2^k D. $2k$

34. 下列关于 TCP 的拥塞控制机制, 描述错误的是 ( )。

    A. TCP 刚建立连接进入慢开始阶段

    B. 慢开始阶段拥塞窗口指数级增加

    C. 超时发生时, 新门限值 (慢开始和拥塞避免阶段的分界点) 等于旧门限值的一半

    D. 拥塞避免阶段拥塞窗口线性增加

35. 在一个 TCP 连接中, MSS 为 1KB, 当拥塞窗口为 34KB 时收到了 3 个冗余 ACK 报文。若在接下来的 4 个 RTT 内报文段传输都是成功的, 则当这些报文段均得到确认后, 拥塞窗口的大小是 ( )。

    A. 8KB   B. 16KB   C. 20KB   D. 21KB

36. A 和 B 建立 TCP 连接, MSS 为 1KB。某时, 慢开始门限值为 2KB, A 的拥塞窗口为 4KB, 在接下来的一个 RTT 内, A 向 B 发送了 4KB 的数据 (TCP 的数据部分), 并且得到了 B 的确认, 确认报文中的窗口字段的值为 2KB。在下一个 RTT 中, A 最

多能向 B 发送（ ）数据。

    A. 2KB   B. 8KB   C. 5KB   D. 4KB

37. 假设在没有发生拥塞的情况下，在一条往返时延 RTT 为 10ms 的线路上采用慢开始控制策略。若接收窗口的大小为 24KB，最大报文段 MSS 为 2KB，则发送方能发送出第一个完全窗口（也就是发送窗口达到 24KB）需要的时间是（ ）。

    A. 30ms   B. 40ms   C. 50ms   D. 60ms

38. 甲向乙发起一个 TCP 连接，最大段长 MSS = 1KB，RTT = 3ms，乙的接收缓存为 16KB，且乙的接收缓存仅有数据存入而无数据取出，则甲从连接建立成功至发送窗口达到 8KB，需经过的最小时间以及此时乙的接收缓存的可用空间分别为（ ）。

    A. 3ms，15KB   B. 9ms，9KB   C. 6ms，13KB   D. 12ms，8KB

39. 主机 1 的进程以端口 x 和主机 2 的端口 y 建立了一条 TCP 连接，这时若希望再在这两个端口间建立一个 TCP 连接，则会（ ）。

    A. 建立失败，不影响先建立连接的传输

    B. 建立成功，且两个连接都可以正常传输

    C. 建立成功，先建立的连接被断开

    D. 建立失败，两个连接都被断开

40. 【2009 统考真题】主机甲与主机乙之间已建立一个 TCP 连接，主机甲向主机乙发送了两个连续的 TCP 段，分别包含 300B 和 500B 的有效载荷，第一个段的序列号为 200，主机乙正确接收到这两个数据段后，发送给主机甲的确认序列号是（ ）。

    A. 500   B. 700   C. 800   D. 1000

41. 【2009 统考真题】一个 TCP 连接总以 1KB 的最大段长发送 TCP 段，发送方有足够多的数据要发送，当拥塞窗口为 16KB 时发生了超时，若接下来的 4 个 RTT 时间内的 TCP 段的传输都是成功的，则当第 4 个 RTT 时间内发送的所有 TCP 段都得到肯定应答时，拥塞窗口大小是（ ）。

    A. 7KB   B. 8KB   C. 9KB   D. 16KB

42. 【2010 统考真题】主机甲和主机乙之间已建立一个 TCP 连接，TCP 最大段长为 1000B。若主机甲的当前拥塞窗口为 4000B，在主机甲向主机乙连续发送两个最大段后，成功收到主机乙发送的第一个段的确认段，确认段中通告的接收窗口大小为 2000B，则此时主机甲还可以向主机乙发送的最大字节数是（ ）。

    A. 1000   B. 2000   C. 3000   D. 4000

43. 【2011 统考真题】主机甲向主机乙发送一个（SYN = 1，seq = 11220）的 TCP 段，期望与主机乙建立 TCP 连接，若主机乙接受该连接请求，则主机乙向主机甲发送的正确的 TCP 段可能是（ ）。

    A.（SYN = 0，ACK = 0，seq = 11221，ack = 11221）

    B.（SYN = 1，ACK = 1，seq = 11220，ack = 11220）

    C.（SYN = 1，ACK = 1，seq = 11221，ack = 11221）

    D.（SYN = 0，ACK = 0，seq = 11220，ack = 11220）

44. 【2011 统考真题】主机甲与主机乙之间已建立一个 TCP 连接，主机甲向主机乙发送了 3 个连续的 TCP 段，分别包含 300B、400B 和 500B 的有效载荷，第 3 个段的序号为 900。若主机乙仅正确接收到第 1 个段和第 3 个段，则主机乙发送给主机甲的确认序号是（ ）。

   A. 300   B. 500   C. 1200   D. 1400

45. 【2013 统考真题】主机甲与主机乙之间已建立一个 TCP 连接，双方持续有数据传输，且数据无差错与丢失。若甲收到一个来自乙的 TCP 段，该段的序号为 1913、确认序号为 2046、有效载荷为 100B，则甲立即发送给乙的 TCP 段的序号和确认序号分别是（　）。

   A. 2046、2012   B. 2046、2013   C. 2047、2012   D. 2047、2013

46. 【2014 统考真题】主机甲和乙建立了 TCP 连接，甲始终以 MSS = 1KB 大小的段发送数据，并一直有数据发送；乙每收到一个数据段都会发出一个接收窗口为 10KB 的确认段。若甲在 t 时刻发生超时的时候拥塞窗口为 8KB，则从 t 时刻起，不再发生超时的情况下，经过 10 个 RTT 后，甲的发送窗口是（　）。

   A. 10KB   B. 12KB   C. 14KB   D. 15KB

47. 【2015 统考真题】主机甲和主机乙新建一个 TCP 连接，甲的拥塞控制初始阈值为 32KB，甲向乙始终以 MSS = 1KB 大小的段发送数据，并一直有数据发送；乙为该连接分配 16KB 接收缓存，并对每个数据段进行确认，忽略段传输延迟。若乙收到的数据全部存入缓存，不被取走，则甲从连接建立成功时刻起，未出现发送超时的情况下，经过 4 个 RTT 后，甲的发送窗口是（　）。

   A. 1KB   B. 8KB   C. 16KB   D. 32KB

48. 【2017 统考真题】若甲向乙发起一个 TCP 连接，最大段长 MSS = 1KB，RTT = 5ms，乙开辟的接收缓存为 64KB，则甲从连接建立成功至发送窗口达到 32KB，需经过的时间至少是（　）。

   A. 25ms   B. 30ms   C. 160ms   D. 165ms

49. 【2019 统考真题】某客户通过一个 TCP 连接向服务器发送数据的部分过程如下图所示。客户在 t_0 时刻第一次收到确认序列号 ack_seq = 100 的段，并发送序列号 seq = 100 的段，但发生丢失。若 TCP 支持快速重传，则客户重新发送 seq = 100 段的时刻是（　）。

   A. t_1 B. t_2 C. t_3 D. t_4

50. 【2019 统考真题】若主机甲主动发起一个与主机乙的 TCP 连接，甲、乙选择的初始序列号分别为 2018 和 2046，则第三次握手 TCP 段的确认序列号是（　）。

   A. 2018   B. 2019   C. 2046   D. 2047

51. 【2020 统考真题】若主机甲与主机乙已建立一条 TCP 连接，最大段长（MSS）为 1KB，往返时间（RTT）为 2ms，则在不出现拥塞的前提下，拥塞窗口从 8KB 增长到 32KB 所需的最长时间是（　）。

    A. 4ms　　　　　　B. 8ms　　　　　　C. 24ms　　　　　　D. 48ms

52. 【2020 统考真题】若主机甲与主机乙建立 TCP 连接时，发送的 SYN 段中的序号为 1000，在断开连接时，主机甲发送给主机乙的 FIN 段中的序号为 5001，则在无任何重传的情况下，甲向乙已经发送的应用层数据的字节数为（　）。

    A. 4002　　　　　　B. 4001　　　　　　C. 4000　　　　　　D. 3999

53. 【2021 统考真题】若客户首先向服务器发送 FIN 段请求断开 TCP 连接，则当客户收到服务器发送的 FIN 段并向服务器发送 ACK 段后，客户的 TCP 状态转换为（　）。

    A. CLOSE_WAIT　　B. TIME_WAIT　　　C. FIN_WAIT_1　　　D. FIN_WAIT_2

54. 【2021 统考真题】若大小为 12B 的应用层数据分别通过 1 个 UDP 数据报和 1 个 TCP 段传输，则该 UDP 数据报和 TCP 段实现的有效载荷（应用层数据）最大传输效率分别是（　）。

    A. 37.5%, 16.7%　B. 37.5%, 37.5%　C. 60.0%, 16.7%　D. 60.0%, 37.5%

55. 【2021 统考真题】设主机甲通过 TCP 向主机乙发送数据，部分过程如下图所示。甲在 t_0 时刻发送一个序号 seq=501、封装 200B 数据的段，在 t_1 时刻收到乙发送的序号 seq=601、确认序号 ack_seq=501、接收窗口 rcvwnd=500B 的段，则甲在未收到新的确认段之前，可以继续向乙发送的数据序号范围是（　）。

    A. 501 ~ 1000　　　B. 601 ~ 1100　　　C. 701 ~ 1000　　　D. 801 ~ 1100

56. 【2022 统考真题】假设主机甲和主机乙已建立一个 TCP 连接，最大段长 MSS=1KB，甲一直向乙发送数据，当甲的拥塞窗口为 16KB 时，计时器发生了超时，则甲的拥塞窗口再次增长到 16KB 所需要的时间至少是（　）。

    A. 4 RTT　　　　　B. 5 RTT　　　　　C. 11 RTT　　　　　D. 16 RTT

57. 【2022 统考真题】假设客户 C 和服务器 S 已建立一个 TCP 连接，通信往返时间 RTT=50ms，最长报文段寿命 MSL=800ms，数据传输结束后，C 主动请求断开连接。若从 C 主动向 S 发出 FIN 段时刻算起，则 C 和 S 进入 CLOSED 状态所需的时间至少分别是（　）。

    A. 850 ms, 50 ms
    B. 1650 ms, 50 ms
    C. 850 ms, 75 ms
    D. 1650 ms, 75 ms

二、综合应用题

01. 在使用 TCP 传输数据时，若有一个确认报文段丢失，则也不一定会引起与该确认报文段对应的数据的重传。试说明理由。

02. 若收到的报文段无差错，只是报文段失序，则 TCP 对此未做明确规定，而是让 TCP 的实现者自行确定。试讨论两种可能的方法的优劣：

    1）将失序报文段丢弃。

2）先将失序报文段暂存于接收缓存内，待所缺序号的报文段收齐后再一起上交应用层。

03. 一个 TCP 连接要发送 3200B 的数据。第一个字节的编号为 10010。若前两个报文段各携带 1000B 的数据，最后一个报文段携带剩下的数据，写出每个报文段的序号。

04. 设 TCP 发送窗口的最大尺寸为 64KB，网络的平均往返时间为 20ms，问 TCP 所能得到的最大数据传输速率是多少？（只考虑单向传输，且假设信道带宽不受限）

05. 在一个 TCP 连接中，信道带宽为 100Mb/s，单个报文大小为 1000B，发送窗口固定为 60，端到端时延为 20ms。TCP 最多能达到的平均数据传输速率是多少？信道利用率是多少？（只考虑单向传输，确认报文的发送时延、各层协议的首部开销均忽略不计。）

06. 主机 A 基于 TCP 向主机 B 连续发送 3 个 TCP 报文段。第一个报文段的序号为 90，第二个报文段的序号为 120，第三个报文段的序号为 150。

1）第一、二个报文段中有多少数据？

2）假设第二个报文段丢失而其他两个报文段到达主机 B，在主机 B 发往主机 A 的确认报文中，确认号应是多少？

07. 考虑在一条 TCP 连接上采用慢开始拥塞控制而不发生网络拥塞的情况下，接收窗口为 24KB，RTT 为 10ms，最大段长为 2KB，则需要多长时间才能发送第一个完全窗口？

08. 设 TCP 拥塞窗口的慢开始门限值初始为 12MSS，当拥塞窗口达到 16 时出现超时，再次进入慢开始阶段，则从此时起恢复到超时时的拥塞窗口大小，需要多少个往返时延？

09. 假定 TCP 报文段载荷是 1500B，最大分组存活时间是 120s，要使得 TCP 报文段的序列号不会循环回来而重叠，线路允许的最快速度是多大？（不考虑帧长限制）

10. 一个 TCP 连接使用 256kb/s 的链路，其端到端时延为 128ms。经测试发现吞吐率只有 128kb/s。问窗口是多少？忽略 PDU 封装的协议开销及接收方应答分组的发送时间（假定应答分组长度很小）。

11. 假定 TCP 最大报文段的长度是 1KB，拥塞窗口被置为 18KB，并且发生了超时事件。若接着的 4 次迭发量传输都是成功的，则该窗口将是多大？

12. 一个 TCP 首部的数据信息（十六进制表示）为 0x0D 28 00 15 50 5F A9 06 00 00 00 00 70 02 40 00 C0 29 00 00。TCP 首部的格式如下图所示。请回答：

1）源端口号和目的端口号各是多少？

2）发送的序列号是多少？确认号是多少？

3）TCP 首部的长度是多少？

4）这是一个使用什么协议的 TCP 连接？该 TCP 连接的状态是什么？

13. 【2012 统考真题】主机 H 通过快速以太网连接 Internet，IP 地址为 192.168.0.8，服务器 S 的 IP 地址为 211.68.71.80。H 与 S 使用 TCP 通信时，在 H 上捕获的其中 5 个 IP 分组如表 1 所示。

表 1

编 号	IP 分组的前 40B 内容（十六进制）				
1	45 00 00 30	01 9b 40 00	80 06 1d e8	c0 a8 00 08	d3 44 47 50
	0b d9 13 88	84 6b 41 c5	00 00 00 00	70 02 43 80	5d b0 00 00
2	45 00 00 30	00 00 40 00	31 06 6e 83	d3 44 47 50	c0 a8 00 08
	13 88 0b d9	e0 59 9f ef	84 6b 41 c6	70 12 16 d0	37 e1 00 00
3	45 00 00 28	01 9c 40 00	80 06 1d ef	c0 a8 00 08	d3 44 47 50
	0b d9 13 88	84 6b 41 c6	e0 59 9f f0	50 f0 43 80	2b 32 00 00
4	45 00 00 38	01 9d 40 00	80 06 1d de	c0 a8 00 08	d3 44 47 50
	0b d9 13 88	84 6b 41 c6	e0 59 9f f0	50 18 43 80	e6 55 00 00
5	45 00 00 28	68 11 40 00	31 06 06 7a	d3 44 47 50	c0 a8 00 08
	13 88 0b d9	e0 59 9f f0	84 6b 41 d6	50 10 16 d0	57 d2 00 00

回答下列问题：

1）表 1 中的 IP 分组中，哪几个是由 H 发送的？哪几个完成了 TCP 连接建立过程？哪几个在通过快速以太网传输时进行了填充？

2）根据表 1 中的 IP 分组，分析 S 已经收到的应用层数据字节数是多少。

3）若表 1 中的某个 IP 分组在 S 发出时的前 40B 如表 2 所示，则该 IP 分组到达 H 时经过了多少个路由器？

表 2

来自 S 的分组	45 00 00 28	68 11 40 00	40 06 ec ad	d3 44 47 50	ca 76 01 06
	13 88 a1 08	e0 59 9f f0	84 6b 41 d6	50 10 16 d0	b7 d6 00 00

IP 分组头和 TCP 段头结构分别如图 1 和图 2 所示。

图 1 IP 分组头结构

图 2 TCP 段头结构

14. 【2016统考真题】假设下图中的 H3 访问 Web 服务器 S 时，S 为新建的 TCP 连接分配了 20KB（K＝1024）的接收缓存，最大段长 MSS＝1KB，平均往返时间 RTT＝200ms。H3 建立连接时的初始序号为 100，且持续以 MSS 大小的段向 S 发送数据，拥塞窗口初始阈值为 32KB；S 对收到的每个段进行确认，并通告新的接收窗口。假定 TCP 连接建立完成后，S 端的 TCP 接收缓存仅有数据存入而无数据取出。请回答下列问题：

1）在 TCP 连接建立过程中，H3 收到的 S 发送过来的第二次握手 TCP 段的 SYN 和 ACK 标志位的值分别是多少？确认序号是多少？

2）H3 收到的第 8 个确认段所通告的接收窗口是多少？此时 H3 的拥塞窗口变为多少？H3 的发送窗口变为多少？

3）H3 的发送窗口等于 0 时，下一个待发送的数据段序号是多少？H3 从发送第 1 个数据段到发送窗口等于 0 时刻为止，平均数据传输速率是多少？（忽略段的传输延时。）

4）若 H3 与 S 之间通信已经结束，在 t 时刻 H3 请求断开该连接，则从 t 时刻起，S 释放该连接的最短时间是多少？

5.3.8 答案与解析

一、单项选择题

01. C

因为面向连接的服务需要建立连接，且需要保证数据的有序性和正确性，所以它比无连接的服务开销大，而速度和效率方面也要比无连接的服务差一些。

02. C

TCP 中端口号 80 标识 Web 服务器端的 HTTP 进程，客户端访问 Web 服务器的 HTTP 进程的端口号由客户端的操作系统动态分配。因此答案为选项 C。

03. D

客户端使用的端口号仅在客户进程运行时才动态地选择。应用进程通过端口号进行标识，端口号长度为 16 位。不同计算机的相同端口号是没有联系的，因此选项 D 错误。

04. D

TCP 提供的是一对一全双工可靠的字节流服务，所以 TCP 并不支持广播。

05．C

在 TCP 首部中没有目标主机 IP 地址，这是 IP 首部的字段。TCP 采用确认机制，并对错误或超时的分组进行重传，以保证数据的可靠性。TCP 会根据网络的最大传输单元 MTU 和最大报文段长度 MSS 将消息分成适当大小的段（参考本章疑难点），并在目标主机中进行重组。

06．B

TCP 报文段和 UDP 数据报都包含源端口、目的端口、检验号。因为 UDP 提供不可靠的传输服务，不需要对报文编号，所以不会有序列号字段，而 TCP 提供可靠的传输服务，因此需要设置序列号字段。目的 IP 地址属于 IP 数据报中的内容。

07．D

TCP 伪首部与 UDP 伪首部一样，包括 IP 分组首部的一部分。IP 首部中有一个协议字段，用于指明上层协议是 TCP 还是 UDP。17 代表 UDP，6 代表 TCP，所以选项 D 错误。对于 A 选项，因为数据偏移字段的单位是 4B，所以当偏移取最大时 TCP 首部长度为 15×4＝60B。由于使用填充，所以长度总是 4B 的倍数，选项 C 正确。

08．B

URG 是紧急位，其为 1 时表示报文段中有紧急数据，需要尽快发送。RST 是复位位，其为 1 时意味着 TCP 连接必须释放，通常用于出现严重差错的情况。ACK 是确认位，其为 1 时表示确认号（ack）字段有效。FIN 为终止位，其为 1 时代表发送方请求释放单向连接，此时并没有完全释放连接，只有当接收方发送完数据并同样将 FIN 位置为 1 时才会释放连接。

09．C

TCP 报文段首部中窗口字段的值指的是自己接收窗口的尺寸。

10．B

TCP 使用滑动窗口机制来进行流量控制。在 ACK 应答信息中，TCP 在接收端用 ACK 加上接收方允许接收数据范围的最大值回送给发送方，发送方把这个最大值当作发送窗口值，表明发送端在未收到确认之前可以发送的最大字节数，即 2000B。

11．C

TCP 的确认号是指明接收方下一次希望收到的报文段的数据部分第一个字节的编号，可以看出，前一个已收到的报文段的最后一个字节的编号为 99，所以选项 C 正确。报文段的序号是其数据部分第一个字节的编号。选项 A、B 不正确，因为有可能已收到的这个报文段的数据部分不止一个字节，则报文段的编号就不为 99，但可以说编号为 99 的字节已收到。

12．A

虽然 TCP 是面向字节的，对每个字节都进行编号，但并不是对接收到的每个字节都要发回确认，而是在收到整个报文段后才发回一个确认，确认的序号也是报文段的边界字节序号，并不能只对报文段中的某些字节序号进行确认，所以 TCP 采用的是对报文段的确认机制。

13．C

TCP 让每个发送方仅发送正确数量的数据，保持网络资源被利用但又不会过载。为了避免网络拥塞和接收方缓冲区溢出，TCP 发送方在任意时刻可以发送的最大数据流是接收方允许的窗口和拥塞窗口中的最小值。

14．A

TCP 采用大小可变的滑动窗口进行流量控制。拥塞控制和流量控制的区别在于，流量控制是为了保护接收方，而拥塞控制是为了保护网络。滑动窗口是一种实现流量控制的方法，而不是拥塞控制的方法。虽然在拥塞控制的机制中用到了滑动窗口，但这并不是滑动窗口的作用。

15. C

参与 TCP 连接的两个进程中的任何一个都能提出释放连接的请求。

16. D

TCP 滑动窗口协议中发送方滑动窗口的大小规定了发送方最多能够传送的分组数目，只有窗口滑动了，才能往后继续发送。分组重传的最大值也是发送方能发送数据的最大值，因而重传分组的数量最多也不能超过滑动窗口的大小。

17. A

TCP 使用滑动窗口机制来进行流量控制，其窗口尺寸的设置很重要，若滑动窗口值设置得太小，则会产生过多的 ACK（因为窗口大可以累积确认，因此会有更少的 ACK）；若设置得太大，则又会由于传送的数据过多而使路由器变得拥挤，导致主机可能丢失分组。

18. C

拥塞窗口是发送端根据网络拥塞情况确定的窗口值。

19. A、C

TCP 使用三次握手来建立连接，第一次握手 A 发给 B 的 TCP 报文中应置其首部 SYN 位为 1，并选择序号 seq $=X$，表明传送数据时的第一个数据字节的序号是 X；在第二次握手中，即 B 接收到报文后，发给 A 的确认报文段中应使 SYN $=1$，使 ACK $=1$，且确认号 ACK $=X+1$，即 $ACK_{X+1}=1$（ACK 的下标为捎带的序号），同时告诉自己选择的序号 seq $=Y$。

20. D

在 TCP 的"三次握手"中，第二次握手时，SYN 和 ACK 均被置为 1。

21. C

TCP 采用三报文握手建立连接，其中第一个报文是 TCP 连接请求，第二个报文是对 TCP 连接请求的确认，第三个报文是对 TCP 连接请求确认的确认。

22. C

在 A 发向 B 的报文中，seq 表示发送的报文段中数据部分的第一个字节在 A 的发送缓存区中的编号，ack 表示 A 期望收到的下一个报文段的数据部分的第一个字节在 B 的发送缓存区中的编号。因此，同一个 TCP 报文中的 seq 和 ack 的值是没有联系的。在 B 发给 A 的报文（捎带确认）中，seq 值应和 A 发向 B 的报文中的 ack 值相同，即 201；ack 值表示 B 期望下次收到 A 发出的报文段的第一个字节的编号，应是 $200+2=202$。

23. B

FIN 位用来释放一个连接，它表示本方已没有数据要传输。然而，在关闭一个连接后，对方还可以继续发送数据，所以还有可能接收到数据。

24. C

t 时刻 TCP 客户请求断开连接，发出连接释放 FIN 报文段；题目问的是最短时间，所以当 TCP 服务器收到 TCP 客户发来的 FIN 报文段后不再发送数据，因此同时发出确认 ACK 报文段和连接释放 FIN 报文段，即直接跳过 CLOSE-WAIT 状态；TCP 客户收到 FIN 报文段后必须发出确认；TCP 服务器收到确认后就进入 CLOSED 状态，共经历 1.5 个 RTT。

25. C

甲选择的初始序号为 200，建立 TCP 连接的第一个报文段不能携带数据，但要消耗一个序号。甲给乙发送的第二个报文段（第三次握手）的序号是 201，该报文段可以携带数据，若不携带数据，则不消耗序号，题中该报文段不携带数据，因此下一个数据报文段的序号仍是 201。

26．C

A 的初始序号为 1666，建立连接的第一个报文段不携带数据，但要消耗一个序号。A 给 B 发送的第二个报文段的序号是 1667，该报文段不携带数据，因此不消耗序号。下一个数据报文段的序号仍是 1667，1000B 的序号范围是 1667～2666，所以 B 接收后发送给 A 的确认序号是 2667。

27．C

TCP 提供的是可靠的字节流传输服务，使用窗口机制进行流量控制与拥塞控制。TCP 的滑动窗口机制是面向字节的，因此窗口大小的单位为字节。假设发送窗口的大小为 N，这意味着发送端可以在没有收到确认的情况下连续发送 N 个字节。

28．C

乙仅正确接收到第 1 个和第 3 个段，所以乙下次期望收到第 2 个段，乙发送给甲的确认号即第 2 个段的序号。第 3 个段的序号为 1000，则第 2 个段的序号为 $1000-300=700$，所以确认号为 700。

29．C

若在拥塞窗口为 34KB 时发生了超时事件，则慢开始门限值就被设定为 17KB，且 cwnd 重新设为 1KB。按照慢开始算法，第一个 RTT 后 cwnd＝2KB，第二个 RTT 后 cwnd＝4KB，第三个 RTT 后 cwnd＝8KB。当第四个 RTT 发出去的 8 个报文段的确认都收到后，cwnd＝16KB（此时还未超过慢开始门限值）。注意，题中"这些报文段均得到确认后"这句话很重要。

30．A

接收窗口等于 10KB。发生超时后，拥塞窗口重设为 1，经过 10 个 RTT 后，拥塞窗口一定大于 10KB。但甲的发送窗口取拥塞窗口和接收窗口中的较小值，即 10KB。

31．C

在慢开始和拥塞避免算法中，拥塞窗口初始为 1，窗口大小开始按指数增长。当拥塞窗口大于慢开始门限后停止使用慢开始算法，改用拥塞避免算法。此处慢开始的门限值初始为 8，当拥塞窗口增大到 8 时改用拥塞避免算法，窗口大小按线性增长，每次增加 1 个报文段，当增加到 12 时，出现超时，重新设门限值为 6（12 的一半），拥塞窗口再重新设为 1，执行慢开始算法，到门限值 6 时执行拥塞避免算法。因此，拥塞窗口大小的变化为 1, 2, 4, 8, 9, 10, 11, 12, 1, 2, 4, 6, 7, 8, 9,…，其中第 13 次传输时（即第 12 个传输轮次后）拥塞窗口的大小为 7。

32．B

当拥塞窗口小于 ssthresh 时，拥塞窗口以指数方式增长，拥塞窗口从 2KB 到 16KB 需经过 3 个 RTT，超过 16KB 后，每经过一个 RTT，拥塞窗口加 1MSS，所以从 16KB 到 20KB 经过了 2 个 RTT，共经过了 5 个 RTT，RTT＝10ms，所以经过 50ms 后甲的发送窗口第一次为 20KB。

33．D

在慢开始阶段，每收到一个对新报文段的确认，拥塞窗口就加 1，因此每经过一个 RTT，拥塞窗口就加倍。在 tRTT 时刻到 $(t+1)$RTT 时刻之间发送了 k 个数据段，因此在这个 RTT 后，拥塞窗口由 k 变为 $2k$，所以在下一个 RTT 内预期将发送 $2k$ 个数据段。

34．C

超时发生时，新门限值通常设置为此时拥塞窗口值的一半，而不是旧门限值的一半。

35．D

条件"收到了 3 个冗余 ACK 报文"说明此时应执行快恢复算法，因此慢开始门限值设为 17KB，并且此时 cwnd 也被设为 17KB，第一个 RTT 后 cwnd＝18，第二个 RTT 后 cwnd＝19KB，第三个

RTT 后 cwnd = 20KB，第四个 RTT 后，发出的报文全部得到确认，cwnd 再增加 1KB，变为 21KB。注意 cwnd 的增加都发生在收到确认报文后。

36．A

本题中出现了拥塞窗口和接收端窗口，为了保证 B 的接收缓存不发生溢出，发送窗口应该取两者的最小值。先看拥塞窗口，由于慢开始门限值为 2KB，第一个 RTT 中 A 拥塞窗口为 4KB，按照拥塞避免算法，收到 B 的确认报文后，拥塞窗口增长为 5KB。再看接收端窗口，B 通过确认报文中窗口字段向 A 通知接收端窗口，则接收端窗口为 2KB。因此在下一次发送数据时，A 的发送窗口应该为 2KB，即一个 RTT 内最多发送 2KB。所以选项 A 正确。

37．B

按照慢开始算法，发送窗口的初始值为拥塞窗口的初始值，即 MSS 的大小 2KB，然后依次增大为 4KB、8KB、16KB，然后是接收窗口的大小 24KB，即达到第一个完全窗口。因此达到第一个完全窗口所需的时间为 4RTT = 40ms。

38．B

本题要求的是最小时间，且题目未给出拥塞窗口的门限值，所以拥塞窗口一直按指数增长是最快的。拥塞窗口从 1KB 增长到 8KB 需要 3 个 RTT，即 9ms，并在第 1 个 RTT 内发送 1KB，在第二个 RTT 内发送 2KB，在第三个 RTT 内发送 4KB，累积发送 1 + 2 + 4 = 7KB，这时乙的接收缓存还剩 16 − 7 = 9KB，此时的发送窗口 = min{拥塞窗口，接收窗口} = 8KB，所以选 B。

39．A

一条连接使用它们的套接字来表示，因此 (1, x)–(2, y) 是在两个端口之间唯一可能的连接。而后建立的连接会被阻止。

40．D

返回的确认序列号是接收方期待收到对方下一个报文段数据部分的第一个字节的序号，因此乙在正确接收到两个段后，返回给甲的确认序列号是 200 + 300 + 500 = 1000。

41．C

发生超时后，慢开始门限 ssthresh 变为 16KB/2 = 8KB，拥塞窗口变为 1KB。在接下来的 3 个 RTT 内，执行慢开始算法，拥塞窗口大小依次为 2KB、4KB、8KB，因为慢开始门限 ssthresh 为 8KB，所以之后转而执行拥塞避免算法，即拥塞窗口开始"加法增大"。因此第 4 个 RTT 结束后，拥塞窗口的大小为 9KB。

42．A

发送方的发送窗口的上限值取接收窗口和拥塞窗口这两个值中的较小一个，于是此时发送方的发送窗口为 min{4000, 2000} = 2000B。因为确认段是对第一个段的确认，所以 2000B 的含义是甲发送第一个段后还能再发送 2000B，又因为之前甲连续发送了两个最大段，也就是说，第二个段还未收到确认，所以甲还能继续向乙发送的最大字节数是 2000 − 1000 = 1000B。

43．C

在确认报文段中，同步位 SYN 和确认位 ACK 必须都是 1；返回的确认号 ack 是甲发送的初始序号 seq = 11220 加 1，即 ack = 11221；同时乙也要选择并消耗一个初始序号 seq，seq 值由乙的 TCP 进程任意给出，它与确认号、请求报文段的序号没有任何关系。

44．B

TCP 首部的序号字段是指本报文段数据部分的第一个字节的序号，而确认号是期待收到对方下一个报文段的第一个字节的序号。第三个段的序号为 900，则第二个段的序号为 900 − 400 = 500，现在主机乙期待收到第二个段，因此发给甲的确认号是 500。

45．B

确认序号 ack 是期望收到对方下一个报文段的数据的第一个字节的序号，序号 seq 是指本报文段所发送的数据的第一个字节的序号。甲收到一个来自乙的 TCP 段，该段的序号 seq = 1913、确认序号 ack = 2046、有效载荷为 100B，表明到序号 1913 + 100 − 1 = 2012 为止的所有数据甲均已收到，而乙期望收到下一个报文段的序号从 2046 开始。因此甲发给乙的 TCP 段的序号 seq_1 = ack = 2046 和确认序号 ack_1 = seq + 100 = 2013。

46．A

当 t 时刻发生超时时，把 ssthresh 设为 8 的一半，即 4，把拥塞窗口设为 1KB。然后经历 10 个 RTT 后，拥塞窗口的大小依次为 2, 4, 5, 6, 7, 8, 9, 10, 11, 12，而发送窗口取当时的拥塞窗口和接收窗口的最小值，接收窗口始终为 10KB，所以此时的发送窗口为 10KB。

实际上，接收窗口一直为 10KB，发送窗口必然小于或等于 10KB，只有选项 A 满足条件。

47．A

发送窗口 = min{接收窗口, 拥塞窗口}。因为乙的接收缓存仅有数据存入而不取走，所以每个 RTT 后的接收窗口等于接收缓存 − 累积收到的数据。在前 4 个 RTT 中，因为拥塞窗口一直小于接收窗口，所以发送窗口就等于拥塞窗口的大小，4 个 RTT 后，乙收到的数据全部存入缓存不被取走，接收窗口还剩 1KB（16 − 1 − 2 − 4 − 8 = 1）缓存，使得甲的发送窗口为 1KB。

48．A

发送窗口 = min{接收窗口, 拥塞窗口}，题中接收窗口（接收缓存）为 64KB，注意本题没有说明"接收缓存仅有数据存入而不取走"，因此不用考虑之前发送的数据占用缓存。按照慢开始算法，初始拥塞窗口为最大报文段长度 1KB，每经过一个 RTT，拥塞窗口加倍，因此若没有发生超时事件，则至少经过 5 个 RTT，拥塞窗口才能达到 32KB。

49．C

TCP 规定当发送方收到对同一个报文段的 3 个重复确认时，就可以认为这个被确认报文段之后的报文已丢失，立即执行快速重传算法。t_3 时刻连续收到来自服务器的三个确认序号 ack_seq = 100 的段（注意，t_0 时刻首次收到的 ack_seq = 100 的段并不计入冗余 ACK），发送方认为 seq = 100 的段已经丢失，执行快速重传算法，重新发送 seq = 100 的段。

50．D

根据 TCP 连接建立的"三次握手"原理，第三次握手时甲发出的确认序列号应为第二次握手时乙发出的序列号+1，即 2047。

51．D

因为慢开始门限 ssthresh 可以根据需求设置，为了求拥塞窗口从 8KB 增长到 32KB 所需的最长时间，可以假定慢开始门限小于或等于 8KB，只要不出现拥塞，拥塞窗口就都是加法增大，每经历一个传输轮次（RTT），拥塞窗口逐次加 1，因此所需的最长时间为 (32 − 8)×2ms = 48ms。

52．C

甲与乙建立 TCP 连接时发送的 SYN 段中的序号为 1000（TCP 规定，SYN 段不能携带数据，但要消耗一个序号），则在数据传输阶段所用起始序号为 1001。断开连接时，甲发送给乙的 FIN 段中的序号为 5001（TCP 规定，FIN 段即使不携带数据，也要消耗一个序号），因此已发送数据的最后一个字节的序号为 5000，即甲向乙已发送数据的字节序号为 1001~5000，共 4000 字节。

53．B

TCP 连接释放的过程在 5.3.3 节中介绍。当客户机收到服务器发送的 FIN 段并向服务器发送 ACK 段时，客户机的 TCP 状态变为 TIME_WAIT，此时 TCP 连接还未释放，必须经过时间等待计时器设置的时间 2MSL（最长报文段寿命）后，客户机才进入 CLOSED（连接关闭）状态。

54．D

当应用层数据交给传输层时，放在报文段的数据部分。UDP 首部有 8B，TCP 首部最短为 20B。为了达到最大传输效率，通过 UDP 传输时，总长度为 20B，最大传输效率是 12B/20B＝60%。通过 TCP 传输时，总长度为 32B，最大传输效率是 12B/32B＝37.5%。

55．C

主机甲发送 200B 数据的段后，继续发送数据的段的序号 seq＝701。因为甲收到乙发来的确认序号为 501、接收窗口为 500 的段，即从序号 501 开始，甲累积还能发送 500B 的数据。因为甲此时已发送从序号 501 开始的 200B 数据，所以甲在未收到新的确认段之前，还能发送的数据字节数为 500－200＝300B，还能发送的数据序号范围是 701～1000。

56．C

时刻 0 发生了超时，门限值 ssthresh 变为拥塞窗口 cwnd 的一半即 8，同时 cwnd 置为 1，执行慢开始算法，cwnd 指数增长，经过 3 个 RTT，增长到 ssthresh 值；之后执行拥塞避免算法，cwnd 线性增长，再经过 8 个 RTT，增长到 16，共花费 11 个 RTT，如下表所示。

时刻	0	1	2	3	4	5	6	7	8	9	10	11
拥塞窗口	1	2	4	8	9	10	11	12	13	14	15	16

57．D

TCP 连接的释放过程如书中图 5.8 所示。题目问的是最少时间，所以当服务器 S 收到客户 C 发送的 FIN 请求后不再发送数据，即服务器 S 同时发出确认 ACK 报文段和连接释放 FIN 报文段，忽略 FIN-WAIT-2 和 CLOSE-WAIT 状态。客户 C 收到服务器 S 发来的 FIN 报文段后，进入 CLOSED 状态还需等到 TIME-WAIT 结束，总用时至少为 1RTT＋2MSL＝50＋800×2＝1650ms。服务器 S 进入 CLOSED 状态需要经过 3 次报文段的传输时间，即 1.5RTT＝75ms。

二、综合应用题

01．【解答】

这是因为发送方可能还未重传时，就收到了对更高序号的确认。例如主机 A 连续发送两个报文段（SEQ＝92，DATA 共 8B）和（SEQ＝100，DATA 共 20B），均正确到达主机 B。B 连续发送两个确认（ACK＝100 和 ACK＝120），但前一个确认在传送时丢失。例如 A 在第一个报文段（SEQ＝92，DATA 共 8B）超时之前收到了对第二个报文段的确认（ACK＝120），此时 A 知道，119 号和在 119 号之前的所有字节均已被 B 正确接收，因此 A 不会再重传第一个报文段。

02．【解答】

第一种方法将失序报文段丢弃，会引起被丢弃报文段的重复传送，增加对网络带宽的消耗，但由于用不着将该报文段暂存，可避免对接收方缓冲区的占用。

第二种方法先将失序报文段暂存于接收缓存，待所缺序号的报文段收齐后再一起上交应用层；这样可以减少发送方的重传次数，减少对网络带宽的消耗，但增加了接收方缓冲区的开销。

03．【解答】

TCP 报文段的序号是指其数据部分的第一个字节的序号。因此第一个报文段的序号是 10010，序号范围 10010～11009；第二个报文段的序号是 10010 + 1000 = 11010，序号范围 11010～12009；第三个报文段的序号为 11010 + 1000 = 12010，序号范围 12010～13209。

04.【解答】

最大数据传输速率表明在一个 RTT 内将窗口中的字节全部发送完毕。在平均往返时间 20ms 内，发送的最大数据量为最大窗口值，即 64×1024B，

$$64×1024×8÷(20×10^{-3}) ≈ 26.2\text{Mb/s}$$

因此，所能得到的最大数据传输速率是 26.2Mb/s。

05.【解答】

发送方发出一个报文所需的时间 = 报文长度/信道带宽 = $1000×8÷(100×10^6)$ = 0.08ms（注意单位转换）。发送方发出一个窗口的第一个报文到收到该报文的确认报文所需的时间 = 0.08 + RTT = 0.08 + 2×端到端时延 = 40.08ms。发出一个窗口的所有报文所需的时间 = 60×0.08ms = 4.8ms。在 40.08ms 时间内，发送方可以连续发出一个窗口的所有报文，若所有报文都正确到达接收方，则所能达到的平均数据传输速率为 $1000×60×8÷(40.08×10^{-3})$ = 11.98Mb/s。

信道利用率 = 平均数据传输速率/信道带宽（最大数据传输速率）= 11.98/100 = 11.98%。

06.【解答】

1）TCP 报文段的序号是指其数据部分的第一个字节的编号。因此第一个报文段中的数据有 120 - 90 = 30B，第二个报文段中的数据有 150 - 120 = 30B。

2）因为 TCP 使用累积确认策略，所以当第二个报文段丢失后，第三个报文段就成了失序报文，B 期望收到的下一个报文段是序号为 120 的报文段，所以确认号为 120。

07.【解答】

最大段长是 2KB，初始的拥塞窗口是 2KB，经过前 3 个 RTT 后拥塞窗口依次变为 4KB，8KB 和 16KB，经过第 4 个 RTT 后拥塞窗口变为 32KB（大于接收窗口 24KB），所以此时发送窗口取 24KB，即第一个完全窗口。10ms×4 = 40ms，因此需要 40ms 才能发送第一个完全窗口。

08.【解答】

在慢开始和拥塞避免算法中，拥塞窗口初始为 1，窗口大小开始按指数增长。当拥塞窗口大于慢开始门限后停止使用慢开始算法，改用拥塞避免算法。此处慢开始的门限值初始为 12，当拥塞窗口增大到 12 时改用拥塞避免算法，窗口大小按线性增长，每次增加 1 个报文段，当增加到 16 时，出现超时，重新设门限值为 8（16 的一半），拥塞窗口再重新设为 1，执行慢开始算法，到门限值 8 时执行拥塞避免算法。

这样，拥塞窗口的变化就为 1，2，4，8，12，13，14，15，<u>16</u>，1，2，4，8，9，10，11，12，13，14，15，<u>16</u>，…。可见从出现超时时拥塞窗口为 16 到恢复拥塞窗口大小为 16，需要的往返时间次数是 11。注意，发现超时时，拥塞窗口从 16 变为 1 是立即进行的，不会间隔一个 RTT。

09.【解答】

目标在 120s 内最多发送 2^{32}B（序列号为 32 位），即 35791394B/s 的载荷。TCP 报文段载荷是 1500B，因此可以发送 23861 个报文段。TCP 开销是 20B，IP 开销是 20B，以太网开销是 26B（18B 的首部和尾部，7B 的前同步码，1B 的帧开始定界符）。这就意味着对于 1500B 的载荷，必须发送 1566B。1566×8×23861 = 299Mb/s，因此允许的最快线路速率是 299Mb/s。比这一速度更快时，就会冒在同一时间内不同的 TCP 报文段具有相同序号的风险。

10.【解答】

来回路程的时延 128ms×2 = 256ms。设窗口值为 X（注意：单位为字节）。

假定一次最大发送量等于窗口值，且发送时间等于 256ms，则每发送一次都得停下来期待再次得到下一个窗口的确认，以得到新的发送许可。这样，发送时间等于停止等待应答的时间，结果测到的平均吞吐率就等于发送速率的一半，即 128kb/s，

$$8X \div (128 \times 2 \times 1000) = 256 \times 0.001 \quad \Rightarrow \quad X = 256 \times 1000 \times 256 \times 0.001 / 8 = 256 \times 32 = 8192$$

所以，窗口值为 8192。

11.【解答】

在 TCP 的拥塞控制算法中，除使用慢开始的接收窗口和拥塞窗口外，还使用第 3 个参数，即门槛值。发生超时的时候，该门槛值被设置成当前拥塞窗口值的一半即 9KB，而拥塞窗口则重置成一个最大报文段长。然后使用慢开始的算法决定网络可以接受的迸发量，一直增长到门槛值为止。从这一点开始，成功的传输线性地增加拥塞窗口，即每次迸发传输后只增加一个最大报文段，而不是每个报文段传输后都增加一个最大报文段的窗口值。现在由于发生了超时，下一次传输将是 1 个最大报文段，然后是 2 个、4 个和 8 个最大报文段，第四次发送成功，且门限为 9KB，所以在 4 次迸发量传输后，拥塞窗口将增加为 9KB。

12.【解答】

1）源端口号为第 1、2 个字节，即 0D 28，转换为十进制数为 3368。目的端口号为第 3、4 个字节，即 00 15，转换为十进制数为 21。

2）第 5～8 个字节为序列号，即 50 5F A9 06。第 9～12 个字节为确认号，即 00 00 00 00，也即十进制数 0。

3）第 13 个字节的前 4 位为 TCP 首部的长度，这里的值是 7（以 4B 为单位），因此乘以 4 后得到 TCP 首部的长度为 28B，说明该 TCP 首部还有 8B 的选项数据。

4）根据目的端口是 21 可知这是一条 FTP 连接，而 TCP 的状态则需要分析第 14 个字节。第 14 个字节的值为 02，即 SYN 置为 1，而且 ACK = 0 表示该数据段没有捎带的确认，这说明是第一次握手时发出的 TCP 连接。

13.【解答】

1）由图 1 看出，源 IP 地址为 IP 分组头的第 13～16 个字节。在表 1 中，1、3、4 号分组的源 IP 地址均为 192.168.0.8（c0a80008H），所以 1、3、4 号分组是由 H 发送的。再观察 1，3，4 号分组的标识字段，分别是 9b, 9c, 9d，标识字段是一个计数器，每产生一个数据报就加 1，这也说明主机 H 先后发送了 1, 3, 4 号分组。

在表 1 中，1 号分组封装的 TCP 段的 SYN = 1，ACK = 0，seq = 846b 41c5H；2 号分组封装的 TCP 段的 SYN = 1，ACK = 1，seq = e059 9fefH，ack = 846b 41c6H；3 号分组封装的 TCP 段的 ACK = 1，seq = 846b 41c6H，ack = e059 9ff0H，所以 1、2、3 号分组完成了 TCP 连接的建立过程。

由于快速以太网数据帧有效载荷的最小长度为 46B，表 1 中 3、5 号分组的总长度为 40（28H）字节，小于 46B，其余分组总长度均大于 46B。所以 3、5 号分组通过快速以太网传输时需要填充。

2）由 3 号分组封装的 TCP 段可知，发送应用层数据初始序号为 seq = 846b 41c6H，由 5 号分组封装的 TCP 段可知，ack 为 seq = 846b 41d6H，所以 S 已经收到的应用层数据的字节数为 846b 41d6H − 846b 41c6H = 10H = 16B。

3）因为 S 发出的 IP 分组的标识 = 6811H，所以该分组所对应的是表 1 中的 5 号分组。S 发出的 IP 分组的 TTL = 40H = 64，5 号分组的 TTL = 31H = 49，64 − 49 = 15，所以可以推断该

IP 分组到达 H 时经过了 15 个路由器。

14.【解答】

1）第二次握手报文段的 SYN＝1，ACK＝1。确认序号是第一次握手报文段的序号 ＋1＝101。

2）因为 S 的 TCP 接收缓存仅有数据存入而无数据取出，当 S 收到第 8 个段时接收缓存还剩 12KB，所以 H3 收到的第 8 个确认段所通告的接收窗口是 12KB。在慢开始阶段，每收到一个对新报文段的确认，拥塞窗口就加 1，当收到对第 8 个报文段的确认后，H3 的拥塞窗口变为 9KB。H3 的发送窗口取接收窗口和拥塞窗口的最小值，即 9KB。

3）H3 的发送窗口等于 0 时，下一个待发送段的序号是 20K＋101＝20×1024＋101＝20581。H3 从发送第 1 个段到发送窗口等于 0 时刻为止，共耗费了 5 个 RTT（每个 RTT 传输的数据量依次为 1KB、2KB、4KB、8KB、5KB），平均数据传输速率是 20KB÷(5×200ms)＝20×1024×8b/s＝163.84kb/s。

> **注 意**
>
> K 表示文件大小或描述存储空间时等于 1024，这里通常用大写的 K；k 表示传输速率或描述网络通信时等于 1000，这里通常用小写的 k。注意区分和转换。

4）t 时刻 H3 请求断开连接，发出连接释放 FIN 报文段；S 收到后，最短时间的情况是 S 已没有要发送的数据，所以同时发出确认 ACK 报文段和连接释放 FIN 报文段，即 S 直接跳过 CLOSE-WAIT 状态；H3 收到 FIN 报文段后必须发出确认，S 收到确认后进入 CLOSED 状态，共经历 1.5 个 RTT，因此 S 释放该连接的最短时间是 1.5×200ms＝300ms。

5.4 本章小结及疑难点

1. MSS 设置得太大或太小会有什么影响？

规定最大报文段长度 MSS，并不是考虑接收方的缓存可能放不下 TCP 报文段中的数据。实际上，MSS 与接收窗口没有关系。TCP 报文段的数据部分，至少要加上 40B 的首部（TCP 首部至少 20B 和 IP 首部至少 20B），才能组装成一个 IP 数据报。若选择较小的 MSS 值，网络的利用率就很低。设想在极端情况下，当 TCP 报文段只含有 1B 的数据时，在 IP 层传输的数据报的开销至少有 40B（包括 TCP 首部和 IP 首部）。这样，网络的利用率就不会超过 1/41。到了数据链路层还要加上一些开销，网络的利用率还会进一步降低。但反过来，若 TCP 报文段很长，则在 IP 层传输时有可能要分解成多个短数据报片。在终点还要把收到的各个短数据报片装配成原来的 TCP 报文段。当传输出错时，还要进行重传。这些也都会使开销增大。

因此，MSS 应尽可能大一些，只要在 IP 层传输时不要再分片就行。因为 IP 数据报所经历的路径是动态变化的，所以在一条路径上确定的不需要分片的 MSS，若改走另一条路径，则可能需要进行分片。因此最佳的 MSS 是很难确定的。MSS 的默认值为 536B，因此在互联网上的所有主机都应能接受的报文段长度是 536＋20（TCP 固定首部长度）＝556B。

2. TCP 使用的是 GBN 还是选择重传？

这是一个有必要弄清的问题。前面讲过，TCP 使用累积确认，这看起来像是 GBN 的风格。但是，正确收到但失序的报文并不会丢弃，而是缓存起来，并且发送冗余 ACK 指明期望收到的下一个报文段，这是 TCP 方式和 GBN 的显著区别。例如，A 发送了 N 个报文段，其中第 k（$k<N$）个报文段丢失，其余 $N-1$ 个报文段正确地按序到达接收方 B。使用 GBN 时，A 需要重传分组 k，以及所有后继分组 $k+1, k+2, \cdots, N$。相反，TCP 却至多重传一个报文段，即报文段 k。另外，TCP 中提供一个 SACK（Selective ACK）选项，即选择确认选项。使用选择确认选项时，TCP 看起来就和 SR 非常相似。因此，TCP 的差错恢复机制可视为 GBN 和 SR 协议的混合体。

3. 为什么超时事件发生时 cwnd 被置为 1，而收到 3 个冗余 ACK 时 cwnd 减半？

大家可以从如下角度考虑。超时事件发生和收到 3 个冗余 ACK，哪个意味着网络拥塞程度更严重？通过分析不难发现，在收到 3 个冗余 ACK 的情况下，网络虽然拥塞，但至少还有 ACK 报文段能被正确交付。而当超时发生时，说明网络可能已经拥塞得连 ACK 报文段都传输不了，发送方只能等待超时后重传数据。因此，超时事件发生时，网络拥塞更严重，发送方就应该最大限度地抑制数据发送量，所以 cwnd 置为 1；收到 3 个冗余 ACK 时，网络拥塞不是很严重，发送方稍微抑制一下发送的数据量即可，所以 cwnd 减半。

4. 为什么不采用"两次握手"建立连接呢？

这主要是为了防止两次握手情况下已失效的连接请求报文段突然又传送到服务器而产生错误。考虑下面这种情况。客户 A 向服务器 B 发出 TCP 连接请求，第一个连接请求报文在网络的某个结点长时间滞留，A 超时后认为报文丢失，于是再重传一次连接请求，B 收到后建立连接。数据传输完毕后双方断开连接。而此时，前一个滞留在网络中的连接请求到达服务器 B，而 B 认为 A 又发来连接请求，此时若使用"三次握手"，则 B 向 A 返回确认报文段，因为是一个失效的请求，所以 A 不予理睬，建立连接失败。若采用的是"两次握手"，则这种情况下 B 认为传输连接已经建立，并一直等待 A 传输数据，而 A 此时并无连接请求，因此不予理睬，这样就造成了 B 的资源白白浪费。

5. 为什么 TCP 在建立连接时不能每次都选择相同的、固定的初始序号？

1）假定主机 A 和 B 频繁地建立连接，传送一些 TCP 报文段后，再释放连接，然后又不断地建立新的连接、传送报文段和释放连接。

2）假定每次建立连接时，主机 A 都选择相同的、固定的初始序号，如选择 1。

3）假定主机 A 发出的某些 TCP 报文段在网络中会滞留较长时间，以致主机 A 超时重传这些 TCP 报文段。

4）假定有一些在网络中滞留时间较长的 TCP 报文段最后终于到达主机 B，但这时传送该报文段的那个连接早已释放，而在到达主机 B 时的 TCP 连接是一条新的 TCP 连接。

这样，工作在新的 TCP 连接的主机 B 就有可能会接收在旧的连接传送的、已无意义的、过时的 TCP 报文段（因为这个 TCP 报文段的序号有可能正好处在当前新连接所用的序号范围之中），结果产生错误。因此，必须使得迟到的 TCP 报文段的序号不处在新连接所用的序号范围之中。

这样，TCP 在建立新的连接时所选择的初始序号一定要和前面的一些连接所用过的序号不同。因此，不同的 TCP 连接不能使用相同的初始序号。

6. 假定在一个互联网中，所有链路的传输都不出现差错，所有结点也都不会发生故障。试问在这种情况下，TCP 的"可靠交付"功能是否就是多余的？

不是多余的。TCP 的"可靠交付"功能在互联网中起着至关重要的作用。至少在以下的情况下，TCP 的"可靠交付"功能是必不可少的。

1）每个 IP 数据报独立地选择路由，因此在到达目的主机时有可能出现失序。

2）由于路由选择的计算出现错误，导致 IP 数据报在互联网中转圈。最后数据报首部中的生存时间（TTL）的数值下降到零。这个数据报在中途就被丢失。

3）某个路由器突然出现很大的通信量，以致路由器来不及处理到达的数据报。因此有的数据报被丢弃。

以上列举的问题表明：必须依靠 TCP 的"可靠交付"功能才能保证在目的主机的目的进程中接收到正确的报文。

第6章
应用层

06

扫一扫

视频讲解

【考纲内容】

（一）网络应用模型

　　客户/服务器模型；P2P 模型

（二）域名系统（DNS）

　　层次域名空间；域名服务器；域名解析过程

（三）文件传输协议（FTP）

　　FTP 的工作原理；控制连接与数据连接

（四）电子邮件（E-mail）

　　电子邮件系统的组成结构；电子邮件格式与 MIME；SMTP 与 POP3

（五）万维网（WWW）

　　WWW 的概念与组成结构；HTTP

【复习提示】

　　本章内容既可以以选择题的形式考查，又可以结合其他章节的内容出综合题。所以牢固掌握本章的几个典型应用层协议是关键。我们生活中的很多网络应用都是建立在这些协议的基础上的，因此在学习时要注意联系实际，提高学习的兴趣，才会获得更好的学习效果。

6.1　网络应用模型

6.1.1　客户/服务器模型

命题追踪 ▶ C/S 模型和 P2P 模型的特点（2019）

　　在客户/服务器（Client/Server，C/S）模型中，有一个总是打开的主机称为服务器，它服务于许多来自其他称为客户机的主机请求。其工作流程如下：

1）服务器处于接收请求的状态。

2）客户机发出服务请求，并等待接收结果。

3）服务器收到请求后，分析请求，进行必要的处理，得到结果并发送给客户机。

　　服务器上运行着专门用来提供某种服务的程序，可同时处理多个远程或本地客户的请求。客户程序必须知道服务器程序的地址。服务器启动后就一直不断地运行着，被动等待并接收来自各地客户的请求。因此，服务器程序不需要知道客户程序的地址。

　　客户/服务器模型<u>最主要的</u>特征是：客户是服务请求方，服务器是服务提供方。如 Web 应用程序，其中总是打开的 Web 服务器服务于运行在客户机上的浏览器的请求。当 Web 服务器接收到来自客户机对某对象的请求时，它向该客户机发送所请求的对象以做出响应。使用客户/服务器模型的常见应用包括 Web、文件传输协议（FTP）、远程登录和电子邮件等。

客户/服务器模型的主要特点还有：

1）网络中各计算机的地位不平等，服务器可通过对用户权限的限制来达到管理客户机的目的。整个网络的管理工作由少数服务器担当，因此网络的管理非常集中和方便。

2）客户机相互之间不直接通信。例如，在 Web 应用中两个浏览器并不直接通信。

3）可扩展性不佳。受服务器硬件和网络带宽的限制，服务器支持的客户机数有限。

6.1.2 P2P 模型

在 C/S 模型中（图 6.1），服务器性能的好坏决定了整个系统的性能，当大量用户请求服务时，服务器就必然成为系统的瓶颈。P2P 模型（见图 6.2）的思想是整个网络中的传输内容不再被保存在中心服务器上，每个结点都同时具有下载、上传的功能，其权利和义务都是大体对等的。

图 6.1 C/S 模型

图 6.2 P2P 模型

在 P2P 模型中，各计算机没有固定的客户和服务器划分。相反，任意一对计算机——称为对等方（Peer），直接相互通信。实际上，P2P 模型从本质上来看仍然使用客户/服务器模型，每个结点既作为客户访问其他结点的资源，又作为服务器提供资源给其他结点访问。

与 C/S 模型相比，P2P 模型的优点主要体现如下：

1）减轻了服务器的计算压力，消除了对某个服务器的完全依赖，可以将任务分配到各个结点上，因此大大提高了系统效率和资源利用率。

2）多个客户机之间可以直接共享文档。

3）可扩展性好，传统服务器有响应和带宽的限制，因此只能接受一定数量的请求。

4）网络健壮性强，单个结点的失效不会影响其他部分的结点。

P2P 模型也有缺点。在获取服务的同时，还要给其他结点提供服务，因此会占用较多的内存，影响整机速度。例如，经常进行 P2P 下载还会对硬盘造成较大的损伤。据某互联网调研机构统计，当前 P2P 程序已占互联网 50%～90%的流量，使网络变得非常拥塞，因此各大 ISP（互联网服务提供商，如电信、网通等）通常都对 P2P 应用持反对态度。

6.1.3 本节习题精选

单项选择题

01. 服务程序在 Windows 环境下工作，并且运行该服务器程序的计算机也作为客户访问其他计算机上提供的服务，则这种网络应用模型属于（ ）。

A. 主从式 B. 对等式

C. 客户/服务器模型 D. 集中式

02. 在客户/服务器模型中，客户指的是（　　）。

    A. 请求方　　　　　B. 响应方　　　　　C. 硬件　　　　　D. 软件

03. 用户提出服务请求，网络将用户请求传送到服务器；服务器执行用户请求，完成所要求的操作并将结果送回用户，这种工作模式称为（　　）。

    A. C/S 模式　　　　　　　　　　　B. P2P 模式

    C. CSMA/CD 模式　　　　　　　　D. 令牌环模式

04. 下面关于客户/服务器模型的描述，（　　）存在错误。

    I. 客户端必须提前知道服务器的地址，而服务器则不需要提前知道客户端的地址

    II. 客户端主要实现如何显示信息与收集用户的输入，而服务器主要实现数据的处理

    III. 浏览器显示的内容来自服务器

    IV. 客户端是请求方，即使连接建立后，服务器也不能主动发送数据

    A. I、IV　　　　　B. III、IV　　　　　C. 只有 IV　　　　　D. 只有 III

05. 下列关于客户/服务器模型的说法中，不正确的是（　　）。

    A. 服务器专用于完成某些服务，而客户机则作为这些服务的使用者

    B. 客户机通常位于前端，服务器通常位于后端

    C. 客户机和服务器通过网络实现协同计算任务

    D. 客户机是面向任务的，服务器是面向用户的

06. 以下关于 P2P 概念的描述中，错误的是（　　）。

    A. P2P 是网络结点之间采取对等方式直接交换信息的工作模式

    B. P2P 通信模式是指 P2P 网络中对等结点之间的直接通信能力

    C. P2P 网络是指与互联网并行建设的、由对等结点组成的物理网络

    D. P2P 实现技术是指为实现对等结点之间直接通信的功能所需要设计的协议、软件等

07. 【2019 统考真题】下列关于网络应用模型的叙述中，错误的是（　　）。

    A. 在 P2P 模型中，结点之间具有对等关系

    B. 在客户/服务器（C/S）模型中，客户与客户之间可以直接通信

    C. 在 C/S 模型中，主动发起通信的是客户，被动通信的是服务器

    D. 在向多用户分发一个文件时，P2P 模型通常比 C/S 模型所需的时间短

6.1.4　答案与解析

单项选择题

01. B

在 P2P 模型中，各用户计算机共享资源，从而提供比单个用户所能提供的多得多的资源。这里，各个计算机没有固定的客户和服务器划分，任意一对计算机称为对等方。

02. A

客户机既不是硬件又不是软件，只是服务的请求方，服务器才是响应方。

03. A

用户提出服务请求，网络将用户请求传送到服务器；服务器执行用户请求，完成所要求的操作并将结果送回用户，这种工作模型称为客户/服务器模型。

04. C

在连接未建立前，服务器在某一个端口上监听。客户端是连接的请求方，客户端必须事先知道服务器的地址才能发出连接请求，而服务器则从客户端发来的数据包中获取客户端的地址。一

旦连接建立，服务器就能响应客户端请求的内容，服务器也能主动发送数据给客户端，用于一些消息的通知，如一些错误的通知。所以只有 IV 错误。

05．D

客户机的作用是根据用户需求向服务器发出服务请求，并将服务器返回的结果呈现给用户，因此客户机是面向用户的，服务器是面向任务的。

06．C

P2P 可以理解为一种通信模型、一种逻辑网络模型。物理网络是指在网络中由各种设备（主机、交换机等）和介质（双绞线等）连接而形成的网络，它看得见摸得着。而这个网络中所使用的协议，或网络结构，都是靠逻辑网络来划分的。P2P 网络是一个构建在 IP 网络上的覆盖网络，是一种动态的逻辑网络。对等结点之间具有直接通信的能力是 P2P 的显著特点。

07．B

在 P2P 模型中，每个结点的权利和义务是对等的。在 C/S 模型中，客户是服务发起方，服务器被动接受各地客户的请求，但客户之间不能直接通信，例如 Web 应用中两个浏览器之间并不直接通信。P2P 模型减轻了对某个服务器的计算压力，可以将任务分配到各个结点上，极大提高了系统效率和资源利用率。

6.2 域名系统（DNS）

命题追踪 ▶▶ DNS 向下依次使用的协议（2018、2021）

域名系统（Domain Name System，DNS）是因特网使用的命名系统，用来把便于人们记忆的具有特定含义的主机名（如 www.cskaoyan.com）转换为便于机器处理的 IP 地址。相对于 IP 地址，人们更喜欢使用具有特定含义的字符串来标识因特网上的计算机。值得注意的是，DNS 系统采用客户/服务器模型，其协议运行在 UDP 之上，使用 53 号端口。

从概念上可将 DNS 分为三部分：层次域名空间、域名服务器和解析器。

6.2.1 层次域名空间

因特网采用层次树状结构的命名方法。采用这种命名方法，任何一个连接到因特网的主机或路由器，都有一个唯一的层次结构名称，即域名（Domain Name）。域（Domain）是名字空间中一个可被管理的划分。域可以划分为子域，而子域还可以继续划分为子域的子域，这样就形成了顶级域、二级域、三级域等。每个域名都由标号序列组成，而各标号之间用点（"."）隔开。一个典型的例子如图 6.3 所示，它是王道论坛用于提供 WWW 服务的服务器的域名，它由三个标号组成，其中标号 com 是顶级域名，标号 cskaoyan 是二级域名，标号 www 是三级域名。

图 6.3 一个域名的例子

关于域名中的标号有以下几点需要注意：

1）标号中的英文不区分大小写。

2）标号中除连字符（-）外不能使用其他的标点符号。

3）每个标号不超过 63 个字符，多标号组成的完整域名最长不超过 255 个字符。

4）级别最低的域名写在最左边，级别最高的顶级域名写在最右边。

顶级域名（Top Level Domain，TLD）分为如下三大类：

1）国家（地区）顶级域名（nTLD）。国家和某些地区的域名，如 ".cn" 表示中国，".us" 表示美国，".uk" 表示英国。

2）通用顶级域名（gTLD）。常见的有 ".com"（公司）、".net"（网络服务机构）、".org"（非营利性组织）、".edu"（教育机构）、和 ".gov"（国家或政府部门）等。

3）基础结构域名（arpa）。用于反向域名解析，即 IP 地址反向解析为域名。

图 6.4 展示了域名空间的树状结构。

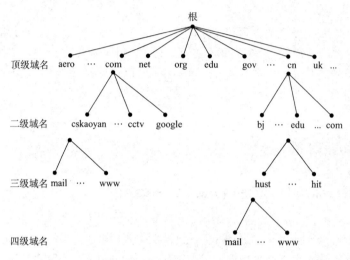

图 6.4 域名空间的树状结构

在域名系统中，各级域名由其上一级的域名管理机构管理，顶级域名由因特网名称与数字地址分配机构（ICANN）管理。国家顶级域名下注册的二级域名均由该国家自行确定，每个组织都可以将它的域再分成一定数目的子域，并将这些子域委托给其他组织去管理。例如，管理 cn 域的中国将 edu.cn 子域授权给中国教育和科研计算机网（CERNET）来管理。

6.2.2 域名服务器

域名到 IP 地址的解析是由运行在域名服务器上的程序完成的，一个服务器所负责管辖的（或有权限的）范围称为区（小于或等于 "域"），一个区中的所有结点必须是能够连通的，每个区设置相应的权限域名服务器，用来保存该区中的所有主机的域名到 IP 地址的映射。每个域名服务器不但能够进行一些域名到 IP 地址的解析，而且还必须具有连向其他域名服务器的信息。当自己不能进行域名到 IP 地址的转换时，能够知道到什么地方去找其他域名服务器。

DNS 使用了大量的域名服务器，它们以层次方式组织。没有一台域名服务器具有因特网上所有主机的映射，相反，该映射分布在所有的域名服务器上。有 4 种类型的域名服务器。

1. 根域名服务器

根域名服务器是最高层次的域名服务器，所有的根域名服务器都知道所有的顶级域名服务器的域名和 IP 地址。根域名服务器是最重要的域名服务器，不管是哪个本地域名服务器，要对因特网上任何一个域名进行解析，只要自己无法解析，就首先要求助于根域名服务器。因特网上有 13 个根域名服务器，尽管我们将这 13 个根域名服务器中的每一个都视为单个服务器，但每个"服务器"实际上是冗余服务器的集群，以提供安全性和可靠性。需要注意的是，根域名服务器用来管辖顶级域（如.com），通常它并不直接把待查询的域名直接转换成 IP 地址，而是告诉本地域名服务器下一步应当找哪个顶级域名服务器进行查询。

2. 顶级域名服务器

这些域名服务器负责管理在该顶级域名服务器注册的所有二级域名。收到 DNS 查询请求时，就给出相应的回答（可能是最后的结果，也可能是下一步应当查找的域名服务器的 IP 地址）。

3. 权限域名服务器（授权域名服务器）

每台主机都必须在权限域名服务器处登记。为了更加可靠地工作，一台主机最好至少有两个权限域名服务器。实际上，许多域名服务器都同时充当本地域名服务器和权限域名服务器。权限域名服务器总能将其管辖的主机名转换为该主机的 IP 地址。

4. 本地域名服务器

本地域名服务器对域名系统非常重要。每个因特网服务提供者（ISP），或一所大学，甚至一所大学中的各个系，都可以拥有一个本地域名服务器。当一台主机发出 DNS 查询请求时，这个查询请求报文就发送给该主机的本地域名服务器。事实上，我们在 Windows 系统中配置"本地连接"时，就需要填写 DNS 地址，这个地址就是本地 DNS（域名服务器）的地址。

DNS 的层次结构如图 6.5 所示。

图 6.5 DNS 的层次结构

6.2.3 域名解析过程

命题追踪 ▶▶ DNS 协议的作用（2021）

域名解析是指把域名转化为 IP 地址的过程。当客户端需要域名解析时，通过本机的 DNS 客户端构造一个 DNS 请求报文，以 UDP 数据报方式发往本地域名服务器。

域名解析有两种方式：递归查询和迭代查询。

（1）主机向本地域名服务器的查询都采用递归查询

递归查询是指若主机所询问的本地域名服务器不知道被查询域名的 IP 地址，则本地域名服务器就以 DNS 客户的身份，向根域名服务器继续发出查询请求报文（即替该主机继续查询），而不是让该主机自己进行下一步的查询。两种查询方式的这一步是相同的。

（2）本地域名服务器向其他域名服务器采用递归查询或迭代查询

命题追踪 ▶▶ 递归查询 DNS 的工作原理（2010）

递归查询的过程如图 6.6(a)所示，本地域名服务器只需向根域名服务器查询一次，后面的几次查询都是递归地在其他几个域名服务器之间进行的［步骤③～⑥］。在步骤⑦中，本地域名服务器从根域名服务器得到了所需的 IP 地址，最后在步骤⑧中，本地域名服务器把查询结果告诉发起查询的主机。因为该方法给根域名服务器造成的负载过大，所以实际中几乎不使用。

(a)本地域名服务器采用递归查询   (b)本地域名服务器采用迭代查询

图 6.6   两种域名解析方式工作原理

命题追踪 ▶▶ 迭代查询 DNS 的工作原理（2016、2020）

本地域名服务器向根域名服务器的查询通常是采用迭代查询。当根域名服务器收到本地域名服务器发出的迭代查询请求报文时，要么给出所要查询的 IP 地址，要么告诉本地域名服务器："你下一步应当向哪个顶级域名服务器进行查询"。然后让本地域名服务器进行后续的查询（而不替本地域名服务器进行后续的查询），如图 6.6(b)所示。同样，顶级域名服务器收到查询报文后，要么给出所要查询的 IP 地址，要么告诉本地域名服务器下一步应当向哪个权限域名服务器查询。最后，知道了所要解析的域名的 IP 地址后，把这个结果返回给发起查询的主机。

下面举例说明域名解析的过程。假定某客户机想获知域名为 y.abc.com 主机的 IP 地址，域名解析的过程（最多需要使用 8 个 UDP 报文：4 个查询报文和 4 个回答报文）如下：

① 客户机向其本地域名服务器发出 DNS 请求报文（递归查询）。

② 本地域名服务器收到请求后，查询本地缓存，若没有该记录，则以 DNS 客户的身份向根域名服务器发出解析请求报文（迭代查询）。

③ 根域名服务器收到请求后，判断该域名属于.com 域，将对应的顶级域名服务器 dns.com 的 IP 地址返回给本地域名服务器。

④ 本地域名服务器向顶级域名服务器 dns.com 发出解析请求报文（迭代查询）。

⑤ 顶级域名服务器 dns.com 收到请求后，判断该域名属于 abc.com 域，因此将对应的权限域名服务器 dns.abc.com 的 IP 地址返回给本地域名服务器。

⑥ 本地域名服务器向权限域名服务器 dns.abc.com 发起解析请求报文（迭代查询）。

⑦ 权限域名服务器 dns.abc.com 收到请求后，将查询结果返回给本地域名服务器。

⑧ 本地域名服务器将查询结果保存到本地缓存，同时返回给客户机。

为了提高 DNS 的查询效率，并减少因特网上的 DNS 查询报文数量，在域名服务器中广泛地使用了高速缓存，用来缓存最近查询过的域名的相关映射信息。这样，当另一个相同的域名查询到达该 DNS 服务器时，该服务器就能直接提供所要求的 IP 地址。因为主机名和 IP 地址之间的映射不是永久的，所以 DNS 服务器将在一段时间后丢弃高速缓存中的信息。在主机中同样也很需要高速缓存，许多主机在启动时从本地域名服务器下载域名和地址的全部数据库，维护存放自己最近使用的域名的高速缓存，并且只在从缓存中找不到域名时才使用域名服务器。

6.2.4　本节习题精选

一、单项选择题

01. 域名与（　）具有一一对应的关系。

A. IP 地址　　　　B. MAC 地址　　　　C. 主机　　　　D. 以上都不是

02. 下列说法错误的是（　）。

A. Internet 上提供客户访问的主机一定要有域名

B. 同一域名在不同时间可能解析出不同的 IP 地址

C. 多个域名可以指向同一台主机 IP 地址

D. IP 子网中的主机可以由不同的域名服务器来维护其映射

03. DNS 是基于（　）模型的分布式系统。

A. C/S　　　　B. B/S　　　　C. P2P　　　　D. 以上均不正确

04. 域名系统（DNS）的组成不包括（　）。

A. 域名空间　　　　B. 分布式数据库

C. 域名服务器　　　　D. 从内部 IP 地址到外部 IP 地址的翻译程序

05. 互联网中域名解析依赖于由域名服务器组成的逻辑树。在域名解析过程中，主机上请求域名解析的软件不需要知道（　）信息。

I. 本地域名服务器的 IP

II. 本地域名服务器父结点的 IP

III. 域名服务器树根结点的 IP

A. I 和 II　　　　B. I 和 III　　　　C. II 和 III　　　　D. I、II 和 III

06. 在 DNS 的递归查询中，由（　）给客户端返回地址。

A. 最开始连接的服务器　　　　B. 最后连接的服务器

C. 目的地址所在服务器　　　　D. 不确定

07. 当本地域名服务器向根域名服务器查询一个域名时，根域名服务器返回一个负责该域名的顶级域名服务器的 IP 地址，让本地域名服务器再向该域名服务器查询，这种查询方式称为（　）。

A. 递归查询　　　　B. 迭代查询　　　　C. 重定向查询　　　　D. 广播查询

08. 一台主机要解析 www.cskaoyan.com 的 IP 地址，若这台主机配置的域名服务器为 202.120.66.68，因特网顶级域名服务器为 11.2.8.6，而存储 www.cskaoyan.com 的 IP 地址对应关系的域名服务器为 202.113.16.10，则这台主机解析该域名通常首先查询（　）。

A. 202.120.66.68 域名服务器

B. 11.2.8.6 域名服务器

C. 202.113.16.10 域名服务器

D. 可以从这 3 个域名服务器中任选一个

09. （　）可以将其管辖的主机名转换为主机的 IP 地址。

A. 本地域名服务器　　　　　　B. 根域名服务器

C. 权限域名服务器　　　　　　D. 代理域名服务器

10. 若本地域名服务器无缓存，用户主机采用递归查询向本地域名服务器查询另一网络某主机域名对应的 IP 地址，而本地域名服务器采用迭代查询向其他域名服务器进行查询，则用户主机和本地域名服务器发送的域名请求条数分别为（　）。

    A. 1 条，1 条　　　B. 1 条，多条　　　C. 多条，1 条　　　D. 多条，多条

11. 【2010 统考真题】若本地域名服务器无缓存，则在采用递归方法解析另一网络某主机域名时，用户主机和本地域名服务器发送的域名请求条数分别为（　）。

    A. 1 条，1 条　　　B. 1 条，多条　　　C. 多条，1 条　　　D. 多条，多条

12. 【2016 统考真题】假设所有域名服务器均采用迭代查询方式进行域名解析。当主机访问规范域名为 www.abc.xyz.com 的网站时，本地域名服务器在完成该域名解析的过程中，可能发出 DNS 查询的最少和最多次数分别是（　）。

    A. 0，3　　　　　B. 1，3　　　　　C. 0，4　　　　　D. 1，4

13. 【2018 统考真题】下列 TCP/IP 应用层协议中，可以使用传输层无连接服务的是（　）。

    A. FTP　　　　　B. DNS　　　　　C. SMTP　　　　　D. HTTP

14. 【2020 统考真题】假设下图所示网络中的本地域名服务器只提供递归查询服务，其他域名服务器均只提供迭代查询服务；局域网内主机访问 Internet 上各服务器的往返时间（RTT）均为 10ms，忽略其他各种时延。若主机 H 通过超链接 http://www.abc.com/index.html 请求浏览纯文本 Web 页 index.html，则从单击超链接开始到浏览器接收到 index.html 页面为止，所需的最短时间与最长时间分别是（　）。

    A. 10ms，40ms　　B. 10ms，50ms　　C. 20ms，40ms　　D. 20ms，50ms

二、综合应用题

01. 一台具有单个 DNS 名称的机器可以有多个 IP 地址吗？为什么？

02. 一台计算机可以有两个属于不同顶级域的 DNS 名字吗？若可以，则举例说明。

03. DNS 使用 UDP 而非 TCP，若一个 DNS 分组丢失，没有自动恢复，则这会引起问题吗？若会，则应如何解决？

04. 为何要引入域名的概念？举例说明域名转换过程。域名服务器中的高速缓存有何作用？

6.2.5　答案与解析

一、单项选择题

01. D

若一台主机通过两块网卡连接到两个网络（如服务器双线接入），则就具有两个 IP 地址，每个网卡对应一个 MAC 地址，显然这两个 IP 地址可以映射到同一个域名上。此外，多台主机也可以映射到同一个域名上（如负载均衡），一台主机也可以映射到多个域名上（如虚拟主机）。因此，A、B 和 C 和域名均不具有一一对应的关系。

02．A

Internet 上提供访问的主机一定要有 IP 地址，而不一定要有域名，A 错误。域名在不同的时间可以解析出不同的 IP 地址，因此可以用多台服务器来分担负载，B 正确。可以把多个域名指向同一台主机 IP 地址，C 正确。IP 子网中主机也可以由不同的域名服务器来维护其映射，D 正确。

03．A

DNS 是一个基于 C/S 模型的分布式数据库系统，主要用于域名和 IP 地址的映射。

04．D

DNS 提供从域名到 IP 地址或从 IP 地址到域名的映射服务。它被设计成为一个联机分布式数据库系统，并采用客户/服务器模式。域名的解析是由若干域名服务器程序完成的。从内部 IP 地址到外部 IP 地址的映射是由 NAT 实现的，用于缓解 IPv4 地址紧缺的问题，与域名系统无关。

05．C

正常情况下，客户机只需把域名解析请求发往本地域名服务器，其他事情都由本地域名服务器完成，并把最后结果返回给客户机。所以主机只需要知道本地域名服务器的 IP。

06．A

在递归查询中，每台不包含被请求信息的服务器都转到其他地方去查找，然后它再往回发送结果，所以客户端最开始连接的服务器最终将返回正确的信息。

07．B

迭代查询是指当一个域名服务器收到本地域名服务器发出的查询请求报文时，要么给出所要查询的 IP 地址，要么告诉本地服务器："你下一步应当向哪个 DNS 服务器进行查询。" 然后让本地域名服务器进行后续的查询（而不替本地域名服务器进行后续的查询）。

08．A

当这台主机发出对 www.cskaoyan.com 的 DNS 查询报文时，这个查询报文首先被送往该主机的本地域名服务器 202.120.66.68。本地域名服务器不能立即回答该查询时，就以 DNS 客户的身份向某一根域名服务器查询。但不管采用何种查询方式，首先都要查询本地域名服务器。

09．C

每台主机都必须在权限域名服务器处注册登记，权限域名服务器一定能够将其管辖的主机名转换为该主机的 IP 地址。

10．B

用户主机向本地域名服务器采用递归查询，故只会向本地域名服务器发送 1 条 DNS 请求。本地域名服务器向其他域名服务器采用迭代查询，故本地域名服务器会分别向根域名服务器、顶级域名服务器、权限域名服务器发送 DNS 请求，所以会发出多条 DNS 请求。

11．A

采用递归查询时，如果主机所询问的本地域名服务器不知道被查询域名的 IP 地址，那么本地域名服务器就以 DNS 客户的身份，向根域名服务器继续发出查询请求报文，而不是让该主机自己进行下一步的查询。因此，采用这种方法时，用户主机和本地域名服务器发送的域名请求条数均为 1。

12．C

最少情况：当本地域名服务器中有该域名的 DNS 信息时，不需要查询任何其他域名服务器，最少发出 0 次 DNS 查询。最多情况：因为均采用迭代查询方式，在最坏情况下，本地域名服务器需要依次迭代地向根域名服务器、顶级域名服务器（.com）、权限域名服务器（xyz.com）、权限域名服务器（abc.xyz.com）发出 DNS 查询请求，因此最多发出 4 次 DNS 查询。

13．B

FTP 用来传输文件，SMTP 用来发送电子邮件，HTTP 用来传输网页文件，都对可靠性的要求较高，因此在传输层都采用有连接的 TCP 服务。无连接的 UDP 服务效率更高、开销小，DNS 在传输层采用无连接的 UDP 服务。

14．D

题中 RTT 均为局域网内主机（主机 H、本地域名服务器）访问 Internet 上各服务器的往返时间，且忽略其他时延，因此 H 向本地域名服务器的查询时延忽略不计。最短时间：H 有该域名到 IP 地址映射的记录，因此没有 DNS 查询时延，直接和 www.abc.com 服务器建立 TCP 连接再进行资源访问，TCP 连接建立的三次握手需要 1.5 个 RTT，并在第 3 次握手报文中捎带了对资源的请求，然后服务器返回所请求的资源需要 0.5 个 RTT，共 2 个 RTT，即 20ms。最长时间：H 递归查询本地域名服务器（延时忽略），本地域名服务器依次迭代查询根域名服务器、com 顶级域名服务器、abc.com 域名服务器，共 3 个 RTT，查询到 IP 地址后，返回给主机，H 和 www.abc.com 服务器建立 TCP 连接再进行资源访问，共 2 个 RTT，合计 3 + 2 = 5 个 RTT，即 50ms。

二、综合应用题

01．【解答】

可以，IP 地址由网络号和主机号两部分构成。若一台机器有两个以太网卡，则它就可同时连到两个不同的网络上（网络号不能相同，否则发生冲突）；若是这样，则它就需要两个 IP 地址。

02．【解答】

可以，例如 www.cskaoyan.com 和 www.cskaoyan.cn 属于不同的顶级域（.com 和.cn），但它们可以有同样的 IP 地址。用户输入这两个不同的 DNS 名字，访问的都是同一台服务器。

03．【解答】

DNS 使用传输层的 UDP 而非 TCP，因为它不需要使用 TCP 在发生传输错误时执行的自动重传功能。实际上，对于 DNS 服务器的访问，多次 DNS 请求都返回相同的结果，即做多次和做一次的效果一样。因此 DNS 操作可以重复执行。当一个进程做一次 DNS 请求时，它启动一个定时器。若定时器计满而未收到回复，则它就再请求一次，这样做不会有害处。

04．【解答】

IP 地址很难记忆，引入域名是为了便于人们记忆和识别。

域名解析可以把域名转换成 IP 地址。域名转换过程是向本地域名服务器申请解析，若本地域名服务器查不到，则向根域名服务器进行查询。若根域名服务器中也查不到，则向根域名服务器中保存的顶级域名服务器和相应权限域名服务器进行查询，一定可以查找到。

域名服务器中高速缓存的作用：将近期访问过的域名信息保存在高速缓存，再次访问时会从缓存中读取，不需要重新解析，这样就可以加快域名解析的响应速度。

6.3 文件传输协议（FTP）

6.3.1 FTP 的工作原理

文件传输协议（File Transfer Protocol，FTP）是因特网上使用得最广泛的文件传输协议。FTP 提供交互式的访问，允许客户指明文件的类型与格式，并允许文件具有存取权限。它屏蔽了各计算机系统的细节，因而适合于在异构网络中的任意计算机之间传送文件。

FTP 提供以下功能：

① 提供不同种类主机系统（硬、软件体系等都可以不同）之间的文件传输能力。

② 以用户权限管理的方式提供用户对远程 FTP 服务器上的文件管理能力。

③ 以匿名 FTP 的方式提供公用文件共享的能力。

命题追踪 ▶▶ FTP 在传输层所使用的协议（2009、2018）

FTP 采用客户/服务器的工作方式，使用 TCP 可靠的传输服务。一个 FTP 服务器进程可同时为多个客户进程提供服务。FTP 的服务器进程由两大部分组成：一个主进程，负责接收新的请求；另外有若干从属进程，负责处理单个请求。其工作步骤如下：

① 打开熟知端口 21（控制端口），使客户进程能够连接上。

② 等待客户进程发连接请求。

③ 启动从属进程处理客户进程发来的请求。从属进程对客户进程的请求处理完毕后即终止。

④ 回到等待状态，继续接收其他客户进程的请求。主进程与从属进程是并发执行的。

FTP 服务器必须在整个会话期间保留用户的状态信息。特别是服务器必须把指定的用户账户与控制连接联系起来，服务器必须追踪用户在远程目录树上的当前位置。

6.3.2 控制连接与数据连接

命题追踪 ▶▶ 控制连接和数据连接的特点（2017、2023）

FTP 在工作时使用两个并行的 TCP 连接（见图 6.7）：一个是控制连接（服务器端口号 21），一个是数据连接（服务器端口号 20）。使用两个不同的端口号可以使协议更容易实现。

图 6.7 控制连接和数据连接

1．控制连接

命题追踪 ▶▶ 控制连接的作用（2009）

服务器监听 21 号端口，等待客户连接，建立在这个端口上的连接称为控制连接，用来传输控制信息（如连接请求、传送请求等）。FTP 客户发出的传送请求，通过控制连接发送给服务器端的控制进程，但控制连接并不用来传送文件。在传输文件时还可以使用控制连接（如客户在传输中途发一个中止传输的命令），因此控制连接在整个会话期间一直保持打开状态。

2．数据连接

服务器端的控制进程在接收到 FTP 客户发送来的文件传输请求后，就创建"数据传送进程"和"数据连接"。数据连接用来连接客户端和服务器端的数据传送进程，数据传送进程实际完成文件的传送，在传送完毕后关闭"数据传送连接"并结束运行。

数据连接有两种传输模式：主动模式 PORT 和被动模式 PASV。PORT 模式的工作原理：客户端连接到服务器的 21 端口，登录成功后要读取数据时，客户端随机开放一个端口，并发送命令告知服务器，服务器收到 PORT 命令和端口号后，通过 20 端口和客户端开放的端口连接，发送数据。PASV 模式的不同点是，客户端要读取数据时，发送 PASV 命令到服务器，服务器在本地随机开放一个端口，并告知客户端，客户端再连接到服务器开放的端口进行数据传输。可见，是用 PORT 模式还是 PASV 模式，选择权在客户端。简单概括为，主动模式传送数据是"服务器"连接到"客户端"的端口；被动模式传送数据是"客户端"连接到"服务器"的端口。

注　意

很多教材并未介绍这两种模式，如无特别说明可默认为采用主动模式。

因为 FTP 使用了一个分离的控制连接，所以也称 FTP 的控制信息是带外（Out-of-band）传送的。使用 FTP 时，要修改服务器上的文件，就需要先将此文件传送到本地主机，然后将修改后的文件副本传送到原服务器，来回传送耗费很多时间。网络文件系统（NFS）采用另一种思路，它允许进程打开一个远程文件，并能在该文件的某个特定位置开始读写数据。这样，NFS 可使用户只复制一个大文件中的一个很小的片段，而不需要复制整个大文件。

6.3.3　本节习题精选

一、单项选择题

01. 文件传输协议（FTP）的一个主要特征是（　）。
　　A. 允许客户指明文件的类型但不允许指明文件的格式
　　B. 不允许客户指明文件的类型但允许指明文件的格式
　　C. 允许客户指明文件的类型与格式
　　D. 不允许客户指明文件的类型与格式

02. 以下关于 FTP 工作模型的描述中，错误的是（　）。
　　A. FTP 使用控制连接、数据连接来完成文件的传输
　　B. 用于控制连接的 TCP 连接在服务器端使用的熟知端口号为 21
　　C. 用于控制连接的 TCP 连接在客户端使用的端口号为 20
　　D. 服务器端由控制进程、数据进程两部分组成

03. 控制信息是带外传送的协议是（　）。
　　A. HTTP　　　　　B. SMTP　　　　　C. FTP　　　　　D. POP

04. 下列关于 FTP 连接的叙述中，正确的是（　）。
　　A. 控制连接先于数据连接被建立，并先于数据连接被释放
　　B. 数据连接先于控制连接被建立，并先于控制连接被释放
　　C. 控制连接先于数据连接被建立，并晚于数据连接被释放
　　D. 数据连接先于控制连接被建立，并晚于控制连接被释放

05. FTP 客户发起对 FTP 服务器连接的第一阶段是建立（　）。
　　A. 传输连接　　　B. 数据连接　　　C. 会话连接　　　D. 控制连接

06. FTP 中作为服务器一方的进程，通过监听（　）端口得知有无服务请求。
　　A. 53　　　　　　B. 80　　　　　　C. 20　　　　　　D. 21

07. 下列关于 FTP 的叙述中，错误的是（　）。
　　A. FTP 可以实现异构网络中计算机之间的文件传送

B. 在进行文件传输时，FTP 客户端和服务器之间需建立两个连接

C. FTP 服务器主进程在 20 端口上监听客户端的连接请求

D. FTP 使用 TCP 进行可靠传输

08. 一个 FTP 用户发送了一个 LIST 命令来获取服务器的文件列表，这时服务器应通过（　）端口来传输该列表。

    A. 21　　　　　　　　B. 20　　　　　　　　C. 22　　　　　　　D. 19

09. 下列关于 FTP 的叙述中，错误的是（　）。

A. FTP 可以在不同类型的操作系统之间传送文件

B. FTP 并不适合用在两个计算机之间共享读写文件

C. 控制连接在整个 FTP 会话期间一直保持

D. 客户端默认使用端口 20 与服务器建立数据传输连接

10. 当一台计算机从 FTP 服务器下载文件时，在该 FTP 服务器上对数据进行封装的 5 个转换步骤是（　）。

A. 比特，数据帧，数据报，数据段，数据

B. 数据，数据段，数据报，数据帧，比特

C. 数据报，数据段，数据，比特，数据帧

D. 数据段，数据报，数据帧，比特，数据

11. 匿名 FTP 访问通常使用（　）作为用户名。

    A. guest　　　　　　　B. E-mail 地址　　　　C. anonymous　　　　D. 主机 id

12. FTP 支持两种方式的传输：ASCII 方式和 Binary（二进制）方式。通常文本文件的传输采用（　）方式，而图像、声音等非文本文件采用（　）方式传输。

    A. ASCII, Binary　　B. Binary, ASCII　　C. ASCII, ASCII　　D. Binary, Binary

13. 【2009 统考真题】FTP 客户和服务器间传递 FTP 命令时，使用的连接是（　）。

    A. 建立在 TCP 之上的控制连接　　　　　B. 建立在 TCP 之上的数据连接

    C. 建立在 UDP 之上的控制连接　　　　　D. 建立在 UDP 之上的数据连接

14. 【2017 统考真题】下列关于 FTP 的叙述中，错误的是（　）。

A. 数据连接在每次数据传输完毕后就关闭

B. 控制连接在整个会话期间保持打开状态

C. 服务器与客户端的 TCP 20 端口建立数据连接

D. 客户端与服务器的 TCP 21 端口建立控制连接

二、综合应用题

01. 文件传输协议的主要工作过程是怎样的？主进程和从属进程各起什么作用？

02. 为什么 FTP 要使用两个独立的连接，即控制连接和数据连接？

03. 主机 A 想下载文件 ftp://ftp.abc.edu.cn/file，大致描述下载过程中主机和服务器的交互过程。

04. 【2023 统考真题】某网络拓扑如题 04 图所示，主机 H 登录 FTP 服务器后，向服务器上传一个大小为 18000B 的文件 F。假设 H 为传输 F 建立数据连接时，选择的初始序号为 100，MSS = 1000B，拥塞控制初始阈值为 4MSS，RTT = 10ms，忽略 TCP 段的传输时延；在 F 的传输过程中，H 均以 MSS 段向服务器发送数据，且未发生差错、丢包和乱序现象。

题 04 图

请回答下列问题。

1）FTP 的控制连接是持久的还是非持久的？FTP 的数据连接是持久的还是非持久的？当 H 登录 FTP 服务器时，建立的 TCP 连接是控制连接还是数据连接？

2）当 H 通过数据连接发送 F 时，F 的第一个字节的序号是多少？在断开数据连接过程中，FTP 服务器发送的第二次挥手 ACK 段的确认序号是多少？

3）在 H 通过数据连接发送 F 的过程中，当 H 收到确认序号为 2101 的确认段时，H 的拥塞窗口调整为多少？收到确认序号为 7101 的确认段时，H 的拥塞窗口调整为多少？

4）H 从请求建立数据连接开始，到确认 F 已被服务器全部接收为止，至少需要多长时间？期间应用层数据平均发送速率是多少？

6.3.4　答案与解析

一、单项选择题

01．C

FTP 提供交互式访问，允许客户指明文件的类型与格式，并允许文件具有存取权限。

02．C

在服务器端，控制连接使用 TCP 的 21 号端口，数据连接使用 TCP 的 20 号端口；而在客户端，控制连接和数据连接的 TCP 端口号都是由客户端系统自动分配的。需要注意的是，当我们说 FTP 使用 20、21 号端口，HTTP 使用 80 号端口，SMTP 使用 25 号端口时，都是指相应协议的服务器端所使用的端口号，而客户端使用系统自动分配的端口号向这些服务的熟知端口发起连接。

03．C

带外传送是指控制信息与数据信息通过不同的逻辑信道传送。例如，FTP 使用一个单独的控制连接来传输控制信息，而数据连接用于传送文件。带内传送是指控制信息与数据信息通过同一个逻辑信道传送。例如，HTTP 的请求和响应报文都是在同一个 TCP 连接上进行的。

04．C

FTP 客户首先连接服务器的 21 号端口，建立控制连接（控制连接在整个会话期间一直保持打开），然后建立数据连接，在数据传送完毕后，数据连接最先释放，控制连接最后释放。

05．D

FTP 工作时使用两个连接：控制连接和数据连接。FTP 客户对 FTP 服务器发起连接时，首先建立控制连接，即向服务器的 21 号 TCP 端口发起连接；然后建立数据连接（20 号 TCP 端口）。FTP 并没有传输连接和会话连接的说法。

06．D

FTP 服务器通过监听熟知端口 21（控制端口）得知有无服务请求。

07．C

因为 FTP 屏蔽了各计算机系统的细节，所以 FTP 适用于异构网络中计算机之间的文件传送。当进行文件传输时，FTP 客户端和服务器之间需建立两个并行的控制连接和数据连接。FTP 服务器主进程在熟知端口 21 上监听客户端的服务请求。FTP 在传输层使用 TCP 进行可靠传输。

08．B

FTP 中数据连接的端口是 20，而文件的列表是通过数据连接来传输的。

09．D

控制连接建立后，服务器进程用自己传送数据的熟知端口 20 与客户进程所提供的端口号建立数据传输连接（默认为 PORT 模式），即客户进程的端口号是客户进程自己提供的。

10．B

FTP 服务器的数据要经过应用层、传输层、网络层、数据链路层及物理层。因此，对应的封装是数据、数据段、数据报、数据帧，最后是比特。

11．C

针对文件传输 FTP，系统管理员建立了一个特殊的用户 ID，名为 anonymous，即匿名用户。Internet 上的任何人在任何地方都可以使用该用户 ID，只是在要求提供用户 ID 时必须输入 anonymous，该用户 ID 的密码可以是任何字符串。

12．A

FTP 支持 ASCII 和 Binary 两种方式的传输，通常非加密文本文件采用 ASCII 方式传输，而图像、声音等非文本文件采用 Binary 方式传输。本题可能有所超纲，了解即可。

13．A

对于 FTP 文件传输，为了保证可靠性，选择 TCP，排除 C 和 D。FTP 的控制信息是带外传送的，即 FTP 使用了一个分离的控制连接来传送命令，因此答案为 A。

14．C

FTP 使用控制连接和数据连接，控制连接存在于整个 FTP 会话过程中，数据连接在每次文件传输时才建立，传输结束就关闭，A 和 B 正确。默认情况（PORT 模式）下 FTP 服务器使用 TCP 20 端口进行数据连接，使用 TCP 21 端口进行控制连接，这里的端口号是指 FTP 服务器的端口号，因此 C 错误、D 正确。此外还需要注意的是，FTP 服务器是否使用 TCP 20 端口建立数据连接与传输模式有关，PORT 模式使用 TCP 20 端口，PASV 模式由服务器随机选定。

二、综合应用题

01．【解答】

FTP 的主要工作过程如下：在进行文件传输时，FTP 客户所发出的传送请求通过控制连接发送给服务器端的控制进程，并在整个会话期间一直保持打开，但控制连接不用来传送文件。服务器端的控制进程在接收到 FTP 客户发送来的文件传输请求后，就创建数据传送进程和数据连接，数据连接用来连接客户端和服务器端的数据传输进程，数据传送进程实际完成对文件的传送，在传送完毕后关闭"数据传送连接"，并结束运行。

FTP 的服务器进程由两大部分组成：一个主进程，负责接收新的请求；若干从属进程，负责处理单个请求。

02．【解答】

在 FTP 的实现中，客户与服务器之间采用了两条传输连接，其中控制连接用于传输各种 FTP 命令，而数据连接用于文件的传送。之所以这样设计，是因为使用两条独立的连接可使 FTP 变得更加简单、更容易实现、更有效率。同时在文件传输过程中，还可以利用控制连接控制传输过程，如客户可以请求终止、暂停传输等。

03．【解答】

大致过程如下：

① 建立一个 TCP 连接到服务器 ftp.abc.edu.cn 的 21 号端口，然后发送登录账号和密码。

② 服务器返回登录成功信息后，主机 A 打开一个随机端口，并将该端口号发送给服务器。

③ 主机 A 发送读取文件命令，内容为 get file，服务器使用 20 号端口建立一个 TCP 连接到主机 A 的随机打开的端口。

④ 服务器把文件内容通过第二个连接发送给主机 A，传输完毕后连接关闭。

04.【解答】

1）在 FTP 会话期间，控制连接一直处于保持状态，是持久的。当每次需要传输文件时，FTP 客户和服务器之间会建立一个临时的数据连接，用于传输文件数据，是非持久的。控制连接用于传输命令和控制信息，登录操作涉及身份验证、发送命令等控制信息，因此 H 登录 FTP 服务器时建立的 TCP 连接是控制连接。

2）建立连接时，FTP 客户发送的第一次握手 SYN 段要消耗一个序号，选择的初始序号为 100，因此发送文件 F 时，第一个字节的序号为 101。文件 F 共有 18000 个字节，需占用 18000 个序号，释放连接时，FTP 客户发送的第一次挥手 FIN 段也要消耗一个序号，所以该 FIN 段的序号为 18101，因此 TCP 服务器发送的第二次挥手 ACK 段的确认序号是 18102。

3）拥塞窗口在每个传输轮次后的变化如下表所示。前两个传输轮次，拥塞窗口小于阈值，拥塞窗口按指数增长；第 2 个传输轮次结束后，拥塞窗口增长到 4MSS，此后每经过一个传输轮次，拥塞窗口增加 1MSS。当 H 收到确认序号为 2101 的确认段时，表示服务器已收到 2000B 数据，即 2 个报文段，此时还处在第 2 个传输轮次（慢开始阶段），拥塞窗口还未达到阈值，发送方每收到一个确认，拥塞窗口就加 1，所以此时拥塞窗口为 2 + 1 = 3MSS。当 H 收到确认序号为 7101 的确认段时，表示服务器已收到 7 个报文段，第 3 轮传输结束后，发送方共发送了 1 + 2 + 4 = 7MSS 数据，所以拥塞窗口大小为 5MSS。

N 个传输轮次后	初始时	$N = 1$	$N = 2$	$N = 3$
拥塞窗口大小	1MSS	2MSS	4MSS	5MSS

4）每个传输轮次传输的数据量如下表所示，文件 F 的大小 18000B = 18MSS，则发送完 F 要经过 5 个 RTT，此外还要 1 个额外的 RTT 用来建立 TCP 连接。因此，H 从请求建立数据连接开始，到确认 F 已被服务器全部接收为止，至少需要 6RTT = 6×10ms = 60ms；期间应用层数据平均发送速率是 18000B÷60ms = 300×10^{3}B/s = 0.3MB/s = 2.4Mb/s。

k	$k = 1$	$k = 2$	$k = 3$	$k = 4$	$k = 5$
第 k 轮最大数据传输量	1MSS	2MSS	4MSS	5MSS	6MSS

6.4 电子邮件

6.4.1 电子邮件系统的组成结构

自从有了因特网，电子邮件就在因特网上流行起来。电子邮件是一种异步通信方式，通信时不需要双方同时在场。电子邮件把邮件发送到收件人使用的邮件服务器，并放在其中的收件人邮箱中，收件人可以随时上网到自己使用的邮件服务器进行读取。

一个电子邮件系统应具有图 6.8 所示的三个最主要的组成构件，即用户代理（User Agent）、邮件服务器和电子邮件使用的协议，如 SMTP、POP3（或 IMAP）等。

图 6.8 电子邮件系统最主要的组成构件

用户代理（UA）：用户与电子邮件系统的接口。用户代理向用户提供一个很友好的接口来发送和接收邮件，用户代理至少应当具有撰写、显示和邮件处理的功能。通常情况下，用户代理就是一个运行在 PC 上的程序（电子邮件客户端软件），常见的有 Outlook 和 Foxmail 等。

邮件服务器：它的功能是发送和接收邮件，同时还要向发件人报告邮件传送的情况（已交付、被拒绝、丢失等）。邮件服务器以客户/服务器模式工作，但它必须能够同时充当客户和服务器。例如，当邮件服务器 A 向邮件服务器 B 发送邮件时，A 就作为 SMTP 客户，而 B 是 SMTP 服务器；反之，当 B 向 A 发送邮件时，B 就是 SMTP 客户，而 A 就是 SMTP 服务器。

命题追踪 ▶▶ 邮件发送协议和读取协议的应用（2012）

邮件发送协议和读取协议：邮件发送协议用于用户代理向邮件服务器发送邮件或在邮件服务器之间发送邮件，如 SMTP；邮件读取协议用于用户代理从邮件服务器读取邮件，如 POP3。注意，SMTP 用的是"推"（Push）的通信方式，即用户代理向邮件服务器发送邮件及在邮件服务器之间发送邮件时，SMTP 客户将邮件"推"送到 SMTP 服务器。而 POP3 用的是"拉"（Pull）的通信方式，即用户读取邮件时，用户代理向邮件服务器发出请求，"拉"取用户邮箱中的邮件。

电子邮件的发送、接收过程可简化为如图 6.9 所示。

图 6.9 电子邮件的发送、接收过程

下面简单介绍电子邮件的收发过程。

① 发件人调用用户代理来撰写和编辑要发送的邮件。

② 邮件撰写完后，发件人点击"发送邮件"按钮，把发送邮件的工作全都交给用户代理来完成，就什么都不用管了。用户代理用 SMTP 把邮件传送给发送端邮件服务器。

③ 发送端邮件服务器将邮件放入邮件缓存队列中，等待发送。

④ 发送端邮件服务器的 SMTP 客户与接收端邮件服务器的 SMTP 服务器建立 TCP 连接，然后就把邮件缓存队列中的邮件依次发送出去。注意，邮件是直接传送给接收端邮件服务器的，而不会在互联网的某个中间邮件服务器落地。

⑤ 运行在接收端邮件服务器中的 SMTP 服务器进程收到邮件后，将邮件放入收件人的用户邮箱，等待收件人在方便时进行读取。

⑥ 收件人打算收信时，调用用户代理，使用 POP3（或 IMAP）协议将自己的邮件从接收端邮件服务器的用户邮箱中取回（如果邮箱中有来信的话）。

6.4.2 电子邮件格式与 MIME

1. 电子邮件格式

一个电子邮件分为信封和内容两大部分，邮件内容又分为首部和主体两部分。RFC 822 规定了邮件的首部格式，而邮件的主体部分则让用户自由撰写。用户写好首部后，邮件系统自动地将信封所需的信息提取出来并写在信封上，用户不需要亲自填写信封上的信息。

邮件内容的首部包含一些首部行，每个首部行由一个关键字后跟冒号再后跟值组成。有些关键字是必需的，有些则是可选的。最重要的关键字是 To 和 Subject。

To 是必填的关键字，后面填入一个或多个收件人的电子邮件地址。电子邮件地址的格式为：收件人邮箱名@邮箱所在主机的域名，如 abc@cskaoyan.com，其中邮箱名 abc 在 cskaoyan.com 这个邮件服务器上必须是唯一的。这也就保证了该邮件地址在整个因特网上是唯一的。

Subject 是可选关键字，是邮件的主题，反映了邮件的主要内容。

当然，还有一个必填的关键字是 From，但它通常由邮件系统自动填入。首部与主体之间用一个空行进行分割。典型的邮件内容如下：

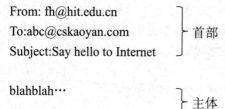

From: fh@hit.edu.cn
To:abc@cskaoyan.com   首部
Subject:Say hello to Internet

blahblah…
…   主体

2. 多用途因特网邮件扩展（MIME）

> **命题追踪** ▶▶ SMTP 直接传输的内容（2018）

因为 SMTP 只能传送 7 位 ASCII 码文本邮件，许多其他非英语国家的文字（如中文、俄文，甚至带重音符号的法文或德文）就无法传送，且无法传送可执行文件及其他二进制对象，所以提出了多用途因特网邮件扩展（Multipurpose Internet Mail Extensions，MIME）。

MIME 并未改动 SMTP 或取代它。当发送端发送的邮件中包含有非 ASCII 码数据时，不能直接使用 SMTP 进行传送，而要通过 MIME 进行转换，将非 ASCII 码数据转换为 ASCII 码数据。之后，就可以使用 SMTP 进行传送。接收端也要使用 MIME 对接收到的 ASCII 码数据进行逆转换，以便可以得到包含有非 ASCII 码数据的邮件。MIME 与 SMTP 的关系如图 6.10 所示。

图 6.10 SMTP 与 MIME 的关系

MIME 主要包括以下三部分内容：

① 5 个新的邮件首部字段，包括 MIME 版本、内容描述、内容标识、传送编码和内容类型。

② 定义了许多邮件内容的格式，对多媒体电子邮件的表示方法进行了标准化。

③ 定义了传送编码，可对任何内容格式进行转换，而不会被邮件系统改变。

6.4.3 SMTP 和 POP3

命题追踪 ▶▶ SMTP 和 POP3 在传输层所使用的服务（2015、2018）

1．SMTP

命题追踪 ▶▶ SMTP 的用途及特点（2013、2014）

简单邮件传输协议（Simple Mail Transfer Protocol，SMTP）是一种提供可靠且有效的电子邮件传输的协议，它控制两个相互通信的 SMTP 进程交换信息。因为 SMTP 采用客户/服务器模式工作，所以负责发送邮件的 SMTP 进程就是 SMTP 客户，而负责接收邮件的 SMTP 进程就是 SMTP 服务器。SMTP 用的是 TCP 连接，端口号为 25。SMTP 通信有以下三个阶段。

（1）连接建立

发件人的邮件发送到发送方邮件服务器的邮件缓存中后，SMTP 客户就每隔一定时间对邮件缓存扫描一次。如发现有邮件，就与接收方邮件服务器的 SMTP 服务器建立 TCP 连接，SMTP 服务器使用的熟知端口号为 25。连接建立后，接收方 SMTP 服务器发出 220 Service ready（服务就绪）。然后 SMTP 客户向 SMTP 服务器发送 HELO 命令，附上发送方的主机名。

SMTP 不使用中间的邮件服务器。TCP 连接总是在发送方和接收方这两个邮件服务器之间直接建立，而不管它们相隔多远，不管在传送过程中要经过多少个路由器。当接收方邮件服务器因故障暂时不能建立连接时，发送方的邮件服务器只能等待一段时间后再次尝试连接。

（2）邮件传送

连接建立后，就可开始传送邮件。邮件的传送从 MAIL 命令开始，MAIL 命令后面有发件人的地址。如 MAIL FROM: <fh@hit.edu.cn>。若 SMTP 服务器已准备好接收邮件，则回答 250 OK。下面跟着一个或多个 RCPT 命令，格式为 RCPT TO: <收件人地址>。每发送一个 RCPT 命令，都应有相应的信息从 SMTP 服务器返回，如 250 OK 或 550 No such user here（无此用户）。

RCPT 命令的作用是，先弄清接收方系统是否已做好接收邮件的准备，然后才发送邮件，以便不至于发送了很长的邮件后才知道地址错误，进而避免浪费通信资源。

获得 OK 的回答后，客户端就使用 DATA 命令，表示要开始传送邮件的内容。正常情况下，SMTP 服务器返回的信息是 354 Start mail input; end with <CRLF>.<CRLF>。<CRLF>表示回车换行。此时 SMTP 客户就可开始传送邮件内容，并用<CRLF>.<CRLF>表示邮件内容的结束。

（3）连接释放

邮件发送完毕后，SMTP 客户应发送 QUIT 命令。SMTP 服务器返回的信息是 221（服务关闭），表示 SMTP 同意释放 TCP 连接。邮件传送的全部过程就此结束。

2．POP3 和 IMAP

邮局协议（Post Office Protocol，POP）是一个非常简单但功能有限的邮件读取协议，现在使用的版本是 POP3。POP 也采用客户/服务器模式，在传输层使用 TCP，端口号为 110。

接收方的用户代理必须运行 POP 客户程序，而接收方的邮件服务器中则运行 POP 服务器程序。POP 有两种工作方式："下载并保留"和"下载并删除"。在"下载并保留"方式下，用户从邮件服务器上读取邮件后，邮件依然会保存在邮件服务器上，用户可再次从服务器上读取该邮件；

而使用"下载并删除"方式时，邮件一旦被读取，就被从邮件服务器上删除。

另一个邮件读取协议是因特网报文存取协议（IMAP），它比 POP 复杂得多，IMAP 为用户提供了创建文件夹、在不同文件夹之间移动邮件及在远程文件夹中查询邮件等联机命令，为此 IMAP 服务器维护了会话用户的状态信息。IMAP 的另一特性是允许用户代理只获取报文的某些部分，例如可以只读取一个报文的首部，或多部分 MIME 报文的一部分。这非常适用于低带宽的情况，用户可能并不想取回邮箱中的所有邮件，尤其是包含很多音频或视频的大邮件。

此外，随着万维网的流行，目前出现了很多基于万维网的电子邮件，如 Hotmail、Gmail 等。这种电子邮件的特点是，用户浏览器与 Hotmail 或 Gmail 的邮件服务器之间的邮件发送或接收使用的是 HTTP，而仅在不同邮件服务器之间传送邮件时才使用 SMTP。

6.4.4 本节习题精选

一、单项选择题

01. 因特网用户的电子邮件地址格式必须是（ ）。
　　A. 用户名@单位网络名　　　　　　B. 单位网络名@用户名
　　C. 邮箱所在主机的域名@用户名　　D. 用户名@邮箱所在主机的域名

02. SMTP 基于传输层的（ ）协议，POP3 基于传输层的（ ）协议。
　　A. TCP，TCP　　B. TCP，UDP　　C. UDP，UDP　　D. UDP，UDP

03. SMTP 服务器使用的端口号是（ ）。
　　A. 21　　　　B. 25　　　　C. 80　　　　D. 110

04. 用 Firefox（浏览器）在 Gmail 中向邮件服务器发送邮件时，使用的是（ ）协议。
　　A. HTTP　　B. POP3　　C. P2P　　D. SMTP

05. 用户代理只能发送而不能接收电子邮件时，可能是（ ）地址错误。
　　A. POP3　　B. SMTP　　C. HTTP　　D. Mail

06. 不能用于用户从邮件服务器接收电子邮件的协议是（ ）。
　　A. HTTP　　B. POP3　　C. SMTP　　D. IMAP

07. 下列关于电子邮件格式的说法中，错误的是（ ）。
　　A. 电子邮件内容包括邮件头与邮件体两部分
　　B. 邮件头中发信人地址（From:）、发送时间、收信人地址（To:）及邮件主题（Subject:）是由系统自动生成的
　　C. 邮件体是实际要传送的信函内容
　　D. MIME 允许电子邮件系统传输文字、图像、语音与视频等多种信息

08. 下列关于 POP3 协议的说法，（ ）是错误的。
　　A. 由客户端而非服务器选择接收后是否将邮件保存在服务器上
　　B. 登录到服务器后，发送的密码是加密的
　　C. 协议是基于 ASCII 码的，不能发送二进制数据
　　D. 一个账号在服务器上只能有一个邮件接收目录

09. 【2012 统考真题】若用户 1 与用户 2 之间发送和接收电子邮件的过程如下图所示，则图中①、②、③阶段分别使用的应用层协议可以是（ ）。

A. SMTP、SMTP、SMTP　　　　　B. POP3、SMTP、POP3

C. POP3、SMTP、SMTP　　　　　D. SMTP、SMTP、POP3

10. 【2013 统考真题】下列关于 SMTP 的叙述中，正确的是（　　）。

    I. 只支持传输 7 比特 ASCII 码内容

    II. 支持在邮件服务器之间发送邮件

    III. 支持从用户代理向邮件服务器发送邮件

    IV. 支持从邮件服务器向用户代理发送邮件

    A. 仅 I、II 和 III　　B. 仅 I、II 和 IV　C. 仅 I、III 和 IV　　D. 仅 II、III 和 IV

11. 【2015 统考真题】通过 POP3 协议接收邮件时，使用的传输层服务类型是（　　）。

    A. 无连接不可靠的数据传输服务

    B. 无连接可靠的数据传输服务

    C. 有连接不可靠的数据传输服务

    D. 有连接可靠的数据传输服务

12. 【2018 统考真题】无须转换即可由 SMTP 直接传输的内容是（　　）。

    A. JPEG 图像　　B. MPEG 视频　　C. EXE 文件　　D. ASCII 文本

二、综合应用题

01. 电子邮件系统使用 TCP 传送邮件，为什么有时会遇到邮件发送失败的情况？为什么有时对方会收不到发送的邮件？

02. MIME 与 SMTP 的关系是怎样的？

03. 用户主机上的电子邮件用户代理与邮件服务器建立了连接，现截获一个 TCP 报文段，如下图所示。图中显示了该报文段的前 126 个字节的十六进制及 ASCII 码内容。TCP 首部长度为 20B。请回答：

```
0020        c0 e6 00 19 b0 ca  d5 6f eb c9 10 e9 50 18    ......  .o....P.
0030  f9 98 51 bd 00 00 4d 65  73 73 61 67 65 2d 49 44    ..Q...Me ssage-ID
0040  3a 20 3c 34 44 43 45 39  32 42 41 2e 32 30 31 30    : <4DCE9 2BA.2010
0050  39 30 32 40 31 36 33 2e  63 6f 6d 3e 0d 0a 44 61    902@163. com>..Da
0060  74 65 3a 20 53 61 74 2c  20 31 34 20 4d 61 79 20    te: Sat,  14 May
0070  32 30 31 31 20 32 32 3a  33 33 3a 33 30 20 2b 30    2011 22: 33:30 +0
0080  38 30 30 0d 0a 46 72 6f  6d 3a 20 63 73 6b 61 6f    800..Fro m: cskao
0090  79 61 6e 32 30 31 32 40  31 36 33 2e 63 6f 6d 0d    yan2012@ 163.com.
```

    1）用户代理和服务器之间使用的应用层协议是什么？

    2）用户代理使用的端口号是多少？

    3）该邮件的发件人邮箱是什么？

6.4.5　答案与解析

一、单项选择题

01. D

电子邮件是因特网最基本、最常用的服务功能。要使用电子邮件服务，首先要拥有自己的电子邮件地址，其格式为：用户名@邮箱所在主机的域名。

02. A

SMTP 和 POP3 都是基于 TCP 的协议，提供可靠的邮件通信。

03. B

SMTP 服务器使用的熟知端口号是 25。

04. A

在基于万维网的电子邮件中，用户浏览器与 Hotmail 或 Gmail 的邮件服务器之间的邮件发送或接收使用的是 HTTP，而仅在不同邮件服务器之间传送邮件时才使用 SMTP。

05. A

用户代理使用 POP3 协议接收邮件。通常用户在配置电子邮件用户代理时需要设置邮件服务器的 POP3 地址（如 pop3.gmail.com），若这个地址设置错误，则会导致用户无法接收邮件。用户代理中的 SMTP 地址错误时会导致无法发送邮件。收件人 E-mail 地址错误时，可能会发错人，也可能会导致投递失败（不存在的地址）。

06. C

SMTP 是一种"推"协议，用于发送方用户代理与发送方服务器之间及发送方服务器与接收方服务器之间，不能用于接收方用户从服务器上读取邮件。常用的邮件读取协议有 POP3、HTTP 和 IMAP。大家平时通过浏览器登录 163 邮箱、Gmail 邮箱时，使用的邮件读取协议就是 HTTP。IMAP 是另一个专用于读取邮件的协议，它要比 POP3 复杂得多，功能也更为强大。

07. B

邮件头是由多项内容构成的，其中一部分是由系统自动生成的，如发信人地址（From:）、发送时间；另一部分是由发件人输入的，如收信人地址（To:）、邮件主题（Subject:）等。

08. B

POP3 协议在传输层是使用明文来传输密码的，并不对密码进行加密。所以 B 错误。POP3 协议基于 ASCII 码，若要传输非 ACSII 码的数据，则要使用 MIME 将数据转换成 ASCII 码形式。

09. D

SMTP 采用"推"的通信方式，即用户代理向邮件服务器及邮件服务器之间发送邮件时，SMTP 客户主动将邮件"推"送到 SMTP 服务器。而 POP3 采用"拉"的通信方式，即用户读取邮件时，用户代理向邮件服务器发出请求，"拉"取用户邮箱中的邮件。

10. A

根据 6.4.1 节可知，SMTP 用于用户代理向邮件服务器发送邮件，或在邮件服务器之间发送邮件。SMTP 只支持传输 7 比特的 ASCII 码内容。

11. D

POP3 建立在 TCP 连接上，使用的是有连接可靠的数据传输服务。

12. D

电子邮件出现得较早，当时的数据传输能力较弱，使用者往往也不需要传输较大的图片、视频等，因此 SMTP 具有一些目前来看较为老旧的性质，如限制所有邮件报文的体部分只能采用 7 位 ASCII 码来表示。在如今的传输过程中，若传输了非文本文件，则往往需要将这些多媒体文件重新编码为 ASCII 码再传输。因此无须转换即可传输的是 ASCII 文本，答案为 D。

二、综合应用题

01.【解答】

有时对方的邮件服务器不工作，邮件就发送不出去。对方的邮件服务器出故障也会使邮件丢失。有时网络非常拥塞，路由器丢弃大量的 IP 数据报，导致通信中断。

02.【解答】

因为 SMTP 存在一些缺点和不足，所以通过 MIME 并非改变或取代 SMTP。MIME 继续使用 RFC 822 格式，但增加了邮件主体的结构，并定义了传送非 ASCII 码的编码规则。也就是说，MIME 邮件可在已有的电子邮件和协议下传送。

03.【解答】

1）本题中并未明确告诉这个报文段是从用户代理发往服务器还是从服务器发往用户代理。分析 TCP 首部格式可知，源端口为 49382（0xc0e6），目的端口为 25（0x0019），因此该应用层协议为 SMTP。

2）因为使用的是 SMTP，且服务器端口 25 作为目的端口，所以源端口 49382 为用户代理所使用的端口。

3）因为 SMTP 的协议字段都是用 ASCII 码表示的，所以发件人的关键字是 FROM，从截图右侧的 ASCII 形式中直接找到答案 FROM: cskaoyan2012@163.com。

6.5　万维网（WWW）

6.5.1　WWW 的概念与组成结构

万维网（World Wide Web，WWW）是一个分布式、联机式的信息存储空间，在这个空间中：一样有用的事物称为一样"资源"，并由一个全域"统一资源定位符"（URL）标识。这些资源通过超文本传输协议（HTTP）传送给使用者，而后者通过单击链接来获取资源。

万维网使用链接的方法能非常方便地从因特网上的一个站点访问另一个站点，从而主动地按需获取丰富的信息。超文本标记语言使得万维网页面的设计者很方便地用一个超链接从本页面的某处链接到因特网上的任何一个页面，并能在自己的计算机屏幕上显示这些页面。

命题追踪 ▶ HTTP 在传输层所使用的协议（2018）

万维网的内核部分是由三个标准构成的：

1）统一资源定位符（URL）。负责标识万维网上的各种文档，并使每个文档在整个万维网的范围内具有唯一的标识符 URL。

2）超文本传输协议（HTTP）。一个应用层协议，它使用 TCP 连接进行可靠的传输，HTTP 是万维网客户程序和服务器程序之间交互所必须严格遵守的协议。

3）超文本标记语言（HTML）。一种文档结构的标记语言，它使用一些约定的标记对页面上的各种信息（包括文字、声音、图像、视频等）、格式进行描述。

URL 是对可以从因特网上得到的资源的位置和访问方法的一种简洁表示。URL 相当于一个文件名在网络范围的扩展。URL 的一般形式是：

<协议>://<主机>:<端口>/<路径>。

<协议>指用什么协议来获取万维网文档，常见的协议有 http、ftp 等；<主机>是存放资源的主机在因特网中的域名或 IP 地址；<端口>和<路径>有时可省略。在 URL 中不区分大小写。

万维网以客户/服务器模式工作。浏览器是在用户主机上的万维网客户程序，而万维网文档所驻留的主机则运行服务器程序，这台主机称为**万维网服务器**。客户程序向服务器程序发出请求，服务器程序向客户程序送回客户所要的万维网文档。工作流程如下：

1）Web 用户使用浏览器（指定 URL）与 Web 服务器建立连接，并发送浏览请求。

2）Web 服务器把 URL 转换为文件路径，并返回信息给 Web 浏览器。

3）通信完成，关闭连接。

万维网是无数个网络站点和网页的集合，它们在一起构成了因特网最主要的部分（因特网也包括电子邮件、Usenet 和新闻组）。

6.5.2 超文本传输协议（HTTP）

HTTP 定义了浏览器（万维网客户进程）怎样向万维网服务器请求万维网文档，以及服务器怎样把文档传送给浏览器。从层次的角度看，HTTP 是面向事务（Transaction-oriented）的应用层协议，它规定了在浏览器和服务器之间的请求和响应的格式与规则，是万维网上能够可靠地交换文件（包括文本、声音、图像等各种多媒体文件）的重要基础。

1．HTTP 的操作过程

从协议执行过程来说，浏览器要访问 WWW 服务器时，首先要完成对 WWW 服务器的域名解析。一旦获得了服务器的 IP 地址，浏览器就通过 TCP 向服务器发送连接建立请求。

万维网的大致工作过程如图 6.11 所示。

图 6.11 万维网的工作过程

每个万维网站点都有一个服务器进程，它不断地监听 TCP 的端口 80（默认），当监听到连接请求后便与浏览器建立 TCP 连接。然后，浏览器就向服务器发送请求获取某个 Web 页面的 HTTP 请求。服务器收到请求后，将构建所请求 Web 页的必需信息，并通过 HTTP 响应返回给浏览器。浏览器再将信息进行解释，然后将 Web 页显示给用户。最后，TCP 连接释放。

命题追踪 ▶▶ 访问 Web 时可能用到的协议（2014、2021）

用户单击鼠标后所发生的事件按顺序如下（以访问清华大学的网站为例）：

1）浏览器分析链接指向页面的 URL（http://www.tsinghua.edu.cn /chn/index.htm）。

2）浏览器向 DNS 请求解析 www.tsinghua.edu.cn 的 IP 地址。

3）域名系统 DNS 解析出清华大学服务器的 IP 地址。

4）浏览器与该服务器建立 TCP 连接（默认端口号为 80）。

5）浏览器发出 HTTP 请求：GET /chn/index.htm。

6）服务器通过 HTTP 响应把文件 index.htm 发送给浏览器。

7）释放 TCP 连接。

8）浏览器解释文件 index.htm，并将 Web 页显示给用户。

上述过程是一个简化过程，实际过程涉及 TCP/IP 体系结构中应用层的 DHCP、DNS 和 HTTP，传输层的 UDP 和 TCP，网际层的 IP 和 ARP，数据链路层的 CSMA/CD 或 PPP（若涉及 ISP 接入或广域网传输）。本节主要介绍 HTTP。

2．HTTP 的特点

HTTP 使用 TCP 作为传输层协议，保证了数据的可靠传输。HTTP 不必考虑数据在传输过程中被丢弃后又怎样被重传。但是，HTTP 本身是无连接的（务必注意）。也就是说，虽然 HTTP 使用了 TCP 连接，但通信的双方在交换 HTTP 报文之前不需要先建立 HTTP 连接。

HTTP 是无状态的。也就是说，同一个客户第二次访问同一个服务器上的页面时，服务器的响应与第一次被访问时的相同，因为服务器并不记得曾经服务过的这个客户。

HTTP 的无状态特性简化了服务器的设计，使之更易支持大量并发的请求。在实际应用中，通常使用 Cookie 加数据库的方式来跟踪用户的活动（如记录用户最近浏览的商品等）。Cookie 的工作原理：当用户初次浏览某个使用 Cookie 的网站时，该网站服务器就为用户产生一个唯一的 Cookie 识别码，如 "12345"，并以此为索引在后端数据库中创建一个项目，用来记录用户访问该网站的各种信息。接着在给用户的响应报文中添加一个 Set-cookie 的首部行 "Set cookie: 12345"，用户收到响应后，就在它管理的特定 Cookie 文件中添加该服务器的主机名和 Cookie 识别码。当用户再次浏览这个网站时，会取出这个网站的识别码，并在请求报文中添加一个 Cookie 首部行 "Cookie: 12345"。服务器根据 Cookie 识别码就能从数据库中查询到该用户的活动记录，进而执行一些个性化的工作，如根据用户的历史浏览记录向其推荐新商品等。

HTTP 既可以使用非持续连接（HTTP/1.0），也可以使用持续连接（HTTP/1.1 支持）。

命题追踪 ▶ HTTP 页面请求时间的分析（2020、2024）

对于非持续连接，每个网页元素对象（如 JPEG 图形、Flash 等）的传输都需要单独建立一个 TCP 连接，如图 6.12 所示（第三次握手的报文段中捎带了客户对万维网文档的请求）。请求一个万维网文档所需的时间是该文档的传输时间（与文档大小成正比）加上两倍往返时间 RTT（一个 RTT 用于 TCP 连接，另一个 RTT 用于请求和接收文档）。每请求一个对象都导致 2×RTT 的开销，此外每次建立新的 TCP 连接都要分配缓存和变量，使万维网服务器的负担很重。

所谓持续连接，是指万维网服务器在发送响应后仍然保持这条连接，使同一个客户和该服务器可以继续在这条 TCP 连接上传送后续的 HTTP 请求报文和响应报文，如图 6.13 所示。

图 6.12　请求一个万维网文档所需的时间　　　　图 6.13　使用持续连接（非流水线）

命题追踪 ▶▶ HTTP/1.1 页面请求时间的分析（2011、2022）

HTTP/1.1 默认使用持续连接。持续连接又分为非流水线和流水线两种工作方式。对于非流水线方式，客户在收到前一个响应后才能发出下一个请求，服务器在发送完一个对象后，其TCP 连接就处于空闲状态，浪费了服务器资源。对于流水线方式，客户可以连续发出对各个对象的请求，服务器就可连续响应这些请求。若所有的请求和响应都是连续发送的，则引用所有对象共计经历 1 个 RTT 延迟，而不是像非流水线方式那样，每个对象都必须有 1 个 RTT 延迟。这种方式减少了 TCP 连接中的空闲时间，提高了效率。当然，在流水线方式中，服务器在每个 RTT 连续发送的数据量还受到 TCP 发送窗口的限制。

3．HTTP 的报文结构

命题追踪 ▶▶ HTTP 请求报文中各种方法的意义（2015）

HTTP 是面向文本的（Text-Oriented），因此报文中的每个字段都是一些 ASCII 码串，并且每个字段的长度都是不确定的。有两类 HTTP 报文：

● 请求报文：从客户向服务器发送的请求报文，如图 6.14(a)所示。
● 响应报文：从服务器到客户的回答，如图 6.14(b)所示。

图 6.14　HTTP 的报文结构

从图 6.14 可以看出，两种报文都由三个部分组成，两者格式的区别就是开始行不同。

开始行：在请求报文中的开始行称为请求行，而在响应报文中的开始行称为状态行。开始行的三个字段之间都以空格分隔，最后的 "CR" 和 "LF" 分别代表 "回车" 和 "换行"。

首部行：用来说明浏览器、服务器或报文主体的一些信息。首部可以有几行，但也可以不使用。在每个首部行中都有首部字段名和它的值，每一行的结束都要有 "回车" 和 "换行"。整个首部行结束时，还有一空行将首部行和后面的实体主体分开。

实体主体：在请求报文中一般不用这个字段，而在响应报文中也可能没有这个字段。

请求报文的 "请求行" 有三个内容：方法、请求资源的 URL 及 HTTP 的版本。其中，"方法"是对所请求对象进行的操作，这些方法实际上也就是一些命令。表 6.1 列出了常用的几种方法。

表 6.1　HTTP 请求报文中常用的几个方法

方法（操作）	意　义
GET	请求读取由 URL 标识的信息
HEAD	请求读取由 URL 标识的信息的首部
POST	给服务器添加信息（如注释）
CONNECT	用于代理服务器

下面是一个典型的 HTTP 请求报文：

GET/bbs/index.htm HTTP/1.1	{指明方法"GET"、相对 URL、HTTP 版本}
Host: www.cskaoyan.com	{指明服务器的域名}
Connection: Keep-Alive	{要求服务器在发送完被请求的文档后保持这条连接}
User-Agent: Mozilla/5.0	{表明用户代理是浏览器 Mozilla/5.0}
Accept-Language: cn	{表示用户希望优先得到中文版本的文档}

第 1 行是请求行，它使用了相对 URL，因为下面的首部行给出了服务器的域名。第 3 行告诉服务器使用持续连接，表示浏览器要求服务器在发送完被请求的文档后保持这条 TCP 连接，若要求使用非持续连接，则对应首部行应为"Connection: close"。

HTTP 响应报文的第 1 行是状态行，它包含三个内容：HTTP 的版本、状态码、解释状态码的短语。下面是 HTTP 响应报文中常见的三种状态行：

HTTP/1.1 202 Accepted	{接受请求}
HTTP/1.1 400 Bad Request	{错误的请求}
HTTP/1.1 404 Not Found	{找不到页面}

4．HTTP 请求报文举例

图 6.15 所示为 Wireshark 捕获的一个 HTTP 请求报文。

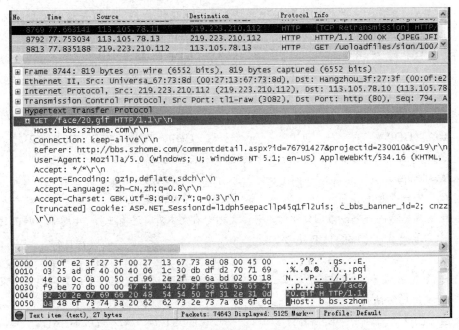

图 6.15　用 Wireshark 捕获的一个 HTTP 请求报文

根据帧的结构定义，在图 6.15 的以太网数据帧中，第 1～6 个字节为目的 MAC 地址（默认网关地址），即 00-0f-e2-3f-27-3f；第 7～12 个字节为本机 MAC 地址，即 00-27-13-67-73-8d；第 13～14 个字节 08～00 为类型字段，表示上层使用的是 IP 数据报协议。第 15～34 个字节（共 20B）为 IP 数据报的首部，其中第 27～30 个字节为源 IP 地址，即 db-df-d2-70，转换成十进制为 219.223.210.112；第 31～34 个字节为目的 IP 地址，即 71-69-4e-0a，转换成十进制为 113.105.78.10。第 35～54 个字节（共 20B）为 TCP 报文段的首部。

从第 55 个字节开始才是 TCP 数据部分（阴影部分），即从应用层传递下来的数据（本例中即请求报文），GET 对应请求行的方法，/face/20.gif 对应请求行的 URL，HTTP/1.1 对应请求行的版本，左边数字是对应字符的 ASCII 码，如′G′ = 0x47、′E′ = 0x45、′T′ = 0x54 等。图 6.15 的请求报文中首部行字段内容的含义，建议读者自行了解，也可以自己动手抓包分析。

常见应用层协议小结如表 6.2 所示。

表 6.2　常见应用层协议小结

应用程序	FTP 数据连接	FTP 控制连接	TELNET	SMTP	DNS	TFTP	HTTP	POP3	SNMP
使用协议	TCP	TCP	TCP	TCP	UDP	UDP	TCP	TCP	UDP
熟知端口号	20	21	23	25	53	69	80	110	161

6.5.3　本节习题精选

一、单项选择题

01. 下面的（　）协议中，客户机与服务器之间采用面向无连接的协议进行通信。
　　A. FTP　　　　　B. SMTP　　　　　C. DNS　　　　　D. HTTP

02. 从协议分析的角度，WWW 服务的第一步操作是浏览器对服务器的（　）。
　　A. 请求地址解析　　　　　　　　B. 传输连接建立
　　C. 请求域名解析　　　　　　　　D. 会话连接建立

03. TCP 和 UDP 的一些端口保留给一些特定的应用使用。为 HTTP 保留的端口号为（　）。
　　A. TCP 的 80 端口　　　　　　　B. UDP 的 80 端口
　　C. TCP 的 25 端口　　　　　　　D. UDP 的 25 端口

04. 从某个已知的 URL 获得一个万维网文档时，若该万维网服务器的 IP 地址开始时并不知道，则需要用到的应用层协议有（①），需要用到的传输层协议有（　）。
　　①A. FTP、HTTP　　B. DNS、FTP　　　C. DNS、HTTP　　D. TELNET、HTTP
　　②A. UDP　　　　　B. TCP　　　　　C. UDP、TCP　　　D. TCP、IP

05. 万维网上的每个页面都有一个唯一的地址，这些地址统称（　）。
　　A. IP 地址　　　　　　　　　　　B. 域名地址
　　C. 统一资源定位符　　　　　　　D. WWW 地址

06. 使用鼠标单击一个万维网文档时，若该文档除有文本外，还有三幅 gif 图像，则在 HTTP/1.0 中需要建立（　）次 TCP 连接。
　　A. 4　　　　　　　B. 3　　　　　　　C. 2　　　　　　　D. 1

07. 仅需 Web 服务器对 HTTP 报文进行响应，但不需要返回请求对象时，HTTP 请求报文应该使用的方法是（　）。
　　A. GET　　　　　B. PUT　　　　　C. POST　　　　　D. HEAD

08. 假设主机浏览器使用 HTTP/1.1 协议以持续的非流水线方式工作，向 Web 服务器请求包含有 3 个 JPEG 小图像的 demo.html 页面，一次请求-响应时间为 RTT，则从发出第一个 Web 请求开始到收到全部内容为止，经过 RTT 的数量为（　）。
　　A. 3　　　　　　　B. 4　　　　　　　C. 5　　　　　　　D. 6

09. 假设主机 H 通过 HTTP/1.1 请求浏览某个 Web 服务器 S 上的 Web 页 rfc.html，rfc.html 引用了同目录下的 3 个 JPEG 小图像(假设只有在收到 rfc.html 后才能发送对其引用图像的请求)，一次请求响应的时间为 RTT，忽略其他各种时延，不考虑拥塞控制和流量控制，则从发出 HTTP 请求报文开始到收到全部内容为止，所耗费的时间是（　）。

A. 2RTT   B. 2.5RTT   C. 4RTT   D. 4.5RTT

10. 仅需 Web 服务器对 HTTP 报文进行响应，但不需要返回请求对象时，HTTP 请求报文应该使用的方法是（ ）。

    A. GET   B. PUT   C. POST   D. HEAD

11. HTTP 是一个无状态协议，然而 Web 站点经常希望能够识别用户，这时需要用到（ ）。

    A. Web 缓存   B. Cookie   C. 条件 GET   D. 持续连接

12. 下列关于 Cookie 的说法中，错误的是（ ）。

    A. Cookie 存储在服务器端   B. Cookie 是服务器产生的

    C. Cookie 会威胁客户的隐私   D. Cookie 的作用是跟踪用户的访问和状态

13. 以下关于非持续连接 HTTP 特点的描述中，错误的是（ ）。

    A. HTTP 支持非持续连接与持续连接

    B. HTTP/1.0 使用非持续连接，而 HTTP/1.1 的默认方式为持续连接

    C. 非持续连接中对每次请求/响应都要建立一次 TCP 连接

    D. 非持续连接中读取一个包含 100 个图片对象的 Web 页面，需要打开和关闭 100 次 TCP 连接

14. 假定一个 NAT 路由器的公网地址为 205.56.79.35，并且有如下表项：

转 换 端 口	源 IP 地址	源 端 口
2056	192.168.32.56	21
2057	192.168.32.56	20
1892	192.168.48.26	80
2256	192.168.55.106	80

    它收到一个源 IP 地址为 192.168.32.56、源端口为 80 的分组，其动作是（ ）。

    A. 转换地址，将源 IP 变为 205.56.79.35，端口变为 2056，然后发送到公网

    B. 添加一个新的条目，转换 IP 地址及端口然后发送到公网

    C. 不转发，丢弃该分组

    D. 直接将分组转发到公网

15. 【2014 统考真题】使用浏览器访问某大学的 Web 网站主页时，不可能使用到的协议是（ ）。

    A. PPP   B. ARP   C. UDP   D. SMTP

16. 【2015 统考真题】某浏览器发出的 HTTP 请求报文如下：

```
GET /index.html HTTP/1.1
Host: www.test.edu.cn
Connection: Close
Cookie: 123456
```

下列叙述中，错误的是（ ）。

    A. 该浏览器请求浏览 index.html

    B. index.html 存放在 www.test.edu.cn 上

    C. 该浏览器请求使用持续连接

    D. 该浏览器曾经浏览过 www.test.edu.cn

17. 【2022 统考真题】假设主机 H 通过 HTTP/1.1 请求浏览某 Web 服务器 S 上的 Web 页 news408.html，news408.html 引用了同目录下的 1 幅图像，news408.html 文件大小为 1MSS

（最大段长），图像文件大小为 3MSS，H 访问 S 的往返时间 RTT = 10 ms，忽略 HTTP 响应报文的首部开销和 TCP 段传输时延。若 H 已完成域名解析，则从 H 请求与 S 建立 TCP 连接时刻起，到接收到全部内容止，所需的时间至少是（　　）。

A. 30ms　　　　　　B. 40ms　　　　　　C. 50ms　　　　　　D. 60ms

二、综合应用题

01. 在浏览器中输入 http://cskaoyan.com 并按回车，直到王道论坛的首页显示在其浏览器中，请问在此过程中，按照 TCP/IP 参考模型，从应用层到网络层都用到了哪些协议？

02. 在如下条件下，计算使用非持续方式和持续方式请求一个 Web 页面所需的时间：

1）测试的 RTT 的平均值为 150ms，一个 gif 对象的平均发送时延为 35ms。

2）一个 Web 页面中有 10 幅 gif 图片，Web 页面的基本 HTML 文件、HTTP 请求报文、TCP 握手报文大小忽略不计。

3）TCP 三次握手的第三步中捎带一个 HTTP 请求。

4）使用非流水线方式。

03. 【2011 统考真题】某主机的 MAC 地址为 00-15-C5-C1-5E-28，IP 地址为 10.2.128.100（私有地址）。图 1 是网络拓扑，图 2 是该主机进行 Web 请求的一个以太网数据帧前 80B 的十六进制及 ASCII 码内容。

图 1　网络拓扑

0000	00 21 27 21 51 ee 00 15	c5 c1 5e 28 08 00 45 00	.!!Q...^(..E.
0010	01 ef 11 3b 40 00 80 06	ba 9d 0a 02 80 64 40 aa	...:@:...d@.
0020	62 20 04 ff 00 50 e0 e2	00 fa 7b f9 f8 05 50 18	b .P.. {...P.
0030	fa f0 1a c4 00 00 47 45	54 20 2f 72 66 63 2e 68	......GE T /rfc.h
0040	74 6d 6c 20 48 54 54 50	2f 31 2e 31 0d 0a 41 63	tml HTTP /1.1..Ac

图 2　以太网数据帧（前 80B）

请参考图中的数据回答以下问题。

1）Web 服务器的 IP 地址是什么？该主机的默认网关的 MAC 地址是什么？

2）该主机在构造图 2 的数据帧时，使用什么协议确定目的 MAC 地址？封装该协议请求报文的以太网帧的目的 MAC 地址是什么？

3）假设 HTTP/1.1 协议以持续的非流水线方式工作，一次请求-响应时间为 RTT，rfc.html 页面引用了 5 幅 JPEG 小图像。问从发出图 2 中的 Web 请求开始到浏览器收到全部内容为止，需要多少个 RTT？

4）该帧封装的 IP 分组经过路由器 R 转发时，需修改 IP 分组头中的哪些字段？

注：以太网数据帧结构和 IP 分组头结构分别如图 3 和图 4 所示。

6B	6B	2B	46~1500B	4B
目的 MAC 地址	源 MAC 地址	类型	数据	CRC

图 3　以太网帧结构

图 4　IP 分组头结构

04. 【2021 统考真题】某网络拓扑如下图所示，以太网交换机 S 通过路由器 R 与 Internet 互连。路由器部分接口、本地域名服务器、H1、H2 的 IP 地址和 MAC 地址如图中所示。在 t_0 时刻 H1 的 ARP 表和 S 的交换表均为空，H1 在此刻利用浏览器通过域名 www.abc.com 请求访问 Web 服务器，在 t_1 时刻（$t_1 > t_0$）S 第一次收到了封装 HTTP 请求报文的以太网帧，假设从 t_0 到 t_1 期间网络未发生任何与此次 Web 访问无关的网络通信。

请回答下列问题。

1）从 t_0 到 t_1 期间，H1 除了 HTTP，还运行了哪个应用层协议？从应用层到数据链路层，该应用层协议报文是通过哪些协议进行逐层封装的？

2）若 S 的交换表结构为<MAC 地址，端口>，则 t_1 时刻 S 交换表的内容是什么？

3）从 t_0 到 t_1 期间，H2 至少接收到几个与此次 Web 访问相关的帧？接收的是什么帧？帧的目的 MAC 地址是什么？

6.5.4　答案与解析

一、单项选择题

01. C

DNS 采用 UDP 来传送数据，UDP 是一种面向无连接的协议。

02. C

建立浏览器与服务器之间的连接需要知道服务器的 IP 地址和端口号（80 端口是熟知端口），而访问站点时浏览器从用户那里得到的是 WWW 站点的域名，所以浏览器必须首先向 DNS 请求域名解析，获取服务器的 IP 地址后，才能请求建立 TCP 连接。

03．A

HTTP 在传输层使用 TCP，端口号为 80。TCP 的 25 号端口是为 SMTP 保留的。

04．①C ②C

因为不知道服务器的 IP 地址，所以先要用 DNS 进行域名解析，然后使用 HTTP 进行用户和服务器之间的交互。需要用到的传输层协议是 UDP（DNS 使用）和 TCP（HTTP 使用）。

05．C

统一资源定位符负责标识万维网上的各种文档，并使每个文档在整个万维网的范围内具有唯一的标识符 URL。

06．A

HTTP 在传输层用的是 TCP。HTTP 1.0 只支持非持续连接，所以每请求一个对象需要建立一次 TCP 连接，传输 1 个基本 html 对象和 3 个 gif 对象，共需建立 4 次 TCP 连接。

07．D

使用 HEAD 方法时服务器可对 HTTP 报文进行响应，但不会返回请求对象，其作用主要是调试。另外三个选项中的方法的作用请查看本章中的表 6.1。

08．B

从发出第一个 Web 请求开始，所以此时 TCP 连接已经建立。当采用持续的非流水线方式工作时，服务器发送响应后仍在一段时间内保持这条连接，客户收到前一个请求的响应后才能发出下一个请求，因此请求 html 页面和 3 个小图像共需要 4 个 RTT。

09．A

从发出 HTTP 请求报文开始，所以此时 TCP 连接已经建立。HTTP/1.1 默认使用持久连接。第 1 个 RTT 请求并收到 html 页面，收到 html 页面后才能发送对其引用图像的请求，所以第 2 个 RTT 请求并收到 3 个 JPEG 图像，合计耗费 2 个 RTT。

10．D

使用 HEAD 方法时服务器可对 HTTP 报文进行响应，但不会返回请求对象，其作用主要是调试。另外三个选项中的方法的作用请查看本章中的表 6.1。

11．B

可以在 HTTP 中使用 Cookie 保存 HTTP 服务器和客户之间传递的状态信息。

12．A

Cookie 是一个存储在用户主机中的文本文件。它由服务器产生，作为识别用户的手段。服务器的后端数据库记录了用户在 Web 站点上的活动，因此这些信息（如用户的个人信息及购物的偏好等）有可能被出卖给第三方，从而威胁到用户的隐私。

13．D

非持续连接对每次请求/响应都建立一次 TCP 连接。在浏览器请求一个包含 100 个图片对象的 Web 页面时，服务器需要传输 1 个基本 HTML 文件和 100 个图片对象，因此一共是 101 个对象，需要打开和关闭 TCP 连接 101 次。

14．C

熟知端口号 80 是 HTTP 的服务器端口号，因此说明 IP 地址为 192.168.32.56（私有地址）的主机是 Web 服务器，源端口号为 80 说明该分组是 Web 服务器发出的 HTTP 响应分组。若该 HTTP 响应分组是对外网主机发出的 HTTP 请求的响应，则 NAT 表中一定存在相应的表项（否则 HTTP 请求分组不可能到达 Web 服务器），但在 NAT 表中找不到。所以只可能是对内网主机发出的 HTTP 请求的响应，该分组不需要通过路由器转发，因此路由器丢弃该分组。

15. D

接入网络时可能会用到 PPP，A 可能用到；计算机不知道某主机的 MAC 地址时，用 IP 地址查询相应的 MAC 地址会用到 ARP，B 可能用到；访问 Web 网站时，若 DNS 缓冲没有存储相应域名的 IP 地址，用域名查询相应的 IP 地址时要使用 DNS，而 DNS 是基于 UDP 的，所以 C 可能用到；SMTP 只有使用邮件客户端发送邮件，或邮件服务器向其他邮件服务器发送邮件时才会用到，单纯地访问 Web 网页不可能用到，选 D。

16. C

Connection:连接方式，Close 表示非持续连接方式，keep-alive 表示持续连接方式。Cookie 值由服务器产生，HTTP 请求报文中有 Cookie 方法表示曾访问过 www.test.edu.cn 服务器。

17. B

HTTP/1.1 默认使用持续连接，所有请求都是连续发送的。要求最少时间，理想的情况是 TCP 在第 3 次握手的报文段中捎带了 HTTP 请求，以及传输过程中的慢开始阶段不考虑拥塞。假设接收方有足够大的缓存空间，即发送窗口等同于拥塞窗口，共需要经过：第 1 个 RTT，进行 TCP 连接建立的前两次握手；第 2 个 RTT，主机 C 发送第 3 次握手报文并捎带了对 html 文件的 HTTP 请求，TCP 连接刚建立时服务器 S 的发送窗口 = 1MSS，服务器 S 发送大小为 1MSS 的 html 文件；第 3 个 RTT，主机 C 发送对 html 文件的确认并捎带了对图形文件的 HTTP 请求，服务器 S 收到确认后发送窗口变为 2MSS，然后服务器 S 发送大小为 2MSS 的图像文件；第 4 个 RTT，主机 C 向服务器 S 发送对收到的部分图像文件的确认，服务器 S 收到确认后发送窗口变为 4MSS，然后服务器 S 发送剩下的 1MSS 图像文件，完成传输，共需要 4 个 RTT，即 40ms。整个传输过程如下图所示。

二、综合应用题

01.【解答】

1）应用层。HTTP：WWW 访问协议；DNS：域名解析服务。

2）传输层。TCP：HTTP 提供可靠的数据传输；UDP：DNS 使用 UDP 传输。

3）网络层。IP：IP 包传输和路由选择；ICMP：提供网络传输中的差错检测；ARP：将本机的默认网关 IP 地址映射成物理 MAC 地址。

02.【解答】

每次进行 TCP 三次握手时，前两次握手消耗一个 RTT = 150ms，第 3 次握手的报文段捎带客户对 HTML 文件的请求，因此请求和接收基本 HTML 文件耗时一个 RTT = 150ms（其大小忽略不计时，发送时延为 0ms）。

在非持续连接方式下：

第一次建立 TCP 连接并传送 html 文件所需的时间为 $t_{html} = 150 + 150 = 300$ms；

每次建立 TCP 连接并传送一个 gif 文件所需的时间为 $t_{gif} = 150 + 150 + 35 = 335$ms；

所以总时间 $t_{总} = t_{html} + t_{gif} \times 10 = 300 + 335 \times 10 = 3650$ms。

在持续连接方式下：

只需要建立一次 TCP 连接，然后传送 html 文件和 10 个 gif 文件。

总时间 $t_{总} = t_{建立TCP} + t_{html} + t_{gif} \times 10 = 150 + 150 + (150 + 35) \times 10 = 2150$ms。

03.【解答】

1）以太网帧的数据部分是 IP 数据报，只要数出相应字段所在的字节即可。由图 3 可知以太网帧首部有 $6 + 6 + 2 = 14$B，由图 4 可知 IP 数据报首部的目的 IP 地址字段前有 $4 \times 4 = 16$B，从图 2 的帧第 1 字节开始数 $14 + 16 = 30$B，得到目的 IP 地址为 40.aa.62.20（十六进制），转换成十进制为 64.170.98.32。由图 2 可知以太网帧的前 6 字节 00-21-27-21-51-ee 是目的 MAC 地址，即为主机的默认网关 10.2.128.1 端口的 MAC 地址。

2）ARP 用于解决 IP 地址到 MAC 地址的映射问题。主机的 ARP 进程在本以太网以广播形式发送 ARP 请求分组，在以太网上广播时，以太网帧的目的地址为全 1，即 FF-FF-FF-FF-FF-FF。

3）HTTP/1.1 协议以持续的非流水线方式工作时，服务器发送响应后仍在一段时间内保持这段连接，客户机在收到前一个请求的响应后才能发出下一个请求。注意题目说的是从发出 Web 请求开始，所以此时 TCP 连接已经建立。第一个 RTT 用于请求 Web 页面，客户机收到第一个请求的响应后（还有五个请求未发送），每访问一次对象就用去一个 RTT。因此共需 $1 + 5 = 6$ 个 RTT 后浏览器收到全部内容。

4）私有地址和 Internet 上的主机通信时，须由 NAT 路由器进行网络地址转换，把 IP 数据报的源 IP 地址（本题为私有地址 10.2.128.100）转换为 NAT 路由器的一个全球 IP 地址（本题为 101.12.123.15）。因此，源 IP 地址字段 0a 02 80 64 变为 65 0c 7b 0f。IP 数据报每经过一个路由器，TTL 值就减 1，并重新计算首部检验和。若 IP 分组的长度超过输出链路的 MTU，则总长度字段、标志字段、片偏移字段也会发生变化。

04.【解答】

1）从 t_0 到 t_1 期间，除了 HTTP，H1 还运行了 DNS 应用层协议，以将域名转换为 IP 地址。DNS 运行在 UDP 之上，UDP 将应用层交付的 DNS 报文添加首部后，向下交付给 IP 层，IP 层使用 IP 数据报进行封装，封装好后，向下交付给数据链路层，数据链路层使用 CSMA/CD 帧进行封装。因此，逐层封装关系如下：DNS 报文→UDP 数据报→IP 数据报→CSMA/CD 帧。传统以太网在数据链路层采用 CSMA/CD 协议，因此使用 CSMA/CD 帧进行封装。

提示：在数据链路层对该报文的封装解释为以太网 V2 帧（或以太网帧）会更合适，标准答案给出的 CSMA/CD 帧相对而言并不算特别合适。CSMA/CD 协议更多地用在以传统集线器互连的以太网中。交换机可工作于全双工方式，通常不采用 CSMA/CD 协议。

2）t_0 时刻，H1 的 ARP 表和 S 的交换表为空。H1 利用浏览器通过域名请求访问 Web 服务器。因为要先解析域名，查询该域名对应的 IP 地址，所以要先向本地域名服务器发送 DNS 查询报文。ARP 表为空，因此需要先发送 ARP 请求分组，查询本地域名服务器对应的 MAC 地址，这个帧的目的 MAC 地址是 FF-FF-FF-FF-FF-FF。S 接收到这个帧，在交换表中记录 MAC 地址为 00-11-22-33-44-cc，位于端口 4，然后广播该帧。当本地域名服务器收到 ARP

请求后，向 H1 发送 ARP 响应分组。S 接收到这个帧，在交换表中记录 MAC 地址为 00-11-22-33-44-bb，位于端口 1，然后将该帧从端口 4 发送出去。

得到了域名对应的 IP 地址，发现不在本局域网中，需要通过路由表转发。

H1 的 ARP 表中没有路由器对应的 MAC 地址，因此需要先发送 ARP 请求分组，查询路由器对应的 MAC 地址，这个帧的目的 MAC 地址是 FF-FF-FF-FF-FF-FF。S 接收到这个帧，广播该帧。当路由器收到 ARP 请求后，向 H1 发送 ARP 响应分组。S 接收到这个帧，在交换表中记录 MAC 地址为 00-11-22-33-44-aa，位于端口 2，然后将该帧从端口 4 发送出去。现在，H1 就能发送 HTTP 请求。在整个过程中，并没有涉及 H2，H2 没有主动发送数据，因此 S 不会记录 H2 的 MAC 地址和端口，t_1 时刻 S 的交换表如下所示。

MAC 地址	端　口
00-11-22-33-44-cc	4
00-11-22-33-44-bb	1
00-11-22-33-44-aa	2

3）由步骤 2）的分析可知，H2 至少会接收到 2 个和此次 Web 访问相关的帧。接收到的均是封装 ARP 查询报文的以太网帧；这些帧的目的 MAC 地址均是 FF-FF-FF-FF-FF-FF。

6.6　本章小结及疑难点

1. 如何理解客户进程端口号与服务器进程端口号？

通常我们所说的熟知端口号是指应用层协议在服务器端的默认端口号，而客户端进程的端口号是由客户端进程任意指定的（临时的）。

当客户进程向服务器进程发出建立连接请求时，要寻找连接服务器进程的熟知端口号，同时还要告诉服务器进程自己的临时端口号。接着，服务器进程就用自己的熟知端口号与客户进程所提供的端口号建立连接。

2. 因特网和万维网的区别是什么？

因特网（Internet）是指在 ARPA 网基础上发展而来的世界上最大的全球性互连网络，它采用 TCP/IP 协议族作为通信规则。

万维网（WWW）是无数个网络站点和网页的集合，它们一起构成了因特网最主要的部分（因特网也包括电子邮件、Usenet 和新闻组）。

参 考 文 献

[1] 谢希仁. 计算机网络[M]. 第 8 版. 北京：电子工业出版社，2021.

[2] James F. Kurose, Keith W. Ross. 计算机网络：自顶向下方法[M]. 北京：机械工业出版社，2018.

[3] 本书编写组. 全国硕士研究生入学统一考试计算机专业基础综合考试大纲解析[M]. 北京：高等教育出版社，2023.

[4] 黄传河. 计算机网络考研指导[M]. 北京：机械工业出版社，2009.

[5] 鲁士文. 计算机网络习题与解析[M]. 北京：清华大学出版社，2005.

[6] 张沪寅，黄传河，吴黎兵，等. 计算机网络联考辅导教程[M]. 北京：清华大学出版社，2010.

[7] 翔高教育. 计算机学科专业基础综合复习指南[M]. 上海：复旦大学出版社，2010.

[8] 崔巍. 2011 全国硕士研究生入学统考计算机学科专业基础综合辅导讲义[M]. 北京：原子能出版社，2009.